D1664536

Thermodynamik

Ein Lehrbuch für Ingenieure

von

Prof. Dipl.-Ing. Herbert Windisch

4., überarbeitete Auflage

Oldenbourg Verlag München

Prof. Dipl.-Ing. Herbert Windisch ist seit 1991 Professor für Kolbenmaschinen und Thermodynamik an der Hochschule Heilbronn im Studiengang Maschinenbau. Nach dem Studium an der Universität Kaiserslautern war er von 1981–1991 in der Serienmotorentwicklung bei der Fa. AUDI in Neckarsulm tätig.

Bibliografische Information der Deutschen Nationalbibliothek

Die Deutsche Nationalbibliothek verzeichnet diese Publikation in der Deutschen Nationalbibliografie; detaillierte bibliografische Daten sind im Internet über http://dnb.d-nb.de abrufbar.

© 2011 Oldenbourg Wissenschaftsverlag GmbH
Rosenheimer Straße 145, D-81671 München
Telefon: (089) 45051-0
www.oldenbourg-verlag.de

Das Werk einschließlich aller Abbildungen ist urheberrechtlich geschützt. Jede Verwertung außerhalb der Grenzen des Urheberrechtsgesetzes ist ohne Zustimmung des Verlages unzulässig und strafbar. Das gilt insbesondere für Vervielfältigungen, Übersetzungen, Mikroverfilmungen und die Einspeicherung und Bearbeitung in elektronischen Systemen.

Lektorat: Martin Preuß
Herstellung: Constanze Müller
Titelbild: Siemens-Pressebild
Einbandgestaltung: hauser lacour
Gesamtherstellung: Druckhaus „Thomas Müntzer“ GmbH, Bad Langensalza

Dieses Papier ist alterungsbeständig nach DIN/ISO 9706.

ISBN 978-3-486-70717-5

Vorwort

Noch ein Thermodynamikbuch, warum? Viele, die sich mit der Thermodynamik auseinandersetzen wollen oder müssen, sehen sich plötzlich einem Wust von neuen Begriffen und Definitionen gegenüber. Mal gilt diese Formel, mal die andere. In der Vorlesung war noch alles klar, aber bei der Prüfungsvorbereitung kommen Fragen über Fragen. Vielleicht hätte ich doch in alle Vorlesungen gehen sollen! Wer kann mir das noch einmal erklären?

Es gibt zur Thermodynamik viele hervorragende Sachbücher, aber kaum Lehrbücher, die konsequent didaktisch aufgebaut sind. In diesem Buch habe ich den Versuch unternommen dem Anspruch eines Lehrbuches gerecht zu werden. In jedem Kapitel werden Lernziele vereinbart, es wird beschrieben, wann und wozu man den nachfolgenden Stoff braucht. Dann folgen die Darlegung und die Herleitung der Zusammenhänge und am Schluss wird noch einmal das Allerwichtigste kurz zusammengefasst. Beispiele im Text zeigen, wie Aufgaben gelöst werden können. Am Ende eines jeden Kapitels sind viele Kontrollfragen und Übungsaufgaben zusammengestellt. Viele dieser Aufgaben sind ehemalige Klausuraufgaben und zeigen was erwartet wird. Für alle Kontrollfragen und Übungsaufgaben sind die Lösungen auf den Internetseiten des Verlages unter http://www.oldenbourg-wissenschaftsverlag.de nachzulesen. Die Lösungen sind absichtlich nicht im Buch, um die Bereitschaft zur Lösungsfindung zu unterstützen.

Das Buch wendet sich vorrangig an Studierende des Maschinenbaus und verwandter Fachdisziplinen, an Fachhochschulen, Universitäten und Berufsakademien. Ich lehre nun seit 1990 dieses Fach an der Hochschule Heilbronn und habe diese Vorlesung durch anonyme Fragebogenaktionen den studentischen Bedürfnissen angepasst. Bei der Auswahl der Beispiele habe ich deshalb bewusst, wenn es geht, keine Hightech-Apparate verwendet, sondern Einrichtungen und Nutzungen im Alltag, weil diese allen Studierenden im Grundstudium geläufig sind. Ein Stichwortverzeichnis führt Sie, wenn nötig, noch einmal zu den Definitionen und Herleitungen zurück. Bei den Herleitungen habe ich zuerst die Formel vorangestellt und dann hergeleitet, weil man so bei Prüfungen die richtige Formel schnell findet.

Die internationale Sprache der Technik ist Englisch. Das angehängte Wörterbuch soll Sie in die Lage versetzen, Sekundärliteratur, Veröffentlichungen oder auch Sachbücher zu lesen und zu studieren. Falls Sie ein Semester oder größere Teile des Studiums im Ausland absolvieren, leistet Ihnen diese Unterlage wertvolle Hilfe.

Für weitere Verbesserungen und Anregungen bin ich dankbar und würde mich freuen, wenn Sie über windisch@hs-heilbronn.de Kontakt mit mir aufnehmen.

Ein ganz dickes Dankeschön möchte ich an Birgid, Gordon und Paula Jo richten, die mich während der Arbeit an diesem Buch moralisch und logistisch unterstützten und viele Wochenenden und Abende auf mich verzichtet haben.

Ebenso bedanken will ich mich bei dem Herausgeber Prof. Dr. H. Geupel, der mich zu diesem Buch angeregt hat, und bei den Mitarbeitern im Verlag für die gute Zusammenarbeit. Mein weiterer Dank gehört Frau Barbara Goedeckemeyer für die Erstellung der Worddokumente, Herrn Ingo Roth für die Erarbeitung der Vektorgrafiken und Frau Hedwig Merettig, die die neue Rechtschreibung in dieses Buch gebracht hat.

Heilbronn, 2001 Herbert Windisch

Vorwort zur 2. Auflage

Einen besonderen Dank möchte ich gerne allen Studierenden der Studiengänge Maschinenbau und Automotive System Engineering der Hochschule Heilbronn aussprechen, die durch aufmerksame Mitarbeit und Diskussion unscharfe oder unglückliche Formulierungen aufgezeigt und mir Druckfehler mitgeteilt haben. Ebenso bedanken will ich mich bei den Kollegen, die die Belegexemplare studiert und mit ihrer Kritik und Anregungen zur Verbesserung dieser Auflage beigetragen haben. Ganz besonders gefreut habe ich mich über die vielen Anfragen von Studierenden aus dem In- und Ausland die von dem Angebot Gebrauch gemacht haben, sich Rat und Erklärungen ganz individuell einzuholen.

Heilbronn, 2006 Herbert Windisch

Vorwort zur 3. Auflage

Wer dieses Buch hat, scheint es zu behalten. Jedenfalls habe ich noch keines in ebay gefunden, ich schaue allerdings nicht jeden Tag rein. Vielleicht liegt es daran, dass das didaktische Konzept aufgeht und viele sich sagen: „so kann ich das später noch einmal nachlesen und wieder verstehen“. Vielen Dank den Kollegen, die mir Anregungen zur Weiterentwicklung dieses Buches gegeben haben. Vielen Dank will ich ebenfalls den Studierenden aussprechen, die mir mit ihren Anregungen halfen auch die Lösungen so zu gestalten, dass diese für eine selbständige Übungs- und Vorbereitungsarbeit besser geeignet sind. Herrn Anton Schmid von der Redaktion danke ich besonders für die mühevolle Kleinarbeit, die er sich zu Formatierungen über Zuordnungen im Text bis hin zu Formulierungen gemacht hat.

Heilbronn, 2008 Herbert Windisch

Inhaltsverzeichnis

1 Einführung

1.1 Thermodynamik wozu?

Der Mensch hat als einziges Lebewesen auf dieser Erde die Fähigkeit, das Feuer zu bändigen und zu nutzen. Die Nutzung des „Feuers“ verbessert unsere Lebensqualität ungemein: Eine warme Wohnung, ein gekochtes Essen, Licht bei Dunkelheit und – herausragendes Merkmal des modernen Lebens – die Mobilität der Menschen und der Waren. Lkws, Busse, Autos und Flugzeuge werden durch Verbrennungsmotoren angetrieben. Es ist ein uraltes Bestreben, das Feuer und die dabei entstehende Wärme so effektiv wie möglich zu nutzen. Es ist also kein Zufall, dass die Wärmelehre, so nannte man die Thermodynamik früher, eine grundlegende Technikwissenschaft ist. Heute nutzen wir viel mehr Energieformen als nur die Wärme. Deshalb hat sich die Thermodynamik zur allgemeinen Energielehre entwickelt. Keine Technikdisziplin, ob nun Maschinenbau oder Elektrotechnik und deren Derivate, kommt daher ohne Thermodynamik als Grundlagenfach aus. Um effektive Maschinen und Anlagen zu konzipieren, ist die Kenntnis der Hauptsätze der Thermodynamik (grundlegende Gesetzmäßigkeiten) unerlässlich. Mit zunehmender Knappheit der fossilen Brennstoffe wird uns die Thermodynamik bei der Erschließung und der Nutzung anderer Energiequellen und Formen helfen müssen. Damit ist sie eine der Schlüsselwissenschaften für die Sicherung unseres Wohlstandes in der Zukunft.

1.2 Welche Aussagen macht die Thermodynamik?

Die Thermodynamik zeigt die Grenzen und Gesetzmäßigkeiten auf, die bei der Umwandlung von einer Energieform in die andere bestehen. So lässt sich elektrische Energie ohne weiteres zu nahezu 100 Prozent in thermische Energie, allgemein als Wärme bezeichnet, umwandeln. Der umgekehrte Weg dagegen, Strom aus Wärme zu erzeugen, erfordert aufwendige technische Prozesse und ist stark verlustbehaftet.

Für die Auslegung der Verfahren zur Energieumwandlung macht die Thermodynamik grundlegende Aussagen, die allerdings einen uralten Menschheitstraum, das Perpetuum mobile, als Seifenblase zerplatzen lassen. Diese Kenntnisse ermöglichen aber die Herstellung ressourcenschonender und umweltfreundlicher Produkte. Die Thermodynamik beschreibt auch das

Verhalten der Stoffe bei der Energieumwandlung: Warum ist es beim Haar-Trocknen effektiver, das Haar nicht nur anzublasen, sondern die Luft vorher zu erwärmen? Die Thermodynamik liefert Stabilitätskriterien, genauer gesagt Wahrscheinlichkeitsaussagen: Warum vermischen sich z.B. Milch und Kaffee dauerhaft, während sich Wasser und Öl sofort wieder entmischen? Für alle Technikdisziplinen sind auch die Gesetzmäßigkeiten zum Wärmetransport von großer Bedeutung. Überall in der technischen Anwendung tauchen die Aufgaben „Heizen, Kühlen, Isolieren und Klimatisieren" auf. Das reicht vom Kühlen eines Hochleistungsprozessors auf einer Platine im PC über das Kochen im Haushalt bis hin zur komplexen Klimatisierung eines Gebäudes.

1.3 Methoden der Thermodynamik

Vielen Studierenden bereitet dieses Fach Mühe, weil sie sich nicht mit den Methoden und der Terminologie der Thermodynamik befasst haben. Dieses Kapitel soll zum besseren Verständnis beitragen und dazu motivieren, sich die Sprache der Thermodynamik anzueignen.

Grundsätzlich gibt es zwei Herangehensweisen an die Problematik. Die klassische oder phänomenologische Thermodynamik arbeitet mit den makroskopischen Größen, die an Stoffen beobachtet werden können, wie z.B. Temperatur, Druck und Volumen. Dabei wird immer die Stoffmenge als Gesamtheit betrachtet. Im Gegensatz dazu steht die statistische Thermodynamik, die sich selbst als statistische Mechanik beschreibt. Hier wird das Verhalten jedes einzelnen Atoms oder Moleküls einer Stoffmenge beschrieben, das heißt, die makroskopischen Größen der klassischen Thermodynamik werden auf das mechanische Verhalten (Bewegung) dieser Teilchen zurückgeführt. Dadurch werden die Aussagen allgemeiner als die der klassischen Thermodynamik.

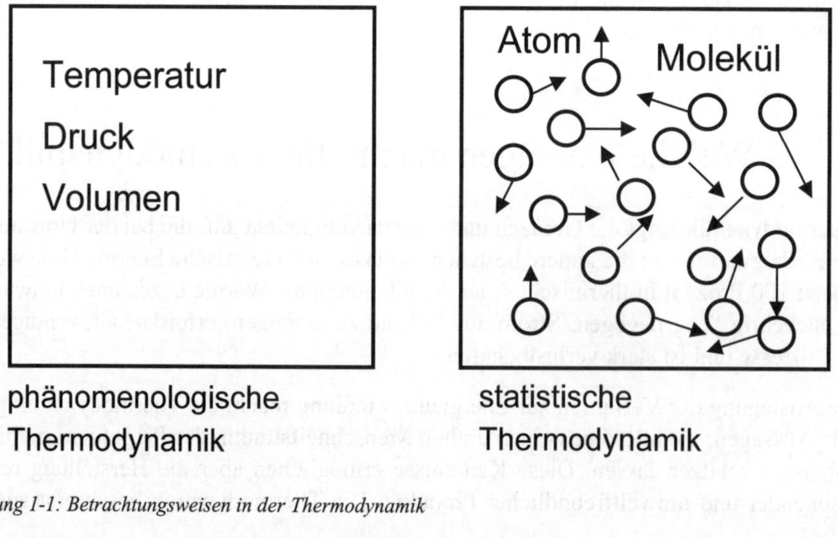

Abbildung 1-1: Betrachtungsweisen in der Thermodynamik

Da aber an technischen Vorgängen in der Regel sehr viele Teilchen beteiligt sind, kann deren Verhalten in der Gesamtheit nur mit den Methoden der Statistik beschrieben werden, was eine mathematische Behandlung sehr kompliziert macht und wodurch sie für eine breite Anwenderschaft unzugänglich wird. Es ist jedoch nicht zu unterschätzen, dass die Betrachtungsweisen der statistischen Thermodynamik für einige Phänomene sehr anschauliche Erklärungen liefern können. Deshalb wird auch in diesem Buch gelegentlich auf diese Betrachtungsweisen zurückgegriffen.

Im Bereich der ingenieurmäßigen Anwendung der Thermodynamik steht die phänomenologische Thermodynamik eindeutig im Vordergrund. Deshalb wird diese klassische Thermodynamik in diesem Buch vorrangig behandelt.

Auch wenn die Bezeichnung „Thermo**dynamik**" auf die Beschreibung instationärer, sich schnell ändernder Vorgänge schließen lässt, so ist oft das absolute Gegenteil der Fall. Für den Bereich der Grundlagen der Thermodynamik gilt eher das Wort „Thermostatik". Dort werden verschiedene statische, also zeitlich unveränderliche Zustände miteinander verglichen. Veränderungsvorgänge werden idealisiert, damit sie einfach beschrieben werden können. Damit kommen wir zu einer der wesentlichen Methoden, die in der Thermodynamik benutzt wird. Komplizierte, unübersichtliche Vorgänge werden soweit idealisiert, bis sie einer einfachen Beschreibung genügen, die sozusagen im Kopf zu bewältigen ist. Hieraus können dann Kernaussagen abgeleitet werden. Durch schrittweise Annäherung dieses idealisierten Modells an die Realität kann dann auch das Realverhalten beschrieben werden.

Ein einfaches Beispiel hierfür ist das „ideale Gas": Man denkt sich ein Gas, das sich streng an mathematische Gesetze hält. Eine Aussage für das ideale Gas ist z.B., dass sich die Volumina verschiedener Zustände wie deren absolute Temperaturen verhalten:

$$\frac{T_1}{T_2} = \frac{V_1}{V_2}$$

Luft bei Umgebungsdruck und üblichen Temperaturen verhält sich ziemlich genau wie ein ideales Gas. Allerdings bedeutet das im Grenzfall auch: Bei einer Temperatur gleich null ist auch das Volumen gleich null, was bei Materie nie sein kann.

Wegen dieser Methode werden Begriffe aufgebaut, die genau definiert sind und daher auch strikt nur so verwendet werden dürfen. Dies ergibt eine Sprache, die dann konsequenterweise einem Laien nicht zugänglich ist. Einige Ausdrücke werden jedoch auch in der Umgangssprache verwendet, wobei dann die ursprüngliche Definition aufgehoben oder erweitert wird, was bei Anfängern oft Verwirrung stiftet. Begriffe wie Wärmeinhalt oder Energieerzeuger sind in der Thermodynamik verboten, weil z.B. letzterer gegen einen wichtigen Grundsatz der Thermodynamik verstößt. Zum Beispiel muss der „Energieerzeuger" in der Thermodynamik eigentlich „Energieumwandler" heißen, weil Energie nicht erzeugt oder vernichtet, sondern nur umgewandelt werden kann.

Die ersten Kapitel dienen zur Darstellung und zur Definition dieser Sprache. Nur wenn Sie die Begriffe exakt verwenden, können Sie sich mit Fachleuten schnell und sicher verständigen. Für den Alltag ist diese Sprache untauglich.

2 System und Zustand

2.1 System, Systemgrenze, Systemeigenschaften

Lernziel Objekte oder Bereiche für energetische Untersuchungen müssen den Systemvarianten zugeordnet werden können. Die Systemgrenzen müssen sinnvoll gezogen und deren idealisierte Eigenschaften mit den hier definierten Fachausdrücken benannt werden können.

Um Maschinen, Anlagen oder einzelne Bereiche daraus zu untersuchen, ist es zweckmäßig, sich von einer detaillierten Betrachtung zu lösen. Zur besseren Übersicht wird eine idealisierte, vereinfachte Form eingeführt. Diese vereinfachten Systeme werden zur Kennzeichnung der örtlichen oder stofflichen Ausdehnung durch **Systemgrenzen** gegenüber der Umgebung eingegrenzt. Die Thermodynamik verwendet zwei Grundtypen von Systemen.

2.1.1 Systeme

Das offene System
Systeme, die mit Materie durchflossen werden, z.B. ein Wärmeaustauscher (Abbildung 2-1), nennt man offene Systeme.

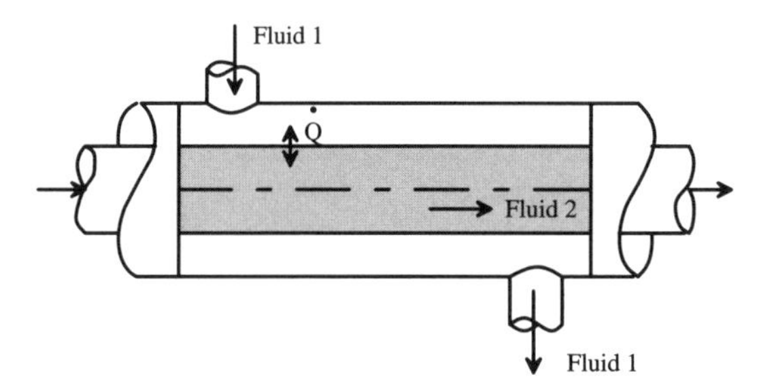

Abbildung 2-1: Wärmeaustauscher (Rekuperator)
Gase und Flüssigkeiten werden unter dem Begriff Fluide zusammengefasst.

Die Systemgrenze, die um ein offenes System gesetzt wird, ist in der Regel ortsfest. Das Innere des Systems ist meist nicht von Interesse. Lediglich an den Systemgrenzen werden Energiebilanzen erstellt. Man spricht deshalb auch von einem Bilanz- oder Kontrollraum. Das Ersatzbild für den Wärmeaustauscher aus Abbildung 2-1, z.B. ein Wasser/Öl-Kühler, wird wie folgt skizziert (Abbildung 2-2).

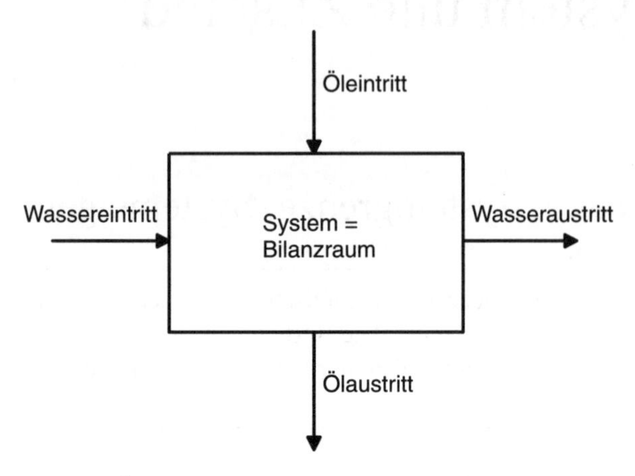

Abbildung 2-2: Ersatzbild Wasser/Öl-Kühler

Das geschlossene System

Systeme, die eine materieundurchlässige Systemgrenze haben, nennt man geschlossene Systeme. Das bedeutet, die Anzahl der im geschlossenen System vorhandenen Atome oder Moleküle ist immer konstant. Die Systemgrenzen sind verschiebbar. Ein geschlossenes System liegt z.B. beim Kompressionstakt eines 4-Takt-Verbrennungsmotors vor. Die Ventile sind geschlossen und der Kolben komprimiert das eingeschlossene Gas. Das Gas stellt das geschlossene System dar.

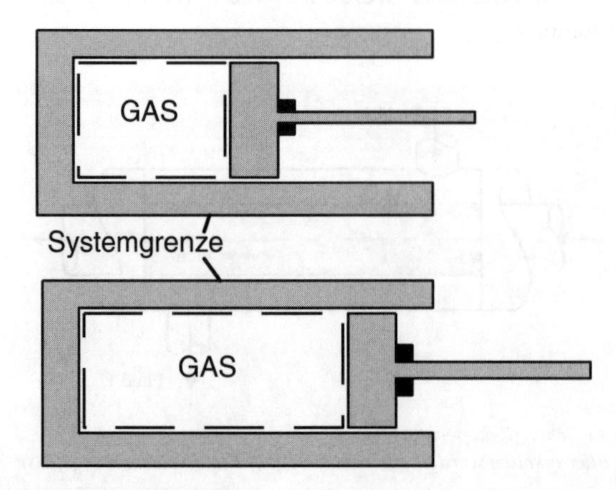

Abbildung 2-3: Zylinder mit beweglichen Kolben

2.1.2 Systemeigenschaften

Den beiden Systemen werden nun bestimmte Eigenschaften zugeordnet. Genauer gesagt, es wird definiert, welche Durchlässigkeit die Systemgrenzen haben. Der Energieinhalt eines Systems kann durch Wärmeaustausch oder durch Einwirkung von Arbeit verändert werden.

Ein System, das an den Systemgrenzen keinerlei Wärmeaustausch zulässt, nennt man ein **adiabates System**. Das Gegenteil einer adiabaten Systemgrenze ist eine **diatherme Wand**.

adiabat =	diatherm =
wärme**un**durchlässig	wärmedurchlässig

Ein ideal isoliertes Rohr, das durchflossen wird, stellt also ein „adiabates offenes System" dar. Ein adiabates System lässt aber die Einwirkung von Arbeit zu. Abbildung 2-4 zeigt einen ideal isolierten Zylinder mit einem verschiebbaren Kolben, der ebenfalls ideal isoliert ist. Es liegt hier ein „geschlossenes adiabates System" vor.

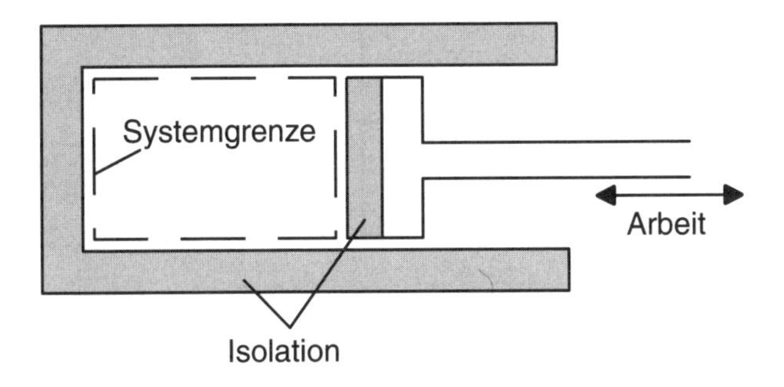

Abbildung 2-4: Geschlossenes adiabates System

Üblicherweise wird nur die Systemgrenzeigenschaft „wärmeundurchlässig" gekennzeichnet. Es ist aber auch denkbar, dass über die Systemgrenzen zwar Wärme, aber keine Arbeit einwirken kann. In diesem Fall spricht man von einem **„rigiden System"**.

adiabat =	rigid =
wärme**un**durchlässig	arbeits**un**durchlässig

Ein **geschlossenes, adiabates und rigides System** bezeichnet man als **„abgeschlossenes System"**. Es wird gebraucht, wenn Wechselwirkungen im System ohne jeglichen Einfluss der Umgebung betrachtet werden sollen.

Eine weitere Systemeigenschaft beschreiben die Ausdrücke **homogen** und **heterogen**. Sind in einem System die Stoffeigenschaften an jeder Stelle im System gleich, so spricht man von einem „homogenen System“. Das Gegenteil davon ist ein „heterogenes System“. Heterogene Systeme sind mathematisch nicht oder nur mit großem Aufwand beschreibbar und daher nicht für unsere Untersuchungen geeignet. Ein Grenzfall, bezüglich der Beschreibbarkeit, zwischen einem homogenen und einem heterogenen System ist das „kontinuierliche System“. Hier verändern sich die Stoffgrößen oder Stoffeigenschaften kontinuierlich mit einer Koordinate oder über die Zeit.

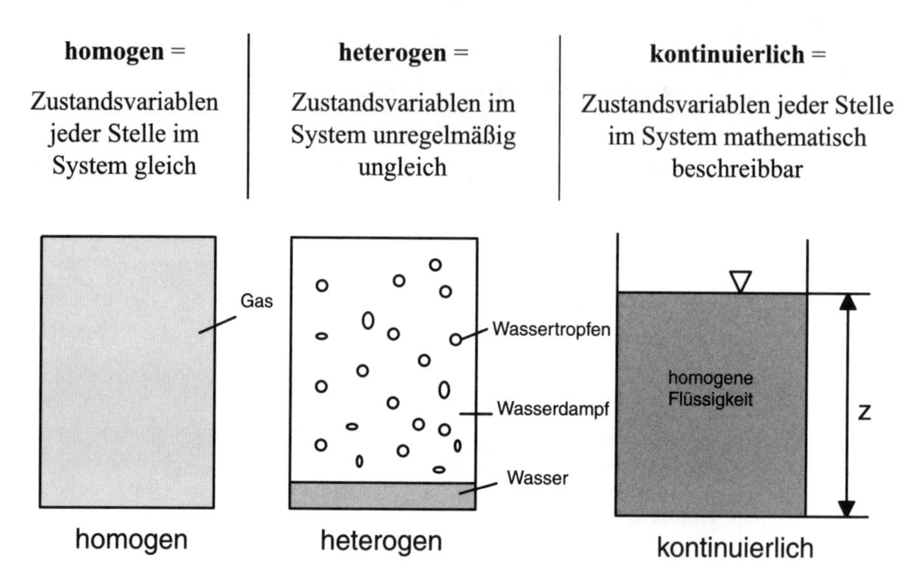

Abbildung 2-5: Homogenes, heterogenes, kontinuierliches System

Ein Behälter, der mit einem Gas gefüllt ist, das sich im Ruhezustand befindet, kann als Beispiel für ein homogenes System genannt werden. Bereiche, die in ihren physikalischen und chemischen Größen homogen sind, bezeichnen wir als **Phase**. Enthält z.B. ein Behälter eine gasförmige und eine flüssige Phase, so sprechen wir von einem Mehrphasensystem.

Ein Beispiel für ein heterogenes System ist ein Zylinder, dessen Boden mit siedendem Wasser bedeckt ist. Darüber befindet sich Wasserdampf mit schwebenden Wassertropfen, an den Wänden kondensiert Wasserdampf und bildet neue Tropfen.

Ein Behälter, der mit einer Flüssigkeit gefüllt ist, stellt z.B. ein kontinuierliches System dar. Die Größe Druck ändert sich „kontinuierlich“ mit der Füllhöhe. In jeder Höhe z lässt sich der Druck p mit $p = \rho \cdot g \cdot z + p_{amb}$ berechnen (Abbildung 2-5).

Zusammenfassung Man unterscheidet offene und geschlossene Systeme. Ein offenes System wird von Materie durchflossen, in geschlossenen Systemen ist die Stoffmenge konstant.

Die Systemgrenzen sind adiabat, diatherm oder rigid. Ein geschlossenes, adiabates und rigides System wird als abgeschlossenes System bezeichnet. Die Materieeigenschaften im System sind homogen, kontinuierlich oder heterogen.

Einphasensysteme sind meist homogen oder kontinuierlich, Mehrphasensysteme immer heterogen.

Kontrollfragen:

Ordnen Sie folgende Systeme ein und geben Sie die Systemeigenschaften an:

1. Eine perfekte Thermoskanne, die bis zum Deckel mit Flüssigkeit gefüllt ist
2. Eine Sauerstoffflasche ohne Gasentnahme
3. Ein Kochtopf mit dichtem Deckel, gefüllt mit kaltem Wasser
4. Ein Kochtopf mit dichtem Deckel, teilweise gefüllt mit kochendem Wasser
5. Ein Kochtopf ohne Deckel mit kochendem Wasser
6. Ein mit inkompressiblen Fluid durchflossenes Rohr mit perfekter Isolierung
7. Ein Gasbehälter mit perfekt isolierten, ortsfesten Wänden, die keinerlei Möglichkeiten zulassen um Arbeit an dem System zu leisten.
8. Das Innenrohr des Wärmeaustauschers (Abb. 2-1, Rekuperator)

Nennen Sie ein Beispiel für ein rigides, diathermes, geschlossenes und homogenes System

Lösungen unter http://www.oldenbourg-wissenschaftsverlag.de

2.2 Zustand und Zustandsgrößen

Lernziel Mit Hilfe der Zustandsgrößen soll der energetische Zustand vollständig beschrieben werden. Sie sollten Vorgänge im Inneren der Materie mit den Zustandsgrößen verbinden können und die Definition der Einheiten der Zustandsgrößen kennen. Weiterhin müssen Sie die verschiedenen Kategorien von Zustandsgrößen kennen und die verschiedenen Zustandsgrößen diesen zuordnen können. Mit Hilfe der thermischen Zustandsgleichung müssen die abhängigen Zustandsgrößen berechnet werden können. Die individuelle Gaskonstante muss aus der universellen Gaskonstante bestimmt werden können. Die Darstellung von Zuständen in Zustandsdiagrammen muss beherrscht werden.

2.2.1 Zustand und Prozess

Der energetische Inhalt eines Systems lässt sich mit physikalisch messbaren Eigenschaften wie Druck, Temperatur, Geschwindigkeit usw. beschreiben. Dabei sind diese Eigenschaften variabel, d.h. der gleiche Energieinhalt kann z.B. durch verschiedene Anteile an kinetischer oder potentieller Energie in einem System vorhanden sein. Nehmen diese physikalischen Größen feste Werte an, so sprechen wir von einem bestimmten **Zustand** des Systems. Die physikalischen Größen, die den energetischen Inhalt des Systems beschreiben, sind die Zustandsvariablen oder Zustandsgrößen.

Den energetischen Zustand eines Automobils in einem bestimmten Augenblick kann man über seine Masse, die Fahrgeschwindigkeit (kinetische Energie), die Höhe über dem Meeresspiegel (potentielle Energie) und seinen Tankinhalt (innerer Energieinhalt) beschreiben. Den Pflegezustand oder Wertzustand dieses Automobils könnte man z.B. über Tachostand, Nutzungsdauer seit der Zulassung, Reifenprofiltiefe usw. beschreiben, wobei dann Letztere die Zustandsgrößen wären.

In der Thermodynamik interessieren nur die Zustandsgrößen, die uns helfen, den energetischen Zustand zu beschreiben. Den Vorgang, bei dem der Zustand eines Systems verändert wird, nennt man Prozess. Während eines Prozesses kann der Zustand nicht durch seine Zustandsgrößen beschrieben werden, weil diese sich dabei ständig ändern.

2.2.2 Zustandsgrößen

Den Zustand eines energetischen Systems kann man über den mechanischen (äußeren) Zustand und seinen inneren Zustand beschreiben. Nehmen wir z.B. ein Flugzeug. Fliegt das Flugzeug vorbei, so können wir von außen seinen Energieinhalt über die Fluggeschwindigkeit (kinetische Energie) und über seine Flughöhe (potentielle Energie) beschreiben. Befindet sich das Flugzeug voll getankt in Ruhe am Boden, so sind die äußeren Zustandsgrößen gleich null, aber der Energieinhalt im Flugzeug ist sehr groß. Aus dem Energieinhalt im Flugzeug (Kraftstoff = chemische Energie) kann z.B. ein Flug über den Atlantik bestritten werden. Auch der Energieinhalt einer ruhenden Sauerstoffflasche ist beträchtlich, wenn sie mit einem Druck von 15 MPa gefüllt ist. Diese Energien im System werden über die thermodynamischen Zustandsgrößen beschrieben.

Zusammenfassung Wir unterscheiden einen inneren und einen äußeren Energiezustand eines Systems. Diese Zustände werden über die inneren und äußeren Zustandsgrößen beschrieben.

Einige innere Zustandsgrößen sollen nun näher behandelt werden.

Masse und Molmasse

Ein System enthält eine bestimmte Menge eines Stoffes. Um diese Menge näher zu erfassen, kann man z.B. die **Masse *m*** benutzen, eine Vergleichszahl, die durch Wiegen (Vergleichen mit bekannten Gewichten) ermittelt wird.

Man kann jedoch auch jedes einzelne Molekül bzw. Atom zählen. Man erhält dann die **Teilchenzahl *N***. Diese Teilchenzahl ist jedoch bei den bei der makroskopischen Betrachtungsweise auftretenden Mengen sehr groß ($N >$ ca. 10^{23} und mehr), so dass diese Mengenangabe schwer vorstellbar ist. Man benutzt daher die **Stoffmenge *n***.

Die **Stoffmenge *n*** wird zur **Teilchenzahl *N*** über die so genannte

Avogadrokonstante: $N_A = 6{,}0221367 \cdot 10^{23}\ \mathrm{mol}^{-1}$

$$n = \frac{N}{N_A}\ \mathrm{mol} \tag{2.1}$$

streng proportional gesetzt d.h., die Stoffmenge n gibt an, das Wievielfache von N_A an Teilchen vorhanden ist. In der Regel wird die Stoffbezeichnung mit angegeben, z.B. $n_{H_2} \Rightarrow$ Stoffmenge von Wasserstoff.

Zwischen den Mengenmaßen **Stoffmenge *n*** und **Masse *m*** besteht nun eine Proportionalität. Ist nämlich m_T die Masse eines Teilchens des Stoffes, so gilt:

$$m = m_T \cdot N = m_T \cdot N_A \cdot n \tag{2.2}$$

Man bezeichnet nun

$$M = \frac{m}{n} = m_T \cdot N_A \quad \mathrm{kg/kmol} \tag{2.3}$$

als **Molmasse *M*** des Stoffes.

Zusammenfassung Masse und Stoffmenge geben Auskunft über den Materieinhalt eines Systems. Über die Stoffmenge n wird die Teilchenzahl angegeben. Die Masse m ist über die Teilchenzahl und die Masse eines einzelnen Teilchens mit der Stoffmenge verknüpft.

Volumen V, spez. Volumen v; Dichte ρ

Der Raum, den ein Stoff einnimmt, wird durch sein **Volumen V** gekennzeichnet. Es wird in m^3 oder entsprechenden Einheiten gemessen. Das **spezifische Volumen v** gibt an, welches Volumen ein Stoff pro Masseeinheit einnimmt. Das spezifische Volumen ist abhängig von der Art des Stoffes, vom Aggregatzustand des Stoffes (fest, flüssig, gasförmig) und vom Zustand des Stoffes. Man erhält:

$$\mathrm{v} = \frac{V}{m} \quad \mathrm{m^3/kg} \tag{2.4}$$

Die **Dichte ρ** gibt an, welche Masse ein Stoff pro Volumeneinheit hat. Die Dichte ist ebenso abhängig von der Art, vom Aggregatzustand und vom Zustand des Stoffes. Sie ist der reziproke Wert des spezifischen Volumens:

$$\rho = \frac{m}{V} = \frac{1}{\mathrm{v}} \quad \mathrm{kg/m^3} \tag{2.5}$$

Beispiel 2-1: *In einem geschlossenen System befindet sich ein Gas mit der Masse m. Die Systemgrenze wird so verschoben, dass sich das Volumen verdoppelt.*
Wie haben sich Dichte und spez. Volumen verändert?

$$\mathrm{v}_2 = \frac{V_2}{m_2} \quad \text{mit:} \quad V_2 = 2 \cdot V_1 \quad \text{und:} \quad m_2 = m_1 \quad \text{ist:} \quad \mathrm{v}_2 = \frac{2 \cdot V_1}{m_1} = 2 \cdot \mathrm{v}_1$$

$$\rho_2 = \frac{m_2}{V_2} = \frac{m_1}{2 \cdot V_1} = \frac{1}{2} \cdot \frac{m_1}{V_1} = \frac{\rho_1}{2}$$

Zusammenfassung Das Volumen V gibt die räumliche Ausdehnung einer Stoffmenge an. Das spezifische Volumen v gibt die räumliche Ausdehnung pro Masseeinheit an und ist damit von der Gesamtmasse unabhängig. Die Dichte ρ ist der reziproke Wert des spezifischen Volumens v und gibt die Masse eines Stoffes pro Volumeneinheit an.

Druck p

Die Erfahrung lehrt, dass ein eingeschlossenes Gas auf Volumenveränderung mit Druckänderungen reagiert. Um zum Beispiel den Druck in einer Fahrradpumpe zu erhöhen, muss der Kolben unter Kraftaufwand nach innen gedrückt werden, bis der Gegendruck aus dem Schlauch überwunden wird. Dass der Druck zur Beschreibung des Energieinhaltes in einem System notwendig ist, ist anhand dieses Beispieles sofort einsichtig.

Aus der Physik ist die Definition des Druckes p:

$$p = \frac{F_N}{A} \quad \mathrm{Pa} \tag{2.6}$$

(F_N = Normalkraft = senkrecht zur Fläche A gerichtete Kraft)

Heute wird der Druck nach Norm in Pascal (Pa) angegeben:

1 Pa = 1 N/m²

Da diese Einheit sehr klein ist, arbeitet man auch mit dem 10. Teil eines Megapascals [MPa = 10^6 Pa] oder aber auch noch mit der traditionellen Einheit 1 bar = 1 · 10^5 N/m².

1 bar = 0,1 MPa = 10^5 Pa = 0,1 N/mm²

In der Historie wurde mit Torr, mm Wassersäule oder Atmosphärendruck at gearbeitet.

1 Torr = 1 mm Quecksilbersäule = 13,1579 mm Wassersäule = 0,001315 at

1 at = 1,01325 bar = 0,101325 MPa

Wichtig In der Thermodynamik arbeiten wir immer mit dem absoluten Druck.

In der Technik ist der Druck eine zentrale Größe. Dort verwendet man aber häufig den effektiven Druck, der auch als atmosphärische Druckdifferenz bezeichnet wird. Relativdruckaufnehmer oder -anzeigegeräte sind billiger, und häufig interessiert auch nur die Druckdifferenz zum Umgebungsdruck. Messgeräte, die diesen Relativdruck messen, werden als Manometer bezeichnet. Absolutdrücke werden mit Barometern gemessen. Für thermodynamische Berechnungen muss also zu den mit Manometern bestimmten Drücken noch der aktuelle umgebende Atmosphärendruck p_{amb} dazugerechnet werden.

Beispiel 2-2: *An einem Manometer für einen Druckbehälter wird ein Druck von 0,45 MPa angezeigt. Am Barometer im umgebenden Raum wird ein Druck von 980 hPa abgelesen. Wie groß ist der absolute Druck p im Behälter?*

$$p = p_e + p_{amb} = 0{,}45\ \text{MPa} + 0{,}098\ \text{MPa} = 0{,}548\ \text{MPa}$$

Sind Gasbehälter nicht allzu hoch, so lässt sich die Druckverteilung, die durch das Eigengewicht des Gases entsteht, vernachlässigen. Der Druck ist homogen im Behälter. Bei Flüssigkeiten darf das nicht vernachlässigt werden; der Druck verändert sich dann aber kontinuierlich (siehe 2.1.2):

$$p = \rho \cdot g \cdot z + p_{amb} \tag{2.7}$$

und ist damit an jeder Stelle im System beschreibbar.

Drücke, die sich unterhalb des Umgebungsdruckes p_{amb} befinden, werden als Unterdruck oder Vakuum bezeichnet. Ein vollkommenes Vakuum hat den absoluten Druck von null.

Zum besseren Verständnis des Druckes hilft die atomistische Betrachtung einer eingeschlossenen Gasmenge (Abb. 2-6)

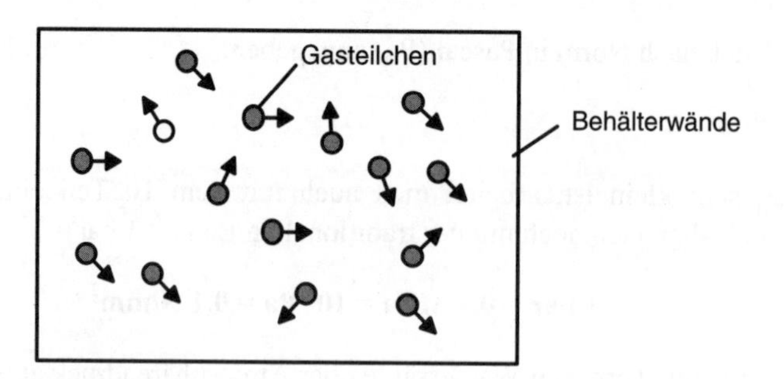

Abbildung 2-6: Druck und Teilchenimpuls

In dieser Gasmenge fliegen die Gasteilchen ungeordnet mit einer bestimmten Geschwindigkeit. Trifft ein Teilchen auf die Behälterwand, so übt es einen Impuls auf die Wand aus. Der Impuls I ist das Produkt aus Masse m und Geschwindigkeit c, $I = m \cdot c$. Da aber alle Teilchen auf alle Wände mit der gleichen Wahrscheinlichkeit treffen, ist die Impulshäufigkeit für alle Wände gleich groß. Die Kraftwirkung der Impulse entspricht dem Druck. Verringert sich das Volumen, so verringern sich auch die Oberfläche und die freie Weglänge der Teilchen bis zur nächsten Wand. Die Impulshäufigkeit pro Fläche steigt und damit der Druck. Umgekehrt verringert sich die Impulshäufigkeit bei einer Volumenvergrößerung, die auch gleichbedeutend mit einer Oberflächenvergrößerung ist, und der Druck sinkt.

Zusammenfassung Der Druck ist die Kraftwirkung eines Fluids pro Flächeneinheit. Verursacher dieser Kraftwirkung ist der Impulsaustausch der eingeschlossenen Teilchen mit den eingrenzenden Wänden. In einem homogenen System ist der Druck in alle Richtungen gleich groß. In einem kontinuierlichen System kann der Druck in Richtung der Raumkoordinaten eindeutig beschrieben werden.

Temperatur

Die Temperatur ist eine fundamentale Zustandsgröße, durch die sich die Thermodynamik von der Mechanik unterscheidet. Durch subjektives Empfinden sind uns aus dem täglichen Leben Begriffe wie warm und kalt geläufig. Sie sind eine, wenn auch ungenaue Aussage über den energetischen (thermischen) Zustand eines Systems. Eine genauere, messbare Zuordnung ist erst durch die Einführung und Definition des Temperaturbegriffes möglich. Betrachten wir zunächst einige Phänomene im Zusammenhang mit der Temperatur.

Das thermische Gleichgewicht

Betrachten wir zur Veranschaulichung des thermischen Gleichgewichtes das folgende abgeschlossene System (Abb. 2-7).

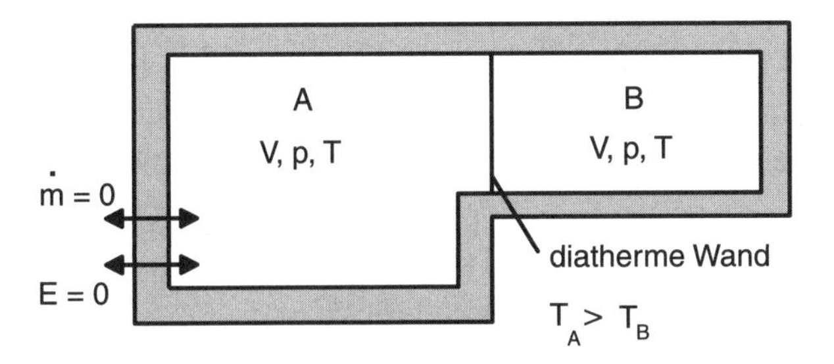

Abbildung 2-7: Thermisches Gleichgewicht

Das abgeschlossene System sei in zwei geschlossene Systeme unterteilt, die über eine ortsfeste diatherme Wand in Verbindung stehen. Diatherm bedeutet, die Wand lässt nur einen Austausch an Wärme zu und ist absolut gasdicht. Im Ausgangszustand des Gesamtsystems herrscht im System A ein Zustand, der mit V_A, p_A, T_A und im System B ebenfalls über die Zustandsgrößen V_B, p_B, T_B beschrieben ist. Dabei ist zu Beginn T_A größer als T_B. Über die diatherme Wand findet nun ein Wärmeaustausch statt und zwar so lange, bis sich das Gesamtsystem im thermischen Gleichgewicht befindet, d.h., in beiden Systemen herrscht die gleiche Temperatur.

Definition Zwei Systeme im thermischen Gleichgewicht haben die gleiche Temperatur. Systeme, die nicht im thermischen Gleichgewicht sind, haben unterschiedliche Temperaturen.

Nullter Hauptsatz der Thermodynamik:

Zwei Systeme, die jedes für sich mit einem dritten im thermischen Gleichgewicht sind, stehen auch untereinander im thermischen Gleichgewicht.

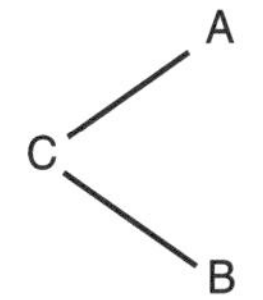

Stehen C und A sowie C und B im thermischen Gleichgewicht, so haben A, B und C die gleiche Temperatur.

Die Temperaturskala des idealen Gases

Hierzu sei vorweggenommen: Wir sprechen von einem idealen Gas, wenn es den Gesetzen von *Boyle-Mariotte* und *Gay-Lussac* exakt folgt und beim Abkühlen nicht flüssig wird. Helium und Wasserstoff kommen bei niedrigem Druck diesem Verhalten sehr nahe.

Durch Messungen hat sich ergeben, dass sich das Volumen des idealen Gases bei konstantem Druck (isobar) je ein Grad (°C oder K) Temperaturänderung um $1/_{273,15}$ des Volumens bei 0 °C ändert, wobei die Temperatur 0 °C durch den Eispunkt des Wassers bei einem Druck von $p = 0{,}101325$ MPa (760 Torr) willkürlich festgelegt wurde. Hält man das Volumen konstant, so ergibt sich eine Druckänderung von $1/_{273,15}$ beim Eispunkt je 1 K Temperaturänderung. Wenn man also ein ideales Gas vom Eispunkt aus um 273,15 °C abkühlt, so stellt sich der Gasdruck null ein, d.h. dass die Moleküle bei dieser Temperatur ihre Beweglichkeit verloren haben.

Man bezeichnet deshalb die Temperatur bei -273,15 °C = 0 K als absoluten Nullpunkt, die vom absoluten Nullpunkt aus in positiver Richtung zählende Skala als absolute oder Kelvin-Skala. Die vom Eispunkt $\vartheta = 0$ °C aus zählende Skala ist die Celsius-Skala.

Der Zusammenhang zwischen Celsius(ϑ)-Skala und Kelvin(T)-Skala ist:

$$T = 273,15 + \vartheta \tag{2.8}$$

Wichtig In der Thermodynamik arbeitet man bis auf wenige Ausnahmen mit der absoluten Temperatur!

Weil die Zweipunktkalibrierung am absoluten Nullpunkt und am Tripelpunkt des Wassers in der Praxis schlecht handhabbar ist, hat man Fixpunkte über den gesamten Skalenbereich festgelegt zwischen denen dann interpoliert wird. Gültig ist zur Zeit die **Internationale Temperaturskala von 1990 (ITS-90).** Festgelegt sind auch die Messverfahren für die einzelnen Bereiche und die Interpolationsformeln. Diese Skala soll künftig in weiteren Skalen verfeinert werden.

Tabelle 2-1: Kalibrierpunkte für ITS-90 [29]

Fixpunkt	Temperatur (K)	Temperatur (°C)
Tripelpunkt von Wasserstoff	13,8033	-259,3467
Wasserstoff bei 32,9 kPa	17	-256,15
Wasserstoff bei 102,2 kPa	20,3	-252,85
Tripelpunkt von Neon	24,5561	-248,5939
Tripelpunkt von Sauerstoff	54,3584	-218,7916
Tripelpunkt von Argon	83,8058	-189,3442
Tripelpunkt von Quecksilber	234,3156	-38,8344
Tripelpunkt von Wasser	273,16	0,01
Schmelzpunkt von Gallium	302,9146	29,7646
Gefrierpunkt von Indium	429,7485	156,5985
Gefrierpunkt von Zinn	505,1181	231,928
Gefrierpunkt von Zink	692,73	419,527

Gefrierpunkt von Aluminium	933,473	660,323
Gefrierpunkt von Silber	1234,93	961,78
Gefrierpunkt von Gold	1337,33	1064,18
Gefrierpunkt von Kupfer	1357,77	1084,62

In den angelsächsischen Ländern existieren noch die Fahrenheit(°F)- und die Rankine(°R)-Skala. Dort liegen die Nullpunkte der Skalen anders als bei der Celsius-Skala und es entsprechen 1,8 Einheiten einem Kelvin. Historisch gesehen gab es noch weitere Skalen wie „Réaumur", „Delisle", „Newton" und „Rømer". Diese haben jedoch heute keine Bedeutung mehr.

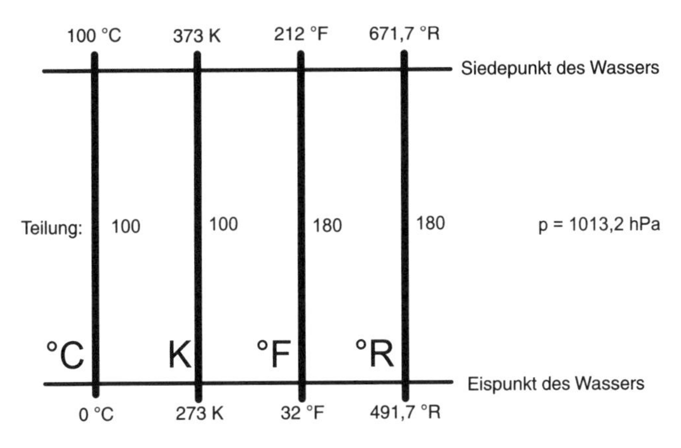

Abbildung 2-8: Temperaturskalen

Deutung der Temperatur aus der Sicht der statistischen Thermodynamik

Etwas mehr Gefühl für die Größe „Temperatur" erhält man, wenn man wie bei der statistischen Thermodynamik eine atomistische Betrachtungsweise heranzieht. Nimmt man als Beispiel ein einatomiges Gas, so befinden sich die einzelnen Atome in einer dauernden ungeordneten Bewegung. Ein einatomiges Gas kann nur nennenswerte Energiebeträge in Form kinetischer Energie durch translatorische Bewegung speichern, man sagt es hat nur einen Freiheitsgrad.

Bezeichnet man die mittlere Geschwindigkeit eines jeden Atoms mit c_o, so hat jedes Atom die mittlere kinetische Energie $E_{kin} = m\frac{c_o^2}{2}$ (mit m = Masse des Atoms). (2.9)

Zwischen der Temperatur des Gases und der kinetischen Energie der Teilchen in einem Gas gilt nun folgende Beziehung, die als Gleichverteilungssatz bekannt ist:

$$\frac{m \cdot c_o^2}{2} = \frac{3}{2} \cdot k \cdot T \qquad (2.10)$$

Dabei ist $k = 1{,}38 \cdot 10^{-23}$ J/K die **Boltzmannkonstante**.

Hohe Temperatur bedeutet also hohe Teilchengeschwindigkeit (wobei bei mehratomigen Molekülen weitere Freiheitsgrade, z.B. Rotation um Achsen, hinzukommen). Zur Temperaturmessung werden die entsprechenden physikalischen und chemischen Phänomene herangezogen.

Mit diesem Bild lässt sich auch erklären, warum der Druck in einem System mit zunehmender Temperatur steigt. Denn mit höherer Teilchengeschwindigkeit steigen der Betrag des Impulses und die Impulshäufigkeit mit der Wand. Ebenfalls einsichtig wird das thermische Gleichgewicht. Schnellere Teilchen schieben langsamere an, die Folge ist ein Temperaturausgleich. Wenn alle Teilchen gleich schnell sind, ergibt sich keine Veränderung mehr. Langsamere Teilchen können niemals schnellere anschieben.

Dieses Bild vereinfacht die Zusammenhänge stark, reicht aber für eine Vorstellung des Temperaturbegriffes im Gas aus.

Zusammenfassung Die Temperatur ist in erster Näherung mit der Summe der kinetischen Energien der Moleküle gleichzusetzen. Bei der Geschwindigkeit gleich null liegt auch der Nullpunkt der absoluten Temperatur vor; von hier aus zählt die Kelvin-Skala. Zwischen dem Eispunkt und dem Siedepunkt des Wassers bei 0,10132 MPa liegen genau 100 Einheiten dieser Skala. Die im Alltag gebräuchliche Celsius-Skala zählt mit der gleichen Teilung der Skala ab dem Eispunkt des Wassers 0 °C = 273,15 K. Kommen zwei Körper unterschiedlicher Temperatur direkt oder über eine diatherme Wand in Kontakt, so erfolgt ein Temperaturausgleich. Am Ende haben beide die gleiche Temperatur. Von selbst erfolgt ein Wärmefluss nur vom Körper höherer Temperatur zum Körper mit niedrigerer Temperatur.

An dieser Stelle noch zwei Definitionen: Wir unterscheiden neben den äußeren und inneren Zustandsgrößen noch zwischen extensiven und intensiven Zustandsgrößen.

Extensive Zustandsgrößen sind Zustandsgrößen, deren Werte sich bei der gedachten Teilung eines Systems als Summe der Zustandsgrößen der einzelnen Systeme ergeben (Abb. 2-9).

Intensive Zustandsgrößen sind von der Größe des Systems unabhängig und behalten bei der gedachten Teilung eines homogenen Systems ihren Wert bei (Abb. 2-9).

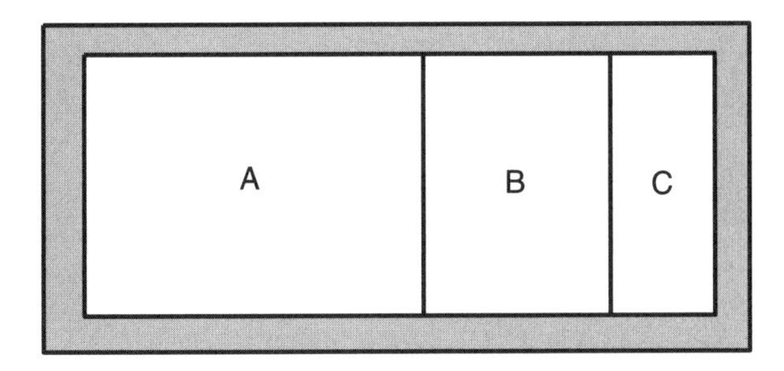

Extensive Zustandsgrößen

$$V = V_A + V_B + V_C$$
$$m = m_A + m_B + m_C$$
$$n = n_A + n_B + n_C$$

Intensive Zustandsgrößen

$$T = T_A = T_B = T_C$$
$$p = p_A = p_B = p_C$$
$$\rho = \rho_A = \rho_B = \rho_C$$

Abbildung 2-9: Extensive und intensive Zustandsgrößen

Dividiert man eine extensive Zustandsgröße eines homogenen Systems durch seine Masse *m*, so entsteht eine spezifische Zustandsgröße. Spezifische Zustandsgrößen verhalten sich wie intensive Zustandsgrößen, z.B. das spez. Volumen: $v = v_A = v_B = v_C$.

Teilt man nun anstatt durch die Masse durch die Stoffmenge *n*, so erhält man die auf die Substanzmenge bezogene molare Zustandsgröße, zum Beispiel: die Molmasse *M* oder das Molvolumen V_M:

$$M = \frac{m}{n} \quad \mathrm{kg/kmol} \qquad V_M = \frac{V}{n} \quad \mathrm{m^3/kmol} \qquad (2.11)$$

Molare Zustandsgrößen verhalten sich wie intensive Zustandsgrößen.

Zusammenfassung Wir unterscheiden intensive und extensive Zustandsgrößen. Extensive Zustandsgrößen verändern ihren Wert bei der Teilung des Systems, intensive nicht. Spezifische und molare Zustandsgrößen verhalten sich wie intensive Zustandsgrößen.

Kontrollfragen:

1. Ordnen Sie folgende Zustandsgrößen nach inneren und äußeren, sowie intensiven und extensiven: Temperatur *T*, Druck *p*, Masse *m*, Geschwindigkeit *c*, Höhe *z*, Stoffmenge *n*, spezifisches Volumen v, Molmasse *M*, Volumen *V*.
2. Welche Zustandsgrößen ändern sich nicht bei der Teilung eines Systems?
3. Erklären Sie Druck und Temperatur mit Hilfe der statistischen Thermodynamik.
4. Was bedeutet es, wenn sich zwei Stoffmengen im thermischen Gleichgewicht befinden?
5. Was gibt die Avogadrokonstante an?
6. Wie groß ist das Volumen eines idealen und eines realen Gases am absoluten Nullpunkt?

7. Wie viel Kelvin entsprechen 27 °C?
8. Wann erhalten Sie spezifische und wann molare Zustandsgrößen?

Lösungen unter http://www.oldenbourg-wissenschaftsverlag.de

2.3 Thermische Zustandsgleichung

Wir haben bisher die Zustandsgrößen Masse m, Volumen V, Druck p und Temperatur T näher besprochen. Mit Hilfe dieser vier Zustandsgrößen lassen sich einfache thermodynamische Systeme beschreiben. Unter **einfach** ist zu verstehen, dass es sich um homogene Systeme in der gleichen Phase handelt. Bei Festkörpern und Flüssigkeiten setzt man auch noch isotropes Verhalten voraus, was bedeutet, dass die physikalischen und chemischen Eigenschaften nicht von der Richtung abhängen. Gewalzte Bleche oder gesinterte Teile sind z.B. anisotrop, d.h., die Festigkeitseigenschaften sind z.B. in Walzrichtung oder quer zur Walzrichtung unterschiedlich.

Einfache thermodynamische Systeme sind oft Gase oder Flüssigkeiten, die in der Technik unter dem Begriff Fluide zusammengefasst werden. Das absolute Volumen ist eine extensive Zustandsgröße, da sie von der Ausdehnung des Systems abhängt. Deshalb verwendet man zur einfacheren Handhabung gerne das spezifische Volumen v:

$$\mathrm{v} = \frac{V}{m} \quad \frac{\mathrm{m}^3}{\mathrm{kg}} \tag{2.12}$$

Damit haben wir nur noch drei abhängige Zustandsgrößen. Betrachtet man nun eine eingeschlossene Gasmenge, so stellt man fest, dass sich immer eine der Zustandsgrößen p, v und T durch die zwei anderen eindeutig beschreiben lässt, Es ergeben sich folgende Zusammenhänge:

$$\mathrm{v} = \mathrm{v}\,(T, p) \quad ; \quad T = T\,(\mathrm{v}, p) \quad ; \quad p = p\,(\mathrm{v}, T)$$

2.3.1 Die individuelle Gaskonstante R_i

Für Gase unter niedrigem Druck und bei einer Temperatur, die weit über der Verflüssigungstemperatur liegt, hat man durch Messung festgestellt, dass der Ausdruck $\frac{p \cdot \mathrm{v}}{T}$ = konst. für jedes Gas einen individuellen Wert einnimmt. Diesen konstanten Wert bezeichnen wir als die individuelle oder spezielle Gaskonstante R_i. Das bedeutet

$$p \cdot \mathrm{v} = R_i \cdot T \qquad \text{oder mit} \quad \mathrm{v} = \frac{V}{m}: \qquad p \cdot V = m \cdot R_i \cdot T \tag{2.13}$$

Diese Gleichung wird in der täglichen Arbeit sehr häufig verwendet. Diese thermische Zustandsgleichung bezeichnet man auch als die Zustandsgleichung für ideale Gase oder allgemeine Gasgleichung.

Historisch gesehen spielen zwei Randbedingungen (p = konst. und T = konst.) eine Rolle. Sie haben zu Vorstufen dieser allgemeinen Gasgleichung geführt. Der französische Chemiker *Joseph Louis Gay-Lussac* (1778–1850) hatte Beobachtungen an Gasen bei konstantem Druck durchgeführt und dabei folgendes Gesetz formuliert:

Die Volumina eines idealen Gases verhalten sich wie die absoluten Temperaturen.

$$\frac{V_1}{V_2} = \frac{T_1}{T_2} = \frac{\mathrm{v}_1}{\mathrm{v}_2} \qquad \text{bei } p = \text{konst.} \tag{2.14}$$

Mit der Kenntnis der allgemeinen Gasgleichung ist dies auch leicht belegbar:

$p \cdot \mathrm{v} = R_i \cdot T$ umgestellt nach $\frac{\mathrm{v}}{T} = \frac{R_i}{p}$ = konst. muss für ein bestimmtes Gas gelten:

$$\frac{\mathrm{v}_1}{T_1} = \frac{\mathrm{v}_2}{T_2} \qquad \text{oder umgestellt} \qquad \frac{\mathrm{v}_1}{\mathrm{v}_2} = \frac{T_1}{T_2} \tag{2.15}$$

Man nennt dies eine isobare Zustandsänderung.

Genauso verhält es sich mit dem Gesetz von Boyle-Mariotte (*Robert Boyle*, 1627–1691 und *Edmé Mariotte*, 1620–1684), das historisch gesehen sogar noch früher entstand. Es besagt: Bei konstanter Temperatur verhalten sich die Volumina umgekehrt proportional zu den Drücken. Bei einer Verringerung des Volumens steigt der Druck linear.

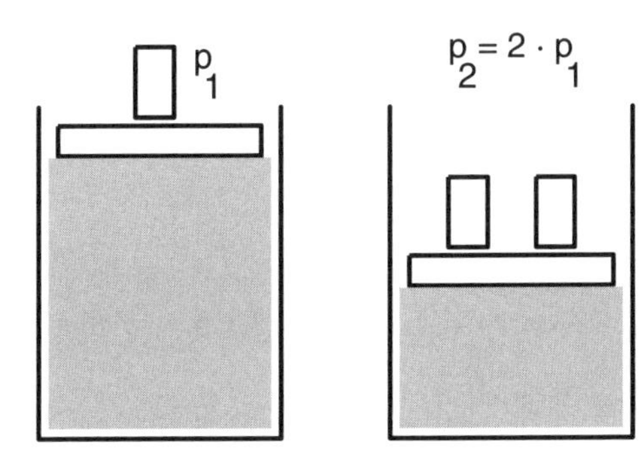

Abbildung 2-10: Boyle-Mariott'sches Gesetz

$$\frac{\mathrm{v}_1}{\mathrm{v}_2} = \frac{p_2}{p_1} \tag{2.16}$$

Auch hier die Ableitung aus der allgemeinen Gasgleichung:

$p \cdot v = R_i \cdot T$ für T = konst. ist das Produkt $p \cdot v$ = konst. Man nennt dies eine isotherme Zustandsänderung. Es gilt dann:

$$p_1 \cdot v_1 = p_2 \cdot v_2 \qquad \text{umgestellt} \qquad \frac{p_1}{p_2} = \frac{v_2}{v_1} \tag{2.17}$$

> **Wichtig** Die allgemeine Gasgleichung gilt wie die Gesetze von *Boyle-Mariotte* und *Gay-Lussac* streng genommen **nur für ideale Gase**.

Ein solches Gas hat bei –273,15 °C = 0 K das Volumen $V = 0$ und den Druck $p = 0$. Tatsächlich ergeben sich bei den realen Gasen Abweichungen, die mit zunehmendem Druck immer stärker werden, wenn sich das Gas zunehmend dem flüssigen Zustand nähert. Es wird hierzu ein Korrekturwert K eingeführt:

$$p \cdot V = K \cdot m \cdot R_i \cdot T \tag{2.18}$$

nach K umgestellt: $$K = \frac{p \cdot V}{m \cdot R_i \cdot T} \tag{2.19}$$

Tabelle 2-2: Korrekturfaktoren für Luft

K	0 °C	100 °C	200 °C
0,1 MPa	1	1	1
2,0 MPa	0,9699	1,0027	1,0064
10,0 MPa	0,9699	1,0235	1,0364

Aus der Tabelle 2-2 kann man sehen, dass sich Luft in weiten Bereichen der technischen Anwendung wie ein ideales Gas verhält und daher die thermische Zustandsgleichung mit gutem Erfolg angewendet werden kann.

Die Zustandsgleichung für reale Gase wurde 1873 durch van der Waals genauer beschrieben:

$\left(p + \frac{a}{v^2}\right) \cdot (v - b) = R \cdot T$ wobei a, b und R stoffspezifische, konstante Größen sind.

Am genauesten wird das Realgasverhalten durch so genannte Virialgleichungen beschrieben.

$p = \frac{R_i T}{v} + \frac{B(T)}{v^2} + \frac{C(T)}{v^3} + \frac{D(T)}{v^4} + \ldots$, wobei B, C, D empirische, temperaturabhängige, stoffspezifische Virialkoeffizienten sind. Je mehr solche Glieder eingeführt werden, desto genauer wird das Realgasverhalten beschrieben [24].

Hier noch einige Bemerkungen zum idealen Gas:

> Diese **gedachten Gase** erfüllen folgende Voraussetzungen:

Die Abmessungen der Gasteilchen sind im Vergleich zu den Teilchenabständen unendlich klein, das heißt, sie haben kein Eigenvolumen.

Sie üben keine Wechselwirkungen aufeinander aus. Dies ist für reale Gase, bei $p \to 0$ am ehesten erfüllt.

Zwischen den Teilchen herrschen keine Anziehungs- oder Abstoßungskräfte.

Die Stöße der Teilchen untereinander und mit den Wänden sind voll elastisch.

Sie sind einatomig und können daher weder Rotations- noch Schwingungsenergie aufnehmen.

Ein allgemein eingeführter Bezugszustand ist der Normzustand mit:

$p_N = 0{,}101325$ MPa; $T_N = 273{,}15$ K = 0 °C

Man verkauft z.B. Gase nach Normkubikmetern, d.h. ein entsprechendes Gasvolumen bei Normzustand.

Beispiel 2-3: *Wie viel wiegt ein Normkubikmeter Luft?* $R_{i,Luft} = 287$ *J/kgK.*

Die Gleichung (2.13) umgestellt nach der Masse m ergibt:

$$m = \frac{p \cdot V}{R_i \cdot T} = \frac{0{,}101325 \cdot 10^6 \,\frac{\mathrm{N}}{\mathrm{m}^2} \cdot 1 \ \mathrm{m}^3}{287 \,\frac{\mathrm{J}}{\mathrm{kgK}} \cdot 273 \ \mathrm{K}} = 1{,}293 \ \mathrm{kg}$$

Merken Sie sich: Ein Kubikmeter Luft wiegt ungefähr ein Kilogramm!

2.3.2 Die allgemeine Gaskonstante *R*

In Abschnitt 2.2.2 haben Sie bereits die Avogadrokonstante kennen gelernt. Das Gesetz von Avogadro besagt:

Gleiche Volumina idealer Gase enthalten bei gleichem Druck und gleicher Temperatur dieselbe Anzahl von Molekülen.

D.h. für $n = 1$ mol sind das $N_A = 6{,}0221367 \cdot 10^{23}$ Teilchen

mit $m = n \cdot M$ wird $p \cdot V = n \cdot M \cdot R_i \cdot T$. (2.20)

Führt man nun das Molvolumen mit $V_M = V/n$ ein, so gilt:

$$p \cdot V_M = M \cdot R_i \cdot T \qquad (2.21)$$

bzw. $$\frac{p \cdot V_M}{T} = M \cdot R_i$$

Bildet man nun bei allen idealen Gasen das Produkt aus Molmasse und spezieller Gaskonstante, so erhält man immer: $M \cdot R_i = 8314 \ \mathrm{J/kmol\,K}$.

Diese neue Konstante bezeichnet man als die **universelle** Gaskonstante *R*, weil sie universell, d.h. bei allen Gasen gilt.

Die individuelle Gaskonstante lässt sich danach umgekehrt einfach errechnen aus:

$$M \cdot R_i = R$$

$$R_i = \frac{R}{M} \quad \frac{\mathrm{J/kmol\,K}}{\mathrm{kg/kmol}} = \frac{\mathrm{J}}{\mathrm{kg\,K}} \qquad (2.22)$$

Die Molmasse finden Sie in jedem Periodensystem.

Beispiel 2-4: *Berechnen Sie die spezielle Gaskonstante von Sauerstoff O_2! $M_{O_2} = 32$ kg/kmol*

$$R_{i,O_2} = \frac{R}{M_{O_2}} = \frac{8314 \ \mathrm{J/kmol\,K}}{32 \ \mathrm{kg/kmol}} = 259{,}8 \ \mathrm{J/kg\,K}$$

Aus den Gleichungen (2.21 und 2.22) und der Einführung des Normzustandes (T_N, p_N) lässt sich noch eine wichtige Tatsache ableiten.

$$p \cdot V_M = R \cdot T \qquad (2.23)$$

Für den Normzustand gilt: $V_M = \frac{R \cdot T_N}{p_N}$. Daraus folgt, dass das Molvolumen

$$V_M = \frac{8314 \ \mathrm{Nm/kmol\,K} \cdot 273{,}15 \ K}{1{,}01325 \cdot 10^5 \ \frac{\mathrm{N}}{\mathrm{m}^2}} = 22{,}4 \ \mathrm{m^3/kmol}$$

für alle idealen Gase im Normzustand gleich groß ist.

Merke Das Molvolumen für alle idealen Gase im Normzustand beträgt 22,4 m^3/kmol.

2.4 Zustandsdiagramme

Um nun die Abhängigkeit dieser drei Zustandsgrößen voneinander zu zeigen, verwenden wir die grafische Darstellung. Die drei Zustandsgrößen führen zu einer räumlichen Darstellung durch die Koordinaten p, v und T. Solche räumlichen Darstellungen sind zwar sehr informativ für den Gesamtüberblick, aber das Ablesen konkreter Werte ist sehr schwierig. Man verwendet daher gerne eine zweidimensionale Darstellung mit der dritten Zustandsgröße als Parameter. In der Thermodynamik wird häufig das p,v-Diagramm benutzt, weil, wie später zu zeigen ist, daraus Arbeiten abgelesen werden können. Prinzipiell sind auch andere Kombinationen denkbar, wie z.B. T,v- oder T,p-Diagramme; diese werden jedoch selten verwendet. In diese Zustandsdiagramme werden Linien eingezeichnet, bei denen eine Zustandsgröße konstant bleibt. Das wären in unserem einfachen System die Linien (Abb. 2-11):

Isotherme = Linie konstanter Temperatur (gleichseitige Hyperbel)
Isobare = Linie konstanten Drucks
Isochore = Linie konstanten Volumens

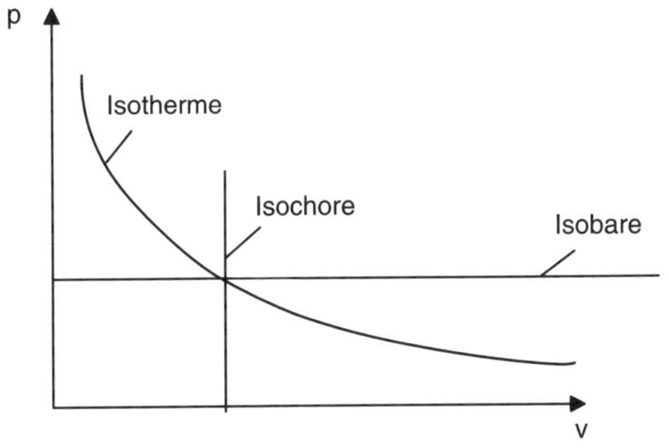

*Abbildung 2-11: p,*v*-Diagramm mit Isolinien*

Wir werden im Laufe dieses Buches noch weitere Zustandsgrößen wie die Enthalpie (h) und die Entropie (s) kennen lernen. In der Technik spielen das Temperatur-Entropie-Diagramm (T,s-Diagramm) und insbesondere bei Dampfprozessen (Dampfturbinen) das Enthalpie-Entropie-Diagramm (h,s-Diagramm) eine wichtige Rolle. Auf diese Zustandsdiagramme und die Arbeit damit wird im Weiteren noch näher eingegangen.

Zusammenfassung Die allgemeine Gasgleichung gilt für ideale Gase und beschreibt die Abhängigkeit von Masse, Druck, Volumen und Temperatur. Hält man Druck oder Temperatur konstant, so lassen sich mit Hilfe dieser allgemeinen Gasgleichung die Gesetze von Gay-Lussac und Boyle-Mariotte belegen. Die allgemeine Gaskonstante ist für alle Gase gleich. Die individuelle Gaskonstante erhält man, indem man die allgemeine Gaskonstante durch die Molmasse des jeweiligen Stoffes dividiert. Für reale Gase muss ein Korrekturfaktor berücksichtigt werden. Der Normzustand für Gase ist $p_N = 0{,}101325$ MPa und $T_N = 273{,}15$ K = 0 °C. Bei Normzustand ist das Molvolumen für alle Gase mit 22,4 m³/kmol gleich. Mit Hilfe von Zustandsdiagrammen werden Verläufe von Zustandsänderungen gezeigt. Am häufigsten wird das *p*,v-Diagramm verwendet. Charakteristische Linien sind die Linien, bei denen eine Zustandsgröße unverändert bleibt.

Kontrollfragen

1. Für welche Gase gilt die allgemeine Gasgleichung?
2. Wie sind individuelle und universelle Gaskonstante verknüpft?
3. Was ist ein Zustandsdiagramm?
4. Skizzieren Sie in einem *p,*v-Diagramm Isochore, Isobare und Isotherme.

Übungen

1. Eine Sauerstoffflasche hat ein Volumen von 40 l. Bei einem Luftdruck von 1000 hPa und einer Temperatur von 20 °C beträgt der Überdruck in der Flasche 9 MPa. Wie groß ist die Sauerstoffmasse in der Flasche, wenn die Gaskonstante für Sauerstoff R_i = 259,9 J/kgK beträgt?
2. Berechnen Sie R_i für Propan C_3H_8. Gegeben ist die Molmasse für C = 12 kg/kmol und für H = 1,008 kg/kmol.
3. 2 m³ Luft werden isobar von 20 °C auf 150 °C erwärmt. Wie groß ist das Volumen?
4. 15 dm³ Luft werden isotherm von 0,15 MPa auf 20 MPa komprimiert. Wie groß ist das Volumen?

Lösungen unter http://www.oldenbourg-wissenschaftsverlag.de

3 Prozesse und Prozessgrößen

Lernziel In diesem Kapitel sollen Sie lernen, die Prozessgrößen von Zustandsgrößen zu unterscheiden. Sie müssen in der Lage sein, verschiedene Formen von Arbeit zu unterscheiden, und das Wesen der Wärme lernen. Sie müssen Arbeiten und Wärmemengen berechnen können. Außerdem müssen Sie Mischungen von Stoffen unterschiedlicher Temperatur berechnen können. Die Methoden zur Bestimmung der Wärmekapazität müssen beherrscht werden. Wichtig ist auch die Berücksichtigung der Temperaturabhängigkeit der Wärmekapazität, und Sie müssen unterscheiden können zwischen wahrer und mittlerer spezifischer Wärmekapazität. Beherrschen müssen Sie auch den daraus resultierenden Umgang mit Wärmekapazitäten in der Praxis sowie die Berücksichtigung der Latentwärme.

3.1 Prozesse

Im vorangegangenen Kapitel haben wir Systeme, die sich in einem energetischen Beharrungszustand befinden, mit Hilfe der Zustandsgrößen beschrieben. Den Vorgang der Veränderung eines Zustandes bezeichnen wir als Prozess. Bei einem Prozess wird der Energieinhalt eines Systems verändert, d.h. das System geht von einem Zustand in einen anderen über. Dabei ist es meist auch von Bedeutung, unter welchen Randbedingungen dieser Prozess stattfindet. Die Veränderung des energetischen Inhalts wird durch die beiden Prozessgrößen Wärme und Arbeit herbeigeführt. Man bezeichnet sie auch als Energien beim Systemübergang. Dies bedeutet, immer wenn ein System verändert wird, ist Wärme oder Arbeit oder beides im Spiel. Wärme und Arbeit sind **keine** Zustandsgrößen, weil sie eine Veränderung bewirken. Die Quantifizierung von Wärme und Arbeit dient dazu, den Betrag der Energiezufuhr oder -abfuhr zu beschreiben.

An dieser Stelle sei darauf hingewiesen, dass das Internationale Einheitensystem (SI) mit der für alle Energieformen geltenden Einheitengleichung

$$\mathbf{1\,Nm = 1\,J = 1\,Ws} \tag{3.1}$$

die Umrechnung der Energieinhalte verschiedener Energieformen erheblich erleichtert, wobei für mechanische Arbeit meist die Einheit Nm, für elektrische Arbeit die Einheit Ws und für die Wärme die Einheit J verwendet wird.

Bevor wir uns den verschiedenen Prozessgrößen zuwenden, treffen wir folgende Vorzeichenvereinbarung:

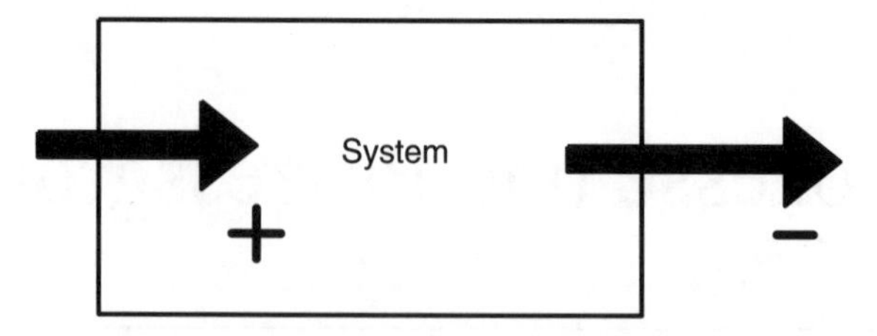

Abbildung 3-1: Vorzeichendefinition für Energieströme an Systemen

Die dem System zugeführten Energien sind vom Vorzeichen her positiv, die vom System abgegebenen Energien negativ.

Diese Vorzeichenregel wird zwar in den meisten Büchern verwendet, ist aber willkürlich und nicht bindend.

Hinweis Wenn Sie mehrere Bücher verwenden, prüfen Sie, ob alle die gleiche Vorzeichenregel verwenden, sonst kann es leicht zu Fehlern kommen. Im Bereich der Kraft- und Arbeitsmaschinen verwendet man gerne die umgekehrte Vorzeichenregel, denn dann ist der Betrachter außerhalb des Systems und interpretiert es als positiv, wenn die Maschine Energie abgibt.

3.1.1 Zustandsänderungen durch Prozesse

Wie bereits erwähnt, wird bei einem thermodynamischen Prozess der energetische Zustand eines Systems verändert. Dies geschieht durch äußere Einwirkungen, wie zum Beispiel Veränderung des Volumens oder Wärmezufuhr oder -abfuhr. Da sich bei jedem Prozess der Zustand des Systems ändert, durchläuft das System eine Zustandsänderung. Eine Zustandsänderung ist dadurch gekennzeichnet, dass man den Anfangszustand und den Endzustand kennt. Zur näheren Kennzeichnung eines Prozesses hingegen benötigen wir noch zusätzliche Informationen über das Verfahren und die näheren Umstände, unter denen die Zustandsänderung abläuft, z.B. konstantes Volumen (isochor), konstante Temperatur (isotherm) oder konstanter Druck (isobar).

Beispiel 3-1: *In einem Föhn wird Luft erwärmt, d.h. die Zustandsänderung verläuft isobar, weil vor und nach dem Föhn der gleiche Druck herrscht. Wenn sich auch ein gleichbleibender Luftstrom einstellt und die Temperaturen vor und nach dem Föhn sich zeitlich nicht verändern, haben wir einen stationären Prozess.*

Nichtstatische Zustandsänderung

Nichtstatische Zustandsänderungen sind Zustandsänderungen, die Nichtgleichgewichtszustände durchlaufen.

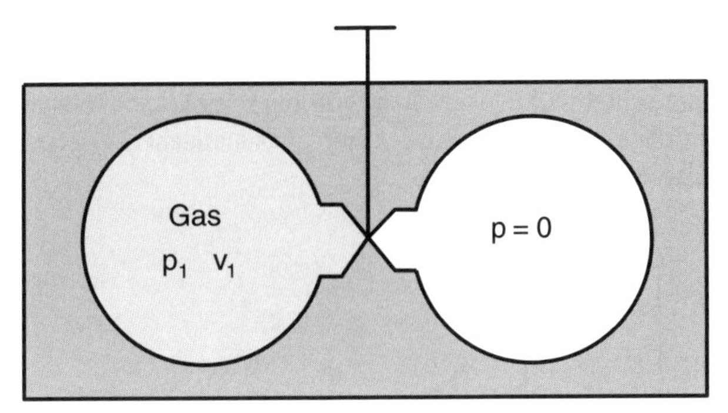

Abbildung 3-2: Nichtstatische Zustandsänderung

Betrachten wir ein System (siehe Abb. 3-2), das aus zwei Kammern besteht, die über ein absperrbares Ventil verbundenen sind. Zu Beginn befindet sich in der linken Kammer ein Gas im Zustand 1, in der rechten Kammer herrscht absolutes Vakuum, d.h. $p = 0$. Beim Öffnen des Hahnes strömt nun Gas von der linken in die rechte Kammer. Dabei bilden sich im Gas Wirbel sowie Druck-, Dichte- und Temperaturunterschiede aus. Alle Werte für p, v und T sind variabel. Das Gas befindet sich beim Überströmen nicht im Gleichgewichtszustand, obwohl es anfangs im Gleichgewichtszustand war.

Durch die thermische Zustandsgleichung, die ja nur für Gleichgewichtszustände gilt, lässt sich die nichtstatische Zustandsänderung nicht beschreiben. Deshalb kann man sie in einem thermodynamischen Diagramm nicht darstellen. Man kann nur den Anfangs- und den Endzustand, welche Gleichgewichtszustände sind, angeben, nicht jedoch die Zwischenzustände. Deshalb kann im Diagramm (Abb. 3-3) der genaue Verlauf der Zustandsänderung nicht eingezeichnet werden:

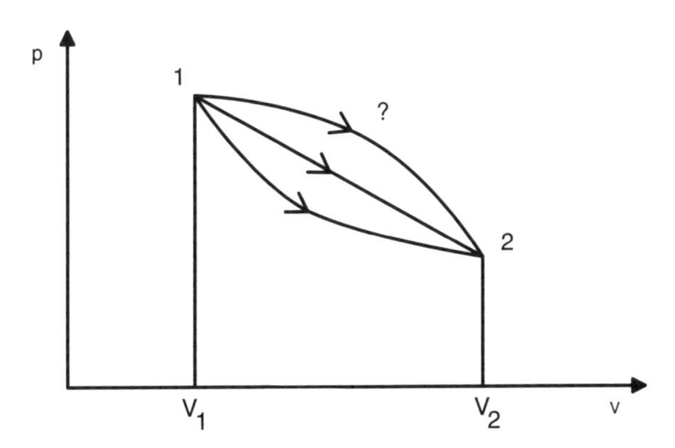

Abbildung 3-3: Nichtstatische Zustandsänderung im p,v-Diagramm

Quasistatische Zustandsänderung

Reihen sich mehrere Gleichgewichtszustände aneinander, so spricht man von einer quasistatischen Zustandsänderung. Bei genauerer Betrachtung ist eine quasistatische Zustandsänderung gar nicht möglich, sie ist ein idealisierter Grenzfall, in dem nicht exakt Gleichgewicht herrscht. Allerdings reicht die Beschreibung der Zustände durch die Zustandsgrößen gerade noch aus. Die mechanischen und thermischen Störungen im Gleichgewicht sind als vernachlässigbar klein anzusehen. Die Darstellung einer quasistatischen Zustandsänderung erfolgt durch eine stetige Kurve im p,v-Diagramm:

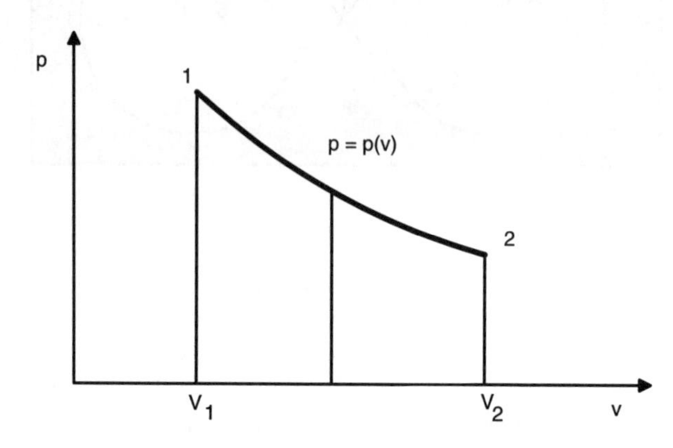

Abbildung 3-4: Quasistatische Zustandsänderung

Natürliche Prozesse

Als natürlichen Prozess bezeichnet man einen Prozess, in dem das System mindestens zu Beginn und zum Ende dieses Prozesses in einem Gleichgewichtszustand ist, über welchen sich genaue Aussagen machen lassen. Unter dieser Voraussetzung ist jeder Vorgang, der in der Natur auftritt oder in einer technischen Einrichtung abläuft, ein natürlicher Prozess, wenn das System aus einem definierten Anfangszustand in einen definierten Endzustand gebracht wird. Die Zwischenzustände brauchen keine Voraussetzungen zu erfüllen, wie etwa die des Gleichgewichtes.

Reversible und irreversible Prozesse

Reversible Prozesse sind Prozesse, die umkehrbar sind, d.h., dass man ein System, in dem ein Prozess abgelaufen ist, wieder in seinen Anfangszustand zurückbringen kann, ohne dass irgendwelche Änderungen in der Umgebung zurückbleiben.

Bleiben irgendwelche Änderungen in der Umgebung zurück, so ist der Prozess irreversibel, also nicht umkehrbar. Alle in der Natur oder Technik ablaufenden Prozesse der Energieumwandlung oder der Energieübertragung sind reibungsbehaftet, so dass die Energie nicht vollständig in die ursprünglich vorhandene Energieart zurückverwandelt werden kann. Sie sind also **irreversibel**. Darauf werden wir bei der Behandlung der Entropie noch näher eingehen.

Können die Verluste vernachlässigt werden, so lässt sich der Prozess umkehren und der Energiezustand zu Beginn des Prozesses wieder vollständig herstellen. Derartig idealisierte Prozesse bezeichnet man als **reversibel**. Wir setzen in der Thermodynamik häufig reversible Zustandsänderungen voraus, weil dies die Betrachtung der Vorgänge in einem System vereinfacht. So werden reibungsbehaftete Vorgänge meist als reibungsfrei definiert, um einfachere Formulierungen zu erhalten.

Stationäre und instationäre Prozesse

Es gibt Prozesse, bei denen Randbedingungen des Systems zeitlich konstant, d.h. durch eine andauernde äußere Einwirkung, aufrechterhalten werden. Einen solchen Vorgang nennen wir einen **stationären Prozess**:

Ein stationärer Prozess ist z.B. der Wärmefluss durch eine Wand mit konstantem Temperaturgefälle.

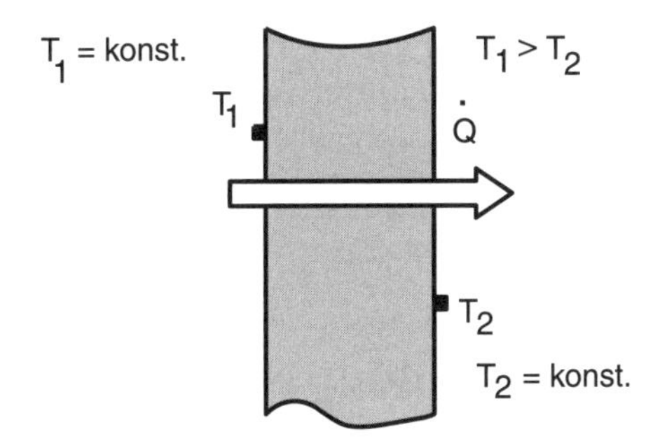

Abbildung 3-5: Wärmefluss durch eine Wand mit konstantem Temperaturgefälle

Speziell bei Strömungsvorgängen sind solche stationären Prozesse eine häufige Erscheinung (Abb. 3-6).

Man spricht von stationären **Fließprozessen**, wenn die Massenströme, die im System und die über die Systemgrenze fließen, zeitlich konstant sind:

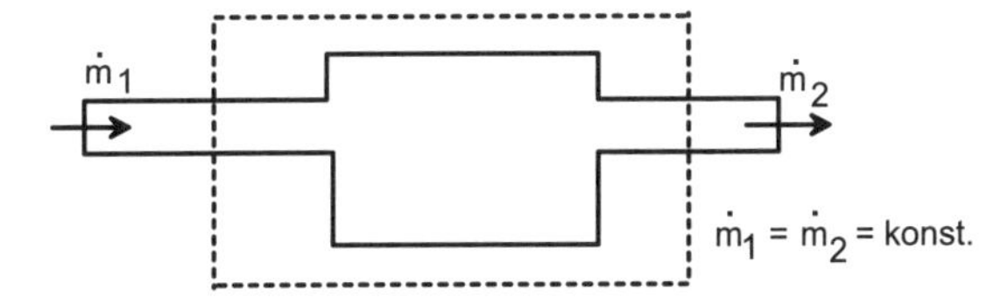

Abbildung 3-6: Stationärer Fließprozess

Instationär ist ein Strömungsvorgang, wenn die Massenströme zeitlich nicht konstant sind, z.B. das Auslaufen eines Behälters. Es ändert sich ständig die Höhe der Flüssigkeitssäule, die über der Auslaufmündung steht, und damit ist die Druckdifferenz an der Mündung nicht konstant.

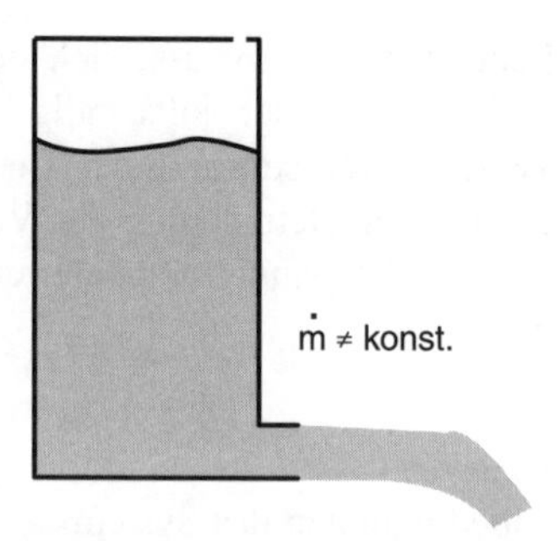

Abbildung 3-7: Instationärer Fließprozess

Zusammenfassung Nichtstatische Zustandsänderungen lassen sich nicht oder nur schwer beschreiben und lassen sich nicht in Zustandsdiagrammen darstellen. Deshalb werden quasistatische Zustandsänderungen als idealisierter Grenzfall eingeführt. Natürliche Prozesse befinden sich am Anfang und am Ende eines Prozesses im Gleichgewichtszustand. Alle natürlichen Prozesse sind irreversibel. Reversibel bedeutet umkehrbar, ohne dass Änderungen in der Umgebung zurückbleiben. Nur idealisierte Prozesse sind reversibel. Außerdem unterscheiden wir zwischen stationären und instationären Prozessen.

3.2 Der Energieerhaltungssatz

Wichtig für alle folgenden Betrachtungen ist der 1. Hauptsatz der Thermodynamik, der auch als Energieerhaltungssatz bekannt ist.

Der 1. Hauptsatz der Thermodynamik besagt:

In einem abgeschlossenen System ist die Energie konstant. Sie kann niemals aus Nichts entstehen und nicht vernichtet werden.

Folgerungen hieraus sind:

- Die Energie kann nur von einer Form in eine andere umgewandelt werden.
- Energie kann in einem Körper enthalten sein oder von einem Körper auf einen anderen übergehen.

Dieser Satz wurde 1842 von *Julius Robert Mayer (1814–1878)*, Arzt in Heilbronn, erstmals ausgesprochen und erleichtert den Umgang mit der Energie sehr. Das bedeutet, Energien können einfach addiert oder subtrahiert werden, ganz gleich, welche Energieformen vorliegen. Damit können Sie mit Energien genauso umgehen, wie Sie es vom Masseerhaltungssatz her gewöhnt sind. Die mathematische Formulierung des 1. Hauptsatzes erfolgt, nachdem die Prozessgrößen Wärme und Arbeit behandelt wurden.

Das bedeutet aber auch, dass das seit Urzeiten gesuchte Perpetuum mobile unmöglich ist. Das Perpetuum mobile ist eine Maschine, die, einmal angestoßen, ewig läuft und auch noch Arbeit abgibt. Es würde also stetig Energie entstehen, was nach dem 1. HS nicht möglich ist. In Unkenntnis darüber arbeiten seit Generationen Erfinder an solchen Maschinen – bis heute. In Abbildung 3-8 sehen Sie ein Perpetuum mobile als Antrieb für eine Schleiferei, es ist ein Entwurf von Jacopo de Strada (um 1580). Auch kein Geringerer als Leonardo da Vinci hat sich am Perpetuum mobile versucht.

Abbildung 3-8: Perpetuum mobile des Jacopo de Strada

3.3 Wärme, Wärmemenge, Wärmekapazität

Wird ein Körper beheizt oder kommt er in Kontakt mit einem wärmeren Körper, so wird dem Körper Energie zugeführt, die wir als Wärme bezeichnen. Wird ein Körper abgekühlt, so wird Wärme abgeführt. Um die Energiemenge zu quantifizieren, die dabei zu- oder abgeführt wird, führen wir die Wärmemenge Q ein.

Die Wärmemenge, die zur Erwärmung eines Körpers benötigt wird, wächst mit der Stoffmenge n, bzw. der Masse m und dem Betrag der Temperaturerhöhung ΔT. Es gilt also:

$$Q \sim m \cdot \Delta T$$

Als Einheit der Wärmemenge benutzt man das Joule J oder Kilo-Joule kJ = 1000 J.

$$1\ \text{J} = 1\ \text{Nm} = 1\ \text{Ws} \qquad 1\text{kJ} = 2{,}78 \cdot 10^{-4}\ \text{kWh}$$

(kWh ist eine typische Arbeitseinheit. Strom wird in dieser Einheit abgerechnet.)

Bezieht man die absolute Wärmemenge auf die Masse m des Körpers, erhält man die spezifische Wärmemenge q:

$$q = \frac{Q}{m} \quad \frac{\text{J}}{\text{kg}} \tag{3.2}$$

Zusammenfassung Die Wärme ist eine Prozessgröße und keine Zustandsgröße. Der Energiebetrag wird als Wärmemenge Q bezeichnet. Die Wärmemenge ist proportional zur Stoffmenge und dem Betrag der Temperaturerhöhung.

3.3.1 Spezifische Wärmekapazität c

Die Wärmemenge, die erforderlich ist, um eine Stoffmenge um einen bestimmten Temperaturbetrag zu erhöhen, hängt auch vom Stoff selbst ab. Um diesen stoffabhängigen Faktor bei der Berechnung der Wärmemenge zu berücksichtigen, führen wir die spezifische Wärmekapazität c ein. Sie gibt an, welche Wärmemenge nötig ist, um 1 Kilogramm eines Stoffes um ein Kelvin zu erwärmen. Die spezifische Wärmekapazität c wird in kJ/kgK angegeben. Die Wärmemenge kann nun mit:

$$Q = m \cdot c \cdot \Delta T \quad \text{berechnet werden.} \tag{3.3}$$

Durch Messungen wurde ermittelt, dass bei einem Stoff in verschiedenen Temperaturbereichen und in verschiedenen Aggregatzuständen auch verschiedene Wärmemengen bei gleichen Temperaturunterschieden zugeführt werden müssen. Ebenso hat man festgestellt, dass es bei kompressiblen Medien eine Rolle spielt, ob die Wärme bei konstantem Volumen oder bei konstantem Druck zugeführt wird.

Die spezifische Wärmekapazität c ist abhängig vom Stoff, vom Aggregatzustand des Stoffes und ist eine Funktion der Temperatur und des Druckes: $c = c$ (Stoff, Aggregatzustand, T, p, v)

Man unterscheidet daher bei Gasen (kompressible Medien) zwischen der spezifischen Wärmekapazität bei konstantem Druck c_p und bei konstantem Volumen c_v.

Für feste Körper ist die spezifische Wärmekapazität nur vom Stoff und von der Temperatur abhängig, $c = c(\text{Stoff}, T)$, d.h. $\boldsymbol{c = c_p = c_v}$. Flüssige Stoffe sind zusätzlich noch vom Druck abhängig: $c = c(\text{Stoff}, T, p)$. Zum Beispiel verändert sich der Siedepunkt von Wasser mit dem Druck.

Wie bereits erwähnt, ist die spez. Wärmekapazität nicht konstant. Sie muss also, um wärmetechnische Berechnungen durchführen zu können, als Funktion der Parameter bekannt sein, z.B. aus Tabellen oder Diagrammen. Für numerische Lösungsverfahren auf dem Computer eignen sich Polynome, wie sie z.B. in [5] angegeben sind. Die Tabelle 3-1 gibt die Koeffizienten für das Polynom

$$c_p = A + B \cdot T + C \cdot T^2 + D \cdot T^3 \tag{3.4}$$

für sieben Flüssigkeiten an. Das Polynom ist in den Grenzen von T_1 bis T_2 gültig.

Tabelle 3-1: spezifische Wärmekapazität c_p als Funktion von T für einige Flüssigkeiten bei 0,1 MPa. Gültigkeitsbereich und Koeffizienten für Formel 3.4. Aus [29].

Stoff	T_1 in K	T_2 in K	A in kJ/kgK	$B \times 10^{-4}$ in K^{-1}	$C \times 10^{-5}$ in K^{-2}	$D \times 10^{-8}$ in K^{-3}
Wasser H_2O	273	373	8,945	–405,1	11,24	–10,13
Ammoniak NH_3	197	377	–3,787	948,5	–37,31	50,6
Ethylalkohol C_2H_5OH	158	383	2,110	–20,15	–0,386	4,786
Propan C_3H_8	89	230	1,811	16,39	–0,913	4,305
Kohlendioxid CO_2	223	283	–195,1	24463	–1014	1402
Methanol CH_3OH	181	383	2,436	–15,72	–0,702	4,444
Methan CH_4	95	150	6,349	–717,5	51,8	–97,97

Beispiel 3-2: *Berechnen Sie c_p von Wasser bei 20 °C.*

$8{,}945 \text{ kJ/kgK} - 405{,}1 \cdot 10^{-4} \text{ K}^{-1} \cdot 293\text{K} + 11{,}24 \cdot 10^{-5} \text{ K}^{-2} \cdot (293\text{K})^2 - 10{,}13 \cdot 10^{-8} \text{ K}^{-3} \cdot (293\text{K})^3$
$= 4{,}177 \text{ kJ/kgK}$

Der gemessene Wert wird mit 4,182 kJ/kgK angegeben. Mit einem Fehler von 0,12 % ist das Polynom ausreichend genau!

Alle Werte der spez. Wärmekapazität, die auf der **Funktionskurve $\boldsymbol{c = f(T)}$** liegen, bezeichnet man als **wahre spezifische Wärmekapazität**. Will man nun die Wärmemenge bestimmen, die in einem Temperaturbereich zu- oder abzuführen ist, so muss man die Wärmemengen je Temperaturschritt summieren und erhält mit

$$q_{1,2} = \int_{T_1}^{T_2} c \cdot dT \qquad \text{kJ/kg} \quad \text{die spez. Wärmemenge} \qquad (3.5)$$

und mit $$Q_{1,2} = m \cdot q_{1,2} = m \cdot \int_{T_1}^{T_2} c \cdot dT \qquad \text{kJ} \quad \text{die Wärmemenge.} \qquad (3.6)$$

Im folgenden Diagramm ist ein beliebiger Verlauf für $c = f(T)$ angenommen. Die spez. Wärmemenge ist darin als Fläche unter der Kurve direkt sichtbar und kann durch ausplanimetrieren ohne Kenntnis der Funktionsgleichung von c ausgemessen werden (Abb. 3-9).

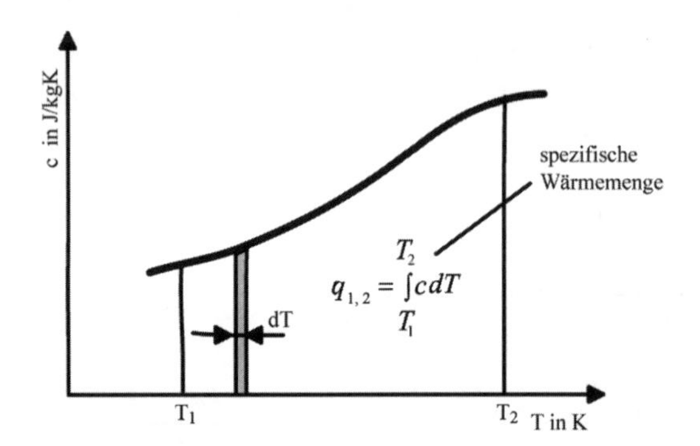

Abbildung 3-9: Beliebiger Verlauf für c = f (T)

Angenommen $c = f(T)$ verläuft geradlinig, so ist das arithmetische Mittel der genaue Mittelwert für das Temperaturintervall (Abb. 3-10). Bei kleinen Temperaturintervallen und geringen Krümmungen der Funktionskurve kann dies mit ausreichender Genauigkeit angenommen werden.

$$c_m \Big|_{T_1}^{T_2} = \frac{c_{T_1} + c_{T_2}}{2} \qquad (3.7)$$

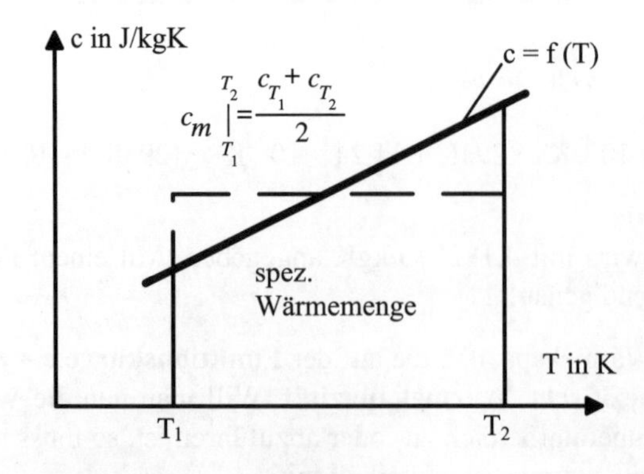

Abbildung 3-10: Mittlere spez. Wärmekapazität bei linearem Verlauf

In anderen Fällen muss man über die spez. Wärmemenge (Fläche) eine mittlere spez. Wärmekapazität $c_m \Big|_{T_1}^{T_2}$ für das Temperaturintervall errechnen:

$$q_{1,2} = \int_{T_1}^{T_2} c \cdot dT = c_m \Big|_{T_1}^{T_2} \cdot (T_2 - T_1) \tag{3.8}$$

daraus folgt:

$$c_m \Big|_{T_1}^{T_2} = \frac{\int_{T_1}^{T_2} c \cdot dT}{(T_2 - T_1)} \quad \frac{\text{kJ}}{\text{kgK}} \tag{3.9}$$

Setzt man in diese Gleichung als Grenzen 0 °C und ϑ ein, so erhalten wir die Definitionsgleichung für die mittlere spez. Wärmekapazität von 0 °C bis ϑ:

$$c_m \Big|_{0}^{\vartheta} = \frac{\int_{0}^{\vartheta} c \cdot d\vartheta}{\vartheta} \quad \frac{\text{kJ}}{\text{kgK}} \tag{3.10}$$

Die Werte für $c_m \Big|_{0}^{\vartheta}$ sind in Tabellenwerken zu finden. Die Tabelle 3-2 ist ein Auszug aus [15], Seite 282, Tafel 6.

Tabelle 3-2: mittlere spezifische Wärmekapazitäten c_{pm} von 0 bis ϑ für einige Gase bei 0,1 MPa [15] in kJ/kgK

ϑ [°C]	H_2	N_2	O_2	Luft	CO	CO_2	SO_2
0	14,2	1,039	0,9150	1,004	1,039	0,8169	0,607
100	14,34	1,041	0,9227	1,007	1,041	0,8673	0,637
200	14,42	1,042	0,9351	1,012	1,046	0,9118	0,663
300	14,45	1,048	0,9496	1,019	1,054	0,9505	0,687
400	14,48	1,055	0,9646	1,029	1,064	0,9846	0,707
600	14,54	1,075	0,9922	1,050	1,087	1,0417	0,740
800	14,64	1,096	1,0154	1,071	1,110	1,0875	0,765
1000	14,78	1,116	1,0347	1,091	1,131	1,1248	0,784

Zwischenwerte in der Tabelle werden durch lineare Interpolation gebildet!

Beispiel 3-3: *c_{pm} von CO_2 von 0 °C bis 45 °C*

$c_{pm,45\,°C} = (c_{pm,100\,°C} - c_{pm,0\,°C}) \cdot 45\,°C/100\,°C + c_{pm,0\,°C} =$
$(0{,}8673 - 0{,}8169) \cdot 45\,°C/100\,°C + 0{,}8169$
$c_{pm,45\,°C} = 0{,}8396$ kJ/kgK.

Tabelle 3-3: mittlere spezifische Wärmekapazitäten c_{pm} von 0 bis ϑ für einige Metalle [15] in kJ/kgK

ϑ [°C]	Al, rein	Cu, rein	Ag	Fe, rein	Grauguss (GG), Mittelwert	Stahl, 0,6 % C
0	0,90	0,38	0,22	0,460	0,51	0,472
100	0,91	0,39	0,23	0,463	0,54	0,485
300	0,95	0,40	0,24	0,468	0,57	0,510
500	0,99	0,41	0,25	0,472	0,59	0,548

Über die spezifischen Wärmen $q_{1,2} = c_m \Big|_0^{\vartheta} \cdot \vartheta$ lässt sich dann relativ einfach die mittlere spez. Wärmekapazität im Intervall von ϑ_1 bis ϑ_2 ermitteln:

$$c_m \Big|_{\vartheta_1}^{\vartheta_2} = \frac{c_m \Big|_0^{\vartheta_2} \cdot \vartheta_2 - c_m \Big|_0^{\vartheta_1} \cdot \vartheta_1}{\vartheta_2 - \vartheta_1} \quad \frac{\text{kJ}}{\text{kgK}} \tag{3.11}$$

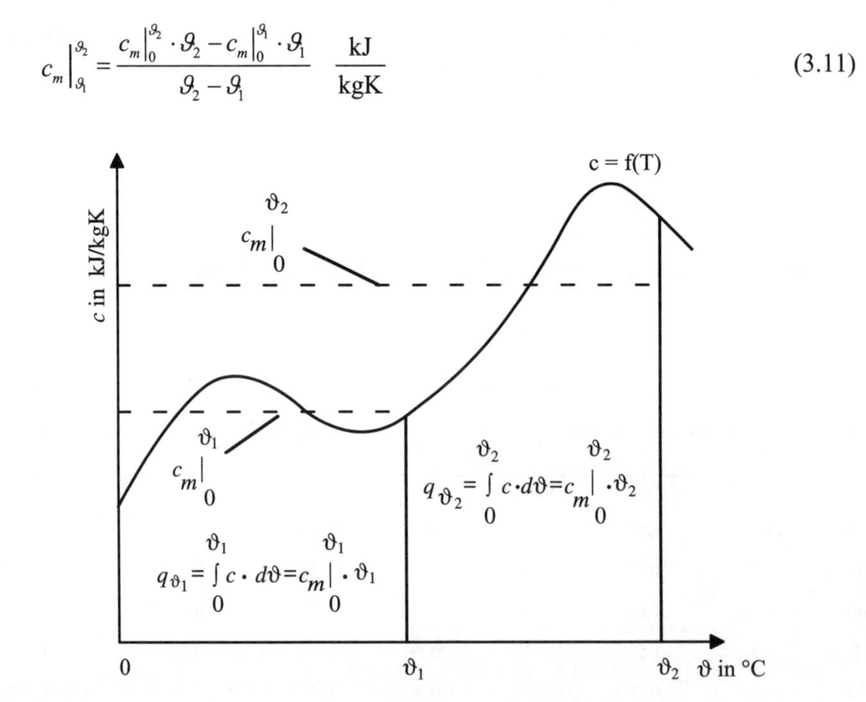

Abbildung 3-11: Ermittlung der mittleren spez. Wärmekapazität zwischen den Temperaturen ϑ_1 und ϑ_2

In Abbildung 3-11 ist veranschaulicht, worin der Unterschied zwischen der wahren und der mittleren spez. Wärmekapazität besteht und wie das Verfahren der Berechnung für ein Temperaturintervall funktioniert. Die gekrümmte Kurve soll den Verlauf der wahren spez. Wärmekapazität darstellen. Das Integral von 0 °C bis ϑ_1 in °C gebildet und durch ϑ_1 dividiert ergibt eine mittlere spezifische Wärmekapazität von 0 °C bis ϑ_1 in °C. Dies entspricht dem Rechteck über 0 bis ϑ_1 und gilt ebenso im Intervall 0 °C bis ϑ_2. Zieht man nun die Flächen der beiden Rechtecke voneinander ab, so erhält man eine Restfläche. Diese Restfläche entspricht der spezifischen Wärmemenge zwischen ϑ_1 und ϑ_2. Dividiert man nun wiederum diese Fläche durch das Intervall ($\vartheta_2 - \vartheta_1$), dann erhält man die mittlere spez. Wärmekapazität zwischen ϑ_1 und ϑ_2 (siehe Gleichung 3.11). Aus der Grafik ist auch zu sehen, dass diese mittlere spez. Wärmekapazität zwischen ϑ_1 und ϑ_2 größer sein kann als die mittlere spez. Wärmekapazität zwischen 0 bis ϑ_1 und 0 bis ϑ_2. Es handelt sich in diesem Fall um keine arithmetische Mittelwertbildung und um keine Interpolation!

Beispiel 3-4: *Berechnen Sie die mittlere spez. Wärmekapazität von Luft von 100 °C bis 300 °C*

$$c_{m,\,Luft}\Big|_{100}^{300} = \frac{1{,}019\,\frac{\text{kJ}}{\text{kgK}}\cdot 300\,°\text{C} - 1{,}007\,\frac{\text{kJ}}{\text{kgK}}\cdot 100\,°\text{C}}{300\,°\text{C} - 100\,°\text{C}} = 1{,}025\,\frac{\text{kJ}}{\text{kgK}}$$

Wie vorher geschildert, ist das Ergebnis größer als die beiden Ausgangswerte!

> **Hinweis** In der Regel wird für überschlägige Berechnungen mit konstanten spezifischen Wärmekapazitäten gerechnet. Rechnen Sie daher in allen Übungsbeispielen mit konstanten spezifischen Wärmekapazitäten, außer es wird ausdrücklich eine andere Verfahrensweise verlangt.

3.3.2 Spezifische Wärmekapazitäten von festen und flüssigen (gasförmigen) Stoffen in der Anwendung

Feste Stoffe

Die spez. Wärmekapazität von festen Körpern und insbesondere von metallischen Werkstoffen nimmt mit der Temperatur zu. Dabei kommt es in manchen Temperaturbereichen zu sprunghaften Änderungen der spez. Wärmekapazität, was durch innere Umwandlungen verursacht wird. In dem nachfolgenden Bild (Abb. 3-12) sehen Sie den Verlauf der wahren spez. Wärmekapazität von Eisen über der Temperatur:

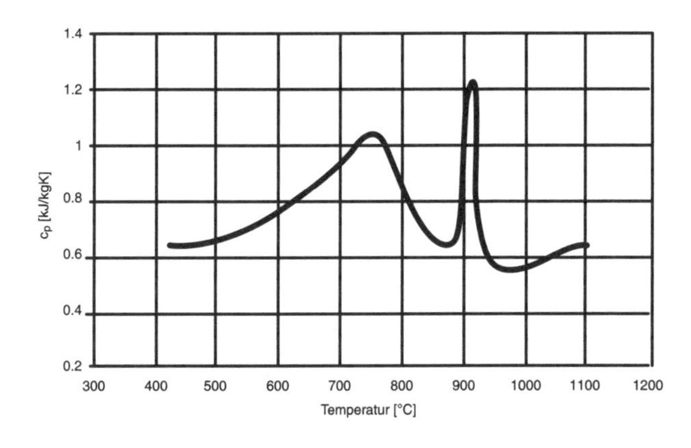

Abbildung 3-12: Verlauf der wahren spezifischen Wärmekapazität von Eisen. Bei 755 °C magnetischer Umwandlungspunkt (Curie-Punkt), bei 915 °C Umwandlung von β- in γ-Eisen

Abbildung 3-13 zeigt den Verlauf der spez. Wärmekapazität von Gusseisen bei verschiedenen Legierungszusammensetzungen (nach *F. Morawe*).

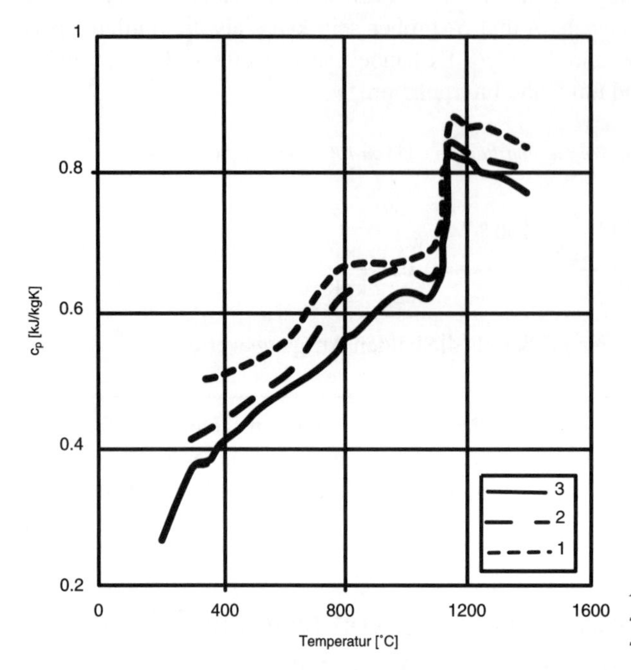

Abbildung 3-13: Verlauf der wahren spezifischen Wärmekapazität von unterschiedlich legiertem Gusseisen

Tabelle 3-4: Legierungsbestandteile der drei verschiedenen Gusseisenarten aus Abb. 3-13.

Kurve	C	Si	Mn	P	S	
1	3,71	1,50	0,63	0,147	0,069	%
2	3,72	1,41	0,88	0,540	0,078	%
3	3,61	2,02	0,80	0,890	0,080	%

Hieraus ist ersichtlich, dass metallische Stoffe stark durch ihre Legierungsbestandteile beeinflusst werden. Seien Sie also vorsichtig mit irgendwelchen Werten, die für Überbegriffe wie Gusseisen, Stahl oder Messing angegeben werden, wenn Sie exakte Berechnungen durchführen müssen.

Flüssige Stoffe

Bei Flüssigkeiten sind die spezifischen Wärmekapazitäten wegen ihres verwickelteren inneren Gefüges (mehr Freiheitsgrade) größer als bei reinen festen Stoffen. Achten Sie wegen der Druckabhängigkeit auf die Angabe, bei welchen Drücken die Werte gelten. Wasser ist nämlich bei 2 MPa und 100 °C durchaus noch flüssig, während es bei gleicher Temperatur und 0,08 MPa bereits dampfförmig ist.

Tabelle 3-5: Wahre spez. Wärmekapazität von Wasser als Flüssigkeit bei 980 hPa.

Temperatur in °C	wahre spez. Wärmekapazität in kJ/kgK
0	4,2119
20	4,1809
60	4,1901
100	4,2287

3.3.3 Mischungstemperatur

Mischt man Flüssigkeiten unterschiedlicher Temperatur oder bringt man feste Körper mit Flüssigkeiten bzw. Gasen unterschiedlicher Temperatur zusammen, ohne dass Wärme dabei an die Umgebung abgegeben wird, so wird sich nach einiger Zeit ein thermisches Gleichgewicht einstellen, d.h., alle beteiligten Stoffe nehmen die gleiche Temperatur, die Mischungstemperatur, an, wobei die abgegebenen Energiemengen, sprich Wärmemengen, der beteiligten Komponenten in der Regel unterschiedlich sind. Es gilt jedoch:

$$|\sum Q_{ab}| = \sum Q_{zu} \qquad (3.12)$$

Angenommen, zwei Komponenten, die gemischt werden sollen, befinden sich in einem abgeschlossenen System, so muss wegen des 1. HS gelten:

Summe der thermischen Energien **vor** der Mischung = Summe der thermischen Energien **nach** der Mischung

Damit gilt:

$$m_1 \cdot c_1 \cdot \vartheta_1 + m_2 \cdot c_2 \cdot \vartheta_2 = (m_1 \cdot c_1 + m_2 \cdot c_2) \cdot \vartheta_m \qquad (3.13)$$

dabei ist ϑ_m die Mischungstemperatur. Löst man nach dieser auf, erhält man:

$$\vartheta_m = \frac{m_1 \cdot c_1 \cdot \vartheta_1 + m_2 \cdot c_2 \cdot \vartheta_2}{m_1 \cdot c_1 + m_2 \cdot c_2} \qquad (3.14)$$

Ist zum Beispiel die spez. Wärmekapazität von einem der Stoffe vor der Mischung unbekannt, so lässt sich diese mit Hilfe einer Mischung bestimmen. Aus der oben genannten Bilanz gilt:

$$m_1 \cdot c_1 \cdot \vartheta_1 + m_2 \cdot c_2 \cdot \vartheta_2 = (m_1 \cdot c_1 \cdot \vartheta_m + m_2 \cdot c_2 \cdot \vartheta_m) \qquad (3.15)$$

nach c_2 umgestellt erhält man:

$$c_2 = \frac{m_1 \cdot c_1 \cdot (\vartheta_1 - \vartheta_m)}{m_2 \cdot (\vartheta_m - \vartheta_2)} \tag{3.16}$$

Ein Gerät, das unter Ausnutzung dieser Regel zur Bestimmung von spez. Wärmekapazitäten benutzt wird, nennt man **Kalorimeter** (Abb. 3-14).

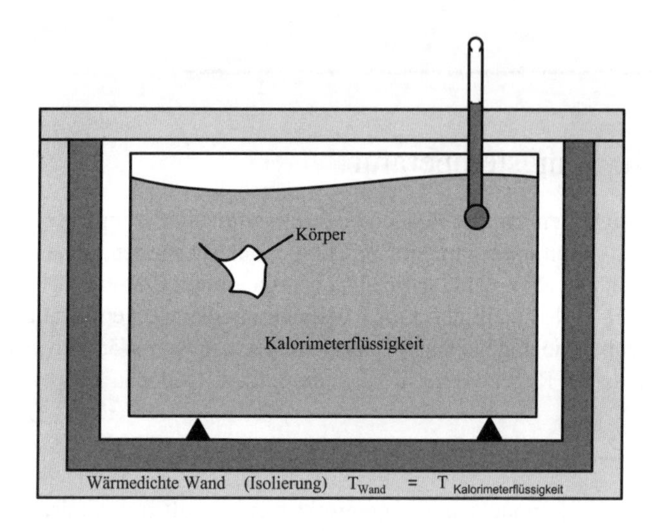

Abbildung 3-14: Kalorimeter

Bei all diesen Vorgängen ist zu beachten, dass die spez. Wärmekapazitäten temperaturabhängig sind und deshalb bei großen Temperaturänderungen der beteiligten Komponenten diese Eigenschaft berücksichtigt werden muss (siehe Beispiel 3-5, iterative Lösung).

Beispiel 3-5: *In einem Bad von m_1 = 30 kg Öl mit einer mittleren spez. Wärmekapazität von 1,7 kJ/kgK und einer Temperatur von ϑ_1 = 20 °C wird ein Stück Stahl, 0,6 % C mit der Masse m_2 = 6,2 kg abgekühlt. Die Temperatur des Bades steigt dadurch auf 55 °C.*

Welche Temperatur hatte das Stahlstück vor dem Abkühlen? Die mittlere spez. Wärmekapazität ist aus Tabelle 3-3 zu entnehmen; sollte der Temperaturbereich nicht ausreichend sein, ist die Wertetabelle zu extrapolieren.

$c_{mSt}\Big|_{\vartheta_m}^{\vartheta_2} = ?$ *1. Annahme:* $\vartheta_2 = 500\ °C$ $c_{mSt}\Big|_0^{500} = 0{,}548\ \text{kJ/kgK}$

$$Q_{zu} = Q_{ab}\ ; \quad m_1 \cdot c_{mÖl}\Big|_{\vartheta_1}^{\vartheta_m} \cdot (\vartheta_m - \vartheta_1) = m_2 \cdot c_{mSt}\Big|_{\vartheta_m}^{\vartheta_2} \cdot (\vartheta_2 - \vartheta_m)$$

$$\vartheta_2 = \frac{m_1 \cdot c_{mÖl}\Big|_{\vartheta_1}^{\vartheta_m} \cdot (\vartheta_m - \vartheta_1)}{m_2 \cdot c_{mSt}\Big|_0^{\vartheta_2}} + \vartheta_m\ ; \quad \vartheta_2 = \frac{30\,\text{kg} \cdot 1{,}7\,\text{kJ} \cdot (55\ °C - 20\ °C) \cdot \text{kgK}}{\text{kgK} \cdot 6{,}2\,\text{kg} \cdot 0{,}548\,\text{kJ}} + 55\ °C \approx 580\ °C$$

1. Schritt: *genauerer Wert für:* $c_{mSt}\Big|_{\vartheta_m}^{\vartheta_2} = \dfrac{c_m\Big|_0^{\vartheta_2} \cdot \vartheta_2 - c_m\Big|_0^{\vartheta_m} \cdot \vartheta_m}{\vartheta_2 - \vartheta_m}$

$c_m\Big|_0^{\vartheta_2}$ *durch Extrapolieren:* $0,510 + \dfrac{0,548 - 0,510}{200} \cdot 280 = 0,5632 \dfrac{kJ}{kgK}$

$c_m\Big|_0^{\vartheta_m}$ *durch Interpolieren:* $0,472 + \dfrac{0,485 - 0,472}{100} \cdot 55 = 0,4792 \dfrac{kJ}{kgK}$

$c_{mSt}\Big|_{\vartheta_m}^{\vartheta_2} = \dfrac{c_m\Big|_0^{\vartheta_2} \cdot \vartheta_2 - c_m\Big|_0^{\vartheta_m} \cdot \vartheta_m}{\vartheta_2 - \vartheta_m} = 0,572\,;$ $\vartheta_2 = 558\ °C$

2. Schritt: *neues* $c_{m2}\Big|_{\vartheta_m}^{558} = 0,5677$ kJ/kgK → $\vartheta_2 = 562\ °C$

3. Schritt: *neues* $c_{m2}\Big|_{\vartheta_m}^{562} = 0,560$ kJ/kgK → $\vartheta_2 = 569\ °C$

4. Schritt: *neues* $c_{m2}\Big|_{\vartheta_m}^{569} = 0,561$ kJ/kgK → $\vartheta_2 = 568\ °C$

Daraus ist ersichtlich, dass die Berücksichtigung der Temperaturabhängigkeit der spez. Wärmekapazität sehr schnell in Arbeit ausarten kann und deshalb dem Computer zu überlassen ist. Deshalb wird in Übungen und Beispielen meist mit konstanten spez. Wärmekapazitäten gearbeitet. ***Bei genauen Berechnungen ist das nicht erlaubt!***

3.3.4 Schmelz- und Verdampfungsenthalpie

Moleküle von Stoffen treten im Wesentlichen in drei verschiedenen Bindungsarten untereinander auf: Sie bilden feste Körper, sind Flüssigkeiten oder sind wie bei Gasen sogar bindungslos. Wir sprechen von den Aggregatzuständen:

fest, flüssig, gasförmig.

Die Umwandlung von einem Aggregatzustand in einen anderen erfolgt bei bestimmten Temperaturen. Die Temperatur, bei der ein Körper vom festen in den flüssigen Zustand übergeht, nennt man den **Schmelzpunkt** und den Übergang vom flüssigen in den gasförmigen Zustand den **Siedepunkt.**

Dabei bleibt die Temperatur bei weiterer Wärmezufuhr so lange konstant (Haltepunkt), bis der gesamte Stoff in den anderen Aggregatzustand übergeführt ist. Die beiden Übergangspunkte sind vom Umgebungszustand abhängig. So ist z.B. der Siedepunkt des Wassers 100 °C bei p_{amb} = 0,101325 MPa und der Schmelzpunkt 0 °C. Erhöht man den Druck, so erstarrt das Wasser zu Eis bei niedrigeren Temperaturen und fängt erst bei höheren Temperaturen an zu sieden. Die meisten Stoffe besitzen im flüssigen Zustand einen größeren Rauminhalt als im festen. Wasser und Wismut verhalten sich teilweise gerade umgekehrt. Auf das Verhalten von Wasser wird in Abschnitt 6.2.1 noch genauer eingegangen.

In umgekehrter Richtung erfolgt die Umwandlung bei genau den gleichen Temperaturen (gleicher Umgebungsdruck vorausgesetzt).

Da während der Übergänge in andere Aggregatzustände die Temperatur konstant bleibt, können diese Erscheinungen nicht über die spez. Wärmekapazität ($Q = m \cdot c \cdot \Delta\vartheta$) berechnet werden, da $\Delta\vartheta = 0$ ist. Man bezeichnet daher die Wärmemengen, die zum Schmelzen und Verdampfen notwendig sind, auch als latente (verborgene) Wärmemengen. Die Fachbegriffe für diese Wärmemengen lauten in der Thermodynamik: Schmelzenthalpie und Verdampfungsenthalpie (der Ausdruck Enthalpie wird in 4.4.2 erläutert). Im Gegensatz dazu sprechen wir von der fühlbaren oder sensiblen Wärmemenge, wenn eine Temperaturänderung bei Zu- oder Abfuhr von Wärme erfolgt. Jene latenten Wärmemengen sind für unterschiedliche Stoffe verschieden. Die Schmelzenthalpien sind nur wenig vom Druck abhängig. Dagegen sind die notwendigen Verdampfungsenthalpien sehr stark vom Druck, bei dem diese Vorgänge ablaufen, abhängig. Diese Eigenschaften sind in der Verfahrenstechnik und in der Kälte- und Klimatechnik von besonderem Interesse. Hier einige Werte:

Tabelle 3-6: Schmelz- und Verdampfungsenthalpie bei entsprechenden Temperaturen und 0,1 MPa

Stoff	Schmelztemperatur in °C	Schmelzenthalpie in kJ/kg	Siedetemperatur in °C	Verdampfungsenthalpie in kJ/kg
Aluminium	658	386	2500	10800
Reineisen	1530	428	2730	6300
Silber	960	105	2170	2330
Glyzerin	20	200	290	828
Benzol	5,5	126	80	395
Wasser	0	332	99,6	2256
Quecksilber	–38,84	11,6	356,6	295
Methanol	–98	99,2	65	1109

Zusammenfassung 3.3.1 bis 3.3.4 Die spezifische Wärmekapazität ist eine Größe, die von mehreren Faktoren abhängt. Sie nimmt für jeden Stoff individuelle Werte an. Diese Werte sind von der Temperatur, vom Aggregatzustand des Stoffes, vom Druck und vom spez. Volumen abhängig. Bei Flüssigkeiten und festen Körpern sind die Abhängigkeiten eingeschränkt. Wir unterscheiden zwischen wahrer spezifischer Wärmekapazität und mittlerer spezifischer Wärmekapazität in einem Temperaturintervall. Es gibt für beides Tabellen, daher sind die Werte unbedingt auseinander zu halten. Für Legierungen und Mehrstoffgemische sind für genaue Werte Angaben zu den Bestandteilen nötig. Bei Temperaturänderungen, die über den Aggregatzustandswechsel eines Stoffes hinausgehen, sind die latenten Wärmemengen zu berücksichtigen.

Kontrollfragen 3.1–3.3

1. Was beschreiben Prozessgrößen und was Zustandsgrößen?
2. Wie lautet die Vorzeichenregel für Prozessgrößen?
3. Was ist eine quasistatische Zustandsänderung?
4. Was bedeutet in der Thermodynamik reversibel?
5. Gibt es in der Natur reversible Zustandsänderungen?
6. Ist das Auslaufen einer Flüssigkeit aus einem Behälter mit konstantem Druck am Auslauf ein stationärer oder ein instationärer Prozess?
7. Gegen welchen Grundsatz der Thermodynamik verstößt der umgangssprachliche Begriff „Energieerzeuger“?
8. Von welchen Größen hängt die spezifische Wärmekapazität eines Stoffes ab?
9. Was ist der Unterschied zwischen wahrer und mittlerer Wärmekapazität bei der Temperatur ϑ?
10. Warum kann die Formel $Q = m \cdot c \cdot \Delta\vartheta$ nicht für die Berechnung bei Aggregatzustandsänderungen benutzt werden?
11. Die Verdampfungsenthalpie von Wasser beträgt 2256 kJ/kg. Welche Angabe fehlt hier?

Übungen

1. Einem Stahlstück von 2 kg Masse wird eine Wärmemenge von 33,5 kJ zugeführt. Die Temperatur steigt dabei auf 45 °C. Wie hoch war die Anfangstemperatur, wenn eine mittlere spez. Wärmekapazität c_m = 0,473 kJ/kgK in diesem Temperaturintervall für Stahl festgestellt worden ist?

2. 500 g Stahl (c_m = 0,716 kJ/kgK) von 800 °C werden in 10 kg Wasser (c_m = 4,19 kJ/kgK) von 15 °C abgeschreckt. Es wird angenommen, dass die spez. Wärmekapazität unverändert bleibt. Wie hoch steigt die Temperatur des Wassers, wenn der Temperaturausgleich ohne Wärmeabgabe an die Umgebung erfolgt?

3. Ein Stück Metall mit einer Masse von 225 g wird auf 100 °C erwärmt und in ein Messing-Kalorimeter (c_m = 0,385 kJ/kgK) mit der Masse von 200 g gebracht. Die Wassermasse (c_m = 4,19 kJ/kgK) im Kalorimeter beträgt 450 g. Anfangstemperatur ist 15 °C, die erreichte Mischungstemperatur beträgt 19,4 °C. Wie hoch ist die spez. Wärmekapazität des Metalls? Das Kalorimeter befindet sich in einem masselosen wärmedichten Behälter.

4. In einer Abgasabsauganlage wird bei konstantem Druck von 1 bar Abgas von 900 °C abgesaugt. Der Ventilator der Absaugung hält maximal eine Gastemperatur von 300 °C aus, deshalb muss Luft mit 20 °C zugemischt werden. $c_{p,Luft}$ = 1004,5 J/kgK. $c_{p,Abgas}$ = 1104,3 J/kgK. Welcher Massenstrom an Abgas kann pro Minute abgesaugt werden, wenn das Gebläse einen Gesamtmassenstrom von 6 kg/min befördern kann? Rechnen Sie mit konstanten spez. Wärmekapazitäten!

5. In einen Kühlschrank werden 20 Flaschen Bier mit 0,5 l Füllvolumen und einer homogenen Temperatur von 25 °C gestellt. Im Kühlschrank befindet sich dann noch ein Luftvolumen von 1,2 m³ mit einem Druck von 1010 hPa. Luft und Flaschen stehen zu Beginn im thermischen Gleichgewicht. $c_{v,Luft}$ = 717,5 J/kgK, $R_{i,Luft}$= 287 J/kgK. Das Glas einer Flasche wiegt 380 g und hat eine spezifische Wärmekapazität von 830 J/kgK. Das Bier hat bei 25 °C ein spez. Volumen von 0,0009852 m³/kg und eine spezifische Wärmekapazität von 3,25 kJ/kgK. Rechnen Sie mit konstanten spez. Wärmekapazitäten! Wie lange braucht der Kühlschrank um den Inhalt auf 8 °C abzukühlen, wenn die Wärmeabfuhr aus dem Kühlschrank 200 W beträgt. Die Wände des Kühlschranks sind adiabat und gasdicht. Im Kühlschrank sind alle Temperaturen homogen.

6. Aus einem Motor ist ein Wärmestrom von 80 kW mit dem Kühlmittel abzuführen (siehe Skizze). Das Kühlmittel strömt mit 92 °C aus dem Motor aus. Der Gesamtkühlmittelmassenstrom, der über den Motor geht, beträgt konstant 10800 kg/h. Die spezifische Wärmekapazität des Kühlmittels beträgt konstant 3333 J/kgK. Wie groß muss die Eintrittstemperatur des Kühlmittels in den Motor sein? Wie müssen die Kühlmittelströme am 3-Wegeventil aufgeteilt werden, wenn sich der Massenstrom, der am Kühler vorbei direkt wieder zum Mischpunkt geführt wird, in den Schläuchen auf 90 °C und der Massenstrom, der über den Kühler geht, auf 76 °C bis kurz vor dem Mischpunkt abkühlt.

Skizze zu Übung 3-6:

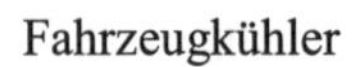

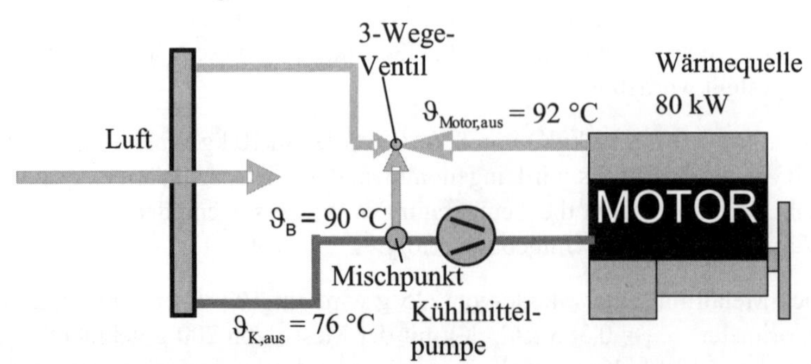

Lösungen unter http://www.oldenbourg-wissenschaftsverlag.de

3.4 Arbeit

Arbeit ist wie die Wärme eine Prozessgröße. Dass durch Arbeit der äußere oder mechanische Zustand eines Systems verändert wird, ist hinlänglich bekannt. Arbeit kann aber auch den inneren Zustand eines Systems verändern. Arbeit ist wie Wärme eine Energie beim Systemübergang und daher gleichwertig, d.h. Arbeit kann im System die gleichen Veränderungen hervorrufen wie Wärme.

Durch den Reibungsversuch von *James Prescott Joule* (1818–1889) wurde die Äquivalenz von Wärme und mechanischer Arbeit (mechanisches Wärmeäquivalent) bestätigt (siehe Abb. 3-15).

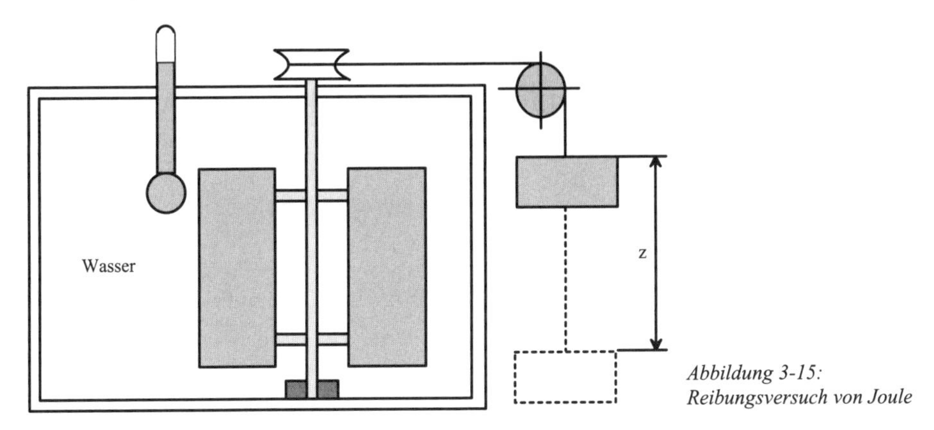

Abbildung 3-15: Reibungsversuch von Joule

Durch das Herabsinken eines Gewichtes mit der Masse m um die Höhendifferenz z ändert sich die potentielle Energie des Gewichtes:

$$\Delta E_{pot} = m \cdot g \cdot z \tag{3.17}$$

Diese Energie wurde über das Rührwerk in das Innere des Systems übertragen. Dabei wurde potentielle Energie in Wellenarbeit W_w umgewandelt. Dies soll für unsere Betrachtungen in der äußeren Mechanik reibungsfrei, also reversibel erfolgen.

$$\Delta E_{pot} = W_w$$

Wenn das Wasser mit der Masse m_w infolge der inneren Reibung wieder in einen stationären homogenen Zustand übergegangen ist, werden wir feststellen, dass sich lediglich die Temperatur des Wassers von T_1 auf T_2 erhöht hat. Das heißt, dem System wurde eine Wärmemenge Q_{12} zugeführt bzw. die Wellenarbeit intern vollständig in Reibungswärme umgewandelt:

$$Q_{12} = m_w \cdot c_w \cdot (T_2 - T_1) \tag{3.18}$$

es gilt: $\Delta E_{pot} = Q_{12}$ und damit: (3.19)

$$m \cdot g \cdot z = m_w \cdot c_w \cdot (T_2 - T_1) \tag{3.20}$$

Beispiel 3-6: *Bei einer Nachstellung des Jouleschen Reibungsversuchs soll bei einer Wassermasse von 10 kg eine Temperaturänderung von 10 °C erreicht werden. Wie groß muss die Masse des Gewichtes sein, wenn ein maximaler Absinkweg von 2 m zur Verfügung steht? Es ist mit einer mittleren spezifischen Wärmekapazität des Wassers von 4,2 kJ/kgK zu rechnen.*

Gleichung 3.20 nach m umgestellt ergibt:

$$m = \frac{m_w \cdot c_w \cdot (T_2 - T_1)}{g \cdot z} = \frac{10\,\text{kg} \cdot 4200 \frac{\text{J}}{\text{kgK}} \cdot 10\,\text{K}}{9{,}81 \frac{\text{m}}{\text{s}^2} \cdot 2\,\text{m}} = 21407\,\text{kg}$$

Das Ergebnis zeigt Ihnen die Relation zwischen potenzieller Energie und thermischer Energie. Mechanische Energien werden gefühlsmäßig sehr viel höher eingeschätzt als thermische!

3.4.1 Umwandlung mechanischer oder elektrischer Arbeit in thermische Energie

Arbeit am geschlossenen System

Mechanische Arbeit

Tritt an einer Systemgrenze eine Kraft auf, deren Angriffspunkt sich auf der Wirkungslinie verschiebt, so wird von dieser Kraft die Arbeit W verrichtet:

$$dW = F \cdot ds \tag{3.21}$$

$$W_{1,2} = \int_1^2 F \cdot ds \tag{3.22}$$

(ds ist die Verschiebung des Kraftangriffspunktes in Kraftrichtung)

Eine Verschiebung quer zur Wirkungslinie ist keine Arbeit! Das bedeutet, das Anheben eines Gewichtes ist Arbeit; das Verschieben auf gleiche Höhe, wenn dies reibungsfrei geschehen könnte, nicht!

Die mechanische äußere Arbeit W_{12} ändert die kinetische und/oder potentielle Energie des Systems.

Die kinetische Energie E_{kin} ist:

$$W_{mech} = \Delta E_{kin} + \Delta E_{pot} \tag{3.23}$$

$$W_{mech,12} = \frac{m}{2} \cdot \left(c_2^2 - c_1^2\right) + m \cdot g \cdot (z_2 - z_1) \tag{3.24}$$

Die kinetische und die potentielle Energie bilden einen Teil des Energieinhaltes (Energie, die im System gespeichert ist). Sie sind die äußeren Zustandsgrößen des Systems. Durch die

Verrichtung der mechanischen Arbeit ist der Energieinhalt verändert worden. Es hat ein Prozess stattgefunden, der das System vom Zustand 1 in den Zustand 2 gebracht hat.

Volumenänderungsarbeit W_V

Zur Berechnung der Volumenänderungsarbeit betrachten wir folgendes System:

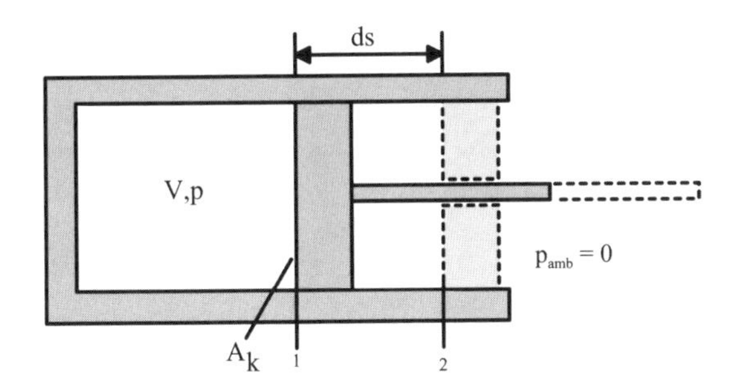

Abbildung 3-16: Volumenänderungsarbeit

In dem Zylinder befindet sich ein Fluid, der Kolben ist beweglich. Die Kolbenkraft F_K ist dann:

$$F_K = -p \cdot A_K \tag{3.25}$$

wobei p der Druck des Fluides und A_k die Fläche des Kolbens ist. Das Vorzeichen ergibt sich durch unsere Vorzeichenregel. Durch Verschieben des Kolbens um die Strecke ds wird die Volumenänderung:

$$dV = A_K \cdot ds \tag{3.26}$$

Die Volumenänderungsarbeit W_V beträgt somit:

$$dW_V = F_K \cdot ds = -p \cdot A_K \cdot \frac{dV}{A_K} = -p \cdot dV \tag{3.27}$$

$$W_{V,12} = -\int_1^2 p \cdot dV \tag{3.28}$$

Bei **Verdichtung** nimmt das Fluid **Arbeit auf**, d.h. ➔ $dV < 0, dW_V > 0$

Bei **Expansion** gibt das Fluid Energie als **Arbeit ab**, d.h. ➔ $dV > 0, dW_V < 0$

Die Gleichung gilt **nur** bei der Annahme eines reversiblen Prozessablaufs.

Die Zustandsänderung erfolgt quasistatisch, dissipative Effekte (Reibungserscheinungen) werden vernachlässigt.

$$\left(W_{V,12}\right)_{rev} = -\int_1^2 p \cdot dV \tag{3.29}$$

Stellen wir die Volumenänderungsarbeit des reversiblen Prozesses im p,v-Diagramm dar, so erhalten wir folgendes Bild:

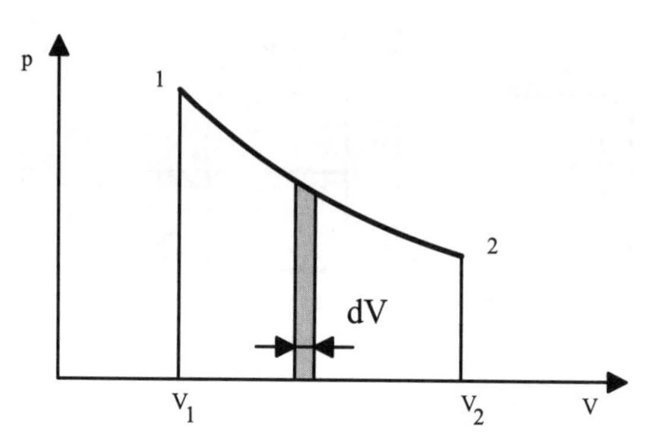

Abbildung 3-17: Volumenänderungsarbeit im p,v-Diagramm

Die Fläche unter der Kurve entspricht dem Betrag von $(W_{V,12})_{rev}$. Bei irreversiblen Prozessen ist der Druck im gesamten Volumen nicht konstant und es tritt noch zusätzlich Dissipation auf. Die irreversible Volumenänderungsarbeit ist dann:

$$\left(W_{V,12}\right)_{irrev} = -\int_1^2 p \cdot dV + W_{R,12} \tag{3.30}$$

Die Reibungsarbeit $(W_{R,12})$ ist stets > 0.

Findet die Volumenänderung in einer Umgebung bei konstantem Gegendruck p_{amb} statt, so wird auch das Volumen der Umgebung verändert. Berücksichtigt man diese Verdrängungs- oder Verschiebearbeit: $p_{amb} \cdot (V_2 - V_1)$, die an die Umgebung abgegeben wird, so erhält man als so genannte Nutzarbeit $(W_{V,nutz})$:

$$\left(W_{V,nutz}\right)_{12} = -\int_1^2 p \cdot dV + p_{amb} \cdot (V_2 - V_1) \tag{3.31}$$

Beispiel 3-7: *Wie groß ist die absolute Volumenänderungsarbeit und die Nutzarbeit, wenn in einem Zylinder mit einem Anfangsvolumen von 1 dm³ das Volumen bei einem konstanten Druck von 0,6 MPa auf 3 dm³ vergrößert wird? Der Umgebungsdruck betrage 980 hPa. Der Vorgang sei reibungsfrei.*

$$W_{V,12} = -\int_1^2 p \cdot dV = -p \cdot (V_2 - V_1) = -0{,}6 \cdot 10^6 \,\frac{\mathrm{N}}{\mathrm{m}^2}\left(3 \cdot 10^{-3}\,\mathrm{m}^3 - 1 \cdot 10^{-3}\,\mathrm{m}^3\right) = -1200 \ \mathrm{Nm}$$

Das negative Vorzeichen bedeutet, das System gibt Arbeit ab.

$$\left(W_{V,nutz}\right)_{12} = -\int_1^2 p \cdot dV + p_{amb} \cdot (V_2 - V_1) = -p \cdot (V_2 - V_1) + p_{amb} \cdot (V_2 - V_1) = (-p + p_{amb}) \cdot (V_2 - V_1)$$

$$\left(-0{,}6 \cdot 10^6 \frac{\text{N}}{\text{m}^2} + 980 \cdot 10^2 \frac{\text{N}}{\text{m}^2}\right) \cdot \left(3 \cdot 10^{-3}\,\text{m}^3 - 1 \cdot 10^{-3}\,\text{m}^3\right) = -1004 \ \text{Nm}$$

Die Nutzarbeit, die abgegeben wird, ist geringer, da die Umgebung verschoben werden musste.

Wellenarbeit W_W

Zur Veranschaulichung der Wellenarbeit betrachten wir ein Fluid in einem geschlossenen System mit Schaufelrad, das durch ein herabsinkendes Gewicht in Bewegung gesetzt wird. Die ortsfesten Wandungen seien adiabat:

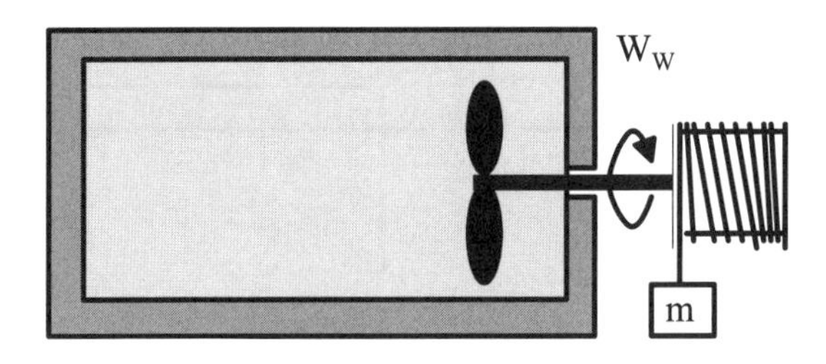

Abbildung 3-18: Wellenarbeit am isochoren, geschlossenen System mit adiabaten Wänden

Dem isochoren, geschlossenen System kann nur Wellenarbeit zugeführt, aber nicht in Form von Wellenarbeit wieder entnommen werden. Der Prozess ist also irreversibel. Die gesamte Arbeit W_{12}, die dem System als Energie zugeführt wird, ist:

$$W_{12} = W_W \quad > 0 \tag{3.32}$$

Betrachten wir nun ein geschlossenes System mit einem Fluid, dem die Wellenarbeit $W_{W,12}$ zugeführt wird und dem Volumenänderungsarbeit $W_{V,12}$ entnommen oder zugeführt werden kann (Abb. 3-19).

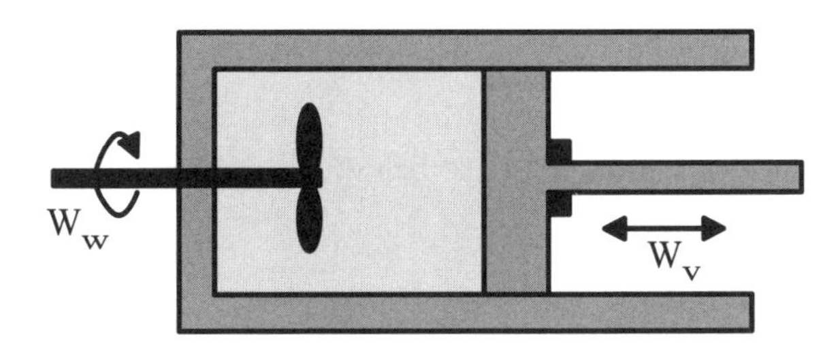

Abbildung 3-19: Volumenänderungs- und Wellenarbeit am geschlossenen System

Die gesamte Arbeit ist dann:

$$W_{12} = W_{W,12} + W_{V,12} \tag{3.33}$$

Der Prozess ist irreversibel. Im Falle des reversiblen Prozesses kann das ruhende Fluid Arbeit nur als Volumenänderungsarbeit aufnehmen oder abgeben.

$$\left(W_{12}\right)_{rev} = W_{V,12} = -\int_1^2 p \cdot dV \tag{3.34}$$

Elektrische Arbeit an einem thermodynamischen System
Auch durch elektrische Arbeit kann Energie über die Systemgrenze transportiert werden, wie dieses Bild zeigt:

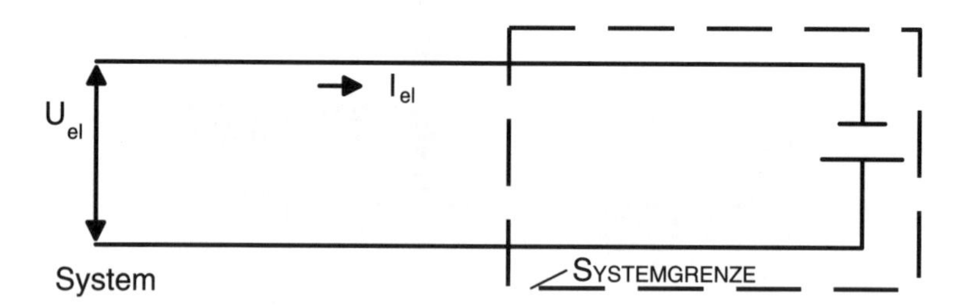

Abbildung 3-20: Elektrische Arbeit an einem System

Das System wird von elektrischen Leitern geschnitten. Mit der Spannung U_{el} und der Ladung (Elektrizitätsmenge) dQ_{el} wird die elektrische Arbeit, die über die Systemgrenze transportiert wird:

$$dW_{el} = U_{el} \cdot dQ_{el} \tag{3.35}$$

Mit der elektrischen Stromstärke I_{el} erhalten wir:

$$dQ_{el} = I_{el} \cdot dt \tag{3.36}$$

Die Arbeit, die also während der Zeit t verrichtet wird, ist dann:

$$dW_{el} = U_{el} \cdot I_{el} \cdot dt \tag{3.37}$$

U_{el} und I_{el} sind von der Zeit t abhängig. Als Arbeit während einer Zeitspanne zwischen t_1 und t_2 ist die elektrische Arbeit dann:

$$W_{el,12} = \int_{t_1}^{t_2} U_{el} \cdot I_{el} \cdot dt \tag{3.38}$$

Zusammenfassung Arbeit ist wie Wärme eine Prozessgröße. Durch Arbeit an einem System wird der energetische Zustand des Systems verändert. Anders als Wärme kann Arbeit auch den äußeren Zustand eines Systems verändern, was durch mechanische Arbeit geschieht. Wellenarbeit kann einem geschlossenen System nur zugeführt und nicht mehr als Wellenarbeit entnommen werden. Volumenänderungsarbeit kann einem System entnommen und zugeführt werden. Zugeführte Wärme oder Wellenarbeit kann ebenfalls als Volumenänderungsarbeit entnommen werden. Auch für elektrische Arbeit kann die Betrachtungsweise angewandt werden.

Kontrollfragen

1. Wie viel Wärme in J entspricht eine Arbeit von 120 Nm?
2. Worin besteht der Unterschied zwischen Volumenänderungs- und Wellenarbeit, die an einem geschlossenen System geleistet wird?
3. Bei einem Prozess wird eine Gasmenge expandiert. Wie ist das Vorzeichen der Prozessarbeit?

Übungen

1. Eine Bleikugel fällt im freien Fall aus h = 80 m Höhe auf eine harte Unterlage. Hierbei verwandeln sich 90 % der kinetischen Energie in Wärme, wovon 3/4 zur Temperaturerhöhung der Kugel beitragen. Welche Temperatur besitzt das Blei, wenn die Kugel vorher eine Temperatur von $\vartheta = 15$ °C besaß? Die spez. Wärmekapazität von Blei betrage $c_{m_{Pb}} = 0{,}1414$ kJ/kgK in diesem Temperaturintervall.
2. Einem geschlossenen System mit ortsfesten Wandungen wird 1000 Nm Wellenarbeit zugeführt. Um wie viel ändert sich die Temperatur im System, wenn es 1,5 kg Luft enthält? Die mittlere spezifische Wärmekapazität von Luft sei 717,5 J/kgK in diesem Temperaturintervall. Die Anfangstemperatur war 25 °C.

Lösungen unter http://www.oldenbourg-wissenschaftsverlag.de

4 Der 1. und 2. Hauptsatz der Thermodynamik

Lernziel 4.1 – 4.4 Für ruhende und bewegte geschlossene Systeme sowie für offene Systeme müssen Sie die Energiebilanzen in quantitativer Form ansetzen können. Im folgenden Abschnitt werden die Zustandsgrößen „Enthalpie“ und „Innere Energie“ eingeführt. Sie müssen diese beiden Energieformen unterscheiden und in Energiebilanzen ansetzen können. Weiterhin müssen Sie in der Lage sein zu berechnen, welche Zustandsgrößen im System sich mit welchem Betrag durch Prozesse verändern.

Im Abschnitt 3.2 haben wir bereits den 1. Hauptsatz der Thermodynamik kennen gelernt, der besagt:

Energie kann nur von einer Form in eine andere umgewandelt werden und weder erzeugt noch vernichtet werden.

Um mit dieser Aussage arbeiten zu können, benötigt man diesen Hauptsatz in einer quantitativen Form. Hierzu ist noch eine weitere Zustandsgröße nötig.

4.1 Die Innere Energie

Lernziel Sie müssen das Wesen und die Definition der Inneren Energie kennen. Sie müssen die Prozessgrößen „Arbeit“ und „Wärme“ klar von der Inneren Energie unterscheiden können.

Bei der Behandlung der Wellenarbeit haben wir erkannt, dass einem ruhenden geschlossenen System mit ortsfesten Wandungen nur Arbeit zugeführt, aber nicht wieder als Wellenarbeit entnommen werden kann. Wir wissen aber, dass Energie nicht verloren gehen kann. Die Energie, die in dem ruhenden geschlossenen System gespeichert wird, ist also nicht mehr als Wellenarbeit erkennbar, deshalb geben wir ihr eine andere Bezeichnung. Wir nennen sie Innere Energie U.

Zur Untersuchung der Inneren Energie betrachten wir ein ruhendes geschlossenes, adiabates System (Abb. 4-1).

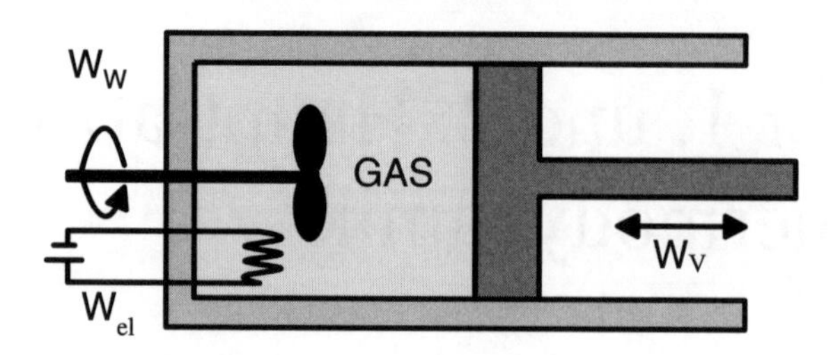

Abbildung 4-1: Geschlossenes, adiabates System mit der Möglichkeit, verschiedene Arten von Arbeit zuzuführen

Diesem System kann Arbeit in Form von Wellenarbeit oder elektrischer Arbeit zugeführt, aber nicht mehr in dieser Form entnommen werden. Weiterhin besteht die Möglichkeit, noch Volumenänderungsarbeit zu- oder abzuführen. Dabei beobachten wir, dass durch Zufuhr von Arbeit die Temperatur und der Druck im System steigen, solange man das Volumen konstant hält. Belässt man das System so, dann bleiben Druck und Temperatur konstant. Dies bedeutet, dass Druck und Temperatur etwas mit der Inneren Energie zu tun haben.

Führen wir Volumenänderungsarbeit zu, indem wir den Kolben hineindrücken und das Volumen verringern, so geschieht das gleiche. Nach dem Energieerhaltungssatz muss die Summe der Arbeiten gleich der Energiezunahme im System sein.

$$W_V + W_{el} + W_W = U_2 - U_1 \tag{4.1}$$

Diese Energiezunahme ist völlig unabhängig von der Reihenfolge und den Zwischenzuständen, die das System durchlaufen hat. Machen wir hierzu ein Experiment mit dem System, das in Abb. 4-1 skizziert ist. Die Veränderungen beobachten wir in einem *p*,v-Diagramm (Abb. 4-2). Zuerst führen wir dem System Wellenarbeit zu und halten das Volumen konstant. Temperatur und Druck steigen, das System geht vom Anfangszustand 1 in den Endzustand 2 über.

$$W_W = U_2 - U_1 = \Delta U \tag{4.2}$$

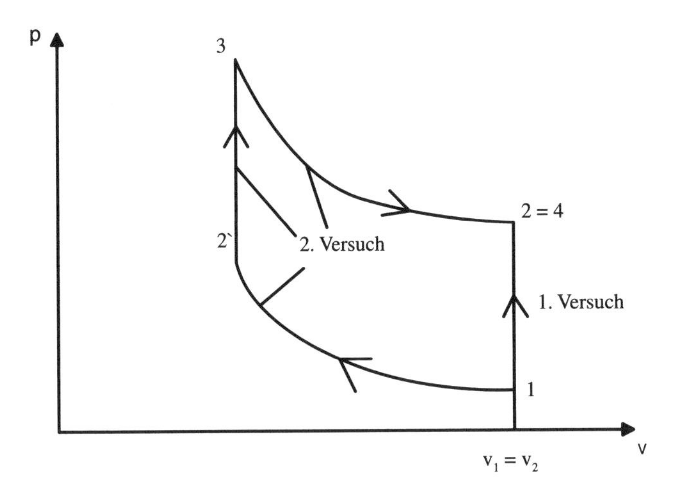

Abbildung 4-2: p,v-Diagramm zu 4.1

Im zweiten Experiment beginnen wir im gleichen Ausgangszustand 1 und führen zuerst einen bestimmten Betrag an Volumenänderungsarbeit zu. Der Zustand des Systems ändert sich von 1 nach 2'. Anschließend führen wir den gleichen Betrag an Wellenarbeit wie im 1. Experiment zu. Das System hat nun den Zustand 3. Jetzt wird der gleiche Betrag an Volumenänderungsarbeit dem System wieder entzogen und das System geht in den Zustand 4 über. Dabei stellt sich heraus, dass der Zustand 4 des zweiten Experiments dem Zustand 2 des ersten Experiments entspricht. Dies bedeutet, dass die Änderung der Inneren Energie unabhängig vom Ausgangszustand ist. Wir können also schreiben

$$U_1 + W_V + W_W - W_V = U_2 \quad \text{oder} \qquad U_1 + W_W = U_2$$

und damit wie beim Experiment 1

$$W_W = U_2 - U_1 = \Delta U$$

Die Innere Energie sagt also nichts über die Herkunft der Energie aus, sondern macht nur Angaben über den Inhalt des Systems. Setzt man zwei Teilsysteme zu einem Gesamtsystem zusammen, so addieren sich die Beträge der Inneren Energie. Die Innere Energie ist also eine extensive Zustandsgröße.

$$U_{ges} = U_1 + U_2 \tag{4.3}$$

Bezieht man die Innere Energie auf eine Masseeinheit, so erhält man die spezifische Innere Energie *u*. Sie verhält sich wie eine intensive Zustandgröße.

$$\text{spezifische Innere Energie} \qquad u = \frac{U}{m} \qquad \frac{\text{kJ}}{\text{kg}} \tag{4.4}$$

Meist bilanziert man nur mit dem thermischen Anteil der Inneren Energie. Es gehört aber auch der chemische Anteil dazu. Streng genommen gehört auch die atomare Energie, die in den Atomkernen steckt, dazu, doch diese wird im System als konstant angesehen und nicht mit betrachtet.

> **Merke** Eine Angabe der absoluten Inneren Energie wird nicht betrachtet. Es werden nur Veränderungen der Inneren Energie bilanziert.

Betrachten wir Wärme im Zusammenhang mit der Inneren Energie und der Arbeit, so sehen wir uns hierzu noch einmal das geschlossene, adiabate System mit einem Fluid an, in das ein Schaufelrad hineinragt (Abb. 4-3).

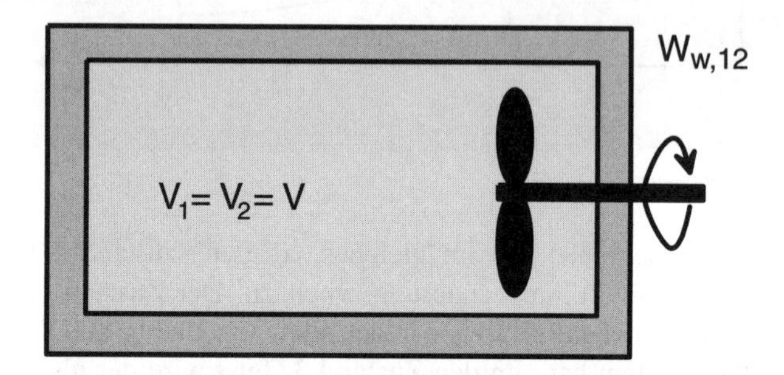

Abbildung 4-3: Isochores, adiabates System mit Wellenarbeit und Veränderung der Inneren Energie

Durch Drehen des Schaufelrades wird das Gas in Bewegung versetzt und wandelt die Wellenarbeit in Reibungswärme um, d.h. die Temperatur im System wird erhöht. Das Volumen bleibt konstant, d.h. die verrichtete Wellenarbeit trägt nur zur Änderung der Inneren Energie bei.

$$W_{W,12} = U_2 - U_1 \tag{4.5}$$

Den gleichen Endzustand 2 kann man auch dadurch erreichen, dass man keine Wellenarbeit zuführt, sondern über eine diatherme Wand mit Hilfe eines Wärmespeichers eine entsprechende Wärmemenge Q_{12} in das System einbringt (Abb. 4-4). Es gilt dann:

$$Q_{12} = U_2 - U_1 \tag{4.6}$$

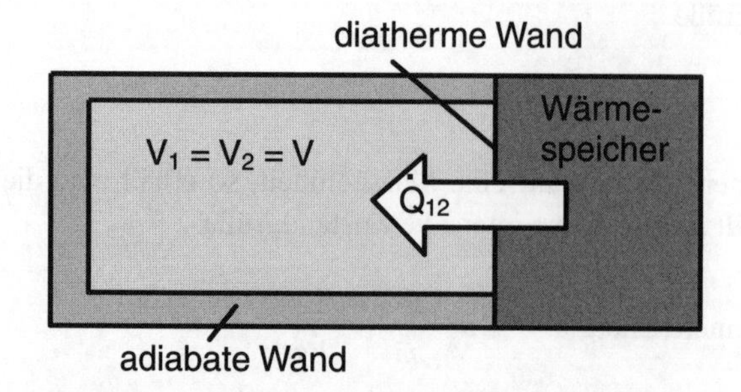

Abbildung 4-4: Änderung der Inneren Energie durch einen Wärmespeicher

Damit ist klar, dass es keine Rolle spielt, wie die Änderung der Inneren Energie zustande kam. Beide Prozessgrößen „Arbeit" und „Wärme" müssen in Energiebilanzen einfließen.

Zusammenfassung Die Energie, die im System gespeichert ist, bezeichnen wir als Innere Energie. Der absolute Betrag der Inneren Energie wird nicht betrachtet, nur deren Veränderung. Energiezufuhr erhöht die Innere Energie eines Systems, Energieabfuhr verringert den Energievorrat. Ob dabei die Innere Energie durch Arbeit oder Wärme verändert wird, spielt keine Rolle. Einem geschlossenen System kann zwar Wellenarbeit oder elektrische Arbeit zugeführt werden, aber nicht mehr als solche wieder entnommen werden. Nur Volumenänderungsarbeit und Wärme können einem geschlossenen System zugeführt oder entnommen werden. Dabei kann Wärme zugeführt und als Volumenänderungsarbeit abgeführt werden oder umgekehrt (siehe Abb. 4-5).

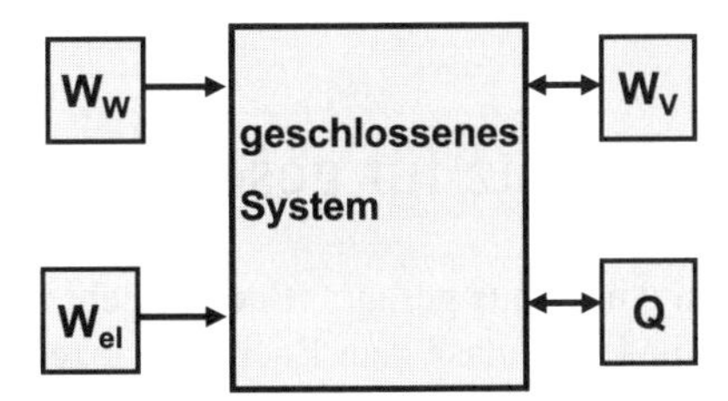

Abbildung 4-5: Arbeit und Wärme am geschlossenen System

Zur besseren Übersicht zeigt folgende Grafik den Zusammenhang zwischen Innerer Energie und äußerer Energie:

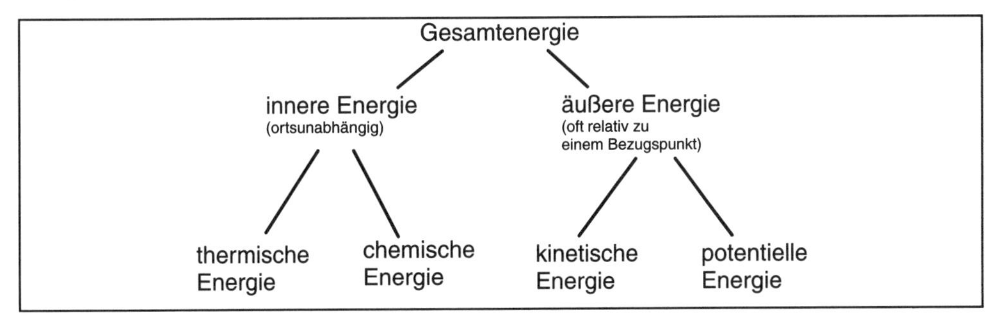

Abbildung 4-6: Innere und äußere Energie

Kontrollfragen

1. In welcher Form kann man einem geschlossenen System wieder Arbeit entnehmen, wenn dem System Wellenarbeit zugeführt wurde?
2. Erläutern Sie den Unterschied zwischen Innerer Energie und Wärme anhand eines geschlossenen Systems.
3. Welchen Einfluss hat der Ausgangszustand auf die Änderung der Inneren Energie, wenn Wärme zugeführt wird?

Übungen

1. Einem System werden 0,222 kWh elektrische Arbeit und 40000 Ws an Wellenarbeit zugeführt, gleichzeitig werden 100000 Nm Volumenänderungsarbeit abgeführt. Wie groß ist die Änderung der Inneren Energie in J?

Lösungen unter http://www.oldenbourg-wissenschaftsverlag.de

4.2 Der 1. Hauptsatz für geschlossene Systeme

Qualitativ ausgedrückt haben wir bereits gesagt: „Energie geht nicht verloren und kann nicht aus Nichts entstehen.“ Dies bedeutet, dass man Energiebilanzen aufstellen kann, so wie Sie es bereits vom Massenerhaltungssatz her kennen. Das bedeutet, einfach ausgedrückt: „Wird einem System mit konstanter Masse Energie in Form von Wärme und Arbeit zugeführt, so erhöht sich der Energieinhalt genau um den zugeführten Energiebetrag.“

4.2.1 Ruhende Systeme

Für ein ruhendes System ist die Energiebilanz besonders übersichtlich, da die äußeren Zustandsgrößen konstant bleiben und nicht an der Bilanz teilnehmen. Bei einem ruhenden geschlossenen System ist die kinetische Energie gleich null und die potentielle Energie konstant. Es findet also nur eine Veränderung der Inneren Energie statt. Somit lässt sich die Veränderung durch einen Prozess, bei dem Wärme und Arbeit zu- oder abgeführt werden, einfach beschreiben.

Wärme + Arbeit = Veränderung der Inneren Energie

Sei nun 1 der Anfangszustand und 2 der Endzustand des Prozesses, so gilt:

$$Q_{12} + W_{12} = U_2 - U_1 \tag{4.7}$$

Wir vereinbaren folgende Schreibweise:

Q_{12} ist der Wärmebetrag, der von Zustand 1 nach 2 zu- oder abgeführt wurde

W_{12} ist der Betrag an Arbeit, der von 1 nach 2 zu- oder abgeführt wurde

Wichtig Beachten Sie die Vorzeichenregel, die wir vereinbart haben. Bei abgeführter Wärme oder Arbeit steht ein Minus davor, bei Zufuhr ein Plus.

Beziehen wir die Prozessgrößen und die Zustandsgrößen des Systems auf die Masse *m* des Systems, so lautet der 1. Hauptsatz für ruhende geschlossene Systeme:

$$q_{12} + w_{12} = u_2 - u_1 \tag{4.8}$$

oder in differenzieller Form:

$$dq + dw = du \tag{4.9}$$

In unseren weiteren Betrachtungen setzen wir einfache Systeme voraus und treffen die Annahme, dass die Prozesse reversibel verlaufen, d.h., dass dem System nur Energie in Form von Volumenänderungsarbeit zugeführt oder entnommen und auch Wärme reversibel zu- oder abgeführt wird. Bei der Wärmeübertragung tritt keinerlei Verlust auf. Es gilt dann

$$\left(w_{12}\right)_{rev} = -\int_1^2 p \cdot dv \tag{4.10}$$

Setzen wir diese Gleichung in den Hauptsatz ein, so ist:

$$\left(q_{12}\right)_{rev} - \int_1^2 p \cdot dv = u_2 - u_1 \tag{4.11}$$

oder in differenzieller Form und umgestellt:

$$dq = du + p \cdot dv \tag{4.12}$$

Dies ist eine allgemeingültige Form, die Sie immer wieder brauchen. Es lassen sich viele klare Aussagen daraus ableiten, wie z.B.:

- Bleibt die Innere Energie konstant, d.h. $du = 0$, so gilt $dq = pdv = -dw_V$. Das bedeutet, man muss genauso viel Volumenänderungsarbeit aus dem System entnehmen, wie an Wärme hineingesteckt wird.
- Wird keine Wärme zu- oder abgeführt ($dq = 0$), so gilt: $0 = du + pdv$ oder $du = -pdv$. Das bedeutet, wird dem System Volumenänderungsarbeit entzogen, so sinkt die Innere Energie.
- Hat das System ortsfeste Wandungen, also ein konstantes Volumen, so ist $dv = 0$ und es gilt: $dq = du$. Dies bedeutet, bei einem solchen System kann Wärmezufuhr nur in Innere Energie verwandelt werden.

4.2.2 Bewegte Systeme

Eine Erweiterung der Aussagen auf ein bewegtes geschlossenes System ist damit relativ einfach. Die unter 4.2.1 erarbeitete Bilanz muss jetzt nur noch um die äußeren Zustandsgrößen erweitert werden, denn es kommen die kinetische und potentielle Energie hinzu, in die Wärme und Arbeit einfließen können. Die gesamte Energie E_{ges} eines bewegten geschlossenen Systems ist dann die Summe:

E_{ges} = Innere Energie + kinetische Energie + potentielle Energie

$$E = m \cdot \left(u + \frac{c^2}{2} + g \cdot z \right) \tag{4.13}$$

Wir wissen, dass die Änderung der gespeicherten Energie in einem System sich aus den Energien zusammensetzt, die als Wärme und Arbeit bei einem Prozess die Systemgrenze überschreiten. Alle Energieänderungen errechnen sich aus der Differenz von Endzustand und Anfangszustand:

$$Q_{12} + W_{12} = E_2 - E_1 = [U_2 - U_1] + \left[\frac{m_{kin}}{2} [c_2^2 - c_1^2] \right] + \left[\frac{m_{pot}}{2} [z_2 - z_1] \right] \tag{4.14}$$

in differenzieller Form ausgedrückt, unter der Annahme alle Massen sind gleich:

$$dq + dw = du + d\left(\frac{c^2}{2} \right) + g \cdot dz \tag{4.15}$$

Diese Aussagen sind nun schon ein ganzes Stück komplexer und ohne genaue Betrachtung nicht mehr einfach zu überblicken.

Zusammenfassung Für geschlossene Systeme, die in Ruhe sind, gilt, dass die Prozessgrößen Wärme und Arbeit eine Änderung der Inneren Energie bewirken. Ändert sich die Innere Energie nicht, so muss z.B. genauso viel Arbeit abgeführt werden, wie Wärme hineingesteckt wird. Bei einem bewegten geschlossenen System kommt die Möglichkeit hinzu, Wärme und Arbeit in Form von potentieller und kinetischer Energie zu speichern.

4.3 Der 1. Hauptsatz für offene Systeme

Wir lassen nun zu, dass Materie durch das System strömt. Um einen besseren Überblick zu bekommen, konzentrieren wir uns auf einen stationären Prozess. Stationär heißt, der Stoffstrom ist zeitlich konstant oder pro Zeiteinheit fließt immer die gleiche Stoffmenge durch das System.

4.3.1 Stationäre Prozesse

Abbildung 4-7 stellt ein Beispiel für einen offenen, stationären Prozess dar.

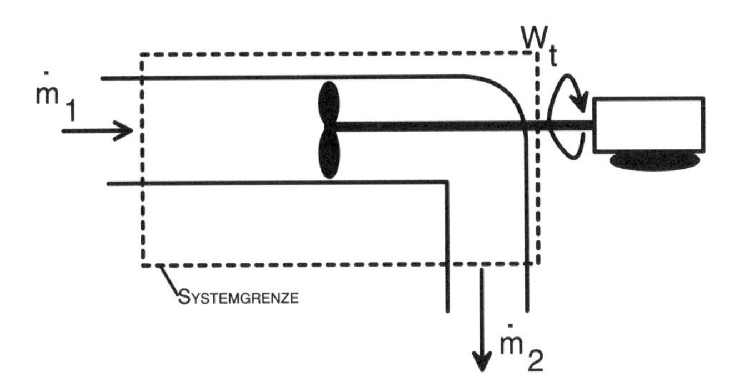

Abbildung 4-7: Offener, stationärer Prozess

In einem Strömungskanal befindet sich ein Schaufelrad. Von dem strömenden Medium wird das Schaufelrad in Bewegung gesetzt (z.B. Turbine). Über die Systemgrenze wird somit Wellenarbeit abgegeben, die wir als **technische Arbeit W_t** bezeichnen. Auch elektrische Arbeit, die über die Grenze des Kontrollraums transportiert wird, bezeichnen wir als technische Arbeit.

> **Anmerkung** Wir definieren hier Wellenarbeit und elektrische Arbeit = technische Arbeit. Selbstverständlich ist auch Volumenänderungsarbeit Arbeit im Sinne der Technik. Allerdings unterscheiden sich Volumenänderungsarbeit und technische Arbeit grundlegend, was z.B. die Reversibilität angeht. Schon deshalb muss man sie begrifflich auseinander halten. Auch wenn der Begriff technische Arbeit etwas unscharf ist, wollen wir uns an die allgemeine Terminologie halten.

Arbeit pro Zeiteinheit bezeichnen wir als Leistung P. Mechanische oder elektrische Leistung ist dann

$$P_{12} = \frac{W_{t,12}}{\Delta t} \tag{4.16}$$

$W_{t,12}$ ist die während des Zeitraumes $\Delta t = t_2 - t_1$ geleistete technische Arbeit. Bei stationären Fließprozessen sind der Massenstrom $\dot{m}$ und die Leistung konstant. Entsprechend der technischen Arbeit $W_{t,12}$ erhalten wir die spezifische technische Arbeit:

$$w_{t,12} = \frac{W_{t,12}}{\Delta m} \tag{4.17}$$

Δm ist die Masse des Fluids, das während des Zeitraums Δt die Systemgrenze überschreitet. Der Massenstrom $\dot{m}$ ist:

$$\dot{m} = \frac{\Delta m}{\Delta t} \tag{4.18}$$

Einen Zusammenhang zwischen der Leistung P_{12}, dem Massenstrom $\dot{m}$ und der spezifischen technischen Arbeit $w_{t,12}$ liefert die Gleichung

$$P_{12} = \dot{m} \cdot w_{t,12} \tag{4.19}$$

Zur Berechnung der technischen Arbeit betrachten wir folgendes Beispiel:

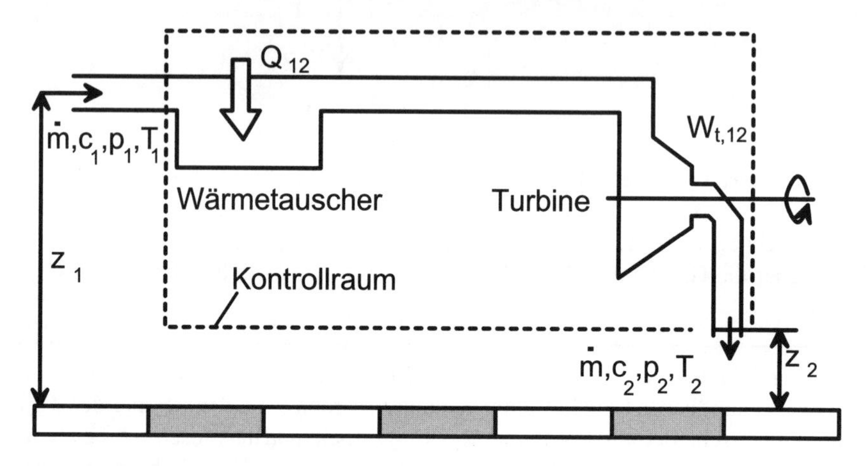

Abbildung 4-8: Stationäres, offenes System mit Wärmetauscher und Turbine

Der Prozess verläuft stationär, wir betrachten das System an den Zeitpunkten 1 und 2. Das Fluid strömt mit der Geschwindigkeit c_1, der Temperatur T_1 und dem Druck p_1 in das System (Kontrollraum) ein. In einem Wärmetauscher wird die Wärmemenge Q_{12} zugeführt. Anschließend strömt das Fluid in eine Turbine und verrichtet hier eine Arbeit, die als technische Arbeit $W_{t,12}$ von der Welle abgegeben wird. Für unsere weiteren Überlegungen stellen wir das offene System durch ein gedachtes geschlossenes System dar, das aus der immer gleichen Stoffmenge des offenen Systems und der Masse Δm besteht.

Wir betrachten nun zu verschiedenen Zeitpunkten das System (Abb. 4-9):

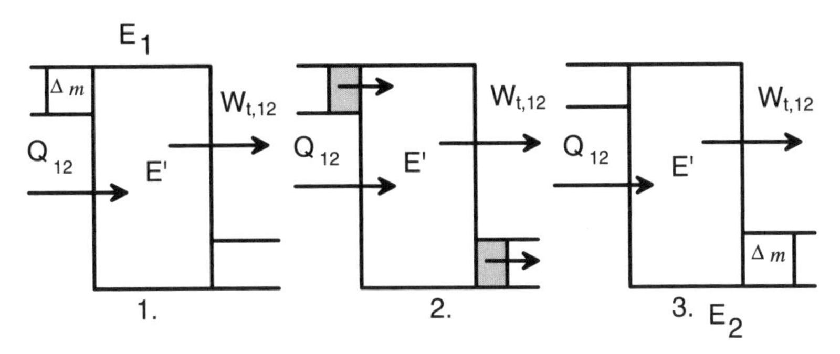

Abbildung 4-9: Verschiedene Stationen des Prozesses

In der **ersten Phase** tritt Δm gerade in das System ein. In der **zweiten** ist eine bestimmte Menge in das System eingedrungen, wobei die gleiche Menge am Austritt ausgeströmt ist. In der **dritten Phase** hat die gesamte Stoffmenge Δm das System gerade wieder verlassen. Für dieses gedachte geschlossene System können wir ansetzen:

$$Q_{12} + W_{12} = E_2 - E_1 \tag{4.20}$$

E ist der Energieinhalt des geschlossenen Systems. Er setzt sich zusammen aus dem immer konstanten Energieinhalt des offenen Systems E' und aus der in der Masse Δm gespeicherten Energie.

$$E = E' + \Delta m \cdot \left(u + \frac{c^2}{2} + g \cdot z \right) \tag{4.21}$$

Für den Anfangszustand gilt:

$$E_1 = E' + \Delta m \cdot \left(u_1 + \frac{c_1^2}{2} + g \cdot z_1 \right) \tag{4.22}$$

Für den Endzustand gilt entsprechend:

$$E_2 = E' + \Delta m \cdot \left(u_2 + \frac{c_2^2}{2} + g \cdot z_2 \right) \tag{4.23}$$

Eingesetzt in die Ausgangsbilanz ergibt sich:

$$Q_{12} + W_{12} = \Delta m \cdot \left[\left(u_2 + \frac{c_2^2}{2} + g \cdot z_2 \right) - \left(u_1 + \frac{c_1^2}{2} + g \cdot z_1 \right) \right] \tag{4.24}$$

Die Gesamtarbeit W_{12} besteht aus der technischen Arbeit $W_{t,12}$ (Wellenarbeit) **und** aus der Volumenänderungsarbeit. Beim Eintritt von Δm in das geschlossene System verringert sich das Volumen um ΔV_1, mit:

$$\Delta V_1 = -v_1 \cdot \Delta m \tag{4.25}$$

Die Volumenänderungsarbeit am Eintritt $W_{V,1}$ ist dann:

$$W_{V,1} = p_1 \cdot v_1 \cdot \Delta m \tag{4.26}$$

Tritt Δm aus dem System aus, so wird das Volumen um

$$\Delta V_2 = v_2 \cdot \Delta m \tag{4.27}$$

vergrößert.

Demnach ist die Volumenänderungsarbeit am Austritt $W_{V,2}$:

$$W_{V,2} = -p_2 \cdot v_2 \cdot \Delta m \tag{4.28}$$

Die Gesamtarbeit des Systems W_{12} ist dann:

$$W_{12} = W_{t,12} + p_1 \cdot v_1 \cdot \Delta m - p_2 \cdot v_2 \cdot \Delta m \tag{4.29}$$

oder:

$$W_{12} = W_{t,12} - \Delta m \cdot (p_2 \cdot v_2 - p_1 \cdot v_1) \tag{4.30}$$

Man bezeichnet nun den Ausdruck $m \cdot (p_2 \cdot v_2 - p_1 \cdot v_1) = (p_2 \cdot V_2 - p_1 \cdot V_1)$ als Verschiebearbeit und $(p_2 \cdot v_2 - p_1 \cdot v_1)$ als spezifische Verschiebearbeit.

Beispiel 4-1: *In einem Kompressor wurde Luft auf 0,6 MPa komprimiert. Ab diesem Druck öffnet sich das Auslassventil und es wird die Luft mit einem Volumen von 1 dm³ bei konstantem Gegendruck bis auf ein Restvolumen von 0,01 dm³ in den Luftkessel ausgeschoben. Wie groß ist die Verschiebearbeit am Kolben?*

Mit $p_1 = p_2$ gilt: $(p \cdot (V_2 - V_1)) = 0{,}6 \cdot 10^6 \frac{N}{m^2} \cdot (0{,}01 \cdot 10^3 m^3 - 1 \cdot 10^3 m^3) = -594 Nm$

Unter Verwendung von Gleichung 4.24

$$Q_{12} + W_{12} = \Delta m \cdot \left[\left(u_2 + \frac{c_2^2}{2} + g \cdot z_2 \right) - \left(u_1 + \frac{c_1^2}{2} + g \cdot z_1 \right) \right]$$

erhalten wir nun:

$$Q_{12} + W_{t,12} - \Delta m \cdot (p_2 \cdot v_2 - p_1 \cdot v_1) = \Delta m \cdot \left[\left(u_2 + \frac{c_2^2}{2} + g \cdot z_2 \right) - \left(u_1 + \frac{c_1^2}{2} + g \cdot z_1 \right) \right] \quad (4.31)$$

Beziehen wir die Gleichung auf den Zeitabschnitt Δt, so wird obige Gleichung zu:

$$\dot{Q}_{12} + P_{12} = \dot{m} \cdot \left[\left(u_2 + p_2 \cdot v_2 + \frac{c_2^2}{2} + g \cdot z_2 \right) - \left(u_1 + p_1 \cdot v_1 + \frac{c_1^2}{2} + g \cdot z_1 \right) \right] \quad (4.32)$$

$\dot{Q}_{12}$ ist der Wärmestrom $\dot{Q} = \frac{Q}{\Delta t} = \dot{m} \cdot q$.

Die Summe aus spezifischer innerer Energie und der spezifischen Verschiebearbeit $p \cdot v$ bezeichnet man als **spezifische Enthalpie *h*** in kJ/kg. Multipliziert man die spezifische Enthalpie mit der Masse, so erhält man die Enthalpie *H*:

$$H = m \cdot h \qquad \text{kJ} \quad (4.33)$$

Betrachtet man einen Massenstrom, so erhält man einen Enthalpiestrom $\dot{H}$:

$$\dot{H} = \dot{m} \cdot h \qquad \text{kJ/s} \quad (4.34)$$

Man fasst Innere Energie und Verschiebearbeit bei offenen Systemen zusammen, da diese immer gemeinsam betrachtet werden müssen und dann als Enthalpie einfacher zu handhaben sind. In der Anwendung werden Sie schnell den Vorteil der Verwendung der Enthalpie erkennen.

Die Enthalpie *H* ist eine extensive Zustandsgröße, die spezifische Enthalpie *h* eine intensive.

Der **1. Hauptsatz für stationäre Fließprozesse** lautet damit:

$$\dot{Q}_{12} + P_{12} = \dot{m} \cdot \left[\left(h_2 - h_1 + \frac{c_2^2}{2} - \frac{c_1^2}{2} + g \cdot (z_2 - z_1) \right) \right] \quad (4.35)$$

oder bezogen auf den Massenstrom $\dot{m}$ lautet die spezifische Form:

$$q_{12} + w_{t,12} = \left[\left(h_2 - h_1 + \frac{c_2^2}{2} - \frac{c_1^2}{2} + g \cdot (z_2 - z_1) \right) \right] \quad (4.36)$$

Strömen im System mehrere Massenströme (Anzahl = j) ein und (Anzahl = i) aus, so gilt:

$$\dot{Q}+P=\sum_i \dot{m}_i \cdot \left(u_i + p_i \cdot v_i + \frac{c_i^{\,2}}{2} + g \cdot z_i\right) - \sum_j \dot{m}_j \cdot \left(u_j + p_j \cdot v_j + \frac{c_j^{\,2}}{2} + g \cdot z_j\right) \tag{4.37}$$

Summe am Austritt – Summe am Eintritt

Wir haben definitionsgemäß $u + p \cdot v$ durch h ersetzt, damit erhalten wir für die Enthalpiedifferenz:

$$h_2 - h_1 = u_2 - u_1 + \left(p_2 \cdot v_2 - p_1 \cdot v_1\right) \tag{4.38}$$

Fasst man nun das Massenelement Δm als geschlossenes System auf, so kann man hierfür den 1. Hauptsatz für geschlossene Systeme ansetzen:

$$u_2 - u_1 = q_{12} + w_{12} \tag{4.39}$$

Angenommen, der Prozess verläuft reversibel, so besteht w_{12} (spez. Gesamtarbeit) nur aus der Volumenänderungsarbeit. Es gilt dann:

$$u_2 - u_1 = \left(q_{12}\right)_{rev} - \int_1^2 p \cdot dv \tag{4.40}$$

und

$$h_2 - h_1 = \left(q_{12}\right)_{rev} - \int_1^2 p \cdot dv + \left(p_2 \cdot v_2 - p_1 \cdot v_1\right) \tag{4.41}$$

Betrachten wir nun die Zustandsänderung von 1 nach 2 im p,v-Diagramm, so können wir zwei Flächen unter der Kurve betrachten:

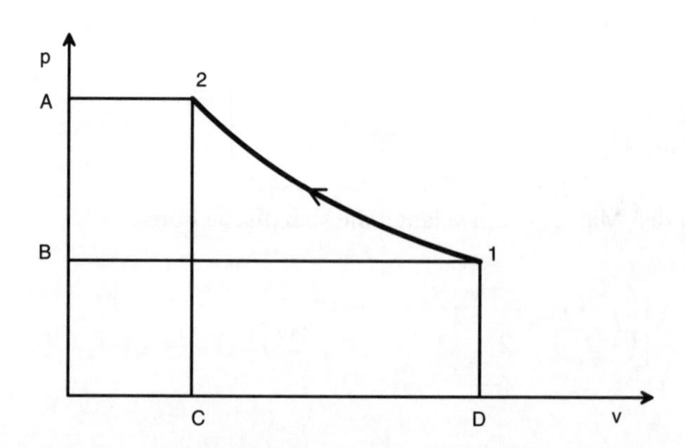

Abbildung 4-10: Zusammenhang von Integral v*dp und Integral p*d*v*

Es entspricht die Fläche: $$AB12 = \int_1^2 \mathrm{v} \cdot dp \qquad (4.42)$$

und die Fläche: $$CD12 = \int_1^2 p \cdot d\mathrm{v} \qquad (4.43)$$

Zwischen den beiden Integralen besteht folgende Beziehung:

$$\int_1^2 \mathrm{v} \cdot dp = -\int_1^2 p \cdot d\mathrm{v} + \left(p_2 \cdot \mathrm{v}_2 - p_1 \cdot \mathrm{v}_1\right) \qquad (4.44)$$

Für die Enthalpiedifferenz erhalten wir dann

$$h_2 - h_1 = \left(q_{12}\right)_{rev} + \int_1^2 \mathrm{v} \cdot dp \qquad (4.45)$$

Setzen wir diese Gleichung in den 1. Hauptsatz für stationäre Fließprozesse ein, so erhalten wir

$$w_{t,12} = h_2 - h_1 - \left(q_{12}\right)_{rev} + \left[\left(\frac{c_2^{\,2}}{2} - \frac{c_1^{\,2}}{2}\right) + g \cdot \left(z_2 - z_1\right)\right] \qquad (4.46)$$

$$\left(w_{t,12}\right)_{rev} = \int_1^2 \mathrm{v} \cdot dp + \frac{1}{2} \cdot \left(c_2^{\,2} - c_1^{\,2}\right) + g \cdot \left(z_2 - z_1\right) \qquad (4.47)$$

Für ein ruhendes System ist $c_1 = c_2$ und $z_1 = z_2$. Damit reduziert sich obige Gleichung zu:

$$\left(w_{t,12}\right)_{rev} = \int_1^2 \mathrm{v} \cdot dp \qquad (4.48)$$

Schreibt man die Gleichung:

$$h_2 - h_1 = \left(q_{12}\right)_{rev} + \int_1^2 \mathrm{v} \cdot dp \qquad (4.49)$$

in differenzieller Form, so erhält man eine Form des **1. Hauptsatzes für offene Systeme** (E_{kin} und E_{pot} vernachlässigt):

$$dq = dh - \mathrm{v} \cdot dp \qquad (4.50)$$

Eine andere Formulierung erhielten wir aus dem **1. Hauptsatz für geschlossene Systeme:**

$$u_2 - u_1 = (q_{12})_{rev} - \int_1^2 p \cdot d\text{v} \tag{4.51}$$

$$dq = du + p \cdot d\text{v} \tag{4.52}$$

Wichtig Beide Formulierungen werden sehr häufig gebraucht und gelten sowohl für geschlossene als auch für offene Systeme, auch wenn die Formulierungen unterschiedlich hergeleitet werden.

Zusammenfassung Für offene Systeme gilt genau wie für geschlossene Systeme, dass die Prozessgrößen Wärme und Arbeit eine Änderung der Inneren Energie bewirken, jedoch kommt für das Durchschieben des Stoffstromes noch die Verschiebearbeit hinzu. Innere Energie und Verschiebearbeit werden zur Enthalpie zusammengefasst: $h = u + p\text{v}$.

Die technische Arbeit $w_t = \int \text{v}dp$ unterscheidet sich von der Volumenänderungsarbeit $w_\text{v} = -\int pd\text{v}$.

4.4 Kalorische Zustandsgleichung

4.4.1 Innere Energie

Der Gleichgewichtszustand eines einfachen Systems lässt sich durch zwei voneinander unabhängige Zustandsgrößen beschreiben. Da die Innere Energie auch eine Zustandsgröße ist, kann man die spezifische Innere Energie als Funktion zweier anderer Zustandsgrößen darstellen:

$$u = u\,(T,\text{v}) \tag{4.53}$$

Dieser als kalorische Zustandsgleichung bekannte Zusammenhang ist sehr verwickelt und muss experimentell für jedes Medium ermittelt werden. Das vollständige Differential der Funktion lautet:

$$du = \left(\frac{\partial u}{\partial T}\right)_\text{v} \cdot dT + \left(\frac{\partial u}{\partial V}\right)_T \cdot d\text{v} \tag{4.54}$$

wobei $c_v(T, v) = \left(\frac{\partial u}{\partial T}\right)_v$ die spezifische Wärmekapazität bei konstantem Volumen ist. Durch Versuche und Extrapolation auf den Zustand $p \to 0$ wurde gezeigt, dass die Innere Energie U für **ideale Gase** eine reine Temperaturfunktion ist:

$$U = U(T) \tag{4.55}$$

Daraus folgt, dass in der kalorischen Zustandsgleichung $\left(\frac{\partial u}{\partial V}\right)_T = 0$ ist. Die spezifische Wärmekapazität c_v hängt bei idealen Gasen nur von der Temperatur ab.

$$c_v = c_v(T) \tag{4.56}$$

Die spezifische Innere Energie idealer Gase ist somit:

$$du = c_v(T) \cdot dT \tag{4.57}$$

oder:

$$u_2 - u_1 = \int_{T_1}^{T_2} c_v(T) \cdot dT = c_{mv} \Big|_{T_1}^{T_2} \cdot (T_2 - T_1) \tag{4.58}$$

4.4.2 Enthalpie

Wie im vorausgegangenen Kapitel gezeigt, ist die Enthalpie die Summe aus der Inneren Energie und der Verschiebearbeit:

$$H = U + p \cdot V \tag{4.59}$$

Die spezifische Enthalpie ist dementsprechend:

$$h = \frac{H}{\Delta m} = u + p \cdot v \tag{4.60}$$

Auch die Enthalpie ist eine Zustandsgröße. Deshalb kann man auch sie als Funktion zweier voneinander unabhängiger Zustandsgrößen, z.B. T und p, beschreiben.

$$h = h(T, p) \tag{4.61}$$

Diese Gleichung nennt man ebenfalls eine kalorische Zustandsgleichung. Das vollständige Differential der spezifischen Enthalpie lautet:

$$dh = \left(\frac{\partial h}{\partial T}\right)_p \cdot dT + \left(\frac{\partial h}{\partial p}\right)_T \cdot dp \tag{4.62}$$

wobei $c_p(T,p)=\left(\frac{\partial h}{\partial T}\right)_p$ die spezifische Wärmekapazität bei konstantem Druck ist.

Mit c_p lassen sich die Enthalpiedifferenzen zwischen zwei Zuständen bei gleichem Druck berechnen:

$$h(T_2,p)-h(T_1,p)=\int_{T_1}^{T_2} c_p(T,p)\cdot dT \tag{4.63}$$

Bei Flüssigkeiten und festen Körpern braucht man zur Berechnung der Enthalpie die Druckabhängigkeit im Allgemeinen nicht zu berücksichtigen. Bei idealen Gasen ist h völlig vom Druck unabhängig und eine reine Temperaturfunktion, wie folgende Gleichung zeigt:

$$h=u+p\cdot \mathrm{v}=u(T)+R_i\cdot T \tag{4.64}$$

$$dh=c_p(T)\cdot dT \tag{4.65}$$

Aus obigen Gleichungen folgt:

$$c_p(T)=\frac{dh}{dT}=\frac{du+R_i dT}{dT}=c_\mathrm{v}(T)+R_i \tag{4.66}$$

oder

$$c_p(T)-c_\mathrm{v}(T)=R_i=konst. \tag{4.67}$$

Setzt man die beiden spezifischen Wärmekapazitäten ins Verhältnis, so erhält man den Isentropenexponenten κ.

$$\kappa(T)=\frac{c_p(T)}{c_\mathrm{v}(T)} \tag{4.68}$$

Daraus folgen einige Ableitungen:

$c_p=\kappa\cdot c_\mathrm{v}$. Aus $c_p-c_\mathrm{v}=R_i$ folgt: $c_\mathrm{v}\cdot(\kappa-1)=R_i$

$$c_\mathrm{v}=\frac{R_i}{(\kappa-1)} \tag{4.69}$$

$$c_p=\frac{R_i\cdot\kappa}{(\kappa-1)} \tag{4.70}$$

Für molare spezifische Wärmekapazitäten:

$$c_{M,\mathrm{v}} = \frac{R}{(\kappa - 1)} \tag{4.71}$$

$$c_{M,p} = \frac{R \cdot \kappa}{(\kappa - 1)} \tag{4.72}$$

Die Temperaturabhängigkeit von κ wird in der Regel vernachlässigt. Prinzipiell ist ein mittleres κ_m für einen Temperaturbereich zu berechnen:

$$\kappa_m\Big|_{T_1}^{T_2} = \frac{c_p\Big|_{T_1}^{T_2}}{c_\mathrm{v}\Big|_{T_1}^{T_2}} = \frac{c_p\Big|_0^{T_2} \cdot T_2 - c_p\Big|_0^{T_1} \cdot T_1}{c_\mathrm{v}\Big|_0^{T_2} \cdot T_2 - c_\mathrm{v}\Big|_0^{T_1} \cdot T_1} \tag{4.73}$$

Für das Verhältnis $\kappa = c_p/c_\mathrm{v}$ erhält man in erster Näherung für Gase, in Abhängigkeit von der Atomzahl, bei 273 K:

1-atomige Gase	$\kappa = 5/3 = 1{,}67$	He, Ar
2-atomige Gase	$\kappa = 7/5 = 1{,}40$	H_2, O_2, …
Luft, überwiegend 2-atomig	$\kappa = 1{,}4$	N_2, O_2, …
3-atomige Gase	$\kappa = 8/6 = 1{,}33$	CO_2, H_2O, …

Zusammenfassung Für ideale Gase ist die spezifische Wärmekapazität bei konstantem Volumen nur von der Temperatur abhängig. Das bedeutet auch, dass die Änderung der Inneren Energie nur von der Temperaturänderung abhängt, was auch für die Enthalpie bei idealen Gasen gilt. Bei Flüssigkeiten und festen Körpern wird die Druckabhängigkeit im Allgemeinen ebenfalls nicht berücksichtigt. Die spezielle Gaskonstante ist die Differenz zwischen c_p und c_v. Das Verhältnis von c_p/c_v ist der Isentropenexponent κ. Stehen von c_p, c_v, R_i und κ zwei Größen fest, so sind auch die restlichen beiden festgelegt. κ ist von der Atomzahl in einer Verbindung abhängig. Je höher die Anzahl der Atome in einem Molekül, desto niedriger ist κ.

Beispiel 4-2: *R_i für Luft ist 287 J/kgK, κ ist 1,4. Wie groß sind c_p und c_v?*

$$c_\mathrm{v} = \frac{R_i}{(\kappa - 1)} = \frac{287\,\frac{\mathrm{J}}{\mathrm{kgK}}}{1{,}4 - 1} = 717{,}5\,\frac{\mathrm{J}}{\mathrm{kgK}} \;;\; c_p = \kappa \cdot c_\mathrm{v} = 1{,}4 \cdot 717{,}5\,\frac{\mathrm{J}}{\mathrm{kgK}} = 1004{,}5\,\frac{\mathrm{J}}{\mathrm{kgK}}$$

Kontrollfragen

1. Einem ruhenden System werden Arbeit und Wärme zugeführt. Was wird dadurch verändert?
2. Zeigen Sie mit dem 1. HS ($dq = du + pdv$), wie groß die abzuführende Volumenänderungsarbeit sein muss, damit die Temperatur im System konstant bleibt, wenn eine Wärmemenge q zugeführt wird.
3. Kann in einem geschlossenen System mit ortsfesten Wandungen mechanische Energie in thermische Energie umgewandelt und wenn, auch mit Verlusten als mechanische Energie wieder entnommen werden?
4. Wodurch unterscheiden sich elektrische Arbeit, Wellenarbeit, Wärme und Volumenänderungsarbeit am geschlossenen System grundlegend?
5. Was beinhaltet die Innere Energie? Welche Formen sind meist uninteressant?
6. Warum hat das Integral pdV ein negatives Vorzeichen, wenn die Volumenänderungsarbeit positiv ist?
7. Gilt die Formulierung des 1. HS für offene Systeme, $dq = dh - vdp$, nur für offene Systeme?
8. Warum ist c_p immer größer als c_v?

Übungen

1. In einem Zylinder von 500 mm Durchmesser befinden sich 0,2 m^3 Gas bei einer Temperatur von 18 °C und unter einem Druck von 0,2 MPa. Um wie viel hebt sich der gewichtsbelastete, reibungsfrei bewegliche Kolben, wenn die Temperatur durch Wärmezufuhr auf 200 °C steigt? Wie groß ist die Masse auf dem Kolben, wenn der Luftdruck 1000 mbar beträgt? Die Luft verhält sich wie ein ideales Gas. Wie groß ist die abgegebene Arbeit?
2. In einem geschlossenen Gefäß befinden sich 0,1 m^3 Luft (ideales Gas) mit einem Druck von 0,3 MPa und einer Temperatur von 20 °C. Wie viel Wärme muss zugeführt werden, damit der Druck auf 0,8 MPa steigt? Die mittlere spezifische Wärmekapazität bei v = konst. für Luft in diesem Temperaturintervall beträgt $c_{mv} = 0{,}748$ kJ/kgK. $R_{i,Luft} = 287$ J/kgK. Wie lange müsste mit einem Motor gerührt werden, wenn die abgegebene Wellenleistung 4 kW beträgt?
3. Die Molmasse von Kohlenmonoxid CO beträgt 28,01 kg/kmol, $c_{p,CO}$ sei 1,040 kJ/kgK. Berechnen Sie κ, $R_{i,CO}$ und $c_{v,CO}$.

4. Zum 1.1.1999 stiegen die Energiepreise durch Steuererhöhungen wie folgt:
   1 Liter Benzin um 3 Cent; (ρ_{Benzin} = 0,75 kg/dm³, H_u = 43,5 MJ/kg)
   1 Liter Heizöl um 2 Cent; ($v_{Heizöl}$ = 1,19 dm³/kg, H_u = 42,5 MJ/kg)
   1 Norm-m³ Erdgas um 1,75 Cent; ($R_{i,Erdgas}$ = 447J/kgK, H_u = 47,7 MJ/kg)
   1 kWh Strom 1 Cent.

   Welcher Energieträger verteuert sich am stärksten pro Energieinhalt in kWh ($E = m \cdot H_u$)?

5. Ein Fahrzeug mit einem Gesamtgewicht von 20 Tonnen steht (c_1 = 0 km/h) an einem Abhang. Der Abhang hat einen Steigungswinkel von genau 5,74 °. In dem Fahrzeug befinden sich 12 m³ trockene Luft in einem Anfangszustand von 10 °C und 0,2 MPa. Das Luftvolumen wird über einen diathermen Deckel, der reibungsfrei verschiebbar ist, gasdicht verschlossen. Die Masse, die den Deckel belastet, sorgt für einen konstanten Innendruck und nimmt am Wärmetransport nicht teil. Eine innenliegende Bremsscheibe gibt die Bremsenergie an die Luft im Fahrzeug ab. Die Masse der Bremsscheibe kann dabei vernachlässigt werden. Das Fahrzeug zieht eine Masse von 1000 kg auf einer Ebene hinter sich her, der Reibungskoeffizient mit dem Untergrund beträgt 0,866. Die Temperatur dieser Masse bleibt konstant. Das Fahrzeug ist im Endzustand 2 genau 1000 m reibungsfrei den Hang abwärts gerollt und hat dann eine Geschwindigkeit von c_2 = 80 km/h. Die Lufttemperatur ist im Inneren auf 50 °C gestiegen. $R_{i,Luft}$ = 287 J/kgK, κ = 1,4. Welche Wärmemenge wurde während der Fahrt an die Umgebung über den Deckel abgegeben?

Skizze zu Aufgabe 5:

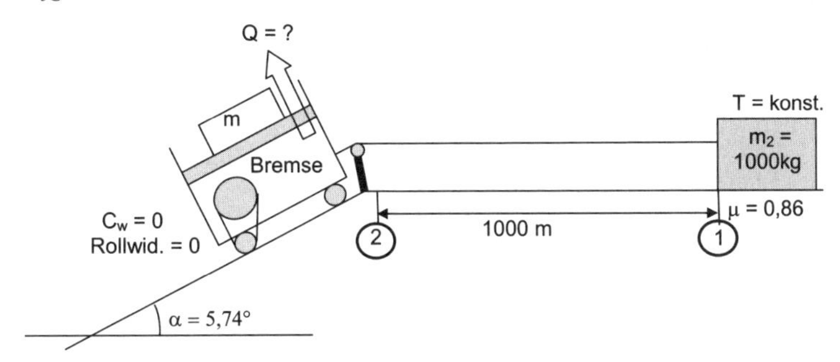

Lösungen unter http://www.oldenbourg-wissenschaftsverlag.de

4.5 Der 2. Hauptsatz der Thermodynamik

Lernziel Sie sollen die Konsequenzen der Aussagen aus dem 2. Hauptsatz der Thermodynamik kennen und darlegen können. Sie müssen die Entropieänderungen bei Zustandsänderungen berechnen können und Sie sollten die Konsequenzen in der Technik aus dem Verhalten der Entropie kennen und erläutern können.

Wir haben bei der Behandlung der Prozesse schon über den Begriff der Reversibilität in der Thermodynamik gesprochen. Reversibel sind also Prozesse, bei denen der Ausgangszustand wieder erreicht werden kann, ohne dass irgendeine Veränderung in der Umgebung zurückbleibt. Das Spannen und Entspannen einer Feder ist ein nahezu reversibler Vorgang. Der Tropfen Milch in einer Tasse Kaffee, der sich vollständig über die Tasse verteilt, ist ein typisch irreversibler Vorgang.

Sadi Carnot (1796–1832) war der erste, der sich mit der Irreversibilität von Wärmekraftprozessen befasste. *Rudolf Clausius (1822–1888)* formulierte den 2. Hauptsatz der Thermodynamik, den eigentlich jeder aus eigener Erfahrung kennt und der ziemlich selbstverständlich klingt, aber eine Revolution in der Physik darstellte.

Der 2. Hauptsatz der Thermodynamik besagt:

Alle natürlichen und technischen Prozesse sind irreversibel! Ideale Prozesse sind reversibel gedachte Grenzfälle irreversibler Prozesse!

und:

Wärme fließt von selbst nur vom Körper höherer Temperatur zum Körper niedrigerer Temperatur. Es ist umgekehrt nicht möglich, dass Wärme von einem kälteren Körper von selbst auf einen wärmeren Körper übergeht.

Diese Aussagen waren deswegen so spektakulär, weil in der klassischen Mechanik die Zeit nur ein Parameter, eine ungerichtete Zählgröße war. Mit diesen Aussagen bekommt die Zeit eine Richtung, sie ist unumkehrbar. Was heute ist, wird in Zukunft nie wieder so sein. Die Energie entwickelt sich nur in eine Richtung.

Mit elektrischer Energie kochen wir z.B. Suppe. Lassen wir die Suppe auf dem Tisch stehen, wird sie so kalt wie ihre Umgebung. Es hat aber noch nie jemand beobachtet, dass sich unter Abkühlung der Umgebung die Suppe plötzlich wieder erwärmt und wenn wir dann die Suppe wieder auf den Herd stellen, die thermische Energie zurück in elektrische Energie verwandelt wird. Dieser Prozess ist unumkehrbar, also irreversibel.

Deshalb strebt in einem abgeschlossenen System die Temperatur unaufhaltsam und unumkehrbar der niedrigsten Temperatur zu. Überall bei reibungsbehafteten Prozessen wird Wärme erzeugt und der Umgebung zugeführt. Es findet eine gewisse „Zerstreuung" der Energie statt. Clausius hat dafür den Begriff der „Entropie" eingeführt. Entropie setzt sich angeblich aus den griechischen Wörtern „Energie" und „Tropos" zusammen. „Tropos" bedeutet soviel wie Umwandlung oder Evolution.

Die Entropie macht Aussagen über die Entwicklungsrichtung der Energie. Wir haben schon über das Perpetuum mobile 1. Art gesprochen, das – einmal angestoßen – ewig läuft und auch noch Arbeit abgibt. Mit dem 2. Hauptsatz müssen wir akzeptieren, dass es auch kein Perpetuum mobile 2. Art gibt: „Es gibt keine Maschine, die – einmal angestoßen – ewig läuft, auch wenn sie keine Arbeit oder Wärme abgibt." Weiterhin gilt: „Es gibt keine Maschine, die Wärme aus einer Wärmequelle entnimmt und vollständig in mechanische Energie umwandelt."

Die Energiezerstreuung in Begleitung von Wärme nennen wir heute Entropie. Es gibt auch noch eine andere Art von Energiezerstreuung, die Dissipation. Schiebt man z.B. ein Auto an, so kann es auch zu Formänderungsarbeit kommen oder gar zu plastischen Verformungen, wenn man an die falsche Stelle hinfasst. Durch die darüber streichende Luft werden elektrische Ladungen verschoben usw.

Im physikalischen Sinne nicht ganz ernst gemeint sind folgende Beispiele aus dem studentischen Leben, die aber das Wesen der Aussagen des 2. Hauptsatzes veranschaulichen:

Wird eine aufgeräumte Studentenbude sich selbst überlassen, strebt sie immer der größten Unordnung zu. Nur durch Aufräumen, d.h. Aufwand von Energie, lässt sich der Ausgangszustand wieder herstellen.

Es ist Prüfungszeit. Sie sind hervorragend ausgeschlafen, haben gut gefrühstückt und sind nun voller Tatendrang sich auf die Thermodynamik-Klausur vorzubereiten. Sie brauchen aber dazu den Tisch. Sie beginnen aufzuräumen und abzuwaschen. Ein Mitbewohner kommt und lässt sich etwas erklären. Dann klingelt das Telefon. Die Freundin oder der Freund ruft an und fragt, ob Sie mit Eis essen gehen usw. Es vergeht der Tag und Sie haben nichts für Ihre Klausur getan. Sie haben Ihre Energie vollständig „dissipiert", d.h. zerstreut!

Schöpferische Prozesse, die kurzfristig eine höhere Ordnung herstellen, wie Aufräumen oder die Schaffung einer Statue, was die Philosophen „Negentropie" nennen, sind mit der Anerkennung des 2. Hauptsatzes von vornherein zeitlich begrenzt. Die Unordnung wird sich von selbst wieder einstellen und die Statue wird zerbröseln.

4.5.1 Die Entropie

Die Erfahrung, dass bestimmte Prozesse nicht möglich sind, ist in den Fassungen des 2. Hauptsatzes ausgesprochen. Unserer unmittelbaren Erfahrung entsprechen nachfolgend dargestellte einfache Prozesse, die von selbst nur in einer Richtung ablaufen:

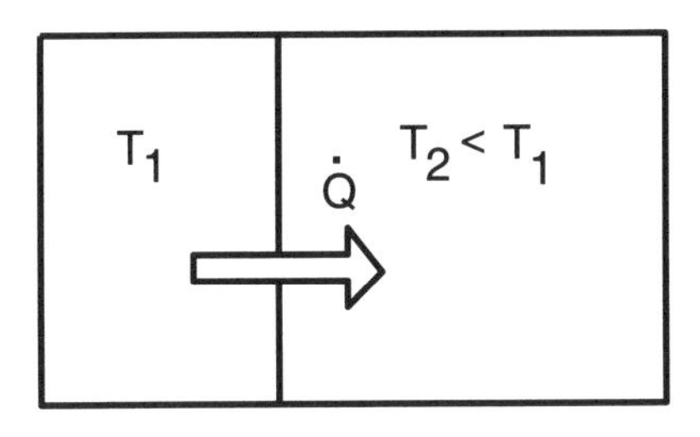

Abbildung 4-11: Wärmeübertragung nur in Richtung Temperaturgefälle

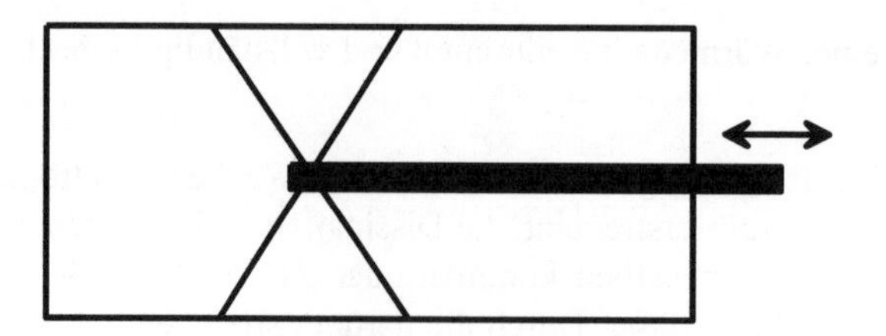

Abbildung 4-12: Reibung nur in Richtung der Zunahme der Inneren Energie

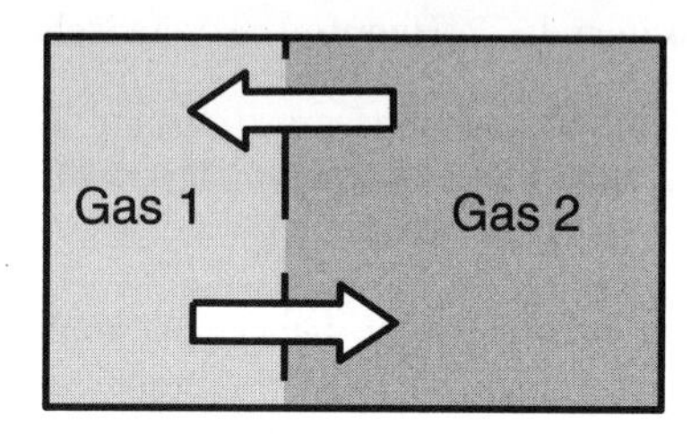

Abbildung 4-13: Mischung nur in Richtung Vermischung

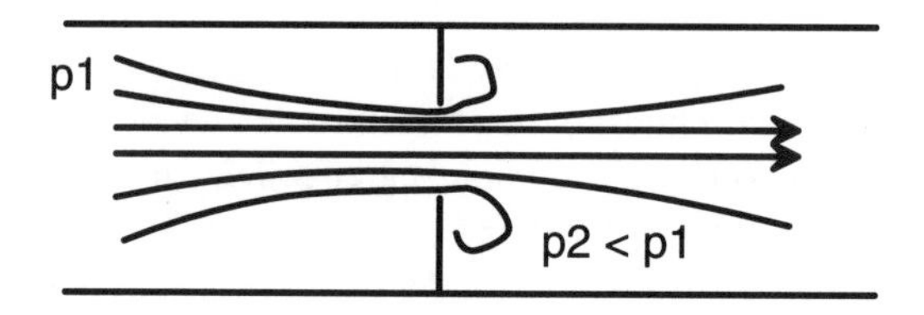

Abbildung 4-14: Drosselung nur in Richtung Druckgefälle (Entspannung ohne Arbeitsleistung)

Bei allen Beispielen (Abb. 4-11 bis 4-14) muss etwas ablaufen, damit die Systeme in einen stabileren Zustand übergehen. Ohne das Wissen um die Entropie sind Sie nicht in der Lage, dies zu belegen. Mit der Einführung der Entropie werden Sie dazu befähigt sein, was am Ende dieses Kapitels zu zeigen ist.

Carnot hatte bereits die Beobachtung gemacht, dass der nutzbare Energiebetrag einer Wärmemenge vom Temperaturgefälle in einem Prozess abhängt. Je höher die Temperaturdifferenz, desto größer der nutzbare Energiebetrag. In der Regel haben wir ein Temperaturgefälle zur Umgebungstemperatur zur Verfügung. Da aber unsere Umgebungstemperatur nicht gleich null ist, sondern in der Nähe von 300 K liegt, können wir immer nur den Teil bis zur Umgebungstemperatur nutzen. Für die Technik ist aber nur der nutzbare Teil der Energie interessant. Deshalb führen wir für den nutzbaren Energieanteil den Begriff der „Exergie“ ein, den nicht nutzbaren Teil nennen wir „Anergie“.

Es gilt:

Energie = Exergie + Anergie

Nach dem 1. Hauptsatz muss gelten:

Die Summe aus Exergie und Anergie bleibt bei allen Prozessen konstant.

Der 2. Hauptsatz schränkt ein:

Bei irreversiblen Prozessen wird Exergie in Anergie verwandelt, bei reversiblen Prozessen bleibt die Exergie konstant und es ist unmöglich, Anergie in Exergie zu verwandeln.

Das bedeutet, wenn wir einen Brenner nur in die Umgebung halten, dann wandeln wir die entstehende Verbrennungswärme vollständig in Anergie um. Wir haben sie vollständig dissipiert, sie ist für uns technisch verloren. Erwärmen wir aber damit einen Dampfkessel, so steht am Ende hochgespannter, heißer Dampf mit hoher Innerer Energie zur Verfügung, die sich zu einem gewissen Betrag mit technischen Maschinen, z.B. einer Turbine mit Generator, in elektrische Energie umwandeln lässt. Wir haben damit Nutzenergie, also Exergie zur Verfügung.

Clausius hat nun den Begriff der Entropie eingeführt:

Die Entropie ist eine Zustandsgröße, die bei irreversiblen Prozessen wächst und bei reversiblen Prozessen gleich bleibt.

Oder wie der 2. Hauptsatz besagt:

Die Entropie eines isolierten physikalischen Systems kann nur größer werden.

Als Formelzeichen wird der Buchstabe S festgelegt. Die Entropie misst den Entwicklungsstand eines physikalischen Systems. Da sich alle physikalischen Systeme in Richtung von Ordnung zur Unordnung entwickeln, kann man auch sagen:

Die Entropie ist ein Maß für die Unordnung in einem System!

Dies ist wohl die bekannteste Formulierung. Leider kann man sich die Entropie wie die Enthalpie nicht anschaulich vorstellen, was für den praktischen Gebrauch allerdings nicht erforderlich ist.

Es gibt sehr gute Abhandlungen [7], in denen die Entropie über Wahrscheinlichkeitsbetrachtungen erklärt wird. Wenn Sie sich unter der Entropie etwas „vorstellen“ wollen, dann sollten Sie sich merken:

> „Steigt die Entropie in einem System an, so ist das System in einen wahrscheinlicheren Zustand übergegangen.“

Der Umkehrschluss ist dann auch etwas leichter zu verstehen: Zustände mit niedriger Entropie sind nicht „nicht möglich“, sondern nur unwahrscheinlich.

Wir haben eingangs den Tropfen Milch in der Kaffeetasse als Beispiel benutzt. Es ist einleuchtend, dass, wenn sich alle Milchmoleküle infolge der Molekularbewegung über die ganze Tasse verteilt haben, der wahrscheinlichere Zustand eingetreten ist. Es ist aber unwahrscheinlich, dass sich alle Moleküle aufgrund ihrer momentanen Bahnen zum gleichen Zeitpunkt am gleichen Ort wieder treffen. Dies ist nicht unmöglich, aber unwahrscheinlich und mit Sicherheit zeitlich nicht dauerhaft!

Im Sinne der Dissipation von Energiebeträgen gilt: Bei reversiblen Zustandsänderungen erreicht die Entropie nach abgeschlossener Umkehrung den gleichen Wert wie zu Beginn der Zustandsänderung $\Delta S = 0$. Bei irreversiblen Zustandsänderungen ist dann $\Delta S > 0$.

$$\Delta S = \frac{\Delta Q}{T} \quad \frac{\mathrm{J}}{\mathrm{K}} \qquad \Delta Q = \Delta S \cdot T \tag{4.74}$$

Unter der Entropieänderung definiert man die auf die absolute Temperatur bezogene Änderung der Wärmeenergie. Das heißt, die Entropieänderung ist um so größer, je niedriger die Temperatur ist, bei der eine Wärmemenge zugeführt wird.

Für die Technik hat das weitreichende Konsequenzen. Wollen wir thermische Energie umwandeln, so ist darauf zu achten, dass ein höchstmögliches Maß an Reversibilität erreicht wird. Wenn aber der Entropiezuwachs ein Grad für die Irreversibilität ist, so ist die Folgerung aus der Gleichung (4.75), dass eine Wärmezufuhr bei möglichst hoher Temperatur erfolgen muss, um die Entropieänderung so klein wie möglich zu halten. Dies ist der Grund dafür, dass die Werkstoffentwickler versuchen, immer höher warmfeste Materialien zu entwickeln.

Bevor wir uns einer mathematischen Betrachtung zuwenden, sei noch erwähnt, dass die auf die Masse m bezogene Entropie als **spezifische Entropie** bezeichnet wird:

$$s = \frac{S}{m} \quad \frac{\mathrm{J}}{\mathrm{kgK}} \tag{4.75}$$

Wir haben für den 1. HS formuliert:

$$dU = dQ - p \cdot dV \tag{4.76}$$

Mit obiger Formulierung können wir auch schreiben:

$$dU = T \cdot dS - p \cdot dV \tag{4.77}$$

Wir haben hiermit eine Formulierung, die nur noch Zustandsgrößen enthält.

Fasst man die Innere Energie U als abhängige Variable auf, dann sind die Entropie S und das Volumen V die unabhängigen Veränderlichen. Die Innere Energie ist also hier als eine Funktion von S und V aufzufassen $U = U(S, V)$.

Da dU nach Gleichung (4.78) ein totales Differential ist, müssen T und $-p$ die partiellen Ableitungen von U nach S und V darstellen:

$$dU = \left(\frac{\partial U}{\partial S}\right)_V \cdot dS + \left(\frac{\partial U}{\partial V}\right)_S \cdot dV = T \cdot dS - p \cdot dV \tag{4.78}$$

T ... absolute Temperatur ; $-p$ ... Druck

Diese Gleichung ist auch als Gibbs'sche Fundamentalgleichung bekannt.

T und $-p$ sind die Intensitätsgrößen. Sie geben an, mit welcher Intensität sich die Innere Energie ändert, wenn sich die Austauschvariablen Entropie oder Volumen eines Stoffes ändern, daher intensive Zustandsgrößen. Die Austauschvariablen U, S, V sind extensive Zustandsgrößen, d.h. proportional zur Masse des Stoffes.

Interpretation der Gibbs'schen Fundamentalgleichung

Wenn ein Stoff Wärme aufnimmt, vergrößert sich seine Entropie. Dabei steigt die Temperatur. Wenn ein Stoff Arbeit abgibt, vergrößert sich sein Volumen. Dabei sinkt der Druck.

Die Gibbs'sche Fundamentalgleichung lässt sich plausibel interpretieren, aber nicht von noch „einfacheren" Gesetzmäßigkeiten ableiten, daher **Fundamentalgleichung.**

Exkurs

Von den beiden Ausdrücken TdS und pdV auf der rechten Seite des 1. Hauptsatzes besteht der erste aus einem Produkt thermischer Größen und der zweite aus einem Produkt mechanischer Größen. Beide haben die Dimension einer Energie. Man kann jetzt die abhängigen und die unabhängigen Variablen vertauschen. Bei der Einführung der Enthalpie wurde bereits gezeigt, dass durch die Transformation $H = U + pV$ die Rollen von p und V vertauscht werden. Werden auch T und S in dieser Weise vertauscht, so ergeben sich vier verschiedene Möglichkeiten, die unabhängigen Veränderlichen zu kombinieren, und zwar:

1. S, V 2. S, p

3. T, V 4. T, p

Zu diesen Kombinationen von unabhängigen Veränderlichen gehören folgende Zustandsfunktionen.

1. Innere Energie : U
2. Enthalpie : $H = U + pV$
3. Freie Energie : $F = U - TS$ (Helmholtz-Funktion)
4. Freie Enthalpie : $G = H - TS$ (Gibbs-Funktion)

Hilfreich bei Mischungen

Phasengleichgewicht bei Mischungen

Man findet für diese Zustandsfunktionen die Differentiale:

1. $dU = T \cdot dS - p \cdot dV$
2. $dH = T \cdot dS + V \cdot dp$
3. $dF = -S \cdot dT - p \cdot dV$
4. $dG = -S \cdot dT + V \cdot dp$

Die Freie Energie und die Freie Enthalpie werden in diesem Buch nicht weiter benutzt. Sie spielen jedoch in der Thermodynamik eine wesentliche Rolle bei der Berechnung von Gleichgewichtszuständen.

Bei anderen als adiabaten Vorgängen kann man die Entropie aufteilen in einen Anteil, der durch Wärmetransport über die Systemgrenzen ds_{wt} bedingt ist, und einen, der im Inneren des Systems durch Dissipation ds_{Diss} hervorgerufen wird:

Es gilt hier ohne Einschränkung:

$$ds = ds_{wt} + ds_{Diss} \tag{4.79}$$

$$ds_{Diss} > 0$$

Aus obigen Gleichungen erhält man:

$$dS = \frac{dQ}{T} + dS_{Diss} \tag{4.80}$$

Die Entropieänderung, die durch Dissipation (Reibung) bedingt ist, hängt vom Prozessverlauf ab und kann nur empirisch ermittelt werden. Im Falle der adiabaten Zustandsänderung ($dS_{wt} = 0$) kann man dS_{Diss} direkt als Differenz der Zustandsgröße Entropie ausdrücken:

$$\left(S_2 - S_1\right)_{ad} = \int_1^2 dS_{Diss} \geq 0 \qquad (4.81)$$

Die durch Wärmeaustausch bedingte Entropieänderung lässt sich mit Hilfe des 1. und 2. Hauptsatzes berechnen:

1. HS: $dq = du + p \cdot d\mathrm{v}$

2. HS: $ds = \dfrac{dq}{T}$

$$ds = \frac{du + p \cdot d\mathrm{v}}{T}$$

$$ds = \frac{c_\mathrm{v} \cdot dT}{T} + \frac{R_i \cdot T \cdot d\mathrm{v}}{T \cdot \mathrm{v}}$$

$$ds = c_\mathrm{v} \cdot \frac{dT}{T} + R_i \cdot \frac{d\mathrm{v}}{\mathrm{v}}$$

$$s_{12} = s_2 - s_1 = c_\mathrm{v} \cdot \ln\frac{T_2}{T_1} + R_i \cdot \ln\frac{\mathrm{v}_2}{\mathrm{v}_1} \qquad (4.82)$$

oder aus: $dq = dh - \mathrm{v} \cdot dp$

$$ds = \frac{dh - \mathrm{v} \cdot dp}{T}$$

$$ds = \frac{c_p \cdot dT}{T} - \frac{R_i \cdot T \cdot dp}{T \cdot p}$$

$$ds = c_p \cdot \frac{dT}{T} - R_i \cdot \frac{dp}{p}$$

$$s_{12} = s_2 - s_1 = c_p \cdot \ln\frac{T_2}{T_1} - R_i \cdot \ln\frac{p_2}{p_1} \qquad (4.83)$$

Aus der Zustandsgleichung für ideale Gase kann man ableiten:

$$\frac{p_2 \cdot \mathrm{v}_2}{p_1 \cdot \mathrm{v}_1} = \frac{T_2}{T_1} \qquad (4.84)$$

$$s_{12} = s_2 - s_1 = c_v \cdot \ln \frac{p_2 \cdot v_2}{p_1 \cdot v_1} + R_i \cdot \ln \frac{v_2}{v_1} \tag{4.85}$$

$$s_{12} = s_2 - s_1 = c_v \cdot \ln \frac{p_2}{p_1} + c_v \cdot \ln \frac{v_2}{v_1} + R_i \cdot \ln \frac{v_2}{v_1} \tag{4.86}$$

$$s_{12} = s_2 - s_1 = c_v \cdot \ln \frac{p_2}{p_1} + c_p \cdot \ln \frac{v_2}{v_1} \tag{4.87}$$

Beachte Die Gleichungen 4.82, 4.83 und 4.87 gelten nur für ideale Gase. Für reale Gase gibt es Tabellenwerke oder grafische Darstellungen sog. T,s-Diagramme.

Die Behauptung, dass die Entropie in einem abgeschlossenen System nur zunehmen kann, gilt nur für abgeschlossene Systeme. Wird aus einem offenen oder geschlossenen System Wärme abgeführt, dann ist nach unserer Vorzeichenregel dQ negativ. Mit $dS = \frac{dQ}{T}$ muss dann auch dS negativ sein, da die Temperatur niemals negativ sein kann.

Wird einem System Wärme zugeführt, wird die Entropie vergrößert. Wird Wärme abgeführt, dann verringert sich die Entropie.

Da die Wärmemenge von selbst nur immer zur niedrigeren Temperatur strebt, hat die Entropie das Bestreben, gegen ein Maximum zu gehen.

Finden in einem abgeschlossenen System Zustandsänderungen statt, die von selbst loslaufen und dann in einem anderen Zustand stehen bleiben, muss die Entropie zugenommen haben.

Beispiel 4-3: *In einem abgeschlossenen System gibt es zwei Untersysteme, die über eine diatherme verschiebbare Wand getrennt sind (Abb. 4-15).*

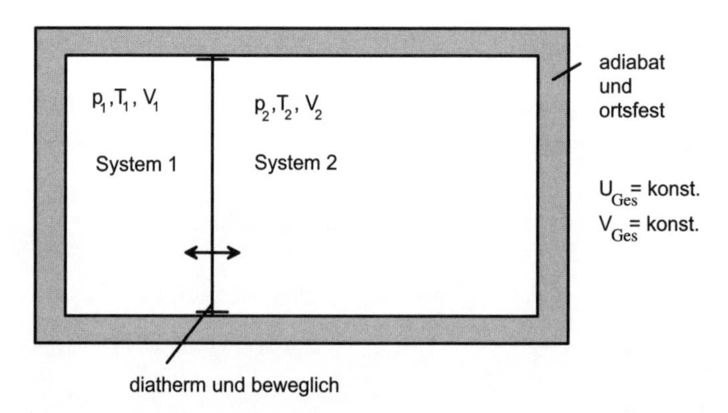

Abbildung 4-15: Abgeschlossenes System mit zwei Untersystemen, die über eine bewegliche diatherme Wand verbunden sind.

Zu Beginn ist $T_1 > T_2$ und $p_1 > p_2$. Lassen wir die Trennwand los und überlassen wir das System sich selbst, so wird sich die Wand so bewegen, dass $p_1 = p_2$ und $T_1 = T_2$ wird. Es stellt sich mechanisches und thermisches Gleichgewicht ein.

Da wir ein abgeschlossenes System vorausgesetzt haben, gilt:

V_{Ges} = konst. *also muss* $dV_2 = -dV_1$ *sein und*

U_{Ges} = konst. *also muss* $dU_2 = -dU_1$ *sein.*

Für die Änderung der Entropie im Einzelsystem gilt $dS = \dfrac{dQ}{T}$.

Mit $dQ = dU + pdV$ *gilt* $dS_1 = \dfrac{dU_1 + p_1 \cdot dV_1}{T_1}$ *und* $dS_2 = \dfrac{dU_2 + p_2 \cdot dV_2}{T_2}$.

Mit $dV_2 = -dV_1$ *und* $dU_2 = -dU_1$ *ergibt sich für die Entropieänderung im Gesamtsystem:*

$$dS_{ges} = dS_1 + dS_2 = \frac{dU_1 + p_1 \cdot dV_1}{T_1} + \frac{-dU_1 - p_2 \cdot dV_1}{T_2} \tag{4.88}$$

$$dS_{ges} = dU_1 \left(\frac{1}{T_1} - \frac{1}{T_2} \right) + dV_1 \left(\frac{p_1}{T_1} - \frac{p_2}{T_2} \right) \tag{4.89}$$

Damit das System zum Stillstand kommt, muss also $dS \leq 0$ *sein. Das ist aber nur der Fall, wenn* $T_1 = T_2$ *und* $p_1 = p_2$ *ist. Ein einfaches System ist also im Gleichgewicht isotherm und isobar.*

Aus solchen Betrachtungen heraus kann man verschiedene Gleichgewichtsbedingungen ableiten. Sie seien hier zusammengefasst.

$S = S_{max}$ für U = konst. und V = konst.,

d.h., in einem abgeschlossenen System nimmt die Entropie im Gleichgewicht ihr Maximum ein.

$U = U_{min}$ für S = konst. und V = konst. (adiabates, isochores System)

d.h., die Innere Energie nimmt im Gleichgewicht ihr Minimum ein, wenn S und V konstant gehalten werden.

$H = H_{min}$ für S = konst. und p = konst. (adiabates, isobares System)

$F = F_{min}$ für T = konst. und V = konst. (isothermes, isochores System)

$G = G_{min}$ für T = konst. und p = konst. (isothermes, isobares System)

Merke Alle thermodynamischen Zustandsfunktionen nehmen im Gleichgewicht einen Extremwert ein. Nur die Entropie nimmt im Gleichgewichtszustand für $dU = 0$ und $dV = 0$ ein Maximum an, alle anderen gehen bei entsprechenden Randbedingungen gegen ein Minimum.

Wir haben eingangs vier Beispiele für typische irreversible Prozesse betrachtet, die wir aus der Erfahrung zwar kennen, aber bisher physikalisch nicht begründen konnten. Diese vier Beispiele sind nun zu prüfen, ob bei diesen Vorgängen die Entropie zugenommen hat.

Beispiel 4-4:

Zu Abbildung 4-11: *Wärmeübergang, isochore Zustandsänderung*

$T_1 > T_m > T_2$ *(angenommen gleiches Gas in Kammer 1 und 2)*

sei $m_1 = m_2$; $Q_{ab} = Q_{zu}$; $c_{v1} = c_{v2}$ *und* $T_1 = 300\,\text{K}$; $T_2 = 100\,\text{K}$

$$T_m = \frac{m_1 \cdot c_{v1} \cdot T_1 + m_2 \cdot c_{v2} \cdot T_2}{m_1 \cdot c_{v1} + m_2 \cdot c_{v2}} = \frac{T_1 + T_2}{2} = 200\,\text{K}$$

Δ *s in 1* $$s_1' - s_1 = c_v \cdot \ln\frac{T_m}{T_1} = c_v \cdot \ln\frac{200}{300} = -c_v \cdot 0{,}405$$

Δ *s in 2* $$s_2' - s_2 = c_v \cdot \ln\frac{T_m}{T_2} = c_v \cdot \ln\frac{200}{100} = c_v \cdot 0{,}693$$

Δs_{System} $$= \Delta s_{in1} + \Delta s_{in2} = -c_v \cdot 0{,}405 + c_v \cdot 0{,}693 = +\,0{,}288 \cdot c_v$$

Folgerung: $\Delta s_{System} > 0$*, das bedeutet, der Prozess ist irreversibel!*

zu Abbildung 4-12: *Reibungsbehafteter Vorgang*

Tritt Reibung auf, so bedeutet dies immer eine Wärmezufuhr, also $dQ > 0$*. Entsprechend muss* $dS = \frac{dQ}{T}$ *ebenfalls* > 0 *sein. Damit gilt: der Prozess ist irreversibel!*

zu Abbildung 4-13: *Gasmischung (isotherm)*

$p_1 = p_2 = p_{Ges} = konst.$ *jedoch Gas 1 expandiert auf seinen Druck* $p_1' < p_{ges}$

und Gas 2 ebenfalls auf $p_2' < p_{ges}$

aber es bleibt $p_1' + p_2' = p_{Ges}$

Δ *s für Gas 2* $$s_{2'}(T, p_{2'}) - s_2(T, p_2) = R_i \cdot \ln\frac{P_2}{P_{2'}} > 0 \qquad da \; \frac{p_2}{p_{2'}} > 1$$

Δ *s für Gas 1* $$s_{1'}(T, p_{1'}) - s_1(T, p_1) = R_i \cdot \ln\frac{P_1}{P_{1'}} > 0 \qquad da \; \frac{p_1}{p_{1'}} > 1$$

Damit ist Δs_{System} *ebenfalls > 0, das bedeutet, der Prozess ist irreversibel!*

zu Abbildung 4-14: *Drosselung (isotherm)*

$s_2 - s_1 = R_i \cdot \ln \frac{p_1}{p_2}$ *da* $p_1 > p_2$ *ist* $\frac{p_1}{p_2} > 1$ *und* $\Delta s > 0$*, das bedeutet, der Prozess ist irreversibel!*

Sie sehen, mit Hilfe der Entropie sind Sie in der Lage, rechnerisch nachzuweisen, ob ein Prozess reversibel oder irreversibel ist.

Zusammenfassung Alle Prozesse sind verlustbehaftet, also irreversibel. Der Grad der Irreversibilität ist unterschiedlich. Reversible Prozesse sind gedachte Grenzfälle irreversibler Prozesse.

Energie setzt sich aus Exergie und Anergie zusammen. Exergie ist uneingeschränkt umwandelbare Energie. Anergie ist nicht mehr umwandelbar. Bei irreversiblen Prozessen wird Exergie in Anergie verwandelt. Bei reversiblen Prozessen bleibt die Exergie konstant. Es ist unmöglich, Anergie in Exergie zu verwandeln.

Die Entropie ist die auf die absolute Temperatur bezogene Änderung der Wärmeenergie. Sie ist ein Grad für die Irreversibilität eines Prozesses. In einem abgeschlossenen System kann die Entropie nur zunehmen. Eine Abnahme der Entropie im geschlossenen System ist nur möglich, wenn das System Wärme abgibt. Die Entropie nimmt im Gleichgewichtszustand ein Maximum an. Vorgänge laufen nur von selbst ab, wenn die Entropie noch anwachsen kann.

4.6 Der 3. Hauptsatz der Thermodynamik

Der 3. Hauptsatz der Thermodynamik ist weniger bekannt, weil er für die tägliche Arbeit nicht relevant ist. *Walter Nernst* (1864–1941) und *Max Planck* (1858–1947) haben ihn formuliert:

Am absoluten Nullpunkt der Temperatur nimmt die Entropie eines kondensierten Stoffes im Zustand eines perfekten Kristalls den Wert Null an.

Unsere Formulierung $dS = \frac{dQ}{T}$ zeigt aber auch, dass sich technisch die absolute Temperatur 0 K nicht realisieren lässt, denn dann wäre die Entropieänderung unendlich groß.

Kontrollfragen

1. Welche Beziehung steht zwischen den Begriffen Energie, Exergie und Anergie? Erklären Sie den Unterschied zwischen Exergie und Anergie.
2. Zählt die kinetische Energie eines strömenden Fluids zur Anergie oder zur Exergie?
3. Zählt die Innere Energie der Umgebung zur Anergie oder zur Exergie?

4. Unterstreichen Sie die richtige Antwort (nur eine Antwort richtig):

   Welche der folgenden Größen kann weder erzeugt noch vernichtet werden?
   – Exergie – Anergie – Entropie
   – Energie – Enthalpie – keine der Größen
   In welchem der folgenden Systeme kann die Entropie niemals abnehmen?
   – Ruhendes geschlossenes System – Offenes System
   – Bewegtes geschlossenes System – Abgeschlossenes System
   – In keinem der genannten Systeme – In überhaupt keinem System
   Welche der folgenden Größen kann zwar vernichtet werden (im Sinne unwiderruflicher Umwandlung), aber nicht (aus dem Nichts) entstehen?
   – Empirie – Energie – Entropie
   – Exergie – Enthalpie – keine der Größen

5. Wodurch unterscheidet sich in der Thermodynamik der Begriff „reversibel" von der Formulierung: „einen Ausgangszustand wieder herstellen"?

6. Was haben Entropie und Wahrscheinlichkeit eines Zustandes miteinander zu tun?

7. Unter welchen Umständen kann die Entropie in einem System abnehmen?

8. In welchem System kann die Entropie nur zunehmen?

9. Wie soll die Temperatur sein, damit bei einer Wärmezufuhr die Entropieänderung möglichst gering ist?

10. Wie hoch ist die Entropieänderung am absoluten Nullpunkt nach Gleichung 4.74?

Übungen

1. 10 m³ Luft von 0,1 MPa, 60 °C werden isochor auf 300 °C erwärmt. Wie ändert sich die Entropie, wenn die Luft als ideales Gas behandelt wird? Gegeben sind c_p = 1,004 kJ/kgK und M_{Luft} = 28,963 kg/kmol.

2. 100 kg Stickstoff, M_{N_2} = 28,0134 kg/kmol, werden in einem offenen System reversibel von 0,1 MPa, bei konstanter Temperatur von 27 °C auf 1,5 MPa verdichtet. Der Stickstoff soll als ideales Gas behandelt werden. Wie ändert sich die Entropie und welche Wärmemenge muss zu- oder abgeführt werden? Berechnung über die Entropie.

3. 5 kmol Kohlendioxid werden in einem offenen System reversibel von 0,1 MPa, 25 °C auf 3,0 MPa verdichtet, Endtemperatur 320 °C. Das Kohlendioxid soll als ideales Gas behandelt werden. Änderungen der kinetischen und potentiellen Energie sind zu vernachlässigen, die Temperaturabhängigkeit der spezifischen Wärmekapazität und des Polytropenexponenten sind nicht zu berücksichtigen. M_{CO_2} = 44,0098 kg/kmol, c_p = 0,9118 kJ/kgK. Wie ändert sich die Entropie?

Lösungen unter http://www.oldenbourg-wissenschaftsverlag.de

5 Zustandsänderungen idealer Gase

Lernziel Sie müssen die Berechnung der Zustandsänderungen bei idealen Gasen und deren Darstellung im p,V- und T,s-Diagramm beherrschen. Sie müssen in der Lage sein, die Besonderheiten bei den reversiblen Standardzustandsänderungen herauszustellen und Vorgänge in technischen Einrichtungen mit den richtigen Zustandsänderungen in Verbindung zu bringen. Sie müssen auch die Darstellung irreversibler Zustandsänderungen im T,s-Diagramm beherrschen.

Im täglichen Umgang mit Gasen ist es wichtig, deren Verhalten vorauszuberechnen. Wie schon erwähnt, verhalten sich viele Gase in der technischen Anwendung mit guter Näherung wie ideale Gase. Mit Hilfe der in diesem Kapitel zu erarbeitenden Gleichungen lassen sich Druck, Volumen, Temperatur, Wärmemengen, Arbeiten, Entropieänderungen usw. bei den gewählten Randbedingungen bestimmen.

Um die Zusammenhänge übersichtlicher darzustellen, setzen wir voraus, dass alle Vorgänge reibungsfrei und ohne Dissipation ablaufen.

Die allgemeine Zustandsänderung ist die polytrope Zustandsänderung. Vier Sonderfälle, die in der Technik als idealisierte Grenzfälle für Vorgänge herangezogen werden, seien jedoch vorab behandelt. Bei diesen Sonderfällen bleibt immer eine Zustandsgröße konstant, das ist bei

v = konst.	die isochore Zustandsänderung
p = konst.	die isobare Zustandsänderung
T = konst.	die isotherme Zustandsänderung
s = konst.	die isentrope Zustandsänderung

Die isentrope Zustandsänderung entspricht auch $dq = 0$, der adiabaten Zustandsänderung ohne Dissipationseffekte.

Bei diesen Sonderfällen handelt es sich um idealisierte Vorgänge, die im exakten Anwendungsfall Stück für Stück an die tatsächlichen Abläufe angenähert werden. Durch diese Sonderfälle hat man aber einen klaren Überblick und sie sind einfach zu verstehen. Wenn man die Grundzusammenhänge begriffen hat, ist es leichter, das Modell komplexer zu machen.

> **Hinweis** Die folgenden Kapitel sind immer gleich aufgebaut, um das Auffinden von Formeln für die Prüfung zu erleichtern. Damit Sie in der Klausur die Formel schnell finden, ist die Herleitung nach der Formel aufgeführt.

Der 1. Hauptsatz zeigt, dass durch die Prozessgrößen Arbeit und Wärme die Änderung des Energieinhaltes eines idealisierten, reibungsfreien Systems beschrieben wird. Um die Zusammenhänge anschaulich darzustellen, wählen wir das *p,*v- und das *T,s*-Diagramm. Da die Volumenänderungsarbeit durch das Integral $\int p d\mathrm{v}$ und die technische Arbeit über das Integral $\int \mathrm{v} dp$ beschrieben wird, lässt sich aus dem *p,*v-Diagramm die technische und die Volumenänderungsarbeit ersehen, die am Prozess beteiligt ist. Die beteiligte Wärmemenge kann man aus dem *T,s*-Diagramm lesen, da die Wärmemenge dem Integral $\int T ds$ entspricht.

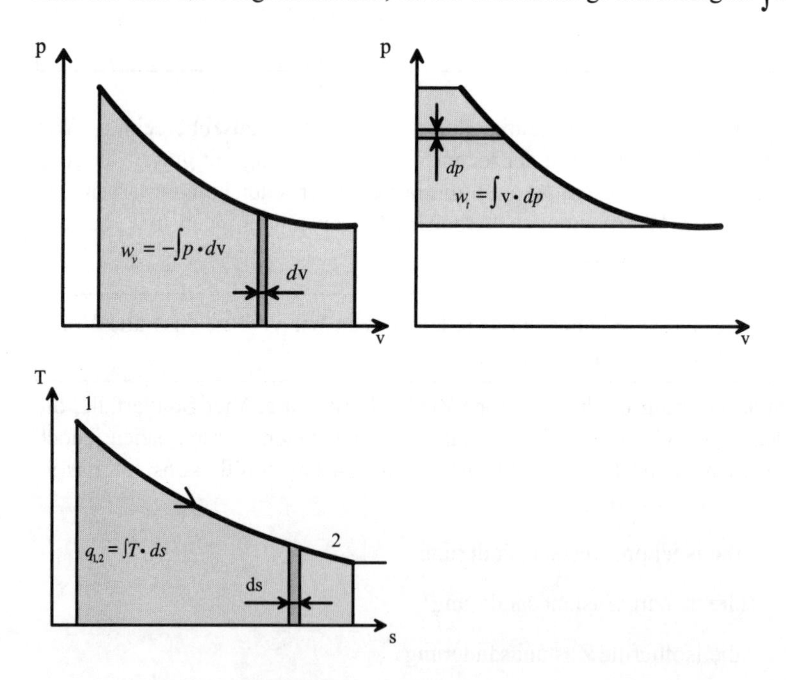

*Abbildung 5-1: Arbeit und Wärme im p,*v*- bzw. T,s-Diagramm*

> **Hinweis** Die in den folgenden Kapiteln abgehandelten Zustandsänderungen und Darstellungen im *p,*v- und *T,s*-Diagramm sind in der Regel zentraler Prüfungsstoff.

5.1 Die isochore Zustandsänderung (V = konst.)

Darstellung im p,v- und T,s-Diagramm

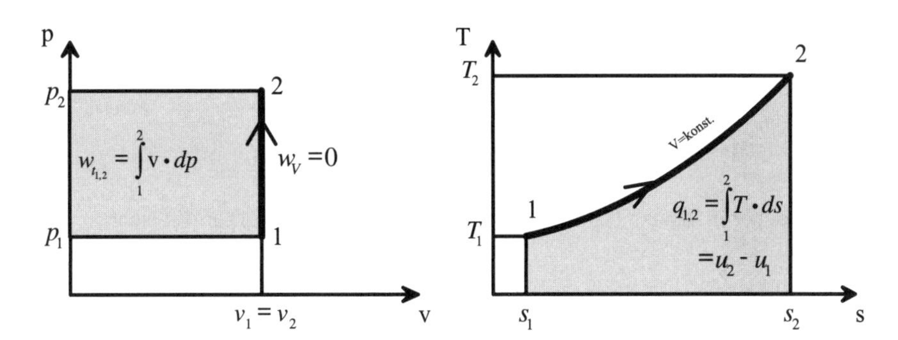

*Abbildung 5-2: Die Isochore im p,*v*- und T,s-Diagramm*

In diesem Beispiel ist eine isochore Wärmezufuhr dargestellt, wie es z.B. bei einem dampfdichten Kochtopf oder einem geschlossenen Behälter mit m = konst. vorkommt. Beim Abkühlen, also einer isochoren Wärmeabfuhr, gilt nur die umgekehrte Richtung (anderes Vorzeichen), die Beträge bleiben gleich.

Was lässt sich aus den Diagrammen ablesen?

***p*,v-Diagramm:**

- Die Volumenänderungsarbeit ist $w_v = -\int p \cdot dv = 0$, da definitionsgemäß $dv = 0$ ist.
- Die technische Arbeit ist $w_t = \int v dp$.
- Bei einer isochoren Wärmezufuhr steigt der Druck im Behälter.

***T*,*s*-Diagramm:**

- Die Isochore ist eine Exponentialkurve.
- Bei einer isochoren Wärmezufuhr steigt die Temperatur und die Entropie nimmt zu. Bei einer isochoren Wärmeabfuhr fällt die Temperatur und die Entropie nimmt ab!
- Die Fläche unter der Zustandskurve entspricht der zu- bzw. abgeführten spezifischen Wärmemenge bzw. der Differenz der spezifischen Inneren Energien im Anfangs- und Endzustand.

Berechnungen und Herleitungen:

Volumen: $V_1 = V_2\,;\ \mathrm{v}_1 = \mathrm{v}_2$ (gemäß Definition) (5.1)

Druck: $p_2 = p_1 \cdot \dfrac{T_2}{T_1}$ (5.2)

weil $p_1 \cdot V_1 = m_1 \cdot R_{i_1} \cdot T_1$ und $p_2 \cdot V_2 = m_2 \cdot R_{i_2} \cdot T_2$

ist $\dfrac{p_1 \cdot V_1}{T_1} = m_1 \cdot R_{i_1}$ und $\dfrac{p_2 \cdot V_2}{T_2} = m_2 \cdot R_{i_2}$

Da bei einer isochoren Zustandsänderung gilt, $m_1 = m_2$ und $R_{i_1} = R_{i_2}$, ergibt sich:

$$\frac{p_1 \cdot V_1}{T_1} = \frac{p_2 \cdot V_2}{T_2}$$

mit $V_1 = V_2$ ist

$$\frac{p_1}{T_1} = \frac{p_2}{T_2} \quad \text{oder} \quad \frac{p_1}{p_2} = \frac{T_1}{T_2} \tag{5.3}$$

Temperatur: $T_2 = T_1 \cdot \dfrac{p_2}{p_1}$ (wegen 5.2)

Volumenänderungsarbeit: $w_{\mathrm{v}_{1,2}} = 0\,;$ da

$$w_{\mathrm{v}_{1,2}} = -\int_1^2 p \cdot d\mathrm{v} \quad \text{(siehe 3.28) mit} \quad d\mathrm{v} = 0$$

technische Arbeit: $w_{t_{1,2}} = \int_1^2 \mathrm{v}dp$; $w_{t_{1,2}} = \mathrm{v} \cdot (p_2 - p_1)$ (5.4)

oder $R_i\,(T_2 - T_1)$

$$W_{t_{1,2}} = V \cdot (p_2 - p_1) \tag{5.5}$$

Wärmemenge: $q_{1,2} = u_2 - u_1 = c_\mathrm{v}\,(T_2 - T_1)$ (5.6)

und $q_{1,2} = \int_1^2 Tds$

$$Q_{1,2} = m \cdot c_\mathrm{v}\,(T_2 - T_1) \tag{5.7}$$

Nach dem 1. Hauptsatz für geschlossene Systeme gilt $dq = du + pd\mathrm{v}$ (siehe 4.13), mit $d\mathrm{v} = 0$ ist $dq = du$ und mit (4.75) $dq = Tds$.

Entropieänderung: $$\Delta s_{1,2} = s_2 - s_1 = c_v \ln\frac{p_2}{p_1} = c_v \ln\frac{T_2}{T_1} \quad (5.8)$$

$$\Delta S_{1,2} = m \cdot s_{1,2} \quad (5.9)$$

Mit (4.82) gilt $s_2 - s_1 = c_v \cdot \ln\frac{T_2}{T_1} + R_i \cdot \ln\frac{v_2}{v_1}$,

mit $v_2 = v_1$ ist $\frac{v_2}{v_1} = 1$ und damit $\ln\frac{v_2}{v_1} = 0$.

Also ist $s_2 - s_1 = c_v \cdot \ln\frac{T_2}{T_1}$.

Mit (5.2) gilt $\frac{T_2}{T_1} = \frac{p_2}{p_1}$, also ist auch $\ln\frac{T_2}{T_1} = \ln\frac{p_2}{p_1}$

und damit gilt auch $s_2 - s_1 = c_v \cdot \ln\frac{p_2}{p_1}$.

Zusammenfassung Bei einer isochoren Zustandsänderung ändern sich Druck und Temperatur. Eine Wärmezu- oder -abfuhr bewirkt nur eine Veränderung der Inneren Energie. Es kann nur technische Arbeit aufgenommen werden.

Beispiel 5-1: *Ein ideal isolierter Behälter mit $V = 2\ m^3$ = konst. ist mit trockener Luft von 0,6 MPa absolut und einer Temperatur von 25 °C gefüllt. Dem Behälter wird über eine elektrische Heizung eine Energie von 520 kJ zugeführt.*

Gegeben: $R_i = 287$ J/kgK ; $\kappa = 1,4$

Berechnen Sie: m, c_v, v, T_2, p_2, $w_{t1,2}$, $\Delta s_{1,2}$, $q_{1,2}$

$m = ?$ *mit* $pV = m \cdot R_i \cdot T$ *ist*

$$m = \frac{pV}{R_i T} = \frac{0,6 \cdot 10^6 \frac{\text{N}}{\text{m}^2} \cdot 2\ \text{m}^3}{287\ \text{J/kgK} \cdot (273 + 25)\text{K}} = 14,031\ \text{kg}$$

$v = ?$ $$v = \frac{V}{m} = \frac{2\ \text{m}^3}{14,031\ \text{kg}} = 0,143\ \frac{\text{m}^3}{\text{kg}}$$

$c_v = ?$ $$c_v = \frac{R_i}{\kappa - 1} = \frac{287\ \text{J/kgK}}{1,4 - 1} = 717,5\ \text{J/kgK} \quad (4.69)$$

$T_2 = ?$ $$Q_{1,2} = m \cdot c_v \left(T_2 - T_1\right) \quad (5.7)$$

$$T_2 - T_1 = \frac{Q_{1,2}}{m \cdot c_v}$$

$$T_2 = \frac{Q_{1,2}}{m \cdot c_v} + T_1 = \frac{520\,000 \text{ J}}{14{,}031 \text{ kg} \cdot 717{,}5 \text{ J/kgK}} + 298 \text{ K} = 349{,}65 \text{ K}$$

$p_2 = ?$ $$p_2 = p_1 \cdot \frac{T_2}{T_1} = 0{,}6 \text{ MPa} \cdot \frac{349{,}65 \text{ K}}{298 \text{ K}} = 0{,}704 \text{ MPa} \quad (5.2)$$

$q_{1,2} = ?$ $$q_{1,2} = \frac{Q_{1,2}}{m} = \frac{520 \text{ kJ}}{14{,}031 \text{ kg}} = 37{,}061 \frac{\text{kJ}}{\text{kg}}$$

$w_{t1,2} = ?$ $$w_{t_{1,2}} = \text{v}\left(p_2 - p_1\right) = 0{,}143 \frac{\text{m}^3}{\text{kg}} \cdot \left(0{,}704 \cdot 10^6 \frac{\text{N}}{\text{m}^2} - 0{,}6 \cdot 10^6 \frac{\text{N}}{\text{m}^2}\right)$$

$$= 14\,872 \frac{\text{Nm}}{\text{kg}} = 14{,}872 \frac{\text{kJ}}{\text{kg}}$$

$\Delta s_{1,2} = ?$ $$\Delta s_{1,2} = c_v \ln \frac{p_2}{p_1} = 717{,}5 \frac{\text{J}}{\text{kgK}} \cdot \ln \frac{0{,}704 \text{ MPa}}{0{,}6 \text{ MPa}} = 114{,}69 \text{ J/kgK} \quad (5.8)$$

5.2 Die isobare Zustandsänderung (p = konst.)

In diesem Beispiel ist eine isobare Wärmezufuhr dargestellt. Der Vorgang in einem Heißluftgebläse oder Haartrockner (Föhn) als technische Einrichtung entspricht in etwa einer isobaren Wärmezufuhr. Beim isobaren Abkühlvorgang gilt nur die umgekehrte Richtung (anderes Vorzeichen), die Beträge bleiben gleich.

Darstellung im p,v- und T,s-Diagramm

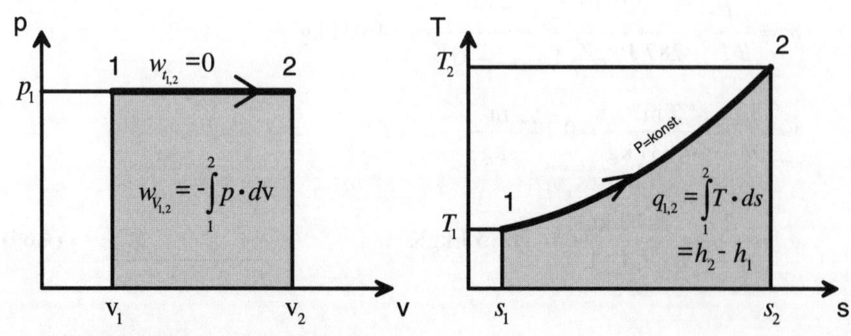

Abbildung 5-3: Die Isobare im p,v- und T,s-Diagramm

Was lässt sich aus den Diagrammen ablesen?

***p*,v-Diagramm:**

- Bei einer isobaren Wärmezufuhr nimmt das Volumen zu.
- Die Volumenänderungsarbeit ist $w_v = -\int p d\text{v}$. Nachdem $d\text{v}$ positiv ist, ist w_v negativ, d.h., bei einer isobaren Wärmezufuhr gibt das System gleichzeitig Volumenänderungsarbeit ab!
- Da der Druck konstant bleibt, ist die technische Arbeit $w_t = \int \text{v} dp = 0$.

***T*,*s*-Diagramm:**

- Die Isobare ist eine Exponentialkurve (immer flacher als die Isochore).
- Bei einer isobaren Wärmezufuhr steigt die Temperatur und die Entropie nimmt zu. Bei einer isobaren Wärmeabfuhr fällt die Temperatur und die Entropie nimmt ab.
- Die Fläche unter der Zustandskurve entspricht der zu- bzw. abgeführten spezifischen Wärmemenge bzw. der Differenz der spezifischen Enthalpien in Anfangs- und Endzustand.

Berechnungen und Herleitungen:

Volumen:

$$V_2 = V_1 \cdot \frac{T_2}{T_1} \quad ; \quad \text{v}_2 = \text{v}_1 \cdot \frac{T_2}{T_1} \tag{5.10}$$

Wie bei der Herleitung von (5.1) gilt aus der allgemeinen Gasgleichung

$$\frac{p_1 \cdot V_1}{T_1} = \frac{p_2 \cdot V_2}{T_2}$$

mit $p_1 = p_2$

$$\frac{V_1}{T_1} = \frac{V_2}{T_2} \quad \text{oder} \quad \frac{V_1}{V_2} = \frac{T_1}{T_2} = \frac{\text{v}_1}{\text{v}_2} \tag{5.11}$$

Druck: $p_1 = p_2$ (gemäß Definition)

Temperatur:

$$T_2 = T_1 \cdot \frac{V_2}{V_1} \quad \text{oder} \quad T_2 = T_1 \cdot \frac{\text{v}_2}{\text{v}_1} \tag{5.12}$$

wegen (5.10)

Volumenänderungsarbeit: $w_{v_{1,2}} = -\int_1^2 p \cdot dv$ (siehe 3.28)

$$w_{v_{1,2}} = -p\left(v_2 - v_1\right) \quad \text{oder}$$

$$W_{V_{1,2}} = m \cdot w_{v_{1,2}} = -m \cdot p \cdot \left(v_2 - v_1\right)$$

$$W_{V_{1,2}} = -p\left(V_2 - V_1\right) = -\, m \cdot R_i \cdot \left(T_2 - T_1\right) \tag{5.13}$$

technische Arbeit: $w_{t_{1,2}} = 0$, da $w_{t_{1,2}} = \int_1^2 v dp$ mit $dp = 0$

Wärmemenge:

$$q_{1,2} = h_2 - h_1 = c_p\left(T_2 - T_1\right) \tag{5.14}$$

$$Q_{1,2} = m \cdot c_p \left(T_2 - T_1\right) \tag{5.15}$$

und $q_{1,2} = \int_1^2 T ds$

Nach dem 1. Hauptsatz gilt $dq = dh - v dp$ (4.51)

Mit $dp = 0$ ist $dq = dh$ und mit (4.25) $dq = T ds$.

Entropieänderung: $\Delta s_{1,2} = s_2 - s_1 = c_p \ln \frac{T_2}{T_1} = c_p \ln \frac{v_2}{v_1}$

$$\Delta S_{1,2} = m \, \Delta s_{1,2}$$

Mit Gl (4.83) gilt $s_{1,2} = s_2 - s_1 = c_p \cdot \ln \frac{T_2}{T_1} - R_i \cdot \ln \frac{p_2}{p_1}$

mit $p_2 = p_1$ ist $\frac{p_2}{p_1} = 1$ und damit ist $\ln \frac{p_2}{p_1} = 0$.

Mit (5.11) gilt $\frac{T_2}{T_1} = \frac{v_2}{v_1}$ und damit gilt auch $s_2 - s_1 = c_p \ln \frac{v_2}{v_1}$.

Zur Darstellung der Isochoren und Isobaren im *T,s*-Diagramm ist noch Folgendes wichtig:

Aus dem 1. und 2. Hauptsatz folgt für isobare und isochore Zustandsänderungen idealer Gase:

Aus $dq = dh - \mathrm{v}dp$, $dq = Tds$, $dh = c_p dT$ sowie für p = konst. ergibt sich $Tds = c_p dT$.

Dies ergibt umgestellt: $\left(\dfrac{\partial T}{\partial s}\right)_p = \dfrac{T}{c_p}$

und aus $dq = du + pd\mathrm{v}$, $dq = Tds$, $du = c_\mathrm{v} dT$ sowie für v = konst. ergibt sich $Tds = c_\mathrm{v} dT$.

Dies ergibt umgestellt: $\left(\dfrac{\partial T}{\partial s}\right)_\mathrm{v} = \dfrac{T}{c_\mathrm{v}}$,

womit sich im *T,s*-Diagramm folgendes Bild ergibt:

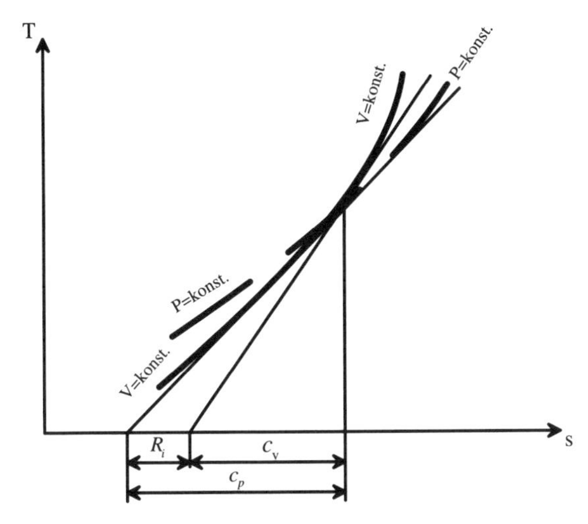

Abbildung 5-4: Steigung der Isochoren und der Isobaren im T,s-Diagramm

Da c_p größer als c_v ist, verlaufen die Isochoren steiler als die Isobaren.

$$\tan \beta_p = \frac{T}{c_p} \qquad \tan \beta_\mathrm{v} = \frac{T}{c_\mathrm{v}} = \frac{T}{c_p - R_i}$$

Weiterhin ist aus dem 1. Hauptsatz, $dq = du + pd\mathrm{v}$, zu ersehen, dass

$$Q_{1,2} = U_2 - U_1 + \int_1^2 pdV = \Delta U - W_{V_{1,2}} \qquad \text{ist.}$$

Bei einer Wärmezufuhr wird die Innere Energie erhöht und gleichzeitig Volumenänderungsarbeit abgegeben. Es stellt sich also die Frage: „Wie viel der zugeführten Wärmeenergie wird als Innere Energie im System verbleiben und wie viel wird als Volumenänderungsarbeit wieder abgegeben?“

Mit $$Q_{1,2} = m \cdot c_p \cdot (T_2 - T_1) \tag{5.16}$$

und $$W_{V_{1,2}} = -m \cdot R_i \cdot (T_2 - T_1)$$

verhalten sich $$\frac{Q_{1,2}}{\left|W_{V_{1,2}}\right|} = \frac{m \cdot c_p \cdot (T_2 - T_1)}{\left|-m \cdot R_i \cdot (T_2 - T_1)\right|} = \frac{c_p}{R_i}. \qquad (5.17)$$

Für das Verhältnis von $Q_{1,2}$ zu $\Delta U_{1,2}$ gilt dann

$$\frac{Q_{1,2}}{\Delta U_{1,2}} = \frac{m \cdot c_p \cdot (T_2 - T_1)}{m \cdot c_v \cdot (T_2 - T_1)} = \frac{c_p}{c_v} = \kappa \qquad (5.18)$$

Zusammenfassung Bei einer isobaren Zustandsänderung ändern sich Volumen und Temperatur. Die zugeführte Wärmemenge wird in Erhöhung der Inneren Energie *und* in Abgabe von Volumenänderungsarbeit umgesetzt. Um die gleiche Masse eines Gases isobar um einen bestimmten Temperatursprung zu erhöhen, braucht man mehr Energie als bei isochorer Erwärmung. Die Isochoren sind im *T,s*-Diagramm immer steiler als die Isobaren.

Beispiel 5-2: *Das Volumen trockener Luft von 2 m³ aus dem Beispiel für isochore Zustandsänderung, mit 0,6 MPa absolut und 25 °C, soll auf 76,65 °C isobar erwärmt werden.*

(R_i = 287 J/kgK, κ = 1,4)

Berechnen Sie: V_2, $Q_{1,2}$, $W_{V1,2}$, $s_{1,2}$

$V_2 = ?$ $$V_2 = V_1 \cdot \frac{T_2}{T_1} = 2\ \text{m}^3 \cdot \frac{349{,}65\ \text{K}}{298\ \text{K}} = 2{,}347\ \text{m}^3$$

$Q_{1,2} = ?$ $$Q_{1,2} = m \cdot c_p\,(T_2 - T_1) \quad ; \quad m = \frac{p_1 \cdot V_1}{R_i \cdot T_1} = 14{,}031\ \text{kg}$$ *(siehe Beispiel 5-1)*

$$c_p = \frac{\kappa}{\kappa - 1} \cdot R_i = \frac{1{,}4}{1{,}4 - 1} \cdot 287\ \text{J/kgK} = 1004{,}5\ \text{J/kgK}$$

$$Q_{1,2} = 14{,}031\ \text{kg} \cdot 1004{,}5\ \text{J/kgK} \cdot (349{,}65\ \text{K} - 298\ \text{K}) = 727\,963\ \text{J}$$

$Q_{1,2}$ = 727,963 kJ

(Im Beispiel 5-1 benötigte man nur 520 kJ für die gleiche Temperaturänderung.)

$W_{V1,2} = ?$ $$W_{V_{1,2}} = -p\,(V_2 - V_1)$$

$$W_{V_{1,2}} = -0{,}6 \cdot 10^6 \frac{\text{N}}{\text{m}^2} \cdot \left(2{,}347\ \text{m}^3 - 2\ \text{m}^3\right) = -208\,200\ \text{Nm} = -208{,}2\ \text{kJ}$$

(520 kJ aus Beispiel 5-1 + 208 kJ ergibt die 728 KJ für $Q_{1,2}$)

$\Delta s_{1,2} = ?$ $$\Delta s_{1,2} = c_p \ln \frac{T_2}{T_1} = 1004{,}5\ \text{J/kgK} \cdot \ln \frac{349{,}65\ \text{K}}{298\ \text{K}} = 160{,}6\ \text{J/kgK}$$

(Die Entropieänderung ist bei gleichem Temperatursprung auch höher als bei isochorer Erwärmung.)

5.3 Die isotherme Zustandsänderung (T = konst.)

Darstellung im p,v- und T,s-Diagramm

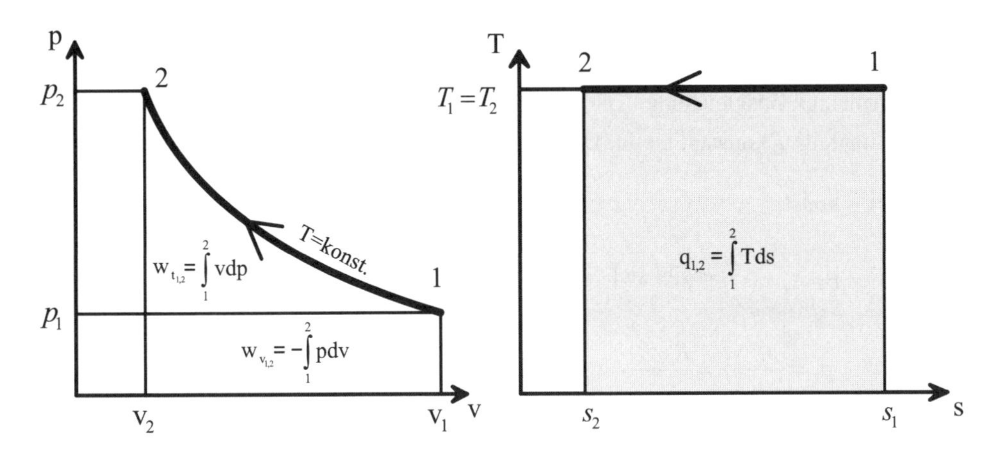

Abbildung 5-5: Die Isotherme im p,v- und T,s-Diagramm

In diesem Beispiel ist eine isotherme Kompression dargestellt. Isotherme Zustandsänderungen sind in der Technik kaum zu finden, zumindest nicht als schnelle Vorgänge. Führt man aber Vorgänge langsam aus oder wartet man, bis sich mit der jeweiligen Umgebung wieder ein thermisches Gleichgewicht einstellt, so sind isotherme Zustandsänderungen durchaus relevant. Zum Beispiel das Aufpumpen eines Fahrradreifens: Zunächst ist die eingepresste Luft heißer als die Umgebung, wartet man aber lange genug, so ist die Gastemperatur im Inneren wieder so hoch wie zu Beginn. Dieser Vorgang lässt sich mit einer isothermen Zustandsänderung beschreiben. Im p,v-Diagramm ist die Isotherme eine gleichseitige Hyperbel. Bei einer isothermen Expansion kehrt sich nur die Richtung der Zustandsänderung um.

Was lässt sich aus den Diagrammen ablesen?

p,v-Diagramm:

- Bei einer isothermen Zustandsänderung ändern sich Druck und Volumen.
- Volumenänderungsarbeit und technische Arbeit sind wegen der gleichseitigen Hyperbel gleich groß: $w_v = -\int p d\text{v} = \int \text{v} dp = w_t$

T,*s*-Diagramm:

- Die Isotherme ist eine Horizontale.
- Es ändert sich nur die Entropie. Bei der Kompression nimmt sie ab, bei Expansion zu.
- Die Fläche unter der Zustandskurve entspricht der abgeführten bzw. zugeführten Wärmemenge.

Berechnungen und Herleitungen:

Volumen: $$\mathrm{v}_2 = \frac{p_1 \cdot \mathrm{v}_1}{p_2} = \frac{R_i \cdot T_1}{p_2} \qquad (5.19)$$

$$V_2 = \frac{p_1 \cdot V_1}{p_2} = \frac{m \cdot R_i \cdot T_1}{p_2}$$

In der allgemeinen Gasgleichung $p \cdot \mathrm{v} = R_i \cdot T$ bleibt der rechte Teil der Gleichung $R_i \cdot T$ konstant, da T konstant bleibt. Deshalb gilt für die isotherme Zustandsänderung:

$$p \cdot \mathrm{v} = \text{konst.} \qquad (5.20)$$

Mit $p_1 \cdot \mathrm{v}_1 = p_2 \cdot \mathrm{v}_2$ ergibt sich $p_2 = \frac{p_1 \cdot \mathrm{v}_1}{\mathrm{v}_2}$.

Druck: $$p_2 = \frac{p_1 \cdot \mathrm{v}_1}{\mathrm{v}_2} = \frac{R_i \cdot T_1}{\mathrm{v}_2} \qquad (5.21)$$

$$p_2 = \frac{p_1 \cdot V_1}{V_2} = \frac{m \cdot R_i \cdot T_1}{V_2} \qquad (5.22)$$

Herleitung aus Gleichung (5.20):

$p_1 \cdot \mathrm{v}_1 = p_2 \cdot \mathrm{v}_2$ oder $\frac{p_1}{p_2} = \frac{\mathrm{v}_2}{\mathrm{v}_1}$

Temperatur: $T_1 = T_2$ gemäß Definition

Volumenänderungsarbeit: $$w_{\mathrm{v}_{1,2}} = R_i \cdot T \cdot \ln \frac{p_2}{p_1} \qquad (5.23)$$

$$W_{\mathrm{v}_{1,2}} = m \cdot w_{\mathrm{v}_{1,2}}$$

$$w_{\mathrm{v}_{1,2}} = p_1 \cdot \mathrm{v}_1 \cdot \ln \frac{\mathrm{v}_1}{\mathrm{v}_2} \qquad (5.24)$$

technische Arbeit: $$w_{t_{1,2}} = R_i \cdot T \cdot \ln \frac{p_2}{p_1} \qquad (5.25)$$

$$W_{t_{1,2}} = m \cdot w_{t_{1,2}}$$

$$w_{t_{1,2}} = p_1 \cdot \mathrm{v}_1 \cdot \ln \frac{\mathrm{v}_1}{\mathrm{v}_2} \qquad (5.26)$$

Die Innere Energie und die Enthalpie im System bleiben konstant, da $\Delta T = 0$.

$$u_2 - u_1 = c_v (T_2 - T_1) = 0 \qquad ; \qquad h_2 - h_1 = c_p (T_2 - T_1) = 0$$

Aus dem 1. Hauptsatz in seinen Formulierungen

$$dq = du + p d\text{v} \quad \text{und} \quad dq = dh - \text{v}dp$$

ist, weil *du* und *dh* gleich null sind, zu sehen, dass

$$dq = p d\text{v} \quad \text{und} \quad dq = -\,\text{v}dp.$$

Damit wird eine zugeführte Wärmemenge zu 100 Prozent in Volumenänderungsarbeit umgesetzt. Umgekehrt muss genauso viel Wärme abgeführt werden, wie dem System Arbeit zugeführt wird.

Ebenso ist zu sehen, dass technische Arbeit und Volumenänderungsarbeit gleich groß sein müssen:

$$w_{t_{1,2}} = w_{\text{v}_{1,2}}$$

Wärmemenge: $q_{1,2} = -\, w_{t_{1,2}} = -\, w_{\text{v}_{1,2}}$

$$q_{1,2} = -\, R_i \cdot T \cdot \ln \frac{\text{v}_1}{\text{v}_2}$$

$$q_{1,2} = -\, p_1 \cdot \text{v}_1 \cdot \ln \frac{p_2}{p_1}$$

Aus $dq = p d\text{v} = -\,\text{v}dp$ ist zu sehen:

$$q_{1,2} = \int_1^2 p d\text{v} \quad ; \quad \text{aus} \quad p \cdot \text{v} = R_i \cdot T \quad \text{ist} \quad p = \frac{R_i \cdot T}{\text{v}}.$$

Damit gilt: $q_{1,2} = \int_1^2 R_i \cdot T \cdot \frac{d\text{v}}{\text{v}} = R_i \cdot T \cdot \int_1^2 \frac{d\text{v}}{\text{v}} = R_i \cdot T \cdot \ln \frac{\text{v}_2}{\text{v}_1}$

oder $q_{1,2} = -\, R_i \cdot T \cdot \ln \frac{\text{v}_1}{\text{v}_2}$.

Ebenso folgt aus $dq = \text{v}dp$ und $\text{v} = \frac{R_i \cdot T}{p}$

$$q_{1,2} = -\int_1^2 \text{v}dp = -\, R_i \cdot T \cdot \int_1^2 \frac{dp}{p} = -\, R_i \cdot T \cdot \ln \frac{p_2}{p_1}$$

Entropieänderung: $\Delta s_{1,2} = s_2 - s_1 = R_i \cdot \ln \frac{p_1}{p_2} = R_i \cdot \ln \frac{v_2}{v_1}$

Mit (4.82) gilt $\Delta s_{1,2} = c_v \cdot \ln \frac{T_2}{T_1} + R_i \cdot \ln \frac{v_2}{v_1}$.

Weil $T_2 = T_1$, ist ln 1 = 0 und damit $s_2 - s_1 = R_i \cdot \ln \frac{v_2}{v_1}$.

Mit (5.20) $p_1 \cdot v_1 = p_2 \cdot v_2$ gilt $\frac{v_2}{v_1} = \frac{p_1}{p_2}$;

also gilt auch $s_2 - s_1 = R_i \cdot \ln \frac{p_1}{p_2}$.

Die Entropieänderung ist also nur von R_i und dem Druckverhältnis bzw. dem Volumenverhältnis abhängig. Dies bedeutet, dass die Isochoren und die Isobaren im *T,s*-Diagramm in Richtung *s*-Achse parallel verschobene Exponentialkurven sind (siehe Abb. 5-6).

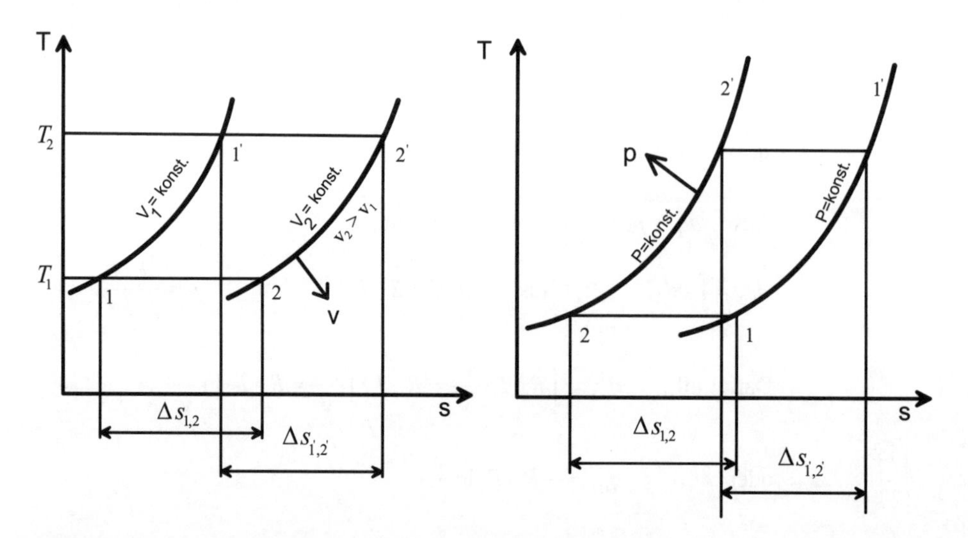

Abbildung 5-6: Isochore und Isobare als parallel verschobene Exponentialkurven

Merke Im *T,s*-Diagramm liegen die Isobaren mit höherem Druck links von der Ausgangsisobare und die Isochoren mit größerem spezifischem Volumen rechts von der Ausgangsisochore!

$$\frac{p_1}{p_2} = \frac{\mathrm{v}_2}{\mathrm{v}_1}$$

Zusammenfassung Isotherme Wärmezu- oder -abfuhr dient nur zur Verrichtung von Volumenänderungsarbeit oder technischer Arbeit. Innere Energie und Enthalpie bleiben dabei konstant. Bei einer isothermen Zustandsänderung ändern sich Druck und Volumen umgekehrt proportional. Im p,v-Diagramm ist die Isotherme eine gleichseitige Hyperbel. Im T,s-Diagramm sind die Isochoren und die Isobaren parallel verschobene Exponentialkurven.

Beispiel 5-3: *In einem Zylinder von 1 dm³ Ausgangsvolumen befindet sich trockene Luft von 20 °C und 0,1 MPa absolut (R_i = 287 J/kgK). Anschließend wird durch einen reibungsfrei laufenden Kolben das Volumen auf 0,1 dm³ komprimiert. Das Komprimieren läuft so langsam, dass durch Wärmeabfuhr die Temperatur der Luft konstant bleibt. Die Luft verhält sich wie ein ideales Gas. Berechnen Sie: m, v_1, v_2, p_2, $q_{1,2}$, $w_{v1,2}$, $\Delta s_{1,2}$*

m = ? $$m = \frac{p \cdot V}{R_i \cdot T} = \frac{0{,}1 \cdot 10^6 \,\frac{\mathrm{N}}{\mathrm{m}^2} \cdot 1 \cdot 10^{-3}\,\mathrm{m}^3}{287 \text{ J/kgK} \cdot 293 \text{ K}} = 1{,}19 \cdot 10^{-3} \text{ kg} = 1{,}19 \text{ g}$$

v_1 = ? $$\mathrm{v}_1 = \frac{V_1}{m} = \frac{1 \cdot 10^{-3} \text{ m}^3}{1{,}19 \cdot 10^{-3} \text{ kg}} = 0{,}84 \text{ m}^3\text{/kg}$$

v_2 = ? $$\mathrm{v}_2 = \frac{0{,}1 \cdot V_1}{m} = 0{,}1 \cdot \mathrm{v}_1 = 0{,}084 \text{ m}^3\text{/kg}$$

p_2 = ? $$p_2 = p_1 \cdot \frac{\mathrm{v}_1}{\mathrm{v}_2} = 0{,}1 \text{ MPa} \cdot \frac{0{,}84 \text{ m}^3\text{/kg}}{0{,}084 \text{ m}^3\text{/kg}} = 1 \text{ MPa}$$

$q_{1,2}$ = ? $$q_{1,2} = -R_i \cdot T \cdot \ln\frac{\mathrm{v}_1}{\mathrm{v}_2} = -287 \frac{\mathrm{J}}{\mathrm{kgK}} \cdot 293 \text{ K} \cdot \ln 10 = -193{,}6 \frac{\mathrm{kJ}}{\mathrm{kg}}$$

$w_{v1,2}$ = ? $$q_{1,2} = -w_{v_{1,2}} = 193{,}6 \frac{\mathrm{kJ}}{\mathrm{kg}}$$

$\Delta s_{1,2}$ = ? $$\Delta s_{1,2} = R_i \cdot \ln\frac{\mathrm{v}_2}{\mathrm{v}_1} = 287 \text{ J/kgK} \cdot \ln 0{,}1 = -\,660{,}8 \text{ J/kgK}$$

5.4 Die isentrope Zustandsänderung (s = konst.)

Die isentrope Zustandsänderung bedeutet zunächst nur, dass die Entropie konstant bleibt! Nach unserer Definition der Gesamtentropieänderung in einem System mit:

$$ds_{Gesamt} = ds_{wt} + ds_{Diss}$$

ändert sich die Entropie im Gesamtsystem nicht, wenn die ganze rechte Seite der Gleichung gleich null wird. Dann ist die Zustandsänderung adiabat, da in dem Ausdruck $ds_{wt} = \frac{dQ}{T}\ ds$ nur null wird, wenn dQ gleich null ist, und sie muss frei von dissipativen Effekten (reibungsfrei) sein, damit ds_{Diss} auch gleich null ist. Eine adiabate Zustandsänderung ist also nur dann eine isentrope Zustandsänderung, wenn sie ohne Dissipation (Reibung) verläuft. Die Aussage Isentrope = Adiabate ist also **nicht** umkehrbar.

Weiterhin gibt es noch die Möglichkeit, dass bei einer Zustandsänderung exakt soviel Entropie durch Wärmeaustausch abgeführt wird, wie durch dissipative Effekte zugeführt wird!

$$-ds_{wt} = ds_{Diss} \text{ auch dann gilt } ds_{Gesamt} = 0!$$

Dann ist die Zustandsänderung weder reibungsfrei noch adiabat! Dies ist sicherlich ein Sonderfall, aber von der Interpretation her zulässig. Da sich der dissipative Anteil unseren Berechnungen im Allgemeinen entzieht, wird dieser Fall im Weiteren nicht betrachtet.

> **Hinweis** Isentrop heißt bei konstanter Entropie und ist nicht zu verwechseln mit isotrop. Ein Körper ist isotrop, wenn seine Eigenschaften nicht richtungsabhängig sind. Ein typisch nicht isotroper (anisotroper) Körper ist Walzblech: Die mechanischen Eigenschaften sind in Walzrichtung und quer dazu deutlich unterschiedlich.

Darstellung im p,v- und T,s-Diagramm

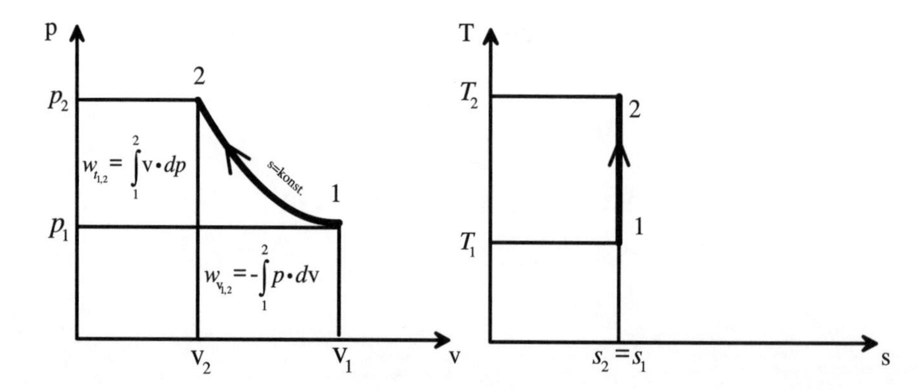

Abbildung 5-7: Die Isentrope im p,v- und T,s-Diagramm

In diesem Beispiel ist eine adiabate Kompression dargestellt. Eine nahezu adiabate Kompression findet z.B. in einem Turbokompressor statt. Dabei erfolgt die Kompression so schnell, dass kaum Zeit für einen Wärmeaustausch mit den Wandungen bleibt. Deshalb spielt die Isentrope besonders im Verdichter- und Triebwerksbau (Kompressoren, Motoren, Turbinen) eine Rolle. Man kann sich auch einen ideal isolierten Zylinder vorstellen, in dem ein Gas komprimiert oder expandiert wird. Bei einer isentropen Expansion ändert sich nur die Richtung.

Was lässt sich aus den Diagrammen ablesen?

***p*,v-Diagramm:**

- Bei einer isentropen Zustandsänderung ändern sich Volumen, Druck und Temperatur (*T,s*-Diagramm) gleichzeitig.
- Die technische Arbeit ist größer als die Volumenänderungsarbeit! Bei der isothermen Zustandsänderung waren sie noch gleich groß.
- Die Isentrope ist im *p,*v-Diagramm eine Parabel. Sie ist steiler als die Isotherme.

***T,s*-Diagramm:**

- Die Isentrope ist eine Senkrechte.
- Es wird keinerlei Wärme ausgetauscht, da $dq = Tds$ und $ds = 0$ ist (nach Definition).

Adiabate = Isentrope?

Um zu zeigen, dass diese Gleichung nicht immer gilt, sind in Abbildung 5-8 eine reibungsbehaftete adiabate Kompression und eine Expansion dargestellt.

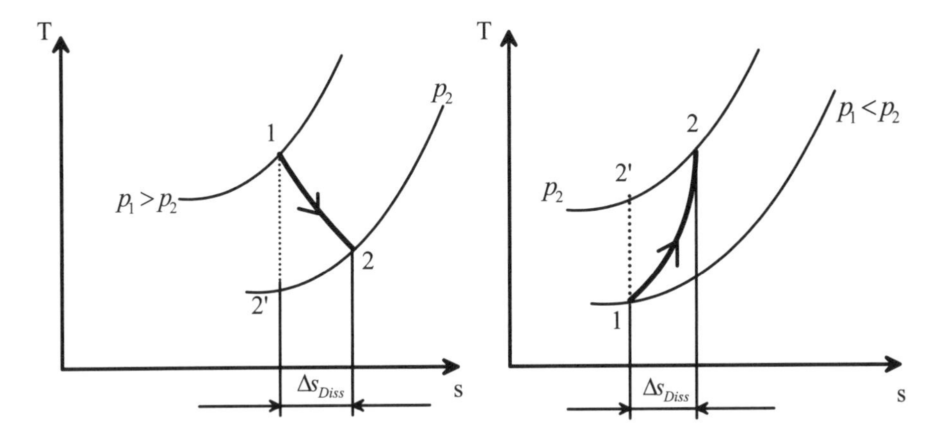

Abbildung 5-8: Irreversible = reibungsbehaftete Expansion und Kompression

Bei einer adiabaten Zustandsänderung, bei der zwar keine Wärme über die Systemgrenzen transportiert wird, jedoch wegen Reibungsvorgängen beim Prozessablauf Wärme entsteht, ist $\Delta s_{Diss} > 0$, also kann die Zustandsänderung nur nach rechts ablaufen.

Merke Eine adiabate Zustandsänderung ist nicht notwendigerweise eine isentrope Zustandsänderung, wohl aber umgekehrt eine isentrope Zustandsänderung immer eine reversible adiabate Zustandsänderung.

Berechnungen und Herleitungen:

Da bei isentropen Vorgängen keine Wärme mit der Umgebung ausgetauscht wird, lautet der 1. Hauptsatz:

$$du + p \cdot d\mathrm{v} = 0 \tag{5.27}$$

$$c_{\mathrm{v}}(T) \cdot dT + p \cdot d\mathrm{v} = 0 \tag{5.28}$$

Das heißt, bei Expansion wird die Innere Energie niedriger und bei Kompression wird nur die aufgewendete Arbeit in Innere Energie umgewandelt.

Die Gleichung 5.28 ergibt: $$dT = -\frac{p \cdot d\mathrm{v}}{c_{\mathrm{v}}} \tag{5.29}$$

Aus der Zustandsgleichung für ideale Gase erhält man: $$T = \frac{p \cdot \mathrm{v}}{R_i}$$

Durch Differenzieren erhält man: $$dT = \frac{p \cdot d\mathrm{v} + \mathrm{v} \cdot dp}{R_i}$$

Setzt man (5.29) in obige Gleichung ein, erhält man:

$$-\frac{p \cdot d\mathrm{v}}{c_{\mathrm{v}}} = \frac{p \cdot d\mathrm{v} + \mathrm{v} \cdot dp}{R_i}$$

Durch weiteres Umformen ergibt sich:

$$-R_i \cdot p \cdot d\mathrm{v} = c_{\mathrm{v}} \cdot p \cdot d\mathrm{v} + c_{\mathrm{v}} \cdot \mathrm{v} \cdot dp$$

$$-(R_i + c_{\mathrm{v}}) \cdot p \cdot d\mathrm{v} = c_{\mathrm{v}} \cdot \mathrm{v} \cdot dp$$

$$-c_p \cdot p \cdot d\mathrm{v} = c_{\mathrm{v}} \cdot \mathrm{v} \cdot dp$$

$$\frac{dp}{p} = -\frac{c_p}{c_{\mathrm{v}}} \cdot \frac{d\mathrm{v}}{\mathrm{v}}$$

$$\frac{dp}{p} + \kappa \cdot \frac{d\mathrm{v}}{\mathrm{v}} = 0 \tag{5.30}$$

Durch Integration wird $\frac{dp}{p} + \kappa \cdot \frac{dv}{v} = 0$:

$$\ln p + \kappa \cdot \ln v = \ln \text{konst.} \tag{5.31}$$

Als Grundgleichung für die Isentrope erhalten wir daher:

$$p \cdot v^{\kappa} = \text{konst.} \tag{5.32}$$

Das Verhältnis $\frac{c_p}{c_v} = \kappa$ wird daher als Isentropenexponent bezeichnet.

Volumen: $$v_2 = v_1 \left(\frac{p_1}{p_2} \right)^{\frac{1}{\kappa}} \tag{5.33}$$

Da wegen (5.32) gilt: $$p_1 \cdot v_1^{\kappa} = p_2 \cdot v_2^{\kappa} \tag{5.34}$$

ergibt sich umgestellt: $$\frac{p_1}{p_2} = \left(\frac{v_2}{v_1} \right)^{\kappa} \tag{5.35}$$

oder $$\left(\frac{p_1}{p_2} \right)^{\frac{1}{\kappa}} = \frac{v_2}{v_1} \tag{5.36}$$

Druck: aus (5.35) umgestellt: $$p_2 = p_1 \cdot \left(\frac{v_1}{v_2} \right)^{\kappa} \tag{5.37}$$

Temperatur: $$T_2 = T_1 \cdot \left(\frac{v_1}{v_2} \right)^{\kappa - 1} \tag{5.38}$$

aus $p_1 \cdot v_1 = R_i \cdot T_1$ und $p_2 \cdot v_2 = R_i \cdot T_2$

erhält man durch Einsetzen und Umformen:

$$\frac{T_1}{T_2} = \frac{\frac{p_1 \cdot v_1}{p_2 \cdot v_1}}{\frac{p_2 \cdot v_2}{p_2 \cdot v_1}} = \frac{\frac{p_1}{p_2}}{\frac{v_2}{v_1}} = \frac{\left(\frac{v_2}{v_1} \right)^{\kappa}}{\frac{v_2}{v_1}} = \left(\frac{v_2}{v_1} \right)^{\kappa - 1}$$

Zur schnelleren Handhabung nochmals alle Isentropengleichungen zusammengestellt:

$$\frac{T_1}{T_2} = \left(\frac{\mathrm{v}_2}{\mathrm{v}_1}\right)^{\kappa-1} \quad (5.39) \qquad \frac{T_1}{T_2} = \left(\frac{p_1}{p_2}\right)^{\frac{\kappa-1}{\kappa}} \quad (5.40) \qquad \frac{p_1}{p_2} = \left(\frac{\mathrm{v}_2}{\mathrm{v}_1}\right)^{\kappa} \quad (5.34)$$

$$\frac{\mathrm{v}_2}{\mathrm{v}_1} = \left(\frac{T_1}{T_2}\right)^{\frac{1}{\kappa-1}} \quad (5.41) \qquad \frac{p_1}{p_2} = \left(\frac{T_1}{T_2}\right)^{\frac{\kappa}{\kappa-1}} \quad (5.42) \qquad \frac{\mathrm{v}_2}{\mathrm{v}_1} = \left(\frac{p_1}{p_2}\right)^{\frac{1}{\kappa}} \quad (5.35)$$

Volumenänderungsarbeit: Wir erhalten aus dem 1. Hauptsatz:

$$q_{1,2} = (u_2 - u_1) + \int_1^2 p \cdot d\mathrm{v} = 0 \quad ; \quad \text{d.h.,} \quad (u_2 - u_1) = -\int_1^2 p d\mathrm{v}$$

mit $w_{\mathrm{v}_{1,2}} = -\int_1^2 p d\mathrm{v}$ und $u = c_\mathrm{v} T$ ist

$$c_\mathrm{v} \cdot (T_2 - T_1) = w_{\mathrm{v}_{1,2}} \quad (5.43)$$

Durch Umstellen lassen sich noch einige Formulierungen herausarbeiten:

Mit $c_\mathrm{v} = \frac{R_i}{\kappa - 1}$ ist $w_{\mathrm{v}_{1,2}} = \frac{R_i}{\kappa - 1} \cdot (T_2 - T_1)$ (5.44)

Mit $p \cdot \mathrm{v} = R_i \cdot T$ ist $w_{\mathrm{v}_{1,2}} = \frac{1}{\kappa - 1} \cdot (p_2 \cdot \mathrm{v}_2 - p_1 \cdot \mathrm{v}_1)$ (5.45)

Mit $R_i = \frac{p \cdot \mathrm{v}}{T}$ und $(T_2 - T_1) = T_1 \cdot \left(\frac{T_2}{T_1} - 1\right)$ ist $w_{\mathrm{v}_{1,2}} = \frac{(p_1 \cdot \mathrm{v}_1)}{\kappa - 1} \cdot \left(\frac{T_2}{T_1} - 1\right)$ (5.46)

oder wegen (5.40) $w_{\mathrm{v}_{1,2}} = \frac{p_1 \cdot \mathrm{v}_1}{\kappa - 1} \cdot \left(\left(\frac{p_2}{p_1}\right)^{\frac{\kappa-1}{\kappa}} - 1\right)$ (5.47)

oder wegen (5.39) $w_{\mathrm{v}_{1,2}} = \frac{p_1 \cdot \mathrm{v}_1}{\kappa - 1} \cdot \left(\left(\frac{\mathrm{v}_1}{\mathrm{v}_2}\right)^{\kappa-1} - 1\right)$ (5.48)

technische Arbeit: Durch Umstellen der Gleichung $\frac{dp}{p} + \kappa \cdot \frac{d\mathrm{v}}{\mathrm{v}} = 0$ (5.29)

erhalten wir $\frac{dp}{p} = -\kappa \cdot \frac{d\mathrm{v}}{\mathrm{v}}$

und daraus $\int_1^2 \mathrm{v} \cdot dp = \kappa \cdot \left(-\int_1^2 p \cdot d\mathrm{v} \right)$

$$w_{t_{1,2}} = \kappa \cdot w_{\mathrm{v}_{1,2}} \tag{5.49}$$

Damit erhält man $w_{\mathrm{t}_{1,2}}$, wenn man die für $w_{\mathrm{v}_{1,2}}$ erarbeiteten Gleichungen (5.43) bis (5.48) mit κ multipliziert:

aus (5.43): $$w_{t_{1,2}} = \kappa \cdot c_{\mathrm{v}} \cdot (T_2 - T_1) = c_p \cdot (T_2 - T_1) \tag{5.50}$$

aus (5.44): $$w_{t_{1,2}} = \frac{\kappa \cdot R_i}{\kappa - 1} \cdot (T_2 - T_1) \tag{5.51}$$

aus (5.46) bis (5.48): $$w_{t_{1,2}} = \frac{\kappa}{\kappa - 1} \cdot p_1 \cdot \mathrm{v}_1 \cdot \left(\frac{T_2}{T_1} - 1 \right) \tag{5.52}$$

$$w_{t_{1,2}} = \frac{\kappa}{\kappa - 1} \cdot p_1 \cdot \mathrm{v}_1 \cdot \left(\left(\frac{p_2}{p_1} \right)^{\frac{\kappa - 1}{\kappa}} - 1 \right) \tag{5.53}$$

$$w_{t_{1,2}} = \frac{\kappa}{\kappa - 1} \cdot p_1 \cdot \mathrm{v}_1 \cdot \left(\left(\frac{\mathrm{v}_1}{\mathrm{v}_2} \right)^{\kappa - 1} - 1 \right) \tag{5.54}$$

Wärmemenge: $q_{1,2} = 0$ (laut Definition)

Entropieänderung: $\Delta s_{1,2} = 0$ (laut Definition)

Zusammenfassung Eine isentrope Zustandsänderung ist notwendigerweise auch eine adiabate Zustandsänderung, d.h., es wird dabei keinerlei Wärme mit der Umgebung ausgetauscht. Die Isentrope ist auch eine reversible Adiabate, d.h. die Zustandsänderung verläuft ohne Dissipation (reibungsfrei). Bei einer isentropen Zustandsänderung ändern sich p, v und T gleichzeitig. Die technische Arbeit ist um den Faktor κ größer als die Volumenänderungsarbeit.

Beispiel 5-4: *Das Beispiel 5-3 (Isotherme) führen wir nun wie folgt aus: Die trockene Luft (T_1 = 293 K, p_1 = 0,1 MPa, R_i = 287 J/kgK, κ = 1,4) von V_1 = 1 dm^3 wird isentrop auf V_2 = 0,1 dm^3 verdichtet. Berechnen Sie: p_2, T_2, $w_{v_{1,2}}$, $w_{t_{1,2}}$ ($q_{1,2}$ und $\Delta s_{1,2}$ sind null)*

aus Beispiel 5-3: $v_1 = 0{,}84\ \mathrm{m^3/kg}$, $v_2 = 0{,}084\ \mathrm{m^3/kg}$

$p_2 = ?$ $$p_2 = p_1 \cdot \left(\frac{v_1}{v_2}\right)^{\kappa} = 0{,}1\ \mathrm{MPa} \cdot (10)^{1,4} = 2{,}512\ \mathrm{MPa}$$

$T_2 = ?$ $$T_2 = T_1 \cdot \left(\frac{v_1}{v_2}\right)^{\kappa-1} = 293\ \mathrm{K} \cdot (10)^{0,4} = 736\ \mathrm{K}$$

(Wegen der höheren Temperatur erreichen wir einen höheren Druck. Deshalb wird auch die technische Arbeit größer sein als die Volumenänderungsarbeit.)

$w_{v_{1,2}} = ?$ $$w_{v_{1,2}} = \frac{R_i}{\kappa-1} \cdot (T_2 - T_1) = \frac{287\ \mathrm{J/kgK}}{0{,}4} \cdot (736\ \mathrm{K} - 293\ \mathrm{K}) = 317{,}85\ \mathrm{kJ/kg}$$

$w_{t_{1,2}} = ?$ $$w_{t_{1,2}} = \kappa \cdot w_{v_{1,2}} = 445\ \mathrm{kJ/kg}$$

5.5 Die polytrope Zustandsänderung

Die bisher beschriebenen Grenzfälle von Zustandsänderungen, bei denen immer eine Zustandsgröße unverändert bleibt, sind natürlich idealisierte Fälle, die so nur in seltenen Fällen in der Technik realisierbar sind. Eine isentrope Zustandsänderung wird z.B. nicht genau adiabat sein, sondern es wird doch etwas Wärme über die Wandungen zu- oder abgeführt werden. Ebenso wird eine isotherme Zustandsänderung nicht genau isotherm verlaufen. Diese Zwischenstufen zwischen den Sonderfällen werden mit der polytropen Zustandsänderung beschrieben.

Merke Die polytrope Zustandsänderung ist die allgemeine Zustandsänderung. Isentrope, Isotherme, Isochore und Isobare sind Sonderfälle der polytropen Zustandsänderung.

Darstellung im *p*,v- und *T*,*s*-Diagramm

Es gibt keine Zustandsfunktion, die man wie bisher als „die Polytrope" in die Diagramme einzeichnen kann, denn „die Polytropen" bedecken die ganze Fläche. Es werden daher zusammenfassend noch einmal alle Sonderfälle und einige ausgewählte Polytropen in der Abbildung 5-9 dargestellt.

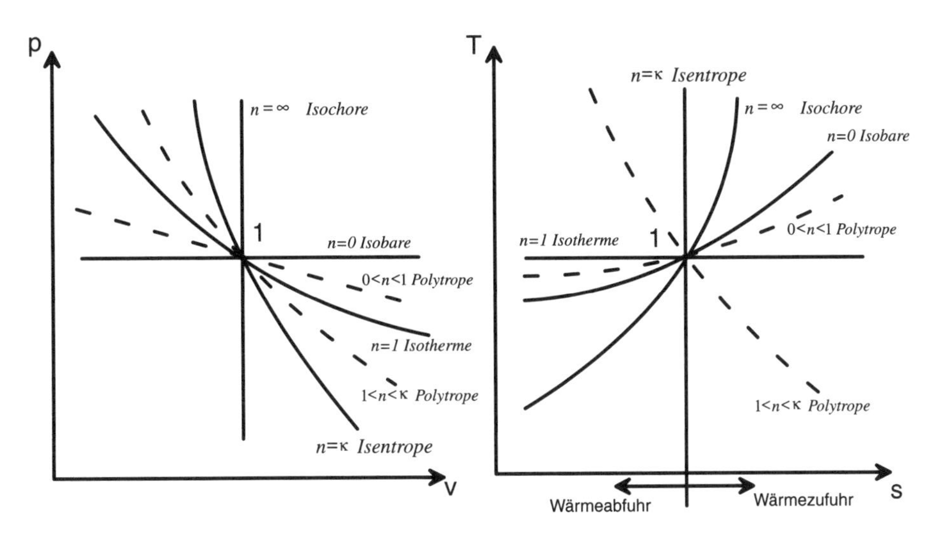

Abbildung 5-9: Polytrope, Isentrope, Isotherme, Isobare und Isochore im p,v- und T,s-Diagramm

Technisch häufig sind Zustandsänderungen zwischen der Isotherme und der Isentrope (rev. Adiabate). Dies geschieht z.B. in einem Kolbenverdichter. Bei der Verdichtung nimmt die Gastemperatur zu, dabei wird über Wärmeleitung Wärme aus dem Gas abgeführt. Würde dieser Prozess ganz langsam, also quasi statisch, verlaufen, so wäre es eine isotherme Zustandsänderung, die wir mit

$$p \cdot \mathrm{v} = \text{konst.} \qquad \text{(siehe 5.20)}$$

beschreiben, da sich immer thermisches Gleichgewicht einstellen könnte. Wenn die Verdichtung andererseits sehr schnell erfolgen könnte, bliebe keine Zeit für einen Wärmeaustausch und wir hätten eine adiabate Zustandsänderung. Wenn wir noch voraussetzen, dass dies reibungsfrei, also reversibel, stattfindet, könnten wir den Vorgang mit einer isentropen Zustandsänderung

$$p \cdot \mathrm{v}^{\kappa} = \text{konst.} \qquad \text{(siehe 5.32)}$$

beschreiben.

Hier wird deutlich, dass die Gleichungen für die Isotherme und die Isentrope ähnlich sind. Sie unterscheiden sich nur durch den Exponenten von v. Die Isotherme hat den Exponenten 1 und die Isentrope den Exponenten κ. Eine Zustandsänderung, die zwischen Isotherme und Isentrope verläuft, muss demnach einen Exponenten zwischen 1 und κ haben. Das bedeutet, die Polytrope hat einen variablen Exponenten, den wir mit n bezeichnen.

Die allgemeine Zustandsgleichung für die polytrope Zustandsänderung ist dann

$$p \cdot \mathrm{v}^{n} = \text{konst.} \qquad (5.55)$$

Um das nochmals zu verdeutlichen, ist in Abbildung 5-10 die Verdichtung eines Gases von Druck p_1 auf den höheren Druck p_2 unter verschiedenen Randbedingungen dargestellt.

Verdichtung im p,v- und T,s-Diagramm

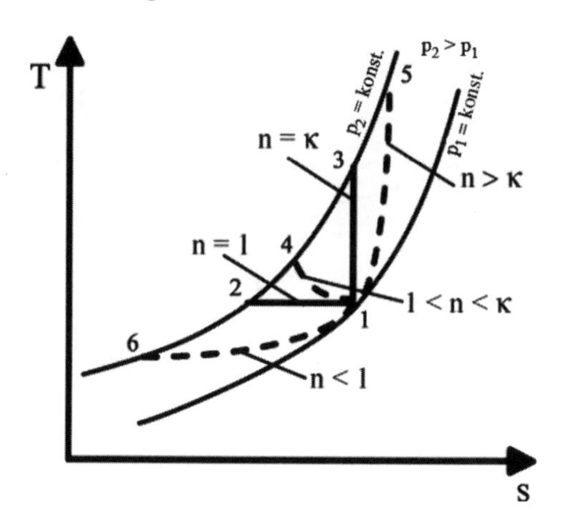

Abbildung 5-10: Polytrope Verdichtung

Wie sind diese fünf dargestellten Polytropen zu interpretieren?

$1 \rightarrow 2$ Isotherme Kompression: Es wird immer genau so viel Wärme abgeführt, dass die Temperatur konstant bleibt; $n = 1$

$1 \rightarrow 3$ Isentrope Kompression, reibungsfreie, adiabate Kompression; $n = \kappa$

$1 \rightarrow 4$ Polytrope Kompression mit n zwischen 1 und κ. Dabei wird während der Kompression Wärme an die Wandungen des Kompressors abgeführt; $1 < n < \kappa$

$1 \rightarrow 5$ Polytrope Kompression mit $n > \kappa$. Das wäre z.B. eine Kompression, bei der auch noch Wärme zugeführt wird.

$1 \rightarrow 6$ Polytrope Kompression mit $n < 1$. Das wäre z.B. eine Kompression, bei der zuviel Wärme für eine Isotherme abgeführt wird.

Für die Polytrope kann also n einen Wert von $-\infty$ bis $+\infty$ annehmen und damit alle Zustandsänderungen beschreiben. Unsere vier bisher behandelten Spezialfälle haben feste Werte für den Polytropenexponenten. Die Werte für die Isentrope und die Isotherme haben wir bereits. Für die Isobare muss $n = 0$ sein, damit die Gleichung (5.55) erfüllt ist:

$p \cdot \mathrm{v}^n = \text{konst.}$ ist dann $p \cdot \mathrm{v}^0 = p \cdot 1 = p = \text{konst.}$

Für die Isochore muss $n = \infty$ sein, damit die Gleichung (5.55) erfüllt ist:

$$p \cdot v^n = \text{konst.} \qquad \text{ist} \qquad v^n = \frac{\text{konst.}}{p} \qquad \text{und} \qquad v = \frac{\text{konst.}^{\frac{1}{n}}}{p^{\frac{1}{n}}}$$

$\text{konst.}^{\frac{1}{n}} = \text{konst.}$ damit ergibt sich:

$v = \text{konst.} \cdot p^{-\frac{1}{n}}$; $p^0 = p^{-\frac{1}{\infty}}$ also ergibt sich für $n = \infty$:

$v = \text{konst.} \cdot p^0 = \text{konst.}$

Merke:

$n = \kappa$	Isentrope
$n = 1$	Isotherme
$n = 0$	Isobare
$n = \infty$	Isochore
$-\infty < n < +\infty$	Polytrope

Merke Für die polytrope Zustandsänderung gelten dieselben Gleichungen wie für die isentrope Zustandsänderung, nur dass κ durch n ersetzt wird.

Berechnungen und Herleitungen:

Volumen: $$v_2 = v_1 \left(\frac{T_1}{T_2} \right)^{\frac{1}{n-1}} \qquad (5.56)$$

aus $$\frac{v_2}{v_1} = \left(\frac{T_1}{T_2} \right)^{\frac{1}{n-1}} \qquad (5.57) \text{ analog zu } (5.41)$$

oder $$v_2 = v_1 \left(\frac{p_1}{p_2} \right)^{\frac{1}{n}} \qquad (5.58)$$

aus $$\frac{v_2}{v_1} = \left(\frac{p_1}{p_2} \right)^{\frac{1}{n}} \qquad (5.59) \text{ analog zu } (5.35)$$

Druck: $$p_2 = p_1 \cdot \left(\frac{v_1}{v_2}\right)^n \qquad (5.60)$$

aus $$\frac{p_2}{p_1} = \left(\frac{v_1}{v_2}\right)^n \qquad (5.61) \text{ analog zu } (5.34)$$

oder $$p_2 = p_1 \cdot \left(\frac{T_2}{T_1}\right)^{\frac{n}{n-1}} \qquad (5.62)$$

aus $$\frac{p_2}{p_1} = \left(\frac{T_2}{T_1}\right)^{\frac{n}{n-1}} \qquad (5.63) \text{ analog zu } (5.42)$$

Temperatur: $$T_2 = T_1 \cdot \left(\frac{v_1}{v_2}\right)^{n-1} \qquad (5.64)$$

aus $$\frac{T_2}{T_1} = \left(\frac{v_1}{v_2}\right)^{n-1} \qquad (5.65) \text{ analog zu } (5.39)$$

oder $$T_2 = T_1 \cdot \left(\frac{p_2}{p_1}\right)^{\frac{n-1}{n}} \qquad (5.66)$$

aus $$\frac{T_2}{T_1} = \left(\frac{p_2}{p_1}\right)^{\frac{n-1}{n}} \qquad (5.67) \text{ analog zu } (5.40)$$

Volumenänderungsarbeit: $$w_{v_{1,2}} = \frac{R_i}{n-1} \cdot (T_2 - T_1) \qquad (5.68)$$

$$w_{v_{1,2}} = \frac{p_1 \cdot v_1}{n-1} \cdot \left(\left(\frac{p_2}{p_1}\right)^{\frac{n-1}{n}} - 1\right) \qquad (5.69)$$

$$w_{v_{1,2}} = \frac{R_i \cdot T_1}{n-1} \cdot \left(\left(\frac{v_1}{v_2}\right)^{n-1} - 1\right) \qquad (5.70)$$

Die Gleichungen (5.68) bis (5.70) ergeben sich analog zu den Gleichungen (5.44) bis (5.48). Beschreibt man die Bestimmung der Wärmemenge bei der polytropen Zustandsänderung allgemein mit

$$dq = c_n \cdot dT \qquad \text{also} \qquad q_{1,2} = c_n \left(T_2 - T_1\right) \tag{5.71}$$

wobei c_n je nach Polytropenexponent einen bestimmten Betrag annimmt, dann ist z.B. für

$n = \kappa \quad \rightarrow \quad c_n = 0$ oder

$n = \infty \quad \rightarrow \quad c_n = c_\text{v}$ oder

$n = 0 \quad \rightarrow \quad c_n = c_p$

Bestimmung des Polytropenexponenten *n*:

Aus der Formulierung des 1. Hauptsatzes

$$q_{1,2} = c_\text{v}\left(T_2 - T_1\right) + \int_1^2 p d\text{v} \qquad \text{und} \qquad q_{1,2} = c_n\left(T_2 - T_1\right)$$

ergibt sich

$$c_n\left(T_2 - T_1\right) = c_\text{v}\left(T_2 - T_1\right) + \int_1^2 p d\text{v}$$

und durch weiteres Umformen:

$$-\int_1^2 p d\text{v} = w_{\text{v}_{1,2}} = \left(c_\text{v} - c_n\right)\left(T_2 - T_1\right)$$

mit $w_{\text{v}_{1,2}} = \frac{R_i}{n-1}\left(T_2 - T_1\right)$ ist $\frac{R_i}{n-1}\left(T_2 - T_1\right) = \left(c_\text{v} - c_n\right)\left(T_2 - T_1\right)$

und mit $R_i = c_p - c_\text{v}$:

$$\frac{c_p - c_\text{v}}{n-1} = c_\text{v} - c_n$$

$$n - 1 = \frac{c_p - c_\text{v}}{c_\text{v} - c_n}$$

$$n = \frac{c_p - c_\text{v} + c_\text{v} - c_n}{c_\text{v} - c_n} = \frac{c_p - c_n}{c_\text{v} - c_n} \quad \text{oder} \quad n = \frac{c_n - c_p}{c_n - c_\text{v}} \tag{5.72}$$

aus (5.61) $\frac{p_2}{p_1} = \left(\frac{v_1}{v_2}\right)^n$ ist $\ln \frac{p_2}{p_1} = n \cdot \ln \frac{v_1}{v_2}$ und damit

$$n = \frac{\ln \frac{p_2}{p_1}}{\ln \frac{v_1}{v_2}} \tag{5.73}$$

Bestimmung von c_n: Gleichung (5.72) nach c_n aufgelöst:

$n \cdot (c_n - c_v) = c_n - c_p$ mit $c_p = \kappa \cdot c_v$

$n \cdot (c_n - c_v) = c_n - \kappa \cdot c_v$ umgestellt $c_n \cdot (n-1) = c_v \cdot (n - \kappa)$

und nach c_n aufgelöst

$$c_n = c_v \cdot \frac{n-\kappa}{n-1} \tag{5.74}$$

technische Arbeit: $w_{t_{1,2}} = n \cdot w_{v_{1,2}}$ (5.75) analog zu (5.49)

Die Gleichungen (5.68) bis (5.70) mit n multipliziert ergeben:

$$w_{t_{1,2}} = \frac{n \cdot R_i}{n-1} \cdot (T_2 - T_1) \tag{5.76}$$

$$w_{t_{1,2}} = \frac{n}{n-1} \cdot p_1 \cdot v_1 \cdot \left(\left(\frac{p_2}{p_1}\right)^{\frac{n-1}{n}} - 1\right) \tag{5.77}$$

$$w_{t_{1,2}} = \frac{n \cdot R_i \cdot T_1}{n-1} \cdot \left(\left(\frac{v_1}{v_2}\right)^{n-1} - 1\right) \tag{5.78}$$

Wärmemenge: $q_{1,2} = c_n (T_2 - T_1)$ (siehe 5.71)

mit (5.74)

$$q_{1,2} = c_v \cdot \frac{n-\kappa}{n-1} \cdot (T_2 - T_1) \tag{5.79}$$

$$q_{1,2} = w_{v_{1,2}} \frac{(n-\kappa)}{(\kappa-1)} \tag{5.80}$$

Herleitung von (5.80):

Nach (5.68) ist $w_{v_{1,2}} = \frac{R_i}{n-1} \cdot (T_2 - T_1)$ und $R_i = c_p - c_v = c_v (\kappa - 1)$.

Also gilt: $$w_{v_{1,2}} = c_v \frac{(\kappa-1)}{(n-1)} \cdot (T_2 - T_1) \quad (5.81)$$

Gleichung (5.79) und (5.81) nach c_v aufgelöst und gleichgesetzt ergibt:

$$\frac{q_{1,2} \cdot (n-1)}{(n-\kappa) \cdot (T_2 - T_1)} = c_v = \frac{w_{v_{1,2}} \cdot (n-1)}{(\kappa-1) \cdot (T_2 - T_1)}$$

Umgestellt ergibt sich dann $$q_{1,2} = w_{v_{1,2}} \frac{(n-\kappa)}{(\kappa-1)} \quad \text{(siehe 5.80)}$$

Entropieänderung: $$\Delta s_{1,2} = s_2 - s_1 = c_n \cdot \ln \frac{T_2}{T_1} \quad (5.82)$$

$$s_2 - s_1 = c_v \cdot \frac{n-\kappa}{n-1} \cdot \ln \frac{T_2}{T_1} \quad (5.83)$$

$$s_2 - s_1 = c_v \cdot \ln \frac{T_2}{T_1} + R_i \cdot \ln \frac{v_2}{v_1} \quad \text{(siehe 4.82)}$$

$$s_2 - s_1 = c_v \cdot \ln \frac{p_2}{p_1} + c_p \cdot \ln \frac{v_2}{v_1} \quad \text{(siehe 4.87)}$$

$$s_2 - s_1 = c_p \cdot \ln \frac{T_2}{T_1} - R_i \cdot \ln \frac{p_2}{p_1} \quad \text{(siehe 4.83)}$$

Herleitung von (5.82):

$dq = c_n dT$ und $dq = Tds$;

also ist $c_n dT = Tds$ und damit $ds = c_n \frac{dT}{T}$;

also ist $s_2 - s_1 = c_n \cdot \ln \frac{T_2}{T_1}$; mit (5.74) ergibt sich daraus:

$$s_2 - s_1 = c_v \frac{n-\kappa}{n-1} \cdot \ln \frac{T_2}{T_1}.$$

Zusammenfassung Die polytrope Zustandsänderung ist die allgemeine Zustandsänderung. Isentrope, Isotherme, Isobare und Isochore sind Sonderfälle der polytropen Zustandsänderung. Bei einer polytropen Zustandsänderung ändern sich alle Zustands- und Prozessgrößen. Für die polytrope Zustandsänderung gelten dieselben Gleichungen wie für die isentrope, nur dass κ durch n ersetzt wird.

Beispiel 5-5: *In einem Kolbenverdichter wird trockene Luft (ideales Gas) (T_1 = 293 K, p = 0,1 MPa, R_i = 287 J/kgK, κ = 1,4, V_1 = 1 m^3) reibungsfrei auf ein Endvolumen von V_2 = 0,05 m^3 verdichtet. Über die Zylinderwand wird Wärme abgeführt, so dass sich eine Verdichtungsendtemperatur von 533 K einstellt. Berechnen Sie: n, p_2, $w_{v_{1,2}}$, $w_{t_{1,2}}$ und $q_{1,2}$, c_n, $\Delta s_{1,2}$.*

$n = ?$ $$\frac{T_2}{T_1} = \left(\frac{V_1}{V_2}\right)^{n-1} \; ; \; \ln\frac{T_2}{T_1} = (n-1)\ln\frac{V_1}{V_2} \; ; \; n = \frac{\ln\frac{T_2}{T_1}}{\ln\frac{V_1}{V_2}} + 1 \; ; \; n = \frac{\ln\frac{533}{293}}{\ln 20} + 1 = 1{,}2$$

$p_2 = ?$ $$p_2 = p_1\left(\frac{V_1}{V_2}\right)^n = 0{,}1\,\text{MPa}\cdot 20^{1{,}2} = 3{,}64\,\text{MPa}$$

$w_{v_{1,2}} = ?$ $$w_{v_{1,2}} = \frac{R_i}{n-1}\cdot(T_2 - T_1) = \frac{287\ \text{J/kgK}}{0{,}2}(533\,\text{K} - 293\,\text{K}) = 344{,}4\ \text{kJ/kg}$$

$w_{t_{1,2}} = ?$ $$w_{t_{1,2}} = n\cdot w_{v_{1,2}} = 1{,}2\cdot 344{,}4\ \text{kJ/kg} = 413{,}28\ \text{kJ/kg}$$

$c_n = ?$ $$c_n = c_v\cdot\frac{n-\kappa}{n-1} \quad ; \quad c_v = \frac{R_i}{\kappa-1} = \frac{287\ \text{J/kgK}}{0{,}4} = 717{,}5\ \text{J/kgK}$$

$$c_n = 717{,}5\ \text{J/kgK}\,\frac{1{,}2-1{,}4}{1{,}2-1} = -\,717{,}5\ \text{J/kgK}$$

$q_{1,2} = ?$ $$q_{1,2} = c_n(T_2 - T_1) = -\,717{,}5\ \text{J/kgK}\,(533\,\text{K} - 293\,\text{K}) = -\,172{,}2\ \text{kJ/kg}$$

$\Delta s_{1,2} = ?$ $$s_2 - s_1 = c_v\cdot\ln\frac{T_2}{T_1} + R_i\cdot\ln\frac{V_2}{V_1} = 717{,}5\ \text{J/kgK}\cdot\ln\frac{533}{293} + 287\ \text{J/kgK}\cdot\ln\frac{0{,}05}{1}$$

$$s_2 - s_1 = -430{,}46\ \text{kJ/kgK}$$

Kontrollfragen

1. Welche Systemeigenschaft kann für die Untersuchung eines verdampfenden Fluids in einem offenen Behälter immer vorausgesetzt werden?
   $\Rightarrow$ isochor, isotherm, isobar, adiabat, polytrop

2. Bei welcher reversiblen Zustandsänderung ist die Volumenänderungsarbeit gleich der „technischen Arbeit", wenn eine bestimmte Wärmemenge zugeführt wird? Zeigen Sie dies mit Hilfe der beiden Formulierungen für den 1. Hauptsatz der Thermodynamik!

3. Was hat die Formulierung $dq = T \cdot ds$ mit dem Entwicklungsziel zu tun, Werkstoffe mit besonders hoher Warmfestigkeit zu entwickeln? Argumentieren Sie mit Hilfe des *T,s*-Diagrammes!

4. Eine Gasflasche mit offenem Ventil erwärmt sich in der Sonne. Welche Systemeigenschaft und welche Zustandsänderung sind für dieses System zutreffend?
   $\Rightarrow$ offen, geschlossen, abgeschlossen, isotherm, adiabat, isochor, isobar, polytrop

5. Welche Systemeigenschaft kann für die Untersuchung einer stark isolierten, von einem Gas durchströmten Rohrleitung immer vorausgesetzt werden?
   $\Rightarrow$ isochor, isotherm, isobar, adiabat, polytrop

6. Eine Gasmasse soll von T_1 auf T_2 erhitzt werden. Sie haben die Wahl zwischen einem geschlossenen beheizbaren Behälter und einem Heizgebläse um die Erwärmung durchzuführen. Gibt es Unterschiede in der zuzuführenden Wärmemenge? Begründung!

7. Wann ist eine Darstellung einer Zustandsänderung im *p,*v- oder im *T,s*-Diagramm sinnvoller?

8. Stellen Sie in einem *T,s*-Diagramm eine Expansion dar, wenn diese von p_1 auf p_2 (Isobaren einzeichnen) a) isotherm, b) polytrop mit $1 < n < \kappa$, c) adiabat und isentrop, d) adiabat, aber nicht isentrop, erfolgt!

9. Ein abgeschlossenes System ist mit einem Gas gefüllt. In dem System befinden sich eine Batterie und ein Elektromotor, an dessen Wellenende ein Propeller angebracht ist. Zu Beginn befindet sich das System in einem stabilen Gleichgewichtszustand. Es wird der Elektromotor so lange betrieben, bis die Batterie leer ist. Beantworten Sie nun folgende Fragen:
   - Wie groß ist die Energie des Gesamtsystems im Endzustand?
   - In welche Energie hat sich die freigesetzte elektrische Energie verwandelt?
   - Welche intensiven Zustandsgrößen dieser Energieform haben sich verändert?
   - Hat sich die Entropie im System verändert? Begründung!

10. Wenn man die im Folgenden beschriebenen Prozesse in Zustandsdiagramme einträgt, so lassen sich Anfangs- und Endzustand idealisierend durch mindestens eine der folgenden Kurven verbinden.

    a) Isentrope, b) Isotherme, c) Isobare, d) Isochore

    (*Kreisen Sie den entsprechenden Buchstaben ein*)

    – Erwärmung von Gas in einem Behälter a) b) c) d)
    – Kompression in einem adiabaten Zylinder a) b) c) d)
    – Verdampfung in einem offenen Gefäß a) b) c) d)
    – Lufterhitzung in einem Heizlüfter a) b) c) d)

11. Es wird eine adiabate, reibungsbehaftete Expansion und anschließend eine ebenfalls reibungsbehaftete, adiabate Verdichtung auf den Ausgangsdruck durchgeführt. Zeigen Sie den Vorgang in einem *T,s*-Diagramm und die Wärmemenge, die dabei entstanden ist!

Übungen

1. In einem Zylinder mit einem Volumen von 10 l befindet sich Luft mit einem Druck von 1 MPa und einer Temperatur von 25 °C. Welche Arbeit wird abgeführt, wenn die Luft bei gleich bleibender Temperatur auf 0,1 MPa entspannt wird? Wie groß ist die zuzuführende Wärmemenge und wie groß ist dann das Endvolumen? $R_{i,Luft}$ = 287 J/kgK, κ = 1,4.

2. Es werden stündlich 2000 m^3 Luft bei einem Druck von 0,1 MPa und mit einer Temperatur von 20 °C bei gleich bleibendem Druck auf 750 °C erwärmt. Welcher Wärmestrom ist zuzuführen, wenn c_{pm}= 1,0913 kJ/kgK in diesem Intervall ist?

3. In einem Zylinder mit einem Volumen von 10 l befindet sich Luft mit einem Druck von 1 MPa bei einer Temperatur von 25 °C. Wie groß sind das Endvolumen, die Endtemperatur, die Raumänderungsarbeit und die zuzuführende Wärmemenge, wenn die Entspannung auf 1 bar a) isotherm; b) isentrop; c) polytrop mit n = 1,3 erfolgt? $R_{i,Luft}$= 287 J/kgK, κ = 1,4.

4. Es wurden 10 m^3 Luft mit einem Druck von 0,09 MPa und einer Temperatur von 17 °C auf 0,72 MPa verdichtet. Das Endvolumen betrug 1,77 m^3. Wie groß sind der mittlere Kompressionsexponent der Polytropen, die zugeführte Raumänderungsarbeit, die zu- oder abgeführte Wärme und die Endtemperatur?

5. Ein Fahrzeug mit 1,5 t Gesamtgewicht fährt mit 72 km/h gegen ein feststehendes Hindernis (Skizze). Das Fahrzeug wird über einen Gasdämpfer abgebremst, der 2,5 m^3 Helium enthält. Der Kolben im Zylinder ist absolut dicht und läuft reibungsfrei, der Zylinder ist wärmedicht und hat im Anfangszustand ein Volumen von 2,5 m^3. Der Zustand des Heliums im Zylinder ist vor dem Aufprall 27 °C, 0,1 MPa, c_p = 5200 J/kgK, M_{He}= 4 kg/kmol. Wie groß ist die Masse an Helium im Zylinder? Wie groß sind Temperatur, spez. Volumen und der Druck nach dem Aufprall, wenn der Kolben in der tiefsten Stellung arretiert wird?

Skizze zu Aufgabe 5:

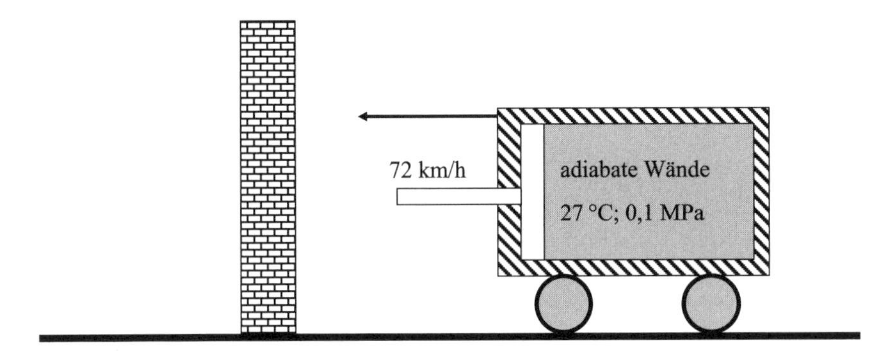

6. Ein Dieselmotor mit einem Verdichtungsverhältnis $\varepsilon = v_1/v_2 = 16$ soll angelassen werden. Bei einer Ansauglufttemperatur von 10 °C ($R_{i,Luft}$ = 287 J/kgK, c_p = 1004,5 J/kgK) und betriebswarmem Motor wird keine Wärme über die Zylinderwände abgeführt. Dabei wird eine sichere Zündung erreicht. Wie hoch ist die Verdichtungsendtemperatur? Bei kaltem Motor wird über die Wände so viel Wärme abgeführt, dass sich am Ende der Verdichtung eine Entropiedifferenz von –398,93 J/kgK ergibt. Berechnen Sie jetzt die Verdichtungsendtemperatur! Bestimmen Sie den Polytropenexponenten und die spez. Volumenänderungsarbeit! Skizzieren Sie die Verdichtung beim warmen und kalten Motor im *T,s*-Diagramm! Kann durch eine kleine Änderung des Verdichtungsverhältnisses erreicht werden, dass auch mit dem Polytropenexponenten, der für den Kaltstart errechnet wurde, eine sichere Zündung beim Kaltstart erreicht wird?

Lösungen unter http://www.oldenbourg-wissenschaftsverlag.de

6 Gasmischungen, feuchte Luft und Dampf

Lernziel Sie müssen Zustandsänderungen mit Gasgemischen aus idealen Gasen berechnen können. Sie müssen das Verhalten reiner Stoffe kennen und die dazugehörige Terminologie beherrschen sowie Berechnungen der Zustandsänderungen von Wasser über Aggregatzustandswechsel durchführen können, insbesondere im Nassdampfgebiet. Sie müssen mit Gas-Dampf-Gemischen, das ist im Wesentlichen feuchte Luft, umgehen können. Das bedeutet, dass Sie Berechnungen der Zustandsänderungen durchführen und Zustandsänderungen in den hierfür üblichen Zustandsdiagrammen darstellen bzw. ablesen können.

Das Gas, mit dem wir am häufigsten zu tun haben, ist die uns umgebende Luft. Die Luft ist eine Gasmischung, die sich im Wesentlichen aus Stickstoff N_2 (ca. 78 Vol.-%) und Sauerstoff O_2 (ca. 21 Vol.-%) zusammensetzt. Das restliche Prozent setzt sich aus verschiedenen Spurengasen wie Argon (Ar), Kohlendioxid (CO_2), Neon (Ne) usw. zusammen. Weiterhin enthält Luft einen variablen Anteil von dampfförmigem Wasser. Deshalb unterscheiden wir, insbesondere in den Stoffwerten, zwischen trockener und feuchter Luft. Auch bei Abgasen aus Feuerungsanlagen haben wir es mit Gasgemischen zu tun. Dieses Kapitel ist besonders wichtig für die Heizungs- und Klimatisierungstechnik. Auch das Verhalten reiner Stoffe am Beispiel von Wasser in seinen verschiedenen Aggregatzuständen wird hier behandelt.

6.1 Gasmischungen idealer Gase

Für ideale Gase, die chemisch nicht miteinander reagieren, gelten die Gesetze von Dalton:

1. Befinden sich in einem Raum mehrere Gase, so verhält sich jedes Gas so, als ob die anderen nicht vorhanden wären, und füllt diesen Raum ganz aus.
2. Der Gesamtdruck ist gleich der Summe der Partialdrücke der Einzelgase.
3. Die Partialdrücke verhalten sich wie die Raumanteile.

6.1.1 Der Raumanteil und das Partialvolumen

Analysen von Gasmischungen werden in der Regel in Volumenprozent angegeben. So darf z.B. bei der Abgasuntersuchung AU Ihres Pkws ein bestimmter Kohlenmonoxidanteil (CO) nicht überschritten werden. Dieser Betrag wird in Volumenprozent angegeben. Sehr kleine Konzentrationen werden in ppm (parts per million) angegeben. Dabei entspricht 1 Vol.-% = 10 000 ppm.

Um die Definition des Raumanteils zu verstehen, betrachten wir nun einen Behälter (siehe Abb. 6-1), der eine Mischung aus drei idealen Gasen enthält. Der Behälter hat das konstante Gesamtvolumen *V*, einen Innendruck *p* und die Temperatur *T*. *T* und *p* sind homogen. Nun separieren wir die einzelnen Gase in dem Behälter so, dass sie räumlich getrennt sind, aber immer noch den gleichen Druck und die gleiche Temperatur wie vor der Trennung haben.

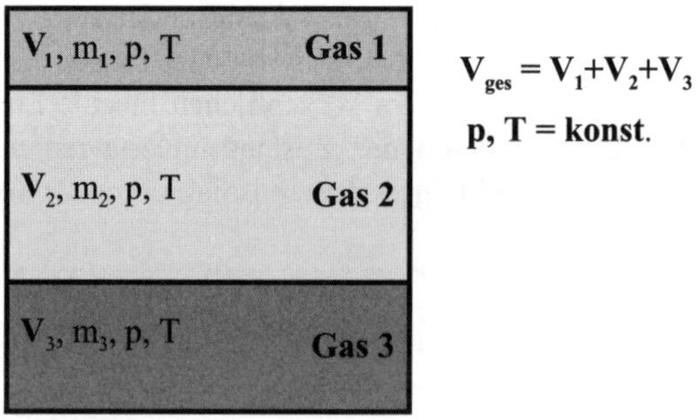

V_1, m_1, p, T Gas 1

V_2, m_2, p, T Gas 2

V_3, m_3, p, T Gas 3

$V_{ges} = V_1 + V_2 + V_3$

p, T = konst.

Abbildung 6-1: Experiment zum Raumanteil

Für jedes einzelne Gas gilt dann die Zustandsgleichung:

$$p \cdot V_1 = m_1 \cdot R_{i_1} \cdot T$$

$$p \cdot V_2 = m_2 \cdot R_{i_2} \cdot T$$

$$p \cdot V_3 = m_3 \cdot R_{i_3} \cdot T\ ,$$

aufsummiert: $\sum \ (V_1 + V_2 + V_3) \cdot p = \left(m_1 \cdot R_{i_1} + m_2 \cdot R_{i_2} + m_3 \cdot R_{i_3}\right) \cdot T$

Nachdem die Einzelmassen unverändert sind und das Gesamtvolumen unverändert ist, gilt:

$$\left(V_1 + V_2 + V_3\right) = V$$

Dividiert man die Gleichung durch das Gesamtvolumen V, so erhält man:

$$\frac{V_1}{V}+\frac{V_2}{V}+\frac{V_3}{V}=\frac{V}{V}$$

oder mit der Definition des Raumanteils: $r_i=\frac{V_i}{V}$ (6.1)

$$r_1+r_2+r_3=1 \qquad (6.2)$$

Damit entsprechen z.B. 21 Vol.-% einem Raumanteil von 0,21.

> Das Volumen, das das Einzelgas bei dem oben genannten Experiment (Abb. 6-1) einnimmt, bezeichnen wir als das Partialvolumen mit dem Formelzeichen V_i.

Der Index i ist nur eine Zählvariable, solange es sich um kein bestimmtes Gas handelt. Will man z.B. das Partialvolumen von Sauerstoff (O_2) berechnen, so schreibt man V_{O_2} .

Das Partialvolumen errechnet sich mit $V_i=r_i\cdot V_{gesamt}$ (6.3) aus (6.1)

6.1.2 Der Massenanteil

Betrachten wir hierzu folgendes Experiment:

In drei Behältern mit gleichen Volumina befinden sich drei unterschiedliche Gase (Abb. 6-2), die bei einer Mischung nicht miteinander reagieren. In den drei Behältern herrschen unterschiedliche Drücke, jedoch die gleiche Temperatur.

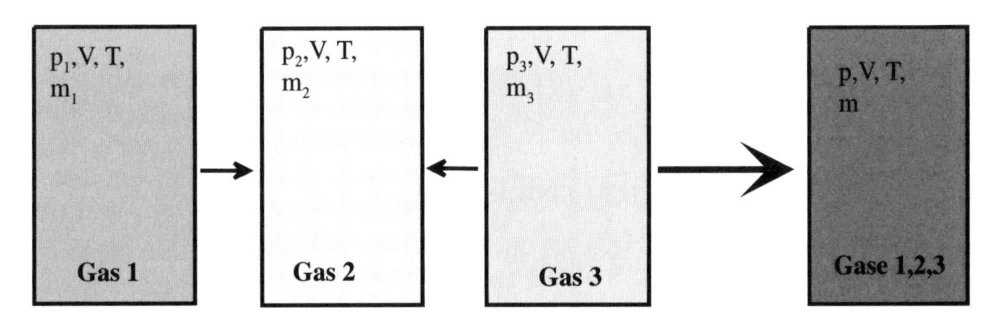

Abbildung 6-2: Experiment zum Massenanteil

Schieben wir nun die drei Behälter ineinander, so dass alle drei Gase nach wie vor ihr Ausgangsvolumen einnehmen. Die Temperatur habe sich ebenfalls nicht verändert. Nach den Gesetzen von Dalton füllen nun alle Gase den Gesamtraum V aus. Für jedes einzelne Gas gilt dann vorher und nachher die Zustandsgleichung:

$$p_1 \cdot V = m_1 \cdot R_{i_1} \cdot T$$

$$p_2 \cdot V = m_2 \cdot R_{i_2} \cdot T$$

$$p_3 \cdot V = m_3 \cdot R_{i_3} \cdot T$$

---

aufsummiert: $\sum \ (p_1 + p_2 + p_3) \cdot V = \left(m_1 \cdot R_{i_1} + m_2 \cdot R_{i_2} + m_3 \cdot R_{i_3}\right) \cdot T$

Mit der Gesamtmasse $m = m_1 + m_2 + m_3$ und $p = p_1 + p_2 + p_3$ ergibt sich:

$$(p_1 + p_2 + p_3) \cdot V = m \cdot \left(\frac{m_1}{m} \cdot R_{i_1} + \frac{m_2}{m} \cdot R_{i_2} + \frac{m_3}{m} \cdot R_{i_3} \right) \cdot T \quad ,$$

wobei der Klammerausdruck:

$$R_{i_m} = \left(\frac{m_1}{m} \cdot R_{i_1} + \frac{m_2}{m} \cdot R_{i_2} + \frac{m_3}{m} \cdot R_{i_3} \right) \tag{6.4}$$

gleich der mittleren speziellen Gaskonstante der Gasmischung R_{i_m} ist.

Somit lautet die Zustandsgleichung einer Gasmischung mit idealen Gasen:

$$p \cdot V = m \cdot R_{i_m} \cdot T \tag{6.5}$$

Das Verhältnis der Einzelmasse m_i zur Gesamtmasse m bezeichnet man als Massenanteil g_i.

$$g_i = \frac{m_i}{m} \tag{6.6}$$

$$p \cdot V = m \cdot \left(g_1 \cdot R_{i_1} + g_2 \cdot R_{i_2} + g_3 \cdot R_{i_3} \right) \cdot T \tag{6.7}$$

6.1.3 Die Dichte einer Gasmischung

Die Dichte ρ_m einer Gasmischung lässt sich aus den Dichten der Einzelgase ρ_i berechnen:

$$\rho_m = \rho_1 \cdot r_1 + \rho_2 \cdot r_2 + \rho_3 \cdot r_3 + \ldots\ldots.. + \rho_i \cdot r_i \tag{6.8}$$

Für die Masse der Mischung gilt: $m = m_1 + m_2 + m_3 + \ldots\ldots\ldots + m_i$ und

mit $m = V \cdot \rho$ ist $\rho = m / V$. Daraus ergibt sich:

$$V \cdot \rho_m = V_1 \cdot \rho_1 + V_2 \cdot \rho_2 + V_3 \cdot \rho_3 + \ldots\ldots.. + V_i \cdot \rho_i \, .$$

Aus $r_i = \frac{V_i}{V}$ ist $V_i = r_i \cdot V$, in die obige Gleichung eingesetzt ist

$V \cdot \rho_m = V \cdot \rho_1 \cdot r_1 + V \cdot \rho_2 \cdot r_2 + V \cdot \rho_3 \cdot r_3 + ... + V \cdot \rho_i \cdot r_i$ und damit

$$\rho_m = \rho_1 \cdot r_1 + \rho_2 \cdot r_2 + \rho_3 \cdot r_3 + ... + \rho_i \cdot r_i \qquad \text{(siehe 6.8)}$$

6.1.4 Die Molmasse einer Gasmischung

Die Molmasse M_m einer Gasmischung lässt sich aus den Molmassen der Einzelgase M_i berechnen:

$$M_m = r_1 \cdot M_1 + r_2 \cdot M_2 + r_3 \cdot M_3 + ... + r_i \cdot M_i \qquad (6.9)$$

oder aus: $M_m = \frac{8314 \text{ J/kmolK}}{R_{i_m} \text{ J/kgK}} = \frac{8314}{R_{i_m}} \frac{\text{kg}}{\text{kmol}}$,

da: $\rho = 1/\text{v} = M / V_M$ mit V_M = Molvolumen, (6.10)

gilt aus: $\rho_m = \rho_1 \cdot r_1 + \rho_2 \cdot r_2 + \rho_3 \cdot r_3 + ... + \rho_i \cdot r_i$ (siehe 6.8)

$$\frac{M_m}{V_M} = r_1 \cdot \frac{M_1}{V_M} + r_2 \cdot \frac{M_2}{V_M} + r_3 \cdot \frac{M_3}{V_M} + ... + r_i \cdot \frac{M_i}{V_M} \quad \Big| \cdot V_M$$

$$M_m = r_1 \cdot M_1 + r_2 \cdot M_2 + r_3 \cdot M_3 + ... + r_i \cdot M_i \qquad \text{(6.11) siehe (6.9)}$$

6.1.5 Umrechnung Massenanteil in Raumanteil

Der Massenanteil g_i ist definiert nach (6.6): $g_i = \frac{m_i}{m}$

Die Masse eines Stoffes errechnet sich mit $m = \rho \cdot V$, also gilt:

$g_i = \frac{\rho_i \cdot V_i}{\rho_m \cdot V_m}$ und das ergibt mit (6.1): $g_i = r_i \cdot \frac{\rho_i}{\rho_m}$.

Mit (6.10) $\rho = \frac{M}{V_M}$ ergibt sich $g_i = r_i \cdot \frac{M_i \cdot V_M}{V_M \cdot M_m} = r_i \cdot \frac{M_i}{M_m}$.

Es gilt also: $g_i = r_i \cdot \frac{M_i}{M_m}$ (6.12) oder umgestellt $r_i = g_i \cdot \frac{M_m}{M_i}$ (6.13)

6.1.6 Der Partialdruck p_i

Der Partialdruck ist der Druck, den das Einzelgas in einer Mischung ausübt, oder der Druck, den ein Gas noch ausübt, wenn man alle anderen Gase einer Mischung entfernen würde.

Betrachten wir noch einmal das Experiment in Abb. 6-2.

Für das Einzelgas 1 galt im Ausgangszustand $p_1 \cdot V = m_1 \cdot R_{i_1} \cdot T$ und für die Mischung $p \cdot V = m \cdot R_{i_m} \cdot T$. Beide Gleichungen umgestellt ergeben:

$$p_1 = \frac{m_1 \cdot R_{i1} \cdot T}{V} \quad (6.14) \qquad \text{bzw.} \qquad V = \frac{m \cdot R_{i_m} \cdot T}{p} \quad (6.15)$$

Die Gleichung (6.15) in (6.14) eingesetzt:
$$p_1 = p \cdot \frac{m_1}{m} \cdot \frac{R_{i_1}}{R_{i_m}} \quad (6.16)$$

Analog gilt aus $p \cdot V_1 = m_1 \cdot R_{i_1} \cdot T$:
$$m_1 \cdot R_{i_1} = \frac{p \cdot V_1}{T} \quad (6.17)$$

und aus $p \cdot V = m \cdot R_{i_m} \cdot T$:
$$m \cdot R_{i_m} = \frac{p \cdot V}{T} \quad (6.18)$$

(6.17) und (6.18) in (6.16) eingesetzt:
$$p_1 = \frac{p \cdot p \cdot V_1 \cdot T}{p \cdot V \cdot T}$$

daraus ergibt sich gekürzt: $p_1 = p \cdot \frac{V_1}{V} = p \cdot r_1$ (siehe 3. Dalton'sches Gesetz)

Der Partialdruck p_i des Einzelgases in einer Mischung errechnet sich dann zu:

$$p_i = r_i \cdot p \quad (6.19)$$

6.1.7 Die spezifischen Wärmekapazitäten c_p und c_v

Betrachten wir noch einmal das Experiment in Abb. 6.2. Mit dem 1. Hauptsatz der Thermodynamik muss gelten:

$$U_{ges} = U_1 + U_2 + U_3 \quad (6.20)$$

oder
$$m \cdot c_{v_m} \cdot T = m_1 \cdot c_{v_1} \cdot T + m_2 \cdot c_{v_2} \cdot T + m_3 \cdot c_{v_3} \cdot T \quad (6.21)$$

Dividiert man (6.21) durch $m \cdot T$, so erhält man:

$$c_{v_m} = c_{v_1} \cdot \frac{m_1}{m} + c_{v_2} \cdot \frac{m_2}{m} + c_{v_3} \cdot \frac{m_3}{m} \tag{6.22}$$

Mit (6.6) ergibt sich allgemein:

$$c_{v_m} = g_1 \cdot c_{v_1} + g_2 \cdot c_{v_2} + g_3 \cdot c_{v_3} + \ldots\ldots + g_i \cdot c_{v_i} \tag{6.23}$$

Analog lässt sich aus der Summe der Enthalpien herleiten:

$$c_{p_m} = g_1 \cdot c_{p_1} + g_2 \cdot c_{p_2} + g_3 \cdot c_{p_3} + \ldots\ldots + g_i \cdot c_{p_i} \tag{6.24}$$

Das gilt auch für die mittl. spezifischen Wärmekapazitäten einer Mischung aus $c_{m_{pm}}$ und $c_{m_{vm}}$.

Die molaren Wärmekapazitäten C_{p_m} und C_{v_m} berechnen sich über den Raumanteil:

$$c_{p_m} = r_1 \cdot C_{p_1} + r_2 \cdot C_{p_2} + \ldots\ldots. + r_i \cdot C_{p_i} \tag{6.25}$$

Der Molanteil $\psi_i = \frac{n_i}{n_{\text{ges}}}$ entspricht dem Raumanteil r_i, da:

$r_i = \frac{V_1}{V_{\text{ges}}}$ nach (2.20) $p \cdot V_1 = n_1 \cdot M_1 \cdot R_{i_1} \cdot T$ und

$p \cdot V_{\text{ges}} = n_{\text{ges}} \cdot M_m \cdot R_{i_m} \cdot T$

$M \cdot R_i = R$ ergibt:

$$r_i = \frac{V_i}{V_{\text{ges}}} = \frac{n_i}{n_{\text{ges}}} = \psi_i \tag{6.26}$$

Zusammenfassung Für die Mischung idealer Gase gelten die Gesetze von Dalton. Partialvolumen, Partialdruck, molare Wärmekapazität, Molmasse und Dichte einer Komponente errechnen sich über den Raumanteil. Die individuelle Gaskonstante und die spezifischen Wärmekapazitäten werden über den Massenanteil bestimmt.

Beispiel 6-1: *Die Abgasanalyse von 2 m^3 Abgas eines Personenkraftwagens mit Ottomotor ergibt die nachfolgende Zusammensetzung. Das Abgas liegt bei einem Druck von 0,15 MPa und einer Temperatur von 600 K vor. Gegeben sind die Molmassen und die allgemeine Gaskonstante R = 8314 J/kmolK. Berechnen Sie die Masse der Mischung, die Partialdrücke und Partialvolumina sowie die Massenanteile der Mischung.*

Tabelle 6-1

Gegeben		CO_2	CO	N_2	H_2O
Anteil in	*[Vol.-%]*	*19*	*0,8*	*73*	*7,2*
Molmasse	*[kg/kmol]*	*44*	*28*	*28*	*18*
Berechnet					
R_i	***[J/kgK]***	***189***	***297***	***297***	***462***
p_i	***[MPa]***	***0,0285***	***0,0012***	***0,1095***	***0,0108***
V_i	***[m³]***	***0,38***	***0,016***	***1,46***	***0,144***
g_i		***0,276***	***0,007***	***0,674***	***0,042***

R_i *errechnet sich aus* $R_i = \frac{R}{M_i} = \frac{8314 \text{ J/kmolK}}{M_i}$; siehe Tabelle

$p_i = r_i \cdot p_{ges}$ $\quad p_i = r_i \cdot 0{,}15 \text{ MPa}$; siehe Tabelle

$V_i = r_i \cdot V_{ges}$ $\quad V_i = r_i \cdot 2 \text{ m}^3$; siehe Tabelle

$g_i = r_i \cdot \frac{M_i}{M_m}$ $\quad M_m = \sum(r_i \cdot M_i) = 0{,}19 \cdot 44 + 0{,}008 \cdot 28 + 0{,}73 \cdot 28 + 0{,}072 \cdot 18$

$$M_m = 30{,}32 \text{ kg/kmol}$$

$$g_i = r_i \cdot \frac{M_i}{30{,}32 \text{ kg/kmol}}\text{; siehe Tabelle}$$

$$R_{i_m} = \sum(g_i \cdot R_i) = 0{,}276 \cdot 189 + 0{,}007 \cdot 297 + 0{,}674 \cdot 297 + 0{,}042 \cdot 462$$

$$R_{i_m} = 273{,}82 \text{ J/kgK}$$

aus $p \cdot V = m \cdot R_i \cdot T$ *errechnet sich:*

$$m = \frac{p \cdot V}{R_i \cdot T} = \frac{0{,}15 \cdot 10^6 \ \frac{\text{N}}{\text{m}^2} \cdot 2 \text{ m}^3}{273{,}82 \text{ J/kgK} \cdot 600 \text{ K}} = 1{,}826 \text{ kg}$$

Kontrollfragen

1. Was kann man unter dem Begriff „Partialdruck" eines Gases in einem Gasgemisch verstehen?
2. Warum gelten die Dalton'schen Gesetze nicht für eine Gasmischung, in der sich ein Gas im kondensierenden Zustand befindet?
3. Warum gelten die Dalton'schen Gesetze bei chemischen Reaktionen nicht?

Übungen

1. Das System A, das mit 40 Vol.-% Luft und 60 Vol.-% CO_2 gefüllt ist, ist nach außen hin wärmedicht. In das System A ist ein Zylinder mit diathermen Wandungen eingelassen; dieser ist mit Stickstoff N_2 gefüllt. Nach oben hin ist der Zylinder durch einen adiabaten und reibungsfrei verschiebbaren Kolben verschlossen. Der Zylinder stellt das Teilsystem B dar und steht zu Beginn mit dem System A im thermischen Gleichgewicht. Dem System wird mittels eines Rührwerks Wellenarbeit zugeführt. Der E-Motor gibt 300 Sekunden lang 80 % der aufgenommenen elektr. Energie (I = 12,5 A, U = 240 V) als Wellenleistung an das System A ab.

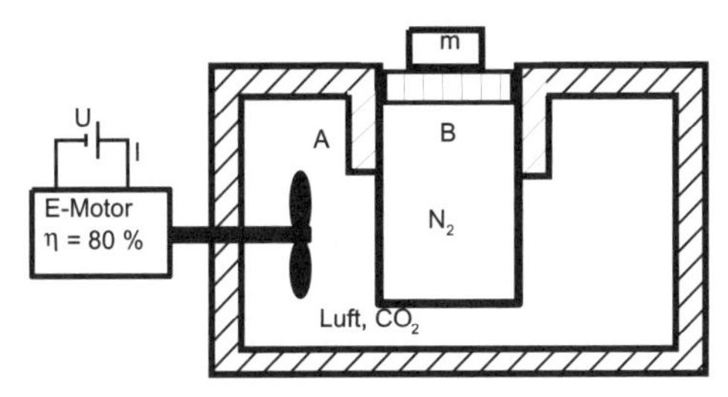

Anfangsbedingungen	**Stoffwerte**
$T_{A1} = 290$ K;	$c_{p_{CO_2}} = 0{,}821$ kJ/kgK
$V_{A1} = 1{,}25$ m^3	$c_{v_{N_2}} = 0{,}742$ kJ/kgK
$p_{A1} = 0{,}35$ MPa	$\kappa_{CO_2} = 1{,}299$
$V_{B1} = 1{,}25$ m^3	$\kappa_{N_2} = 1{,}4$.
$p_{B1} = 0{,}35$ MPa	$c_{vLuft} = 0{,}717$ kJ/kgK
	$c_{pLuft} = 1{,}004$ kJ/kgK

a) Skizzieren Sie die Zustandsänderungen der Teilsysteme A und B im p,V- und im T,s-Diagramm!

b) Berechnen Sie den Endzustand (p, V, T) der Systeme sowie $Ri_{A,ges}$ und die Partialdrücke im Endzustand in A!

c) Berechnen Sie die Energien, die die Grenzen des Systems B überschreiten!

2. Die Abgase einer Steinkohlenfeuerung haben folgende Analyse in Vol.-%:
CO_2 11,2 % Molmasse = 44 kg/kmol; H_2O 3,0 % Molmasse = 18 kg/kmol
SO_2 0,8 % Molmasse = 64 kg/kmol; O_2 7,0 % Molmasse = 32 kg/kmol
N_2 78,0 % Molmasse = 28 kg/kmol.

   Wie groß sind die Molmasse M_m, die Dichte ρ_m bei 0 °C und 1013 mbar und die spezielle Gaskonstante R_{i_m} der Mischung? Geben Sie die Gewichtsanteile g_i der Komponenten an.

3. Eine Gasflasche mit einem Füllvolumen von 20 Litern enthält ein Helium-Wasserstoffgemisch mit einem Heliumanteil von 60 Volumenprozent. Das Gasgemisch verhält sich wie ein ideales Gas und hat einen Druck von 25 MPa absolut und eine homogene Temperatur von 27 °C. Folgende Stoffwerte sind für das Gemisch bekannt: $R_{i,\mathrm{He}} = 2077{,}15$ J/kgK, $M_{\mathrm{H_2}} = 2{,}016$ kg/kmol. Bestimmen Sie die Masseanteile der Gase. Bestimmen Sie die Masse des Gasgemisches.

Lösungen unter http://www.oldenbourg-wissenschaftsverlag.de

6.2 Dampf

6.2.1 Das Verhalten von reinen Stoffen am Beispiel Wasser

Im vorangegangenen Kapitel haben wir uns mit der Mischung idealer Gase beschäftigt. Im nächsten Kapitel müssen wir uns mit feuchter Luft, einer Mischung von sich ideal verhaltenden Gasen und Wasser mit Aggregatzustandswechsel beschäftigen.

Hierzu ist es notwendig, das Verhalten reiner Stoffe in den verschiedenen Aggregatzuständen und insbesondere den Phasenwechsel von fest nach flüssig und von flüssig nach dampfförmig zu kennen. Stellvertretend für alle reinen Stoffe behandeln wir in diesem Kapitel das Wasser. Grundsätzlich ist das Verhalten bei allen reinen Stoffen ähnlich, d.h. das Gesagte gilt z.B. auch für Eisen oder Propan. Stoffgemische jedoch haben weitere Eigenheiten. Sie kennen z.B. das Verhalten von Legierungen aus der Werkstoffkunde. Wir greifen hier das Wasser heraus, weil es im nächsten Kapitel von Bedeutung ist und weil Wasser und Wasserdampf im Alltag und in der Technik sehr häufig vorkommen.

Grundsätzlich kennen Sie alle drei Aggregatzustände von Wasser: Eis als Wasser im festen Zustand (Schnee = Eis), Wasser als Flüssigkeit und Wasserdampf als Wasser im gasförmigen Zustand. Was wir umgangssprachlich als sichtbaren „Dampf“ kennen, z.B. beim Kochen, ist jedoch gar kein Dampf, sondern Nebel. Nebel sind feinste Flüssigkeitströpfchen, die in der Luft schweben. Wasserdampf ist nicht sichtbar! Auf den Nebel gehen wir in dem Kapitel über feuchte Luft noch genauer ein.

„Wasserdampf ist Wasser im gasförmigen Zustand“, haben wir vorhin gesagt. Ist nun Wasserdampf ein Gas oder ist Dampf etwas anderes? Die Antwort ist: Haben wir es mit einer gasförmigen Komponente zu tun, bei der es im Bereich der beabsichtigten Zustandsänderungen zu einem Phasenwechsel, also zu Kondensation oder Verdampfen, kommen kann, bezeichnen wir diese gasförmige Komponente als Dampf.

Definition Dampf ist ein Gas, das in dem vorliegenden Druck- und Temperaturbereich als Flüssigkeit oder Festkörper kondensieren kann.

Untersuchungen haben gezeigt, dass die Phasenwechsel stark druckabhängig sind. In Abb. 6-3 ist das Verhalten reiner Stoffe in Abhängigkeit der Zustandsgrößen Druck, spezifisches Volumen und Temperatur dargestellt. Dieses Verhalten sollten Sie sich einprägen. Dazu wollen wir das Diagramm eingehend betrachten.

Sehr niedrige Drücke und niedrige Temperaturen:

- Sehr niedrige Drücke sind bei Wasser absolute Drücke < 0,00061 MPa und
- Temperaturen von < 0,01 °C (273,16 K)

Führen wir in diesem Druck-, Temperaturbereich eine isobare Wärmezufuhr durch, so sieht man, wenn wir in Abb. 6-3 der Isobaren G-H-I folgen, dass der Festkörper, bei Wasser also Eis, direkt in die Gasphase übergeht. Der Festkörper wird gar nicht erst flüssig. Von G nach H steigt die Temperatur und bleibt bis I konstant. Ab dem Punkt H, wir haben die Sublimationslinie erreicht, wandelt sich Eis direkt in Wasserdampf um. Im Punkt I ist alles Eis verdampft, die Desublimationslinie ist erreicht. Zwischen H und I, dem Sublimationsgebiet, haben wir je nach zugeführter Wärmemenge eine Koexistenz von Eis und Wasserdampf. Die Wärmemenge, die gebraucht wird, um das Eis vollständig zu verdampfen, ist ebenfalls druckabhängig. Je niedriger der Druck ist, desto höher die Verdampfungsenthalpie, also die zuzuführende Wärmemenge bei konstantem Druck. Umgekehrt führt eine isobare Temperaturabsenkung im Wasserdampf bei diesen Drücken ab der Desublimationslinie zu einer direkten Eisbildung in der Gasphase.

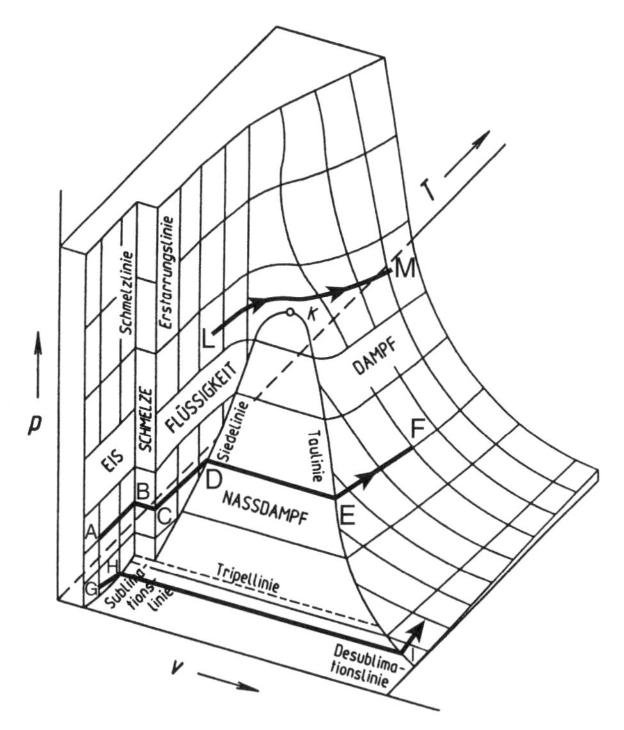

Abbildung 6-3: p,v,T-Diagramm eines Stoffes; für eine anschauliche Darstellung ist das spezifische Volumen logarithmisch aufgetragen [10]

Mittlere Drücke und Temperaturen

- Mittlere Drücke und Temperaturen sind für Wasser 0,00061 MPa < p < 22,064 MPa und 273,16 K < T < 647,1 K (0,01 °C < ϑ < 373,95 °C)

Dies ist der Bereich, in dem sich der weitaus überwiegende Teil des Umgangs mit Wasser in der Technik abspielt. Folgen wir auch hier einer Isobaren in Abb. 6-3, die in der Abbildung über die Eckpunkte A-B-C-D-E-F gekennzeichnet ist, so haben wir ein Verhalten, das sich weitgehend mit unserem Erfahrungsbereich deckt.

Im Punkt A liegt Eis vor, das sich bei Wärmezufuhr zunächst erwärmt. Die Volumenveränderung ist gering. Im Punkt B erreichen wir die Schmelzlinie. Ab hier beginnt das Eis zu schmelzen, die Temperatur bleibt dabei konstant. Im Punkt C ist alles Eis geschmolzen und es liegt nur noch Flüssigkeit vor. Diese Linie nennen wir die Erstarrungslinie, weil ab hier bei Abkühlung die Eisbildung beginnt. Zwischen Schmelzlinie und Erstarrungslinie gibt es eine Koexistenz von Eis und flüssigem Wasser. Wir sprechen vom Schmelzgebiet.

Die Wärmemenge, die bei konstantem Druck für 1 kg eines Stoffes zugeführt werden muss, um ihn vollständig zu verflüssigen, bezeichnen wir als die Schmelzenthalpie σ (früher Schmelzwärme). Die Schmelzenthalpie ist gleich der Enthalpiedifferenz beim Erstarren eines Körpers. Der Schmelz- und Erstarrungspunkt eines Körpers ist nur wenig vom Druck abhängig. Bei höheren Drücken sinkt die Schmelztemperatur. Das Volumen nimmt bei den meisten Stoffen während dem Schmelzen leicht zu. Bei Wasser haben wir bei 4 °C die höchste Dichte (Anomalie des Wassers). Deshalb friert ein See von der Oberfläche her zu und nicht vom Grund her, und sonst würden am Ende die Fische oben auf liegen, wenn der See zugefroren ist.

Führt man der Flüssigkeit ab dem Punkt C weiter isobar Wärme zu, so steigt die Temperatur und das Volumen nimmt zu. Ab einer bestimmten Temperatur beginnt die Flüssigkeit zu sieden, d.h. es wird Flüssigkeit verdampft, Punkt D ist erreicht. Die Temperatur, ab der die Flüssigkeit zu sieden beginnt, ist stark druckabhängig. Bei Wasser beträgt die Siedetemperatur z.B. bei 0,10133 MPa 100 °C, bei 0,205 MPa beginnt das Wasser erst bei 121 °C zu verdampfen und bei einem Absolutdruck von 0,01 MPa siedet Wasser bereits bei 46 °C. Die Linie, bei der das Sieden eintritt, nennen wir Siedelinie. Führt man ab Punkt D isobar Wärme zu, so bleibt, ebenso wie im Schmelzgebiet, die Temperatur konstant, bis die ganze Flüssigkeit verdampft ist. Wir haben dann Punkt E erreicht. Zwischen Punkt D und E existieren Flüssigkeit und Dampf nebeneinander. Wir nennen dieses Gebiet Nassdampfgebiet. Bei der Umwandlung von Flüssigkeit in Dampf erfährt der jeweilige Stoff eine starke Volumenvergrößerung. Bei ca. 0,1 MPa absolut, also ca. 100 °C nimmt das Volumen auf etwa das 1600fache zu. Diese Volumenzunahme ist stark druckabhängig. Mit zunehmendem Druck wird diese Volumenzunahme immer geringer, bis ab dem Punkt K, dem so genannten kritischen Punkt (bei Wasser 22,06 MPa, 647,1 K (373,95 °C)), die Umwandlung ohne Volumenzunahme erfolgt.

Punkt F zeigt einen beliebigen Endpunkt unserer Wärmezufuhr. Eine Abkühlung von Punkt F auf die Siedetemperatur bringt ab Punkt E ein Einsetzen der Kondensation, d.h. es bildet sich wieder Flüssigkeit. Wir bezeichnen diesen Punkt als Taupunkt. Der Taupunkt ist wie der Siedepunkt stark druckabhängig. Die Linie, an der die Kondensation beginnt, wird als Taulinie bezeichnet.

Weil gerade das eben beschriebene, doch recht komplexe Zustandsgebiet in der Technik häufig vorkommt, haben sich einige Begriffe eingebürgert, die sich für Laien etwas eigenartig anhören.

gesättigte Flüssigkeit: Beim Kondensieren ist der Punkt erreicht, an dem nur noch Flüssigkeit vorhanden ist. Eine Temperaturabsenkung ist gerade noch nicht erreicht.

Nassdampf: Flüssigkeit und Dampf existieren nebeneinander (Nebel).

trockener, gesättigter Dampf: Beim Sieden ist gerade alle Flüssigkeit verdampft worden. Eine weitere Temperaturerhöhung hat noch nicht stattgefunden.

trockener, überhitzter Dampf: Reiner Wasserdampf, d.h. reine Gasphase, wird weiter erwärmt.

Die Wärmemenge, die benötigt wird, um 1 kg eines Stoffes zu verdampfen, nennen wir die Verdampfungsenthalpie mit dem Formelzeichen *r*. Die Zustandsgrößen, die sich bei gleicher Temperatur für gesättigte Flüssigkeit und gesättigten, trockenen Dampf unterscheiden, werden in Tabellenwerken mit ′ bzw. ″ gekennzeichnet. So ist z.B. das spezifische Volumen der gesättigten Flüssigkeit v' und das für gesättigten, trockenen Dampf v''. Gleiches gilt für die Dichte ρ und die kalorischen Größen spezifische Enthalpie *h* und spezifische Entropie *s*.

Das Nassdampfgebiet wird nach unten hin, also bei sehr niedrigen Drücken, durch die Tripellinie zum Sublimationsgebiet abgegrenzt. Entlang dieser Linie, die bei Wasser bei 0,00061 MPa absolut und einer absoluten Temperatur von 273,16 K (0,01 °C) liegt, können alle drei Aggregatzustände fest, flüssig und gasförmig gleichzeitig bestehen. Dies ist der Tripelpunkt des Wassers.

In Abb. 6-4 ist schematisch das Druck-/Temperaturverhalten von Wasser dargestellt. Diese Abbildung entspricht einem Blick von der v-Achse auf Abb. 6-3.

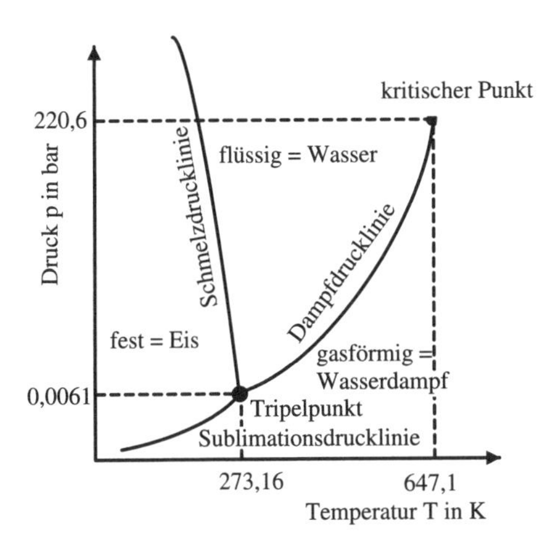

Abbildung 6-4: Druck-/Temperaturabhängigkeit der Phasenwechsel bei Wasser [2]

Hinweis Da dieses Realverhalten von Wasser mit einfachen Gleichungen nicht beschreibbar ist, sind diese Zustandsgrößen in Tabellenwerken (z.B. [1], [3]) erfasst worden. Wo Tabellen für andere wichtige technische Stoffe zu finden sind, ist im Literaturverzeichnis für Stoffwerte angegeben. Ein Auszug aus [6] ist in Tabelle 6-2 zu finden.

Tabelle 6-2: Sättigungszustand (Temperaturtafel) von Wasser. Aus [6], Seite 627, Tabelle A.1.151

ϑ	p	v'	v''	ρ''	h'	h''	r	s'	s''
°C	MPa	m³/kg	m³/kg	kg/m³	kJ/kg	kJ/kg	kJ/kg	kJ/kgK	kJ/kgK
0,00	0,0006108	0,0010002	206,3	0,00484	-0,04	2501,6	2501,6	-0,0002	9,1577
0,01	0,0006112	0,0010002	206,2	0,00485	0,00	2501,6	2501,6	0,00000	9,1575
1	0,0006566	0,0010001	192,6	0,00519	4,17	2503,4	2499,2	0,0152	9,1311
5	0,0008718	0,0010000	147,2	0,00679	21,01	2510,7	2489,7	0,0762	9,0269
10	0,0012270	0,0010003	106,4	0,00939	41,99	2519,9	2477,9	0,1510	8,9020
20	0,002337	0,0010017	57,84	0,01729	83,86	2538,2	2454,3	0,2963	8,6684
30	0,004241	0,0010043	32,93	0,03037	125,66	2556,4	2430,7	0,4365	8,4546
40	0,007375	0,0010078	19,55	0,05116	167,45	2574,4	2406,9	0,5721	8,2583
50	0,012335	0,0010121	12,05	0,08302	209,26	2592,2	2382,9	0,7035	8,0776
60	0,019920	0,0010171	7,679	0,1302	251,09	2609,7	2358,6	0,8310	7,9108
70	0,03116	0,0010228	5,046	0,1982	292,97	2626,9	2334,0	0,9548	7,7565
80	0,04736	0,0010292	3,409	0,2933	334,92	2643,8	2308,8	1,0753	7,6132
90	0,07011	0,0010361	2,361	0,4235	376,94	2660,1	2283,2	1,1925	7,4799
100	0,10133	0,0010437	1,673	0,5977	419,06	2676,0	2256,9	1,3069	7,3554
110	0,14327	0,0010519	1,210	0,8265	461,32	2691,3	2230,0	1,4185	7,2388
120	0,19854	0,0010606	0,8915	1,122	503,72	2706,0	2202,2	1,5276	7,1293
130	0,27013	0,0010700	0,6681	1,497	546,31	2719,9	2173,6	1,6344	7,0261
140	0,3614	0,0010801	0,5085	1,967	589,10	2733,1	2144,0	1,7390	6,9284
150	0,4760	0,0010908	0,3924	2,548	632,15	2745,4	2113,2	1,8416	6,8358
170	0,7920	0,0011145	0,2426	4,123	719,12	2767,1	2047,9	2,0416	6,6630
190	1,2551	0,0011415	0,1563	6,397	807,52	2784,3	1976,7	2,2356	6,5036
210	1,9077	0,0011726	0,1042	9,593	897,74	2796,2	1898,5	2,4247	6,3539
230	2,7976	0,0012087	0,07145	14,00	990,26	2802,0	1811,7	2,6102	6,2107
250	3,9776	0,0012513	0,05004	19,99	1085,8	2800,4	1714,6	2,7935	6,0708
300	8,5927	0,0014041	0,02165	46,19	1345,0	2751,0	1406,0	3,2552	5,7081
350	16,535	0,0017411	0,00880	113,6	1671,9	2567,7	895,7	3,7800	5,2177
370	21,054	0,0022136	0,00497	201,1	1890,2	2342,8	452,6	4,1108	4,8144
373,95	22,06	0,003106		321,96	2087,55		0	4,4120	

Hohe Drücke und Temperaturen:

– Hohe Drücke und Temperaturen sind bei Wasser Drücke über 22,064 MPa und Temperaturen über 647,1 K. Diese Drücke kennzeichnen den überkritischen Bereich.

Im Bereich jenseits des kritischen Punktes ist in Abb. 6-3 deutlich zu sehen, dass beim Übergang von flüssig nach gasförmig keine nennenswerte Volumenzunahme erfolgt. Eine isobare Erwärmung von Wasser unter sehr hohem Druck wird mit dem Verlauf der Zustandslinie von L nach M dargestellt. Eine Dampferzeugung im überkritischen Bereich ist wegen der geringen Volumenzunahme technisch interessant.

6.2.2 Zustandsgrößen von Nassdampf

Der Umgang mit Wasser als reinem Eis, reiner Flüssigkeit und trockenem Dampf bereitet keinerlei Schwierigkeiten, wobei trockener Dampf wie ein ideales Gas behandelt werden kann. Schwieriger ist nur der Bereich, in dem Flüssigkeits- und Gasphase gleichzeitig existieren, d.h. der Bereich des Nassdampfes. Ähnliches gilt für das Schmelzgebiet. Das soll aber hier nicht behandelt werden, weil es in der Anwendung nur selten interessant ist.

Betrachten wir also die Zustandsgrößen im Nassdampfgebiet. Im Nassdampfgebiet liegt Wasser als Flüssigkeit und als Wasserdampf vor, wobei das Verhältnis von Dampf und Flüssigkeit variiert. Zur Charakterisierung des Dampfgehaltes x_D führen wir folgende Definition ein:

Der Dampfgehalt x_D gibt das Verhältnis von Dampfmasse zu Gesamtmasse an.

Bezeichnen wir die Dampfmasse mit m'' und die Flüssigkeitsmasse mit m', so ist die Gesamtmasse des Nassdampfes m_D:

$$m_D = m' + m'' \tag{6.27}$$

Der Dampfgehalt ist dann:

$$x_D = \frac{m''}{m_D} \tag{6.28}$$

Das bedeutet $x_D = 0$ für gesättigte Flüssigkeit und $x_D = 1$ für gesättigten, trockenen Dampf.

Der Druck von Wasserdampf p'' und Flüssigkeit p' ist gleich dem Gesamtdruck p und entspricht dem jeweiligen Dampfdruck:

$$p = p' = p'' \tag{6.29}$$

Dasselbe gilt für die Temperaturen von Gesamtsystem T, Dampf T'' und Flüssigkeit T':

$$T = T' = T'' \tag{6.30}$$

Das Gesamtvolumen V setzt sich aus dem Volumen der Flüssigkeit V' und dem des Dampfes V'' zusammen:

$$V = V' + V'' \tag{6.31}$$

Durch die Dampfdruckkurve (siehe Abb. 6-4) sind im Nassdampfgebiet Druck und Temperatur eindeutig miteinander verknüpft. Das spezifische Volumen v ist jedoch von den jeweiligen Anteilen von Flüssigkeit und Dampf abhängig. Das heißt:

$$\mathrm{v}_D = \mathrm{v}_D\left(p, T, x_D\right) \tag{6.32}$$

Nach der Definition des spezifischen Volumens ist: $\mathrm{v}_D = \dfrac{V_D}{m_D}$

Mit (6.27) und (6.31) gilt $\mathrm{v}_D = \dfrac{V' + V''}{m_D} = \dfrac{m'\mathrm{v}' + m''\mathrm{v}''}{m_D} = \dfrac{m'}{m_D}\mathrm{v}' + \dfrac{m''}{m_D}\mathrm{v}''$

$$\mathrm{v}_D = \left(1 - x_D\right)\mathrm{v}' + x_D\mathrm{v}'' = \mathrm{v}' - x_D\mathrm{v}' + x_D\mathrm{v}''$$

$$\mathrm{v}_D = \mathrm{v}' + x_D\left(\mathrm{v}'' - \mathrm{v}'\right) \tag{6.33}$$

Anmerkung:

Bei sehr kleinen Drücken ist v″ sehr viel größer als v′, z.B. bei 100 °C, 0,1 MPa ca. Faktor 1600. Hier kann man vereinfacht

$$\mathrm{v}_D = x_D \cdot \mathrm{v}'' \tag{6.34}$$

setzen.

Wie das spezifische Volumen lassen sich auch die spezifische Enthalpie h_D und die spezifische Entropie s_D berechnen:

$$h_D = \frac{H_D}{m_D} \tag{6.35}$$

$$H_D = H' + H'' = m'h' + m''h''$$

$$h_D = \frac{m'h' + m''h''}{m_D} = \frac{m'}{m_D}h' + \frac{m''}{m_D}h''$$

$$h_D = \left(1 - x_D\right)h' + x_D\,h'' = h' - x_D\,h' + x_D\,h''$$

$$h_D = h' + x_D\left(h'' - h'\right) \tag{6.36}$$

oder: $h_D = h' + x_D\,r$

Aus $s_D = \frac{S_D}{m_D}$ und $S_D = S' + S'' = m's' + m''s''$

ergibt sich wie oben:

$$s_D = s' + x_D \left(s'' - s'\right) \tag{6.37}$$

Wichtig Die jeweiligen Werte von spezifischem Volumen, spezifischer Entropie und spezifischer Enthalpie für gesättigte Flüssigkeit und gesättigten Dampf sind in den so genannten Dampftafeln angegeben. Sie finden diese in den entsprechenden Tabellenwerken für Wasser, z.B. [1], [3]. Ein Auszug aus [6] ist in Tabelle 6-2 aufgelistet. Für andere wichtige technische Stoffe gibt es ebenfalls Tabellenwerke. Darin werden die spezifische Enthalpie und die spezifische Entropie der gesättigten Flüssigkeit zu null gesetzt.

$$s'_{Tr} = 0 \qquad \text{und} \qquad h'_{Tr} = 0$$

Wegen der geläufigeren Celsius-Skala wird häufig die Celsius-Temperatur mit dem Formelzeichen *t* angegeben. In diesem Buch entspricht *t* dem Formelzeichen ϑ, weil *t* für die Zeit (time) vorbehalten ist.

6.2.3 Das *T,s*- und *h,s*-Diagramm für Wasser

In Abb. 6-5 ist das *T,s*-Diagramm für Wasser dargestellt. *T,s*-Diagramme in entsprechenden Maßstäben zum Ablesen der Werte finden Sie im Fachhandel oder im Anhang von [3].

Die Grenzlinie für das Nassdampfgebiet ist in der Temperaturskala nach unten die Tripellinie. Darunter beginnt das Sublimationsgebiet. Der Nullpunkt für die spezifische Entropie liegt im Tripelpunkt. Die Siedelinie mit $x_D = 0$ bildet die untere (linke) Grenzkurve des Nassdampfgebietes. Sie verbindet Tripelpunkt und kritischen Punkt. Nach rechts begrenzt die Taulinie mit $x_D = 1$ als obere Grenzkurve das Gebiet. Im Nassdampfgebiet sind mehrere Isolinien eingezeichnet:

Isotherme (Isobare): Die Isotherme ist im Nassdampfgebiet auch gleich einer Isobaren, weil Temperatur und Druck hier streng miteinander verbunden sind.

Isovapore: Linien gleichen Dampfgehaltes x_D. Sie vereinigen sich alle im kritischen Punkt K, weil hier v′ = v″ ist.

Isenthalpe: Linien gleicher Enthalpie.

Isochore: Linien gleichen spezifischen Volumens. Diese sind in Abb. 6-5 nicht zu sehen, aber in großen Darstellungen [3] vorhanden.

Deutlich zu sehen ist auch die Druck- und Temperaturabhängigkeit der Verdampfungsenthalpie *r*. Mit zunehmender Temperatur (= Druck) wird der Abstand zwischen Siedelinie und Taulinie immer kleiner, bis er im kritischen Punkt zu null wird.

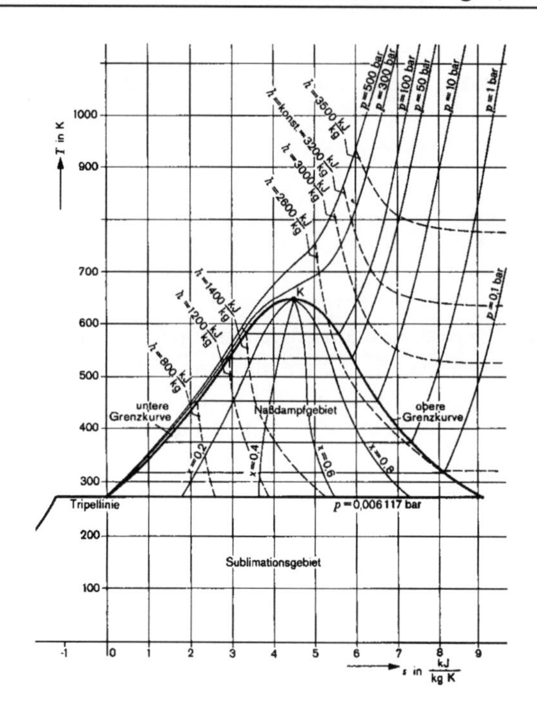

Abbildung 6-5: T,s-Diagramm für Wasser [2]

Die Enthalpie, die zugeführt werden muss, um den Dampfgehalt bei T und p = konst. zu erhöhen, lässt sich leicht ablesen, da nach dem 1. Hauptsatz $dq = dh - vdp$ ist. dp ist in diesem Fall gleich null, also ist $dq = dh$. Nach dem 2. Hauptsatz ist $dq = Tds$, also gilt

$$dh = Tds.$$

Bei gegebener Temperatur kann ds leicht abgelesen werden.

Beispiel 6-2: *Welche Wärmemenge muss zugeführt werden, wenn bei 10 kg Nassdampf (bei $T = 453$ K, 1,0 MPa) der Dampfgehalt von $x_D = 0{,}2$ auf $x_D = 0{,}8$ erhöht werden soll? Aus dem Diagramm wird auf der Linie für 1,0 MPa (10 bar) und 453 K und $x_D = 0{,}2$ abgelesen: $s_1 = 3$ kJ/kgK und für $x_D = 0{,}8$: $s_2 =$ 5,7 kJ/kgK.*

Damit ist $$\Delta h_{1,2} = T \cdot (s_2 - s_1) = 453\,\text{K} \cdot (5{,}7\,\text{kJ/kgK} - 3\,\text{kJ/kgK})$$

$$\Delta h_{1,2} = 1\,223{,}1\,\text{kJ/kg}$$

$$\Delta H_{1,2} = m\Delta h_{1,2} = 12\,231\,\text{kJ}$$

Im Bereich des trockenen, überhitzten Dampfes entspricht das *T,s*-Diagramm dem idealer Gase und muss daher hier nicht mehr interpretiert werden.

Da in der Technik in der Regel die Arbeiten und Wärmemengen gefragt sind, die bei Prozessen zu- oder abzuführen sind, hat *Richard Mollier* (1863–1935) das *h,s*-Diagramm für Wasserdampf entwickelt. Das *h,s*-Diagramm für Wasser ist ebenso wie das *T,s*-Diagramm als Standardwerk [3] zu haben. Die Abb. 6-6 zeigt einen Ausschnitt aus dem *h,s*-Diagramm von Wasser. Die Standardwerke sind in der Regel zweifarbig gedruckt und enthalten zusätzlich die Isochoren. In der Schwarzweißdarstellung wäre das Diagramm zumindest für Ungeübte unlesbar, deshalb wurde in Abb. 6-6 auf die Isochoren verzichtet.

Beispiel 6-3: *Schätzen Sie anhand Abb. 6-6 ab, wie groß die spezifische Enthalpieänderung ist, wenn Dampf von 5,0 MPa und 400 °C auf 0,2 MPa,* x_D *= 0,86 entspannt wird!*

Im Zustand 1 bei 400 °C und 5 MPa wird eine spezifische Enthalpie von h_1 *= 3200 kJ/kg abgelesen. Im Zustand 2 bei 0,2 MPa und* x_D *= 0,86 wird eine spezifische Enthalpie von* h_2 *= 2400 kJ/kg abgelesen. Die zugehörige Temperatur ist* ϑ *= 120 °C.*

$$\Delta h_{1,2} = h_2 - h_1 = 2400\ \text{kJ/kg} - 3200\ \text{kJ/kg} = -800\ \text{kJ/kg}$$

Genaue Berechnungen sind weit aufwendiger. Im Nassdampfgebiet ließe sich h_2 *über die Gleichung 6.36 berechnen:*

$$h_{D_2} = h'_2 + x_{D_2}\left(h'' - h'\right)$$

Für h'_2 *wird 503,7 kJ/kg und für* h''_2 *wird 2706 kJ/kg aus den Dampftafeln abgelesen.*

Damit ergibt sich für unser Beispiel im Zustand 2:

$$h_{D_2} = 503{,}7\ \text{kJ/kg} + 0{,}86\left(2706\ \text{kJ/kg} - 503{,}7\ \text{kJ/kg}\right) = 2397{,}7\ \text{kJ/kg}$$

Im Zustand 1 hätte sich ergeben: $h_1 = h''_1 + c_{mp}\Big|_{\vartheta_s}^{\vartheta_1} \cdot \left(\vartheta_1 - \vartheta_s\right)$

Aus den Dampftafeln ist: h''_1 = 2794,1 kJ/kg ϑ_s = 264 °C $c_{mp}\Big|_{\vartheta_s}^{\vartheta_1}$ = 2,97 kJ/kgK

$$h_1 = 2794{,}1\ \text{kJ/kg} + 2{,}97\ \text{kJ/kgK}\ (400\ °\text{C} - 264\ °\text{C}) = 3198\ \text{kJ/kg}$$

Hiermit ergibt sich für $\Delta h_{1,2}$ *= – 800,3* kJ/kg.

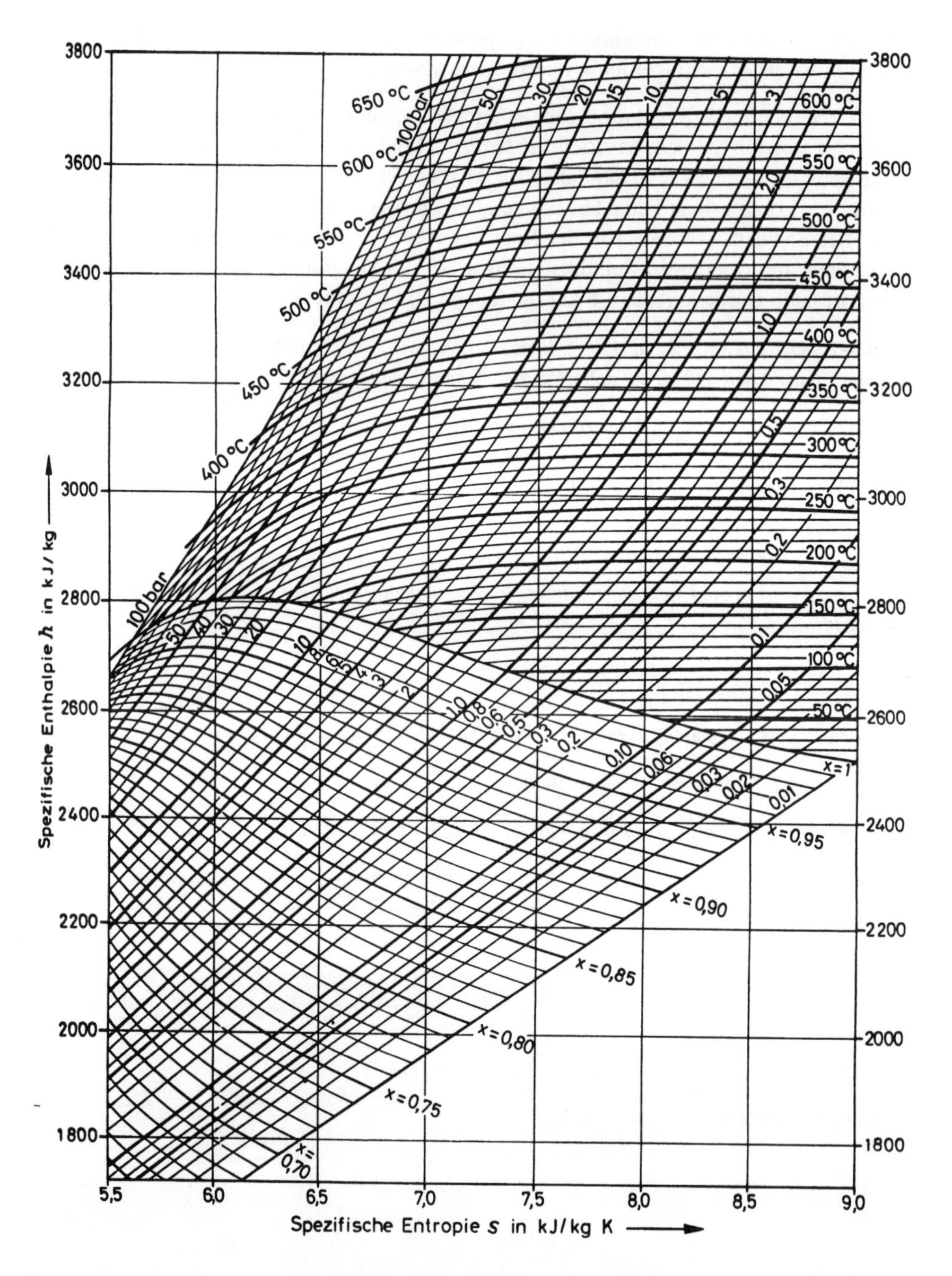

Abbildung 6-6: h,s-Diagramm nach Mollier für Wasserdampf (Ausschnitt) [2]

Die Isothermen sind im Nassdampfgebiet Geraden, da die Enthalpie linear mit dem Dampfgehalt steigt, siehe (6.36) $h_D = h' + x_D\left(h'' - h'\right)$. h' und h'' haben für jede Temperatur konstante Werte. Für unterschiedliche Temperaturen ergeben sich dadurch auch unterschiedliche Steigungen. Im Gebiet des überhitzten Dampfes gehen die Isothermen in die Waagerechte über, da sich der Dampf immer mehr wie ein ideales Gas verhält und c_p bei idealen Gasen vom Druck unabhängig ist.

Das Arbeiten mit Dampf ist in diesem Kapitel so weit abgehandelt, wie es alle Ingenieure beherrschen sollten. Genauere Kenntnisse lassen sich in der entsprechenden Fachliteratur auf der Basis der hier erworbenen Kenntnis leicht aneignen. Wenn Sie also Dampfturbinen oder Kältemaschinen entwickeln oder auslegen müssen, ist eine Vertiefung der Kenntnisse erforderlich.

Zusammenfassung Die Temperaturen, bei der die Phasenwechsel reiner Stoffe stattfinden, sind stark druckabhängig. Bei sehr niedrigem Druck gehen Stoffe vom festen Zustand direkt in die Gasphase über. Diesen Vorgang nennt man Sublimieren. Im Sublimationsgebiet existieren Festkörper und Gas gleichzeitig.

Im Bereich mittlerer Drücke gilt folgende Reihenfolge: Festkörper – Schmelzpunkt – Schmelzgebiet – Erstarrungspunkt – Flüssigkeit – Siedepunkt – Nassdampfgebiet – Taupunkt – Gas. Bei sehr hohem Druck geht die flüssige Phase ohne große Volumenänderung in die Gasphase über.

Im Tripelpunkt eines Stoffes existieren Festkörper, Flüssigkeit und Gasphase gleichzeitig nebeneinander. Wir bezeichnen Gase als Dampf, wenn sie in dem vorliegenden Bereich kondensieren oder desublimieren können.

Wasser als reiner Stoff hat seinen Tripelpunkt bei 273,16 K und 0,00061 MPa. Die Schmelzlinie ist kaum druckabhängig. Der kritische Punkt von Wasser liegt bei 647,1 K und 22,06 MPa. Die Dampfdruckkurve verbindet Tripelpunkt und kritischen Punkt. Mit dem Dampfgehalt x_D lassen sich Zustände im Nassdampf bei T und p = konst. exakt beschreiben. das T,s- und das Mollier-Diagramm erleichtern ohne Dampftafeln den Umgang mit Wasserdampf.

Kontrollfragen

1. Was ist der Unterschied zwischen einem Gas und Dampf?
2. Was ist stärker druckabhängig, der Schmelzpunkt oder der Siedepunkt?
3. Wie verhalten sich Schmelzpunkt und Siedepunkt bei Druckzunahme?
4. In welchem Aggregatzustand liegt ein reiner Stoff im Tripelpunkt vor?
5. Was versteht man unter Sublimieren?
6. Wie groß ist die Verdampfungsenthalpie r im kritischen Punkt?
7. Wie viel Prozent einer Wassermasse sind im Nassdampfgebiet verdampft bei $x_D = 0{,}4$?
8. Wie groß ist x_D für trockenen gesättigten Dampf?

Übungen

1. 100 kg Nassdampf mit $x_D = 0{,}95$ im Zustand 0,2 MPa, 120 °C soll in einen Zustand von 0,6 MPa und 260 °C gebracht werden. Wie groß sind die absolute Enthalpiedifferenz, die Änderung der spezifischen Entropie und der Dampfgehalt x_D? Lösen Sie mit Hilfe der Abb. 6-6.
2. Bei 0,792 MPa sollen 90 % von 20 kg Wasser mit anfangs $x_D = 0$ verdampft werden. Bei welcher Temperatur findet der Vorgang statt und wie groß ist die zuzuführende Wärmemenge? Berechnen Sie das Volumen und die spezifische Entropie im Endzustand. Lösen Sie mit Hilfe der Tab. 6-2.

Lösungen unter http://www.oldenbourg-wissenschaftsverlag.de

6.3 Feuchte Luft (Gas-Dampf-Gemisch)

Bei Gas-Dampf-Gemischen sind einige Besonderheiten zu beachten. Das wichtigste Gas-Dampf-Gemisch im Alltag und in der Technik ist die uns umgebende Luft. Sie besteht aus einem Gemisch von Gasen, die sich in unserem relevanten Druck-/Temperaturbereich wie ideale Gase verhalten. Das sind etwa 78 Vol.-% Stickstoff N_2, 21 Vol.-% Sauerstoff O_2 und etwa 1 Vol.-% Spurengase wie CO_2, Ne, Ar usw. Diesen Anteil an idealen Gasen mit konstanten Raumanteilen bezeichnen wir als trockene Luft. Zu dieser trockenen Luft kommt ein variabler Anteil an Wasserdampf. Dieser Anteil ist von mehreren Faktoren abhängig. In erster Linie sind dies die Temperatur der Luft, der Luftdruck und die verfügbare Menge an Wasser.

> **Anmerkung** Gas-Dampf-Gemische kommen selbstverständlich auch mit anderen Stoffen als Wasser vor, z.B. die Atmosphäre in einem Kraftstofftank. Es gelten grundsätzlich die gleichen Regeln; deshalb ist das hier auf Wasser beschränkte Beispiel einfach übertragbar. Die jeweiligen Stoffwerte unterscheiden sich jedoch z.T. erheblich.

Führen wir nun folgendes Experiment durch (siehe Abb. 6-7):

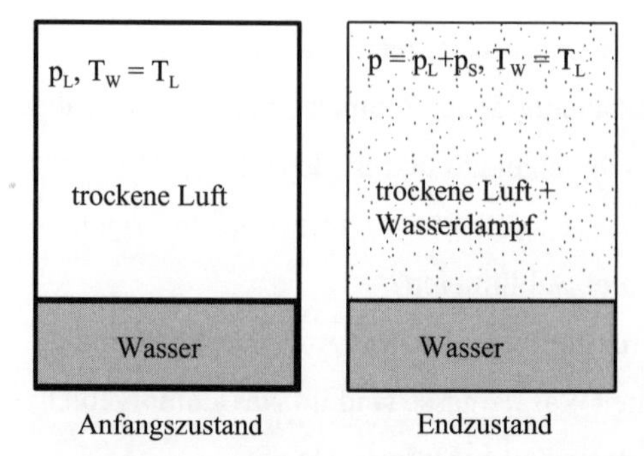

Abbildung 6-7: Experiment zu Partialdruck

Füllen wir einen massedichten Behälter mit Wasser und trockener Luft (linkes Bild) bei der konstanten Temperatur T und lassen diesen eine Zeitlang stehen, so stellen wir einen Druckanstieg fest. Der Druck bleibt aber nach einiger Zeit konstant. Was ist passiert?

Aus dem Wasser ist ein gewisser Anteil verdampft. Dieser gasförmige Anteil an Wasser ist trockener Dampf und verhält sich wie ein ideales Gas. Solange dieses verdampfte Wasser gasförmig bleibt, verhält sich feuchte Luft wie ein ideales Gas. Den Druck, den der Wasserdampf in der Gasmischung ausübt, bezeichnen wir als den Partialdruck des Wasserdampfes p_D. Der konstante Druck, der sich nach einiger Zeit einstellt, setzt sich aus dem Partialdruck der trockenen Luft p_L und einem konstant bleibenden Partialdruck des Wasserdampfes zusammen. Die Atmosphäre ist offenbar gesättigt und kann keinen Wasserdampf mehr aufnehmen. Diesen Druck nennen wir den Sättigungsdruck p_S. Führen wir das Experiment bei verschiedenen Temperaturen durch, so stellen wir fest, dass der Sättigungsdruck mit der Temperatur überproportional ansteigt.

Das Verdampfen, das bei Beginn unseres Experimentes einsetzt, ist darauf zurückzuführen, dass sich ein Gleichgewicht zwischen der dampfförmigen und flüssigen Phase einstellen muss. In Abbildung 6-4 ist die Druck-/Temperaturabhängigkeit der Phasenwechsel von Wasser dargestellt. Wären in einem Behälter zu Beginn nur Vakuum und Wasser gewesen, hätte das Wasser angefangen zu sieden, bis die darüber liegende Gasatmosphäre den Druck ausgeübt hätte, der dem Siededruck bei der entsprechenden Temperatur entspricht. Bei der entsprechenden Temperatur stellt sich ein Gleichgewicht zwischen Gasphase und flüssiger Phase ein. In unserem Experiment ist nun der Sättigungsdruck gleich dem Druck, bei dem das Wasser bei der entsprechenden Temperatur zu sieden begonnen hätte. Der Sättigungsdruck kann daher den Dampftafeln (Tab. 6-2) entnommen werden. Aus Abb. 6-4 ist auch zu sehen, dass der Sättigungsdruck überproportional zur Temperatur zunimmt. Technisch interessant ist nur der Bereich bis ca. 90 °C.

Wir müssen nun verschiedene Zustände feuchter Luft unterscheiden:

$p_D < p_S$ — Ungesättigter Zustand. Es liegen nur gasförmige Stoffe vor. Das Gas kann noch Dampf aufnehmen.

$p_D = p_S$ — Gesättigter Zustand. Es liegen zwar ebenfalls nur gasförmige Stoffe vor, aber es besteht die Gefahr, dass bereits die Kondensation beginnt. Es kann kein weiterer Dampf mehr aufgenommen werden.

$p_D = p_S$ + Flüssigkeit: — Übersättigter Zustand. Es liegen Gasphase und kondensierte Flüssigkeit vor. Die Gasphase ist wie die gesättigte Gasphase zu behandeln. Ein übersättigter Zustand entsteht, wenn eine gesättigte Gasphase abgekühlt wird.

Dieses Verhalten kann noch einmal in einem p,T-Diagramm (Abb. 6-8) verdeutlicht werden.

Beginnen wir in einem Zustand 1, in dem $p_D < p_S$ ist und die Temperatur T_1 herrscht. Wie bereits erwähnt, steigt mit zunehmender Temperatur der Sättigungsdruck exponentiell. Jetzt wird die Temperatur langsam gesenkt. Der Dampfdruck bleibt so lange konstant, bis die Temperatur erreicht ist, bei der $p_D = p_S$ ist. Diesen Punkt bezeichnen wir als den Taupunkt, weil in diesem Punkt die Kondensation einsetzt und Wassertropfen (Tau) entstehen. Die Temperatur, bei der der Taupunkt erreicht ist, bezeichnen wir als die Taupunkttemperatur T_T. Wird die Temperatur weiter gesenkt bis zur Temperatur T_2, so wird immer so viel Wasser ausgeschieden, bis $p_D = p_{S,2}$ ist.

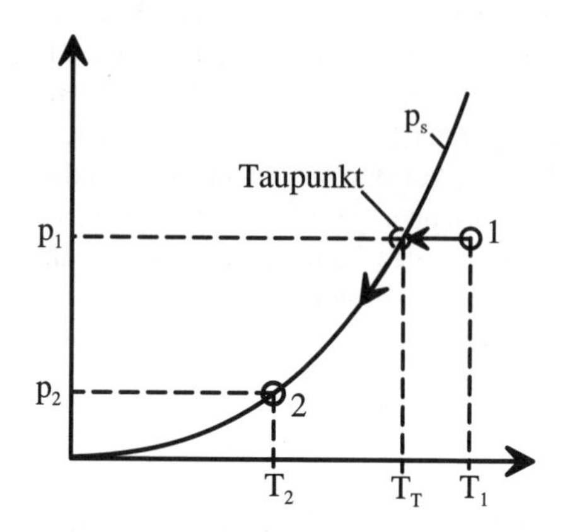

Abbildung 6-8: Sättigungsdruck und Taupunkt

Dieses Verhalten ist insbesondere im Frühjahr und im Herbst zu beobachten, wenn Tag- und Nachttemperaturen weit auseinander liegen. Am Tag nimmt die Luft Wasserdampf auf, nachts wird der Taupunkt unterschritten und es bilden sich Tautropfen oder es schweben kleinste Tröpfchen in der Luft (Nebel).

6.3.1 Absolute Feuchte

Vorzugsweise wird der Wasserdampfgehalt in der Luft über die absolute oder die relative Feuchte beschrieben.

Die absolute Feuchte x ist das Verhältnis der in der feuchten Luft enthaltenen Wasserdampfmasse m_D zur Masse der trockenen Luft m_L,

$$x = \frac{m_D}{m_L} \quad \frac{\text{kg}_{\text{H}_2\text{O}}}{\text{kg}_{\text{Luft}}} \tag{6.38}$$

wobei der Gesamtdruck gleich der Summe der Partialdrücke des Wasserdampfes p_D und der trockenen Luft p_L ist

$$p = p_D + p_L \tag{6.39}$$

und die Gesamtmasse der feuchten Luft gleich der Summe der Masse des Wasserdampfes m_D und der trockenen Luft m_L ist.

$$m = m_D + m_L \qquad (6.40)$$

Merke Der Wasserdampf kann bei ungesättigter feuchter Luft wie ein ideales Gas behandelt werden.

Die maximale absolute Feuchte bei einer bestimmten Temperatur wird im gesättigten Zustand erreicht. Es gilt dann: $p_D = p_S$ und $x = x_S$.

6.3.2 Relative Feuchte

Häufig interessiert neben der absoluten Feuchte auch das Verhältnis von tatsächlicher Feuchte zur maximal möglichen Feuchte. Das ist die relative Feuchte. Sie wird absolut oder in Prozent angegeben.

Die relative Feuchte ist die tatsächliche Feuchte bezogen auf die maximal mögliche Feuchte bei einer bestimmten Temperatur.

$$\varphi = \frac{p_D}{p_S(T)} \qquad \text{Zur Angabe in \%} \qquad \varphi = \frac{p_D}{p_S(T)} \cdot 100\,\% \qquad (6.41)$$

Die relative Feuchte ist insbesondere im Sommer für unser Wohlbefinden eine interessante Angabe. Eine relative Luftfeuchtigkeit von 30–50 % ist angenehm, wir schwitzen „effektiv“. Das bedeutet, wir können unseren Körper durch Verdampfen von Schweiß kühlen. Bei hoher Luftfeuchtigkeit (80–100 %) ist das Aufnahmevermögen der Luft gering. Wir können keinen Schweiß verdampfen und es ist uns heiß. Der gleiche Effekt ist beim Aufguss in der Sauna zu beobachten.

Hinweis Genaue Tabellen mit Dampfdrücken für die jeweiligen Temperaturen finden Sie in Standardwerken, wie z.B. dem VDI-Wärmeatlas. Eine Tabelle für Wasser finden Sie in Tab. 6-2. Oft sind die Werte bei Celsiusgraden angegeben, rechnen müssen Sie aber mit absoluten Temperaturen.

Aus den Beziehungen zwischen der absoluten Feuchte, der relativen Feuchte und dem Dampfdruck ergibt sich folgender Zusammenhang:

Mit (6.38) $x = \frac{m_D}{m_L}$ und der allgemeinen Gasgleichung für die trockene Luft $p_L \cdot V = m_L \cdot R_{i_L} \cdot T$

und für den Wasserdampf $p_D \cdot V = m_D \cdot R_{i,H_2O} \cdot T$, umgestellt jeweils nach der Masse

und $p_L = p_{Ges} - p_D$ sowie $p_D = \varphi \, p_S$ ergibt sich:

$$x = \frac{m_D}{m_L} = \frac{p_D \cdot V \cdot R_{i_L} \cdot T}{R_{i,H_2O} \cdot T \cdot p_L \cdot V} = \frac{R_{i_L}}{R_{i,H_2O}} \cdot \frac{p_D}{p_L} = \frac{R_{i_L}}{R_{i,H_2O}} \cdot \frac{p_D}{p_{Ges} - p_D} = \frac{R_{i_L}}{R_{i,H_2O}} \cdot \frac{\varphi \cdot p_S}{p_{Ges} - \varphi \cdot p_S}$$

Das Verhältnis $\frac{R_{i_L}}{R_{i,H_2O}}$ hat den Wert 0,622, somit ergibt sich für die absolute Feuchte

$$x = 0{,}622 \cdot \frac{\varphi \cdot p_S}{p_{Ges} - \varphi \cdot p_S} \tag{6.42}$$

(6.42) umgestellt nach φ: $$\varphi = \frac{x}{\frac{R_{i_L}}{R_{i,H_2O}} + x} \cdot \frac{p_{Ges}}{p_S} = \frac{x}{0{,}622 + x} \cdot \frac{p_{Ges}}{p_S} \tag{6.43}$$

oder nach p_D: $$p_D = \frac{x \cdot p_{Ges}}{\frac{R_{i_L}}{R_{i,H_2O}} + x} = \frac{x \cdot p_{Ges}}{0{,}622 + x} \tag{6.44}$$

Weil feuchte Luft in der Technik alltäglich vorkommt, wurden hier besondere Regeln und Werkzeuge (Zustandsdiagramme) geschaffen, auf die im Folgenden noch in eingeschränktem Umfang eingegangen wird.

6.3.3 Das spezifische Volumen feuchter Luft

Das spezifische Volumen v_{1+x} der feuchten Luft wird nicht wie üblich auf die Gesamtmasse, sondern nur auf die Masse der trockenen Luft bezogen.

$$\mathrm{v}_{1+x} = \frac{V_{Ges}}{m_L} \tag{6.45}$$

Die allgemeine Gasgleichung, angesetzt für die trockene Luft, liefert:

$$p_L \cdot V_{Ges} = m_L \cdot R_{i_L} \cdot T \quad \text{oder} \quad p_L \cdot \frac{V_{Ges}}{m_L} = R_{i_L} \cdot T \tag{6.46}$$

und für den Wasserdampf angesetzt:

$p_D \cdot V_{Ges} = m_D \cdot R_{i,H_2O} \cdot T \qquad | \cdot \frac{1}{m_L}$ und umgestellt:

$$p_D \cdot \frac{V_{Ges}}{m_L} = \frac{m_D}{m_L} \cdot R_{i,H_2O} \cdot T \tag{6.47}$$

$$\frac{m_D}{m_L} = x$$

Addiert man (6.46) und (6.47), so erhält man:

$$\left(p_L + p_D\right) \cdot \frac{V_{Ges}}{m_L} = \left(R_{i_L} + x \cdot R_{i,H_2O}\right) \cdot T \tag{6.48}$$

$p_L + p_D = p_{Ges}$ und $\mathrm{v}_{1+x} = \frac{V_{Ges}}{m_L}$ eingesetzt in (6.48) ergibt:

$$p_{Ges} \cdot \mathrm{v}_{1+x} = \left(R_{i_L} + x \cdot R_{i,H_2O}\right) \cdot T$$

oder

$$p_{Ges} \cdot \mathrm{v}_{1+x} = \left(1 + x \cdot \frac{R_{i,H_2O}}{R_{i_L}}\right) \cdot R_{i_L} \cdot T \tag{6.49}$$

Mit $\frac{R_{i_L}}{R_{i,H_2O}} = 0{,}622$ erhält man dann:

$$\mathrm{v}_{1+x} = \left(1 + \frac{x}{0{,}622}\right) \cdot \frac{R_{i_L} \cdot T}{p_{Ges}}$$

oder

$$\mathrm{v}_{1+x} = \left(1 + 1{,}608\,x\right) \cdot \frac{R_{i_L} \cdot T}{p_{Ges}} \tag{6.50}$$

Die Dichte ρ_{1+x} der feuchten Luft $\rho_{1+x} = \frac{1}{\mathrm{v}_{1+x}}$ erhält man durch Umstellen von (6.50):

$$\rho_{1+x} = \frac{p_{Ges}}{R_{i_L} \cdot T} \cdot \frac{1}{\left(1 + 1{,}608\,x\right)} \tag{6.51}$$

6.3.4 Die spezifische Enthalpie feuchter Luft

Die spezifische Enthalpie feuchter Luft h_{1+x} wird wie das spezifische Volumen auf die Masse der trockenen Luft bezogen.

$$h_{1+x} = \frac{H_{1+x}}{m_L} \tag{6.52}$$

mit $H_{1+x} = H_L + H_D = m_L \cdot h_L + m_D \cdot h_D$ (6.53)

Setzt man (6.53) in (6.52) ein, so erhält man:

$$h_{1+x} = \frac{m_L \cdot h_L}{m_L} + \frac{m_D \cdot h_D}{m_L} = h_L + x \cdot h_D \tag{6.54}$$

In der Praxis interessiert meist nur der Temperaturbereich von 0 °C bis 100 °C, da unter 0 °C die gesättigte Luft fast keine Feuchtigkeit mehr enthält ($p_{S(0\,°C)}$ = 0,0006112 MPa) und über 100 °C bei Umgebungsdruck (0,1 MPa) alles verfügbare Wasser verdampft. Man setzt daher willkürlich bei der Celsius-Temperatur ϑ = 0 °C die Enthalpie $h_{L,n}$ = 0. Damit kann eine Enthalpiedifferenz von Luft von 0 °C bis ϑ vereinfacht mit

$$h_L = c_{p,L} \cdot \vartheta \tag{6.55}$$

errechnet werden.

In diesem Temperaturbereich kann zur Vereinfachung $c_{p,L}$ als konstanter Wert angenommen werden:

$$c_{p,L} = 1004{,}5 \text{ J/kgK}$$

Wenn wir nun die Enthalpie feuchter Luft berechnen wollen, müssen wir zwei verschiedene Zustände unterscheiden.

Ungesättigte und gesättigte Luft
$\varphi \leq 100$ %, d.h. die Luft enthält nur trockene Luft und Wasserdampf.

Man setzt auch hier die Enthalpie der Wasserflüssigkeit – man spricht auch von flüssigem, gesättigtem Wasser – bei 0 °C zu null. Dann setzt sich die Enthalpie des Wasserdampfes aus den Enthalpien zusammen, die wir benötigen, um die Flüssigkeit bei 0 °C zu verdampfen und von 0 °C auf die Celsius-Temperatur ϑ zu erwärmen. Die Verdampfungsenthalpie wird mit dem Formelzeichen r bezeichnet.

$$r = h_{H_2O,\,Dampf} - h_{H_2O,\,flüssig} \tag{6.56}$$

Dann gilt:

$$h_{D(\vartheta)} = r + c_{p,D} \cdot \vartheta \tag{6.57}$$

Zur Vereinfachung werden r = 2501 kJ/kg und $c_{p,D}$ = 1,86 kJ/kgK als konstant angesetzt. Mit (6.54) errechnet sich:

$$h_{1+x\,(\vartheta)} = c_{p,L} \cdot \vartheta + x \cdot r + x \cdot c_{p,D} \cdot \vartheta \qquad \text{oder}$$

$$h_{1+x\,(\vartheta)} = c_{p,L} \cdot \vartheta + x \cdot \left(r + c_{p,D} \cdot \vartheta\right) \tag{6.58}$$

Für φ = 100 % nimmt x den jeweils festen Wert für gesättigte Luft bei der Temperatur ϑ an.

Übersättigte feuchte Luft
$\varphi > 100$ %; $x > x_S$

Übersättigte Zustände sind instabil, d.h. die Luft gibt dann den Anteil ($x - x_S$) als Wasser ab und fällt als Regen oder Eis aus. Bleiben die Tröpfchen dennoch in der Luft schweben (Nebel), kann man mit (6.36) rechnen, man muss jedoch die Erwärmung der Flüssigkeitströpfchen mit berücksichtigen.

Setzt man auch hier wiederum die Enthalpie des flüssigen Wassers bei 0 °C gleich null, so erhält man für die Enthalpie des flüssigen Wassers:

$$h_w = c_{p,w} \cdot \vartheta$$

$$h_{1+x} = h_L + h_D + h_w \tag{6.59}$$

$$h_{1+x} = c_{p,L} \cdot \vartheta + x_S \cdot \left(r + c_{p,D} \cdot \vartheta\right) + \left(x - x_S\right) c_{p,w} \cdot \vartheta \tag{6.60}$$

Für $c_{p,w}$ kann $c_{p,w}$ = 4,19 kJ/kgK angesetzt werden.

Für Temperaturen unter 0 °C muss dann auch noch die Erstarrungs- oder Schmelzenthalpie σ_{Eis} von Wasser bei 0 °C mit σ_{Eis} = 333,5 kJ/kg berücksichtigt werden. Setzt man auch konsequenterweise die Enthalpie von Eis bei 0 °C zu null, dann gilt für die Enthalpie übersättigter Luft unter 0 °C:

$$h_{1+x} = c_{p,L} \cdot \vartheta + x_S \cdot \left(r + c_{p,D} \cdot \vartheta\right) - \left(x - x_S\right)\left(\sigma_{\text{Eis}} - c_{p,\text{Eis}} \cdot \vartheta\right) \tag{6.61}$$

$c_{p,\text{Eis}}$ kann mit 2,04 kJ/kgK eingesetzt werden. Der Betrag $\left(x - x_S\right) \cdot \sigma_{\text{Eis}}$ muss mit Minus eingesetzt werden, da diese Wärmemenge beim Erstarren abgegeben wird.

Beispiel 6-4: *In einem Abluftwäschetrockner wird Luft von 0,1 MPa, 20 °C und einer relativen Feuchte von 40 % angesaugt. Sie verlässt den Trockner mit 40 °C und einer relativen Feuchte von 80 %. ($R_{i,L}$ = 287 J/kgK, R_{i,H_2O} = 461,5 J/kgK)*

Wie viel Wasser hat die Luft pro kg trockene Luft aufgenommen? Welche Wärmemenge ist im Trockner zuzuführen?

($c_{p,L}$ = 1004,5 J/kgK, r = 2501 kJ/kg, $c_{p,D}$ = 1,86 kJ/kgK)

$$x_1 = 0{,}622 \cdot \frac{\varphi_1 \cdot p_{S_1}}{p_{ges} - \varphi \cdot p_{S_1}} \qquad p_{S_1} = 0{,}002337 \text{ MPa}$$

p_{S_1} und p_{S_2} aus Dampftabellen

$$x_2 = 0{,}622 \cdot \frac{\varphi_2 \cdot p_{S_2}}{p_{ges} - \varphi \cdot p_{S_2}} \qquad p_{S_2} = 0{,}007375 \text{ MPa}$$

$$x_1 = 0{,}622 \cdot \frac{0{,}4 \cdot 0{,}002337 \text{ MPa}}{0{,}1 \text{ MPa} - 0{,}4 \cdot 0{,}002337 \text{ MPa}} = 0{,}00587 \frac{\text{kg}_{\text{H}_2\text{O}}}{\text{kg}_{\text{Luft}}}$$

$$x_2 = 0{,}622 \cdot \frac{0{,}8 \cdot 0{,}007375 \text{ MPa}}{0{,}1 \text{ MPa} - 0{,}8 \cdot 0{,}007375 \text{ MPa}} = 0{,}039 \frac{\text{kg}_{\text{H}_2\text{O}}}{\text{kg}_{\text{Luft}}}$$

$$\Delta x_{1,2} = x_2 - x_1 = 0{,}03313 \frac{\text{kg}_{\text{H}_2\text{O}}}{\text{kg}_{\text{Luft}}}$$

Es werden also 33,13 g pro kg Luft aufgenommen.

$$q_{1,2} = h_{1+x\,(\vartheta_2)} - h_{1+x\,(\vartheta_1)} \qquad \text{mit (6.58)}$$

$$q_{1,2} = \left[c_{p,L} \cdot \vartheta_2 + x_2 \cdot \left(r + c_{p,D} \cdot \vartheta_2\right)\right] - \left[c_{p,L} \cdot \vartheta_1 + x_1 \cdot \left(r + c_{p,D} \cdot \vartheta_1\right)\right]$$

$$q_{1,2} = c_{p,L} \cdot \left(\vartheta_2 - \vartheta_1\right) + r \cdot \left(x_2 - x_1\right) + c_{p,D} \cdot \left(x_2 \vartheta_2 - x_1 \vartheta_1\right)$$

$$q_{1,2} = 1{,}0045\ \text{kJ/kgK} \cdot \left(40\ °\text{C} - 20\ °\text{C}\right) + 2501\ \text{kJ/kg} \cdot 0{,}03313\ \frac{\text{kg}_{\ H_2O}}{\text{kg}_{\ \text{Luft}}} +$$

$$1{,}86\ \text{kJ/kgK} \cdot \left(0{,}039 \cdot 40\ °\text{C} - 0{,}00587 \cdot 20\ °\text{C}\right)$$

$$q_{1,2} = 20{,}09\ \text{kJ/kg} + 82{,}98\ \text{kJ/kg} + 1{,}44\ \text{kJ/kg} = 104{,}51\ \text{kJ/kg}$$

Es sind 104,51 kJ/kg Luft zuzuführen.

6.3.5 Das *h,x*-Diagramm für feuchte Luft

Mollier hat für das einfachere Arbeiten mit feuchter Luft das *h,x*-Diagramm entwickelt. In diesem Diagramm wird die spezifische Enthalpie der feuchten Luft h_{1+x} über der absoluten Feuchte aufgetragen. Auf die Entwicklung des Diagramms soll hier nur insoweit eingegangen werden, als die Koordinaten so gedreht wurden, dass sich bei 0 °C für die Isotherme im ungesättigten Bereich $\varphi < 1{,}0$ eine waagerechte Linie ergibt. Das in Abb. 6-9 gezeigte *h,x*-Diagramm nach *Mollier* ist für einen Gesamtdruck von 0,101325 MPa dargestellt. Für andere Gesamtdrücke p_{tat} müssen die Werte umgerechnet werden. Dazu ist die aus dem Diagramm abgelesene relative Feuchte mit dem Druckverhältnis p_{tat}/p_{Diagr} zu multiplizieren

$$\varphi_{tat} = \varphi_{Diagr} \cdot \frac{p_{tat}}{p_{Diagr}} \tag{6.62}$$

oder es ist umgekehrt die bei einem bestimmten Druck gemessene relative Feuchte in die des Diagramms umzurechnen.

$$\varphi_{Diagr} = \varphi_{tat} \cdot \frac{p_{Diagr}}{p_{tat}} \tag{6.63}$$

Das Arbeiten mit dem Diagramm erfordert etwas Übung, ist aber dann sehr einfach.

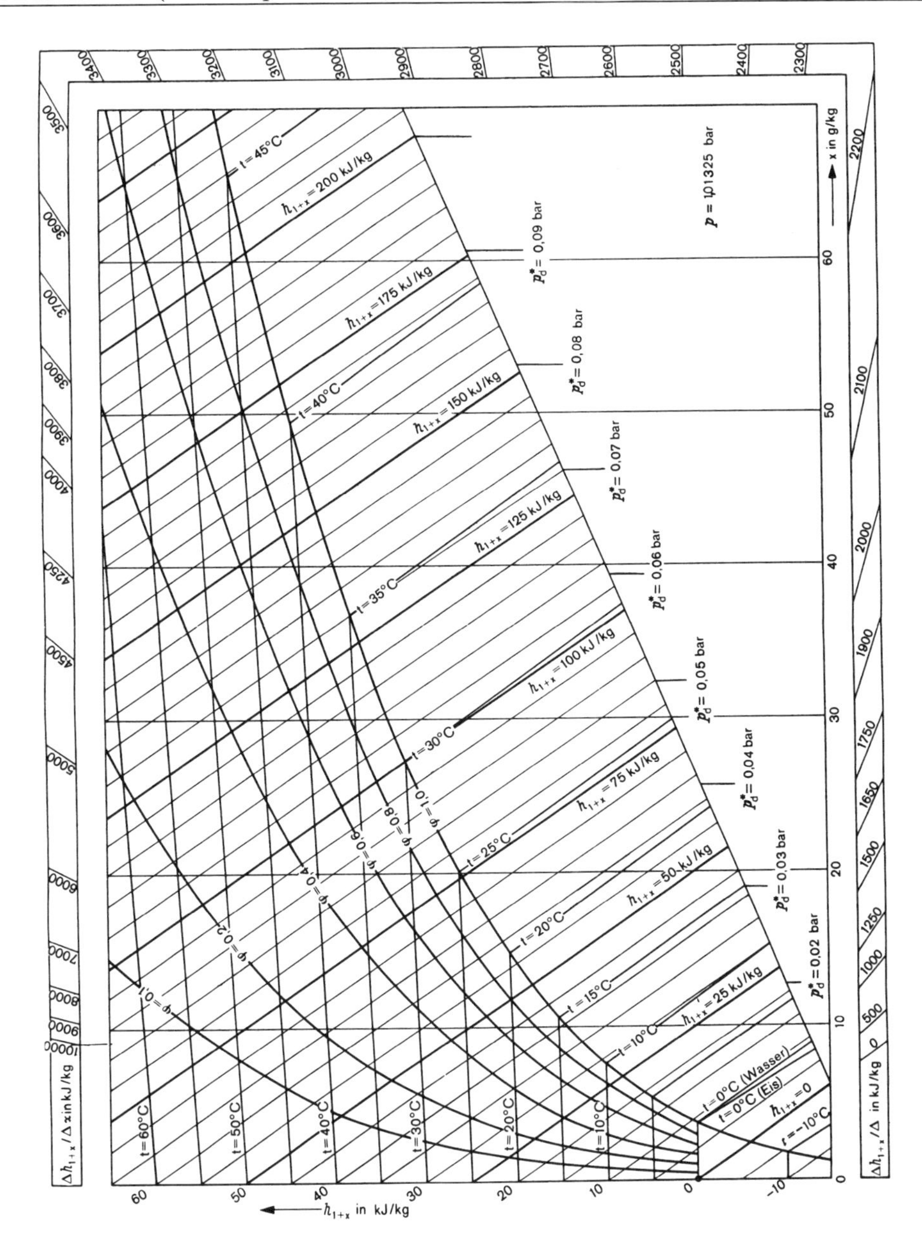

Abbildung 6-9: h,x-Diagramm nach Mollier [2]

Beispiel 6-5: *Unser vorhergehendes Beispiel (6-4) ist mit dem Diagramm ohne Stoffwertetabellen lösbar.*
Um x_1 zu bestimmen, suchen Sie den Schnittpunkt der Isothermen für 20 °C mit der Linie für $\varphi = 0{,}4$. Dort geht ziemlich genau auch die Linie für $h_{1+x\,(1)} = 35$ kJ/kg durch. Den Wasserdampfgehalt x erhalten wir, indem wir von dem Schnittpunkt senkrecht nach unten auf die Achse für x gehen und dort

$x = 5{,}83$ g/kg ablesen. Für den Zustand 2 ($\vartheta_2 = 40$ °C, $\varphi_2 = 0{,}8$) lesen wir für $h_{1+x\,(2)} = 140$ kJ/kg und für $x_2 = 38{,}73$ g/kg ab. Daraus ergibt sich:

$\Delta x_{1,2} = 38{,}73$ g/kg – 5,83 g/kg = 32,9 g/kg und

$q_{1,2} = h_{1+x\,(2)} - h_{1+x\,(1)} = 140$ kJ/kg – 35 kJ/kg = 105 kJ/kg.

Sie sehen also, dass sich die Ergebnisse sehr gut decken, obwohl das Diagramm relativ klein ist.

Beispiel 6-6: Umrechnung

Bei einem Luftdruck von absolut 929 hPa wird eine relative Feuchte von 55 % gemessen. Bestimmen Sie die absolute Feuchte und die spezifische Enthalpie, wenn die Temperatur 20 °C beträgt.

$$\varphi_{Diagr} = \varphi_{tat} \cdot \frac{p_{Diagr}}{p_{tat}} = 0{,}55 \cdot \frac{1013{,}25\ \text{hPa}}{929\ \text{hPa}} = 0{,}6$$

Für $\varphi = 0{,}6$ und 20 °C ergibt sich aus dem Diagramm:

$$x = 8{,}9\ \text{g/kg} \qquad ; \qquad h_{1+x} = 42{,}5\ \text{kJ/kg}$$

Beispiel 6-7: Erwärmung von feuchter Luft bei p = 0,101325 MPa mit x = konst.

Luft von 35 °C und einer relativen Feuchte von 80 % wird isobar, ohne Wasserzufuhr auf 48 °C erhitzt. Wie groß ist die absolute Feuchte, die relative Feuchte nach Erwärmung und wie viel Wärme ist pro kg zuzuführen?

In dem Diagramm wird der Schnittpunkt für $\vartheta_1 = 35$ °C und $\varphi = 0{,}8$ ermittelt. Hier kann abgelesen werden: $x_1 = x_2 = 29$ g/kg und $h_{1+x\,(1)} = 110$ kJ/kg. Vom Punkt 1 gehen wir senkrecht nach oben, bis 48 °C erreicht sind. Wir entnehmen dem Diagramm: $\varphi_2 = 0{,}4 = 40$ % und $h_{1+x\,(2)} = 125$ kJ/kg.

$$q_{1,2} = h_{1+x(2)} - h_{1+x(1)} = 125\ \text{kJ/kg} - 110\ \text{kJ/kg} = 15\ \text{kJ/kg}$$

Beispiel 6-8: Abkühlung von feuchter Luft

Luft von 45 °C und $\varphi = 0{,}8$ wird isobar bei 0,1013 MPa auf 38 °C bei gleicher absoluter Feuchte abgekühlt. Wie viel Wasser wird pro kg Luft abgeschieden? Welche spezifische Wärmemenge ist abzuführen?

Zunächst suchen Sie den Ausgangszustand 1 am Schnittpunkt der Isotherme für 45 °C und der Linie konstanter relativer Feuchte $\varphi = 0{,}8$. Dort lesen Sie die absolute Feuchte von $x_1 = 50$ g/kg$_{Luft}$ ab. Dann zeichnen Sie in das Gebiet der relativen Feuchte eine Parallele zur Isotherme bei 35 °C durch 38 °C. Durch den Schnittpunkt der 38 °C-Isotherme mit der Sättigungslinie legen Sie eine Parallele zur Isotherme bei 35 °C (oder 40 °C) im übersättigten Gebiet. Von Punkt 1 gehen Sie senkrecht nach unten bis Sie die Isotherme im Sättigungsgebiet schneiden. Diesen Punkt nennen wir 2'. Die vorliegende dampfförmige Phase kann aber maximal $\varphi = 1$ haben. Also liegt Punkt 2 auf der Sättigungslinie und der Isotherme für 38 °C. Dort lesen Sie eine absolute Feuchte von $x_2 = 43{,}5$ g/kg$_{Luft}$ ab. Der Differenzbetrag zu x_1 ist als Nebel (Wassertröpfchen) ausgeschieden worden.

$$\Delta x = x_2 - x_1 = 43{,}5\ \text{g/kg}_\text{L} - 50\ \text{g/kg}_\text{L} = -6{,}5\ \text{g/kg}_\text{L}$$

$h_{1+x\,(1)}$ und $h_{1+x\,(2)}$ können ebenfalls aus dem Diagramm abgelesen werden:

$$h_{1+x(1)} = 175\ \text{kJ/kg} \qquad h_{1+x(2)} = 152\ \text{kJ/kg}$$

Daraus ergibt sich:

$h_{1+x(1,2)} = h_{1+x(2)} - h_{1+x(1)} = 152\ \text{kJ/kg} - 175\ \text{kJ/kg} = -23\ \text{kJ/kg}$

Zusammenfassung Feuchte Luft besteht aus trockener Luft und gasförmigem Wasser. Der Partialdruck p_D von Wasser kann maximal der Dampfdruck oder Sättigungsdruck p_S sein. Der Sättigungsdruck ist stark temperaturabhängig und steigt mit der Temperatur überproportional. Gesättigte feuchte Luft scheidet beim Abkühlen Wasser in flüssiger Form ab (Nebel). Der Wassergehalt in der Luft wird absolut und relativ angegeben. Die spezifischen Zustandsgrößen v, h, u usw. werden auf die Masse der trockenen Luft bezogen. Das h,x-Diagramm für feuchte Luft ermöglicht schnelle grafische Lösungen.

Kontrollfragen

1. Was ist der Unterschied zwischen trockener und feuchter Luft?
2. Warum reicht in der Regel die Angabe der relativen Feuchte für das Behaglichkeitsgefühl?
3. Wie groß ist bei üblichem Klima die relative Feuchte?
4. Wovon ist der Wasserdampfgehalt bei 100 % relativer Feuchte abhängig?
5. Erklären Sie den Unterschied zwischen Wasserdampf und Nebel.
6. Erklären Sie die Nebelbildung.
7. In einer Dampfsauna soll die Nebelbildung unterstützt werden. Müssen Sie bei einer gegeben Anfangssituation mit mäßiger Nebelbildung weiter Wasserdampf zuführen oder eher kalte Frischluft zuführen?

Übungen

Lösen sie rechnerisch mit Tab. 6-2 oder mit dem h,x-Diagramm aus Abb. 6-9.

1. Bei einem Luftdruck von absolut 998 hPa wird eine relative Feuchte von 50 % gemessen. Bestimmen Sie die absolute Feuchte und die spezifische Enthalpie, wenn die Temperatur 30 °C beträgt. Geben Sie den Druck der trockenen Luft an.
2. In einem Trockner wird Luft von 0,1 MPa, 30 °C und einer relativen Feuchte von 10 % angesaugt. Sie verlässt den Trockner mit 50 °C und einer relativen Feuchte von 60 % ($R_{i,L}$ = 287 J/kgK, R_{i,H_2O} = 461,5 J/kgK). Wie viel Wasser hat die Luft pro kg trockene Luft aufgenommen? Welche Wärmemenge ist im Trockner zuzuführen?
($c_{p,L}$ = 1004,5 J/kgK, r = 2501 kJ/kg, $c_{p,D}$ = 1,86 kJ/kgK)
3. An einem Sommertag liegt morgens Luft von 15 °C, p = 0,101325 MPa und einer relativen Feuchte von 40 % vor. Die Luft wird durch Sonneneinstrahlung isobar auf 30 °C erhitzt. Die relative Feucht beträgt dann 37 %. Wie viel Wasser und Wärme hat die Luft pro kg aufgenommen?

4. An einem sehr warmen Herbsttag liegt abends Luft von 35 °C und $\varphi = 0{,}8$ vor. Nachts kühlt sich die Luft isobar bei 0,1013 MPa auf 15 °C bei gleicher absoluter Feuchte ab. Wie viel Wasser wird pro kg Luft abgeschieden? Welche spezifische Wärmemenge ist abzuführen

Lösungen unter http://www.oldenbourg-wissenschaftsverlag.de

7 Prozesse von Kraft- und Arbeitsmaschinen

Lernziel Sie müssen in der Lage sein, die Prozessarbeit, den thermischen Wirkungsgrad, die beteiligten Wärmemengen und die jeweiligen Eckpunkte in einem beliebigen Kreisprozess zu berechnen. Sie sollten anhand des p,v- und T,s-Diagramms die Abhängigkeiten von Prozesseffizienz und Prozessführung erkennen können. Dies gilt für rechts- und linksläufige Kreisprozesse. Sie müssen wissen, welche Vergleichsprozesse für welche ausgeführten Maschinen gelten. Beim Verdichter müssen Sie die Verdichtungsarbeit je nach Prozessführung und die isentropen Verdichter- und Turbinenwirkungsgrade berechnen können. Weiterhin sollten Sie die Vor- und Nachteile von mehrstufiger Verdichtung und die Konsequenzen des Schadraums erklären können. Ebenso müssen Sie die Leistungsziffern berechnen und die Rolle von realen Gasen bei Kältemaschinen kennen und erläutern können.

Maschinen mit einer kontinuierlichen Umwandlung von thermischer Energie in mechanische Energie sind Grundlage der modernen Zivilisation. Verbrennungsmotor, Gasturbine und Strahltriebwerke ermöglichen die heutige Mobilität. Kühlhäuser und der Kühlschrank erleichtern jahreszeitunabhängig unsere Nahrungsmittelversorgung. Druckluft begleitet uns durch den Alltag bei Fahrradreifen, Autoreifen, Presslufthammer bis hin zum Werkstattpressluftnetz für alle möglichen Anwendungen.

Das Verständnis für die Abhängigkeiten bei der Umwandlung der meist durch Verbrennung von Kohle und Erdölprodukten freigesetzten thermischen Energie in Wellenarbeit oder elektrische Energie ist daher für einen Ingenieur unverzichtbar. Im Grunde genommen war auch das Bestreben, möglichst effiziente Maschinen zu bauen, die Ursache für die Thermodynamik als eigenständiger Ingenieursdisziplin. Der Name *Carnot* ist deshalb untrennbar mit diesem Kapitel verbunden.

7.1 Grundsätzliches zu Kreisprozessen

Für die kontinuierliche Umwandlung einer Energieform in eine andere mit Hilfe von Gasen als Arbeitsmedium sind so genannte Kreisprozesse nötig. Grundsätzlich sind Kreisprozesse nur möglich, wenn

1. bei mindestens einem Vorgang Wärme zugeführt **und** bei mindestens einem Vorgang Wärme abgeführt wird,
2. der Anfangszustand immer wieder erreicht wird,
3. mindestens drei einfache Zustandsänderungen durchgeführt werden.

Verdichtet man ein Gas von Zustand 1 nach Zustand 2 und expandiert anschließend wieder von Zustand 2 nach Zustand 1 mit der gleichen Zustandsänderung, so erhält man keinen Arbeitsgewinn. Die entnommene Arbeit ist bei reibungsfreier Durchführung höchstens genauso groß wie die aufgewendete Arbeit.

$$W_{12} = -W_{21} \tag{7.1}$$

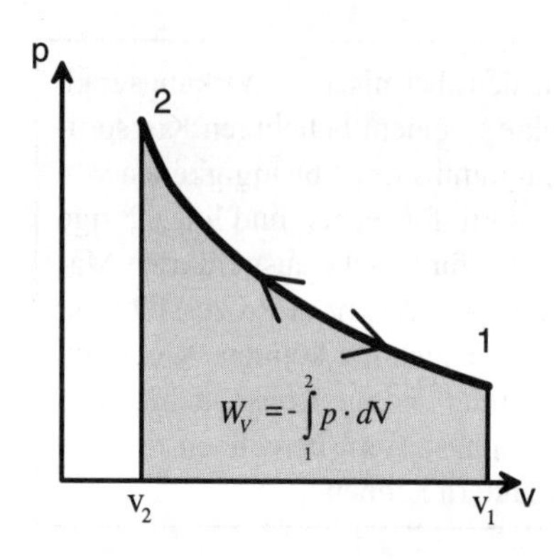

Abbildung 7-1: Arbeit entlang ein und derselben Zustandsänderung

Erfolgt jedoch die Zustandsänderung von 1 nach 2 auf einem anderen Weg als von 2 nach 1, so erhält man einen Arbeitsgewinn ΔW (Arbeitsverlust) (Abb. 7-2).

Hierbei ist: $|W_{21}| > |W_{12}|$

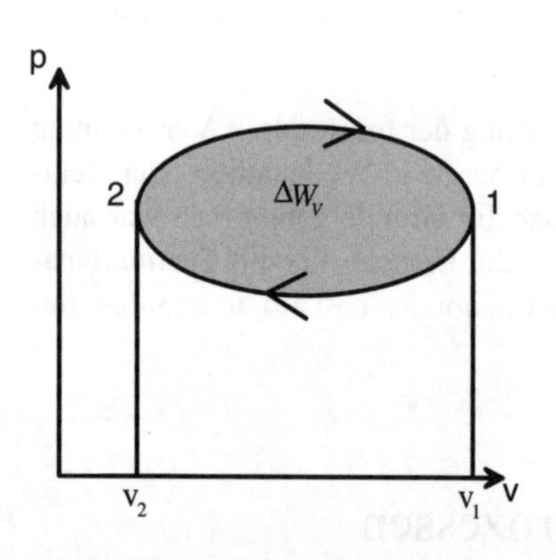

Abbildung 7-2: Arbeitsgewinn durch unterschiedliche Zustandsänderungen

Der Arbeitsgewinn beträgt: $$\Delta W = W_{21} + W_{12} \tag{7.2}$$

Einen anderen Weg erhält man, indem man verschiedene Zustandsänderungen aneinander reiht. Da der Weg nach einer Zustandsänderung zurück zum Ausgangspunkt nicht über die gleiche Zustandsänderung erfolgen kann, braucht man mindestens zwei weitere Zustandsänderungen, um zum Ausgangspunkt zurückzukehren. Für unsere Betrachtungen arbeiten wir zur besseren Übersicht mit unseren reversiblen Standardzustandsänderungen Isotherme, Isobare, Isochore und Isentrope. Allgemeine polytrope Zustandsänderungen führen wir erst später zur Annäherung an die Wirklichkeit ein. Weiterhin ersetzen wir die Verbrennung in den realen Maschinen durch eine Wärmezufuhr von außen an das Prozessgas. Dies hat den Vorteil, dass wir keine Stoffumwandlungen berücksichtigen müssen. Ebenfalls setzen wir voraus, dass sich die Prozessgase wie ideale Gase verhalten.

Betrachten wir nun folgenden einfachen Kreisprozess. Dabei vereinbaren wir, dass wir die Eckpunkte einfach durchnummerieren. Der Kreisprozess besteht aus drei Zustandsänderungen:

1 nach 2	isobare Verdichtung (Wärmeabfuhr von q_{12})
2 nach 3	isentrope Verdichtung ($q_{23} = 0$, reibungsfrei)
3 nach 1	isotherme Expansion (Wärmezufuhr von q_{31})

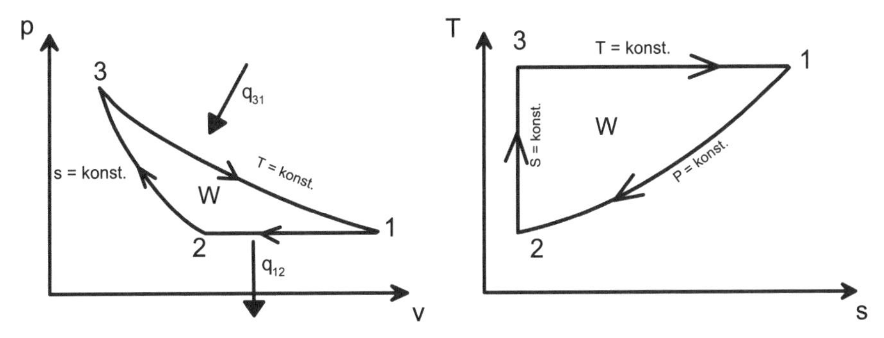

Abbildung 7-3: Ein einfacher Kreisprozess als Beispiel

Die Arbeit W setzt sich zusammen aus der hineingesteckten Kompressionsarbeit W_{123} und der entnommenen Expansionsarbeit W_{31}.

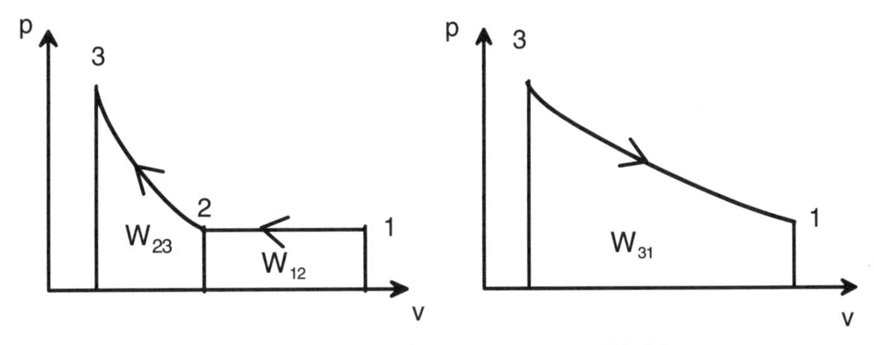

Abbildung 7-4: Kompressions- und Expansionsarbeit des Kreisprozesses aus Abb. 7-3

$$W = W_{12} + W_{23} + W_{31} \tag{7.3}$$

Nach dem 1. Hauptsatz ist $dq = du + p \cdot dv$. Integrieren wir über die geschlossene Kurve, ergibt sich: $\oint dq = \oint du + \oint p \cdot dv$ (7.4)

Da der Anfangszustand wieder erreicht wird, ist die Innere Energie nach Durchlaufen des Kreisprozesses wieder so groß wie zu Beginn, so dass $\oint du = 0$.

Somit lautet der 1. Hauptsatz für Kreisprozesse: $\oint dq = \oint p \cdot dv$

$$\oint dq = -\oint dw_v \tag{7.5}$$

oder allgemein:

Die Summe der Wärmemengen ist gleich der Summe der Arbeiten!

$$\sum q_i = -\sum w_i \tag{7.6}$$

Dasselbe Ergebnis erhält man, wenn man einen Kreisprozess in mehrere Teilprozesse zerlegt und für jeden Teilprozess den 1. Hauptsatz für offene Systeme ansetzt. Als Beispiel diene ein stationärer Gasturbinenprozess:

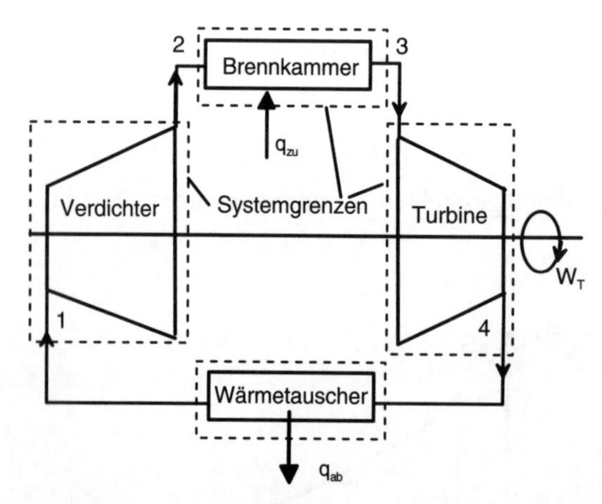

Abbildung 7-5: In Teilprozesse zerlegter Kreisprozess

Ein Gas wird im Verdichter komprimiert, in der Brennkammer auf hohe Temperaturen erwärmt und in der Turbine unter Abgabe von Nutzarbeit, wovon ein Teil zum Antrieb des Verdichters dient, entspannt. Nach der Wärmeabfuhr im Wärmetauscher wird wieder der Zustand 1 erreicht. Der 1. Hauptsatz liefert:

$$q_{12} + w_{t,12} = h_2 - h_1 + 1/2\left(c_2^2 - c_1^2\right) + g \cdot \left(z_2 - z_1\right)$$

$$q_{23} + w_{t,23} = h_3 - h_2 + 1/2\left(c_3^2 - c_2^2\right) + g \cdot \left(z_3 - z_2\right)$$

$$q_{34} + w_{t,34} = h_4 - h_3 + 1/2\left(c_4^2 - c_3^2\right) + g \cdot \left(z_4 - z_3\right)$$

$$q_{n1} + w_{t,n1} = h_1 - h_n + 1/2\left(c_1^2 - c_n^2\right) + g \cdot \left(z_1 - z_n\right)$$

$$\sum q_{ik} + \sum w_{t,ik} = 0 \tag{7.7}$$

Damit erhält man ebenso die Gleichung (7.6) mit

$$\sum q_{i,k} = -\sum w_{t,ik} \tag{7.8}$$

Die Gleichungen (7.6) und (7.8) zeigen ganz klar, dass die Flächen, die von den Zustandsänderungslinien sowohl im p,v- als auch im T,s-Diagramm eingeschlossen werden, der Prozessarbeit entsprechen. Es ist daher wichtig, immer das p,v- *und* das T,s-Diagramm nebeneinander zu betrachten, um die grundsätzlichen Zusammenhänge zu erkennen.

Da die hineingesteckte chemische Energie eines Brennstoffes in etwa der zugeführten Wärmemenge entspricht und wir diese chemische Energie bezahlen müssen, messen wir die Effizienz eines Kreisprozesses am Verhältnis von Nutzarbeit zu zugeführter Wärmemenge. Die Kennziffer wird als thermischer Wirkungsgrad η_{th} bezeichnet:

$$\eta_{th} = \frac{\sum q_{i,k}}{q_{zu}} = \frac{\text{Nutzarbeit}}{\text{zugeführte Wärmemenge}} \tag{7.9}$$

Je nachdem, ob $\sum q_{i,k} < 0$ oder > 0 ist, unterscheidet man zwischen Kraft- und Arbeitsmaschinen. **Kraftmaschinen** geben mechanische Leistung ab: $W_t < 0$ und $\sum q_{i,k} > 0$, d.h. sie nehmen mehr Wärme auf, als abgeführt wird.

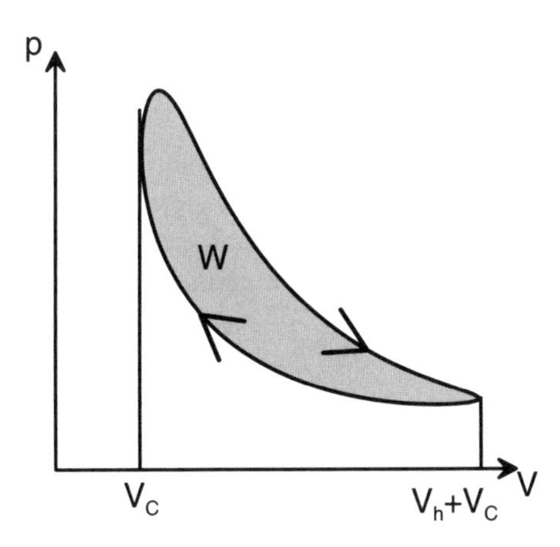

Abbildung 7-6: Das p,v-Diagramm eines Zweitaktmotors als Beispiel für eine Kraftmaschine

Bei Kraftmaschinen führen die nacheinander ablaufenden Zustandsänderungen im Uhrzeigersinn um das Gebiet der Nutzarbeit. Wir sagen, der Prozess ist rechtsläufig! Kraftmaschinen sind z.B. Dampfturbinen, Verbrennungsmotoren, Stirlingmotoren usw.

Arbeitsmaschinen nehmen mechanische Leistung auf. $W_t > 0$ und $\sum q_{i,k} < 0$, d.h. sie geben mehr Wärme ab als aufgenommen wird. Arbeitsmaschinenprozesse sind linksläufig, die Zustandsänderungen führen entgegen dem Uhrzeigersinn um das Arbeitsgebiet. Arbeitsmaschinen sind z.B. Wärmepumpen und Kältemaschinen. Verdichter zählen auch hierzu, diesen liegt aber kein Kreisprozess im oben genannten Sinn zugrunde.

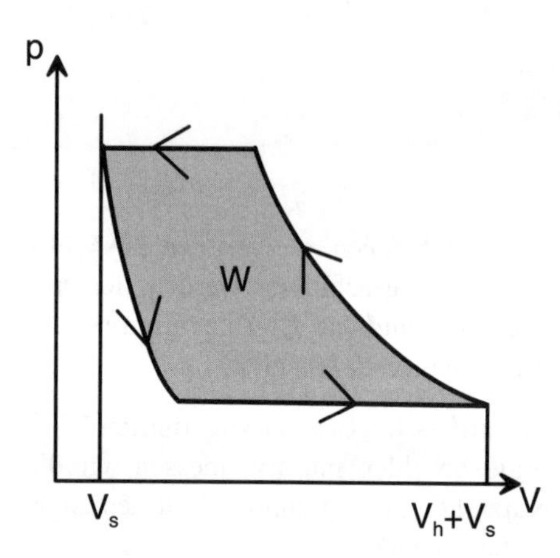

Abbildung 7-7: Das p,v-Diagramm eines Verdichters als Beispiel für eine Arbeitsmaschine

Aus der Sicht der Ingenieure ist noch ein weiterer Wirkungsgrad wichtig, der exergetische Wirkungsgrad ζ. Da die gesamte Energie, die bei einem Prozess als Wärme wieder abgeführt wird, aus Exergie und Anergie besteht, könnten wir ja nur noch die Exergie nutzen. Denn die Anergie ist, gemäß unserer Definition, nicht mehr umwandelbar in andere Energieformen.

Wir definieren die in den Kreisprozessen entstehende Anergie oder den Exergieverlust E_v als das Produkt der Umgebungstemperatur T_{amb} und der Entropiedifferenz bei allen Wärmeabfuhrvorgängen ΔS_{ab} im Prozess.

$$E_v = T_{amb} \cdot \Delta S_{ab} \tag{7.10}$$

Die nutzbare Energie aus Sicht der Thermodynamik ist nur die Exergie. Die zur Verfügung stehende Exergie im Gesamtprozess ist die zugeführte Energie minus die Anergie oder den Exergieverlust. Daher ist es sinnvoll, die Prozesseffizienz nicht an der gesamten zugeführten Energie, sondern nur an der tatsächlich zur Verfügung stehenden Exergie zu messen. Abbildung 7-8 verdeutlicht den Exergieverlust bei einer Wärmeabfuhr.

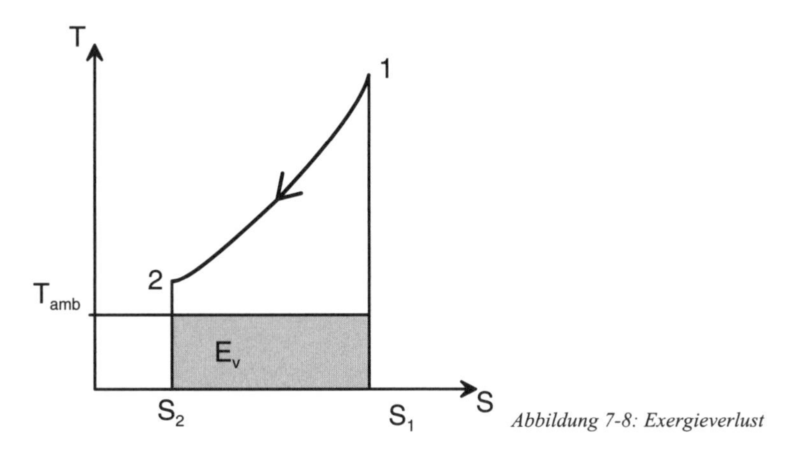

Abbildung 7-8: Exergieverlust

Wir definieren damit den exergetischen Wirkungsgrad als die Nutzarbeit $\sum Q_{i,k}$ bezogen auf zu Verfügung stehende Exergie $\sum Q_{zu} - E_{\text{V}}$.

$$\zeta = \frac{\sum Q_{i,k}}{\sum Q_{zu} - E_{\text{V}}} = \frac{\text{Nutzarbeit}}{\text{Prozessexergie}} \tag{7.11}$$

> **Hinweis** Bei den folgenden Kreisprozessen wird dieser exergetische Wirkungsgrad aus Gründen der Übersichtlichkeit nicht mit hergeleitet.

7.2 Vergleichsprozesse von Kraftmaschinen

In den folgenden Kapiteln werden nun einige Vergleichsprozesse für ausgeführte Maschinen behandelt. Die Auswahl erfolgte anhand der Häufigkeit der Maschinen in der Technik und ist nicht das vollständige Repertoire der möglichen Prozesse. Diese können aber mit den gleichen Mitteln bearbeitet werden. Vergleichsprozesse sind idealisierte Prozesse von ausgeführten Maschinen, die dem ausgeführten Arbeitsprozess möglichst nahe kommen. Dabei werden reine Standardzustandsänderungen zugrunde gelegt, die reversibel ablaufen, und als Prozessmedien werden ideale Gase verwendet. Mit Hilfe dieser Vergleichsprozesse können grundsätzliche Abhängigkeiten abgeleitet werden, die dann schrittweise durch den Realprozess modifiziert werden müssen.

Als Beispiel wird beim Ottomotor der Gleichraum-Prozess als Vergleichsprozess verwendet. Der daraus abgeleitete Wirkungsgrad $\eta_{th,\text{v}}$ zeigt die Grundabhängigkeiten. Beim so genannten vollkommenen Motor wird das Realgasverhalten mit einbezogen. Der Wirkungsgrad η_{v} des vollkommenen Motors ist immer kleiner als $\eta_{th,\text{v}}$. Der im realen Motor gemessene Innenwirkungsgrad η_i ist wegen der zusätzlichen Verluste durch Wärmeverlust, nicht ideale Prozessführung usw. wiederum kleiner als der Wirkungsgrad des vollkommenen Motors.

Vom Brennraum bis zum Kurbelwellenende gibt es noch mechanische Verluste. So ist der am Kurbelwellenende gemessene effektive Wirkungsgrad η_e der kleinste in dieser Kette.

Merke Der thermische Wirkungsgrad eines Vergleichsprozesses zeigt den maximal möglichen Wirkungsgrad eines Prozesses. Die realen Wirkungsgrade sind immer niedriger. Der thermische Wirkungsgrad zeigt die Grundabhängigkeiten von Prozessführung und Prozesseffizienz. Der exergetische Wirkungsgrad sagt dem Fachmann die physikalisch maximale Prozesseffizienz bei gegebener Umgebungstemperatur.

7.2.1 Der Carnot-Prozess

Der **Carnot'sche Kreisprozess** wurde 1824 von *Nicolas Carnot* vorgeschlagen. Dieser Kreisprozess hat, bezogen auf die maximale Prozesstemperatur, den maximal möglichen thermischen Wirkungsgrad aller Wärmekraftmaschinen. Nach diesem Prozess arbeitet keine reale Maschine. Das liegt an den beiden Isothermen in der Prozessführung. Der Carnot-Prozess gilt aber sozusagen als Messlatte für alle anderen Kreisprozesse. Da die Werkstoffeigenschaften hinsichtlich der Festigkeitseigenschaften und der Heißgaskorrosionsbeständigkeit die maximale Prozesstemperatur bestimmen, kann mit Hilfe des Carnot-Prozesses leicht abgeschätzt werden, welcher Wirkungsgrad maximal überhaupt möglich wäre.

Die Prozessführung besteht aus vier reversiblen Zustandsänderungen:

$1 \rightarrow 2$ isentrope Kompression

$2 \rightarrow 3$ isotherme Expansion

$3 \rightarrow 4$ isentrope Expansion

$4 \rightarrow 1$ isotherme Kompression

Abbildung 7-9 zeigt, wie das Schema einer Wärmekraftmaschine aussehen könnte, die nach dem Carnotprinzip arbeitet.

Die isentrope Verdichtung von 1 nach 2 und die isentrope Expansion von 3 nach 4 sind technisch recht gut annähernd realisierbar und vor allem schnell zu durchlaufen. Die beiden isothermen Zustandsänderungen, die Kompression von 2 nach 3 und die Expansion von 4 nach 1, lassen sich jedoch sehr schwer technisch realisieren. Isotherme Zustandsänderungen brauchen Zeit, um einen Wärmetransport durch die entsprechende Gasmenge zu ermöglichen. Dies widerspricht einer schnellen Wiederholbarkeit des Arbeitszyklus, um eine für die Baugröße der Maschine akzeptable Leistung zu realisieren.

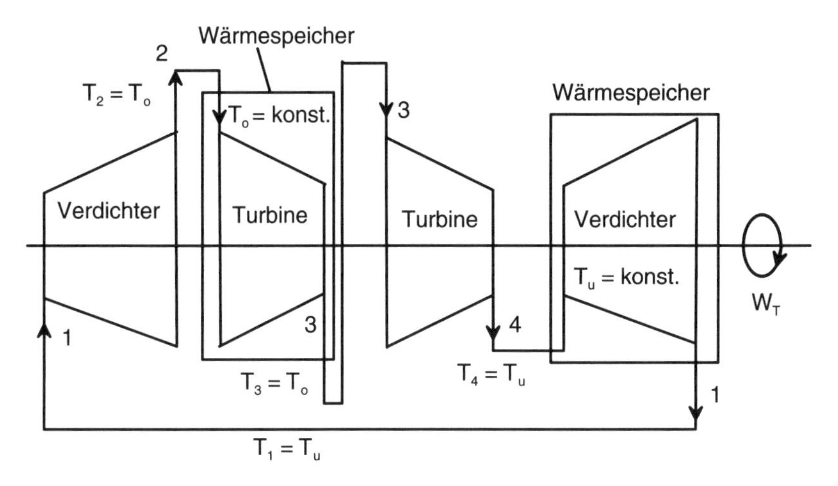

Abbildung 7-9: Schema einer Maschine für einen Carnot-Prozess

Der Prozessverlauf sieht im *p,*v- und *T,s*-Diagramm (Abb. 7-10) wie folgt aus:

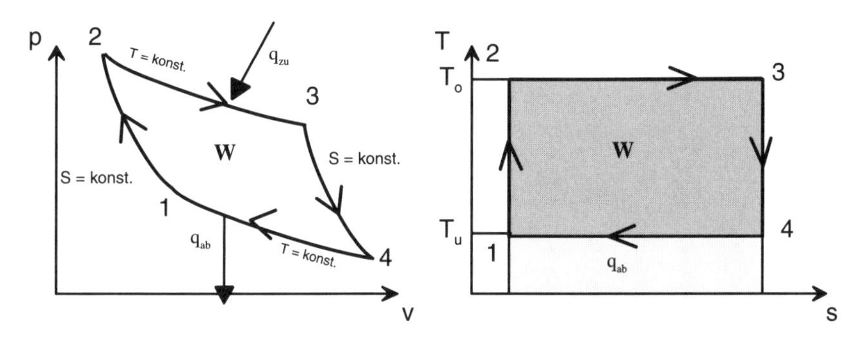

*Abbildung 7-10: Der Carnot-Prozess im p,*v*- und T,s-Diagramm*

Die Prozessführung im *T,s*-Diagramm ist besonders einprägsam. T_o sei gleich der oberen Temperaturgrenze und T_u sei die untere Temperaturgrenze im Prozess. Für die isentrope Verdichtung von 1 nach 2 ($q_{12} = 0$) und die isentrope Expansion von 3 nach 4 ($q_{34} = 0$) erhalten wir aus dem 1. Hauptsatz für stationäre Fließprozesse unter Vernachlässigung der Änderung von kinetischer und potentieller Energie:

$$q_{12} + w_{w,12} = h_2 - h_1 \qquad \text{siehe (4.36)}$$

$$w_{w,12} = c_p \cdot \left(T_2 - T_1\right) = c_p \cdot \left(T_o - T_u\right)$$

und entsprechend:

$$q_{34} + w_{w,34} = h_4 - h_3$$

$$w_{w,34} = c_p \cdot (T_4 - T_3) = c_p \cdot (T_u - T_o)$$

$$w_{w,12} = -\,w_{w,34} \qquad (7.12)$$

Das bedeutet, dass die Nutzarbeit des Kreisprozesses nur aus der Differenz der isothermen Kompressions- und Expansionsarbeit resultiert. Hierbei dienen die Wärmespeicher zur Aufnahme bzw. zur Abgabe der spezifischen Wärmemengen q_{23} und q_{41} bei den konstanten Temperaturen T_u und T_o.

Die spezifische Arbeit der isothermen Zustandsänderungen ist:

$$w_{w,23} = R_i \cdot T_o \cdot \ln \frac{p_3}{p_2} \qquad (7.13)$$

$$w_{w,41} = R_i \cdot T_u \cdot \ln \frac{p_1}{p_4} \qquad (7.14)$$

Die zu- und abgeführten Wärmemengen betragen:

$$q_{\mathrm{zu}} = -\,R_i \cdot T_o \cdot \ln \frac{p_3}{p_2} \qquad (7.15)$$

$$q_{\mathrm{ab}} = -\,R_i \cdot T_u \cdot \ln \frac{p_1}{p_4} = R_i \cdot T_u \cdot \ln \frac{p_4}{p_1} \qquad (7.16)$$

Damit erhält man für den thermischen Wirkungsgrad $\eta_{th,c}$ des Carnot-Prozesses:

$$\eta_{th,c} = \frac{\sum q_{ik}}{q_{\mathrm{zu}}} = \frac{-\,R_i \cdot T_o \cdot \ln \frac{p_3}{p_2} + R_i \cdot T_u \cdot \ln \frac{p_4}{p_1}}{-\,R_i \cdot T_o \cdot \ln \frac{p_3}{p_2}}$$

$$\eta_{th,c} = 1 - \frac{T_u \cdot \ln \frac{p_4}{p_1}}{T_o \cdot \ln \frac{p_3}{p_2}} \qquad (7.17)$$

Weiterhin gilt für die isentrope Zustandsänderung:

$$\frac{T_4}{T_3} = \frac{T_1}{T_2} = \frac{T_u}{T_o} \qquad \Rightarrow$$

$$\left(\frac{p_4}{p_3}\right)^{\frac{\kappa-1}{\kappa}} = \left(\frac{p_1}{p_2}\right)^{\frac{\kappa-1}{\kappa}} \quad \Rightarrow \quad \left(\frac{p_3}{p_2}\right)^{\frac{\kappa-1}{\kappa}} = \left(\frac{p_4}{p_1}\right)^{\frac{\kappa-1}{\kappa}} \tag{7.18}$$

Mit (7.18) wird Gleichung (7.17) zu:

$$\eta_{th,c} = 1 - \frac{T_u}{T_o} \tag{7.19}$$

> **Merke** Der Wirkungsgrad des Carnot-Prozesses ist ausschließlich vom Temperaturverhältnis im Prozess abhängig. Es spielt keine Rolle, mit welchem Gas der Prozess durchgeführt wird.

Dieses Ergebnis ist für den geübten Thermodynamiker bereits aus dem *T,s*-Diagramm ablesbar. Die Prozessarbeit ist die Summe der Wärmemengen. Im Carnot-Prozess wird von 2 nach 3 Wärme zugeführt. Damit ist die Fläche unter der Isothermen von 2 nach 3 $dq = Tds$ gleich der zugeführten Wärmemenge; $dq > 0$, da $ds > 0$. Die Fläche unter der Isotherme von 4 nach 1 ist die abzuführende Wärmemenge; $dq < 0$, da $ds < 0$. Da sonst an keiner anderen Stelle Wärme zu- oder abgeführt wird, entspricht die Differenz beider Wärmemengen der abgeführten Prozessarbeit $\sum q_{ik} = -w_{t,ik}$. Dies ist die Fläche zwischen den beiden Isothermen ($2 \rightarrow 3$, $4 \rightarrow 1$).

In Abb. 7-11 sind zwei extrem unterschiedliche Prozessverläufe gewählt, um die Aussage aus Gleichung (7.19) deutlich herauszustellen. Bei beiden Prozessen sind die zugeführten Wärmemengen gleich groß, d.h.

Fläche A – 2 – 3 – B = Fläche A – 2′ – 3′ – C.

Die abgeführten Wärmemengen sind jedoch deutlich unterschiedlich:

q'_{ab} = Fläche A – 1 – 4′ – C << q_{ab} = Fläche A – 1 – 4 – B

Sie entsprechen in diesem Beispiel dem Exergieverlust, da als untere Prozesstemperatur die Umgebungstemperatur T_{amb} gewählt wurde.

Daraus resultiert die Prozessarbeit

w' = Fläche 1 – 2′ – 3′ – 4′ >> w = Fläche 1 – 2 – 3 – 4.

Da in der Regel als untere Prozesstemperatur die Umgebungstemperatur als niedrigste Temperatur einfach erreichbar ist, muss die obere Prozesstemperatur so hoch wie möglich gewählt werden. Dies wird jedoch, wie schon erwähnt, durch die zur Verfügung stehenden Materialien limitiert. Hieraus resultiert auch das Bestreben, immer höher warmfeste Materialien zu entwickeln.

Der exergetische Wirkungsgrad kann beim Carnot-Prozess gleich 1 werden, wenn wie in Abb. 7-11 die Umgebungstemperatur als untere Prozesstemperatur gewählt wird.

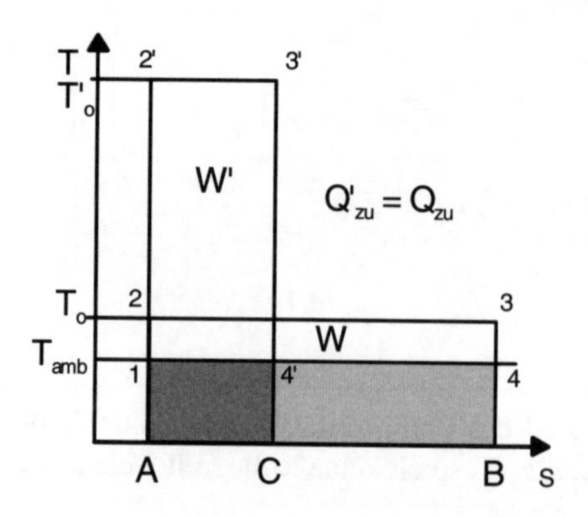

Abbildung 7-11: Zwei unterschiedliche Carnot-Prozesse mit gleicher zugeführter Wärmemenge

In Abb. 7-12 ist die Abhängigkeit des thermischen Wirkungsgrades $\eta_{th,c}$ bei einer festen unteren Prozesstemperatur T_u = 293 K (20 °C) von der oberen Prozesstemperatur dargestellt. Wegen der Ihnen geläufigeren Celsius-Skala wurde über ϑ_o in °C aufgetragen. Gerechnet werden muss aber mit absoluten Temperaturen!

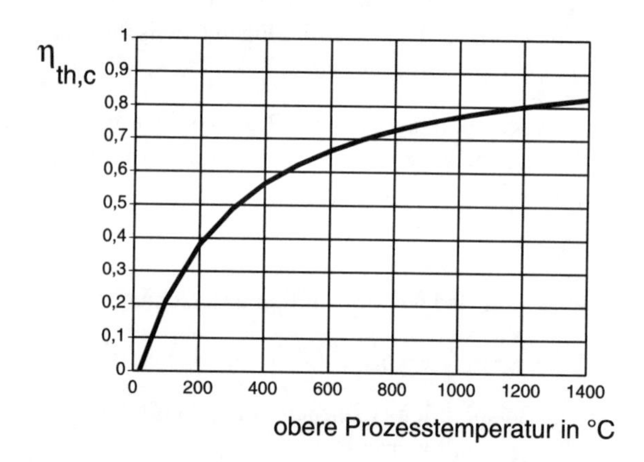

Abbildung 7-12: $\eta_{th,c}$ als Funktion der oberen Prozesstemperatur bei T_u = 293 K

Zusammenfassung Wegen seines unerreicht hohen thermischen Wirkungsgrades hat der Carnot-Prozess als idealer Vergleichsprozess Bedeutung erlangt. Die Verwirklichung scheitert aber an den technischen Möglichkeiten. Der Wirkungsgrad hängt nur vom Temperaturverhältnis der beiden Prozesstemperaturen ab. Dabei ist die untere möglichst niedrig und die obere möglichst hoch zu wählen.

Beispiel 7-1: *Mit 1 kg Luft soll ein Carnot-Prozess durchgeführt werden. Der maximale Druck im Prozess beträgt 1,6 MPa, die obere Temperatur 527 °C. Nach der isothermen Expansion soll ein Druck von 0,8 MPa herrschen. Der tiefste Druck des Prozesses beträgt 0,16 MPa. Berechnen Sie in allen 4 Eckpunkten p, T und v sowie die zu- und abgeführte Wärmemenge, die abgeführte Arbeit und den thermischen Wirkungsgrad.* $R_i = 287$ *Nm/kgK,* $\kappa = 1{,}4$.

> **Tipp** Für alle Kreisprozesse ist es sinnvoll, sich eine Tabelle zu erstellen, in die alle gegebenen Größen eingetragen werden, und die Ergebnisse nach und nach zu ergänzen (dick gedruckt).

	1	2	3	4
p (MPa)	**0,32**	1,6	0,8	0,16
v (m³/kg)	**0,453**	**0,1435**	**0,2870**	**0,906**
T (K)	**505**	800	800	**505**

$\mathrm{v}_2 = ?$ $\quad p_2 \cdot \mathrm{v}_2 = R_i \cdot T_2$

$$\mathrm{v}_2 = \frac{R_i \cdot T_2}{p_2} = \frac{287\,\frac{\mathrm{Nm}}{\mathrm{kgK}} \cdot 800\ \mathrm{K}}{1{,}6 \cdot 10^6\,\frac{\mathrm{N}}{\mathrm{m}^2}} = 0{,}1435\,\frac{\mathrm{m}^3}{\mathrm{kg}}$$

$\mathrm{v}_3 = ?$ $\quad$ von 2 ➔3:

$$\mathrm{v}_3 = \mathrm{v}_2 \cdot \frac{p_2}{p_3} = 0{,}1435\,\frac{\mathrm{m}^3}{\mathrm{kg}} \cdot \frac{1{,}6\ \mathrm{MPa}}{0{,}8\ \mathrm{MPa}} = 0{,}287\,\frac{\mathrm{m}^3}{\mathrm{kg}}$$

$T_4 = ?$ $\quad$ von 3 ➔4:

$$\frac{T_3}{T_4} = \left(\frac{p_3}{p_4}\right)^{\frac{\kappa-1}{\kappa}}$$

$$T_4 = \frac{T_3}{\left(\frac{p_3}{p_4}\right)^{\frac{\kappa-1}{\kappa}}} = \frac{800\,\mathrm{K}}{\left(\frac{0{,}8\ \mathrm{bar}}{0{,}16\ \mathrm{bar}}\right)^{\frac{0{,}4}{1{,}4}}} = 505\ \mathrm{K}$$

$\mathrm{v}_4 = ?$

$$\mathrm{v}_4 = \frac{R_i \cdot T_4}{p_4} = \frac{287\,\frac{\mathrm{Nm}}{\mathrm{kgK}} \cdot 505\,\mathrm{K}}{0{,}16 \cdot 10^6\,\frac{\mathrm{N}}{\mathrm{m}^2}} = 0{,}906\,\frac{\mathrm{m}^3}{\mathrm{kg}}$$

$T_1 = ?$ $\quad$ von 4 ➔1: $T_1 = T_4 = 505\,\mathrm{K}$

$p_1 = ?$ $\quad$ von 1 ➔2:

$$\frac{p_1}{p_2} = \left(\frac{T_1}{T_2}\right)^{\frac{\kappa}{\kappa-1}}$$

$$p_1 = p_2 \cdot \left(\frac{T_1}{T_2}\right)^{\frac{\kappa}{\kappa-1}} = 1{,}6\ \mathrm{MPa} \cdot \left(\frac{505\,\mathrm{K}}{800\ \mathrm{K}}\right)^{\frac{1{,}4}{0{,}4}} = 0{,}32\ \mathrm{MPa}$$

$v_1 = ?$ von 4 ➔ 1: $$v_1 = v_4 \cdot \frac{p_4}{p_1} = 0{,}906 \frac{m^3}{kg} \cdot \frac{0{,}16\ MPa}{0{,}32\ MPa} = 0{,}453 \frac{m^3}{kg}$$

$q_{zu} = ?$ $$q_{zu} = q_{23} = -R_i \cdot T_3 \cdot \ln \frac{p_3}{p_2}$$

$$q_{zu} = q_{23} = -287 \frac{J}{kgK} \cdot 800\ K \cdot \ln \frac{0{,}8\ MPa}{1{,}6\ MPa} = \underline{\underline{159{,}147 \frac{kJ}{kg}}}$$

$q_{ab} = ?$ $$q_{ab} = q_{41} = -R_i \cdot T_1 \cdot \ln \frac{p_1}{p_4}$$

$$q_{ab} = q_{41} = -287 \frac{J}{kgK} \cdot 505\ K \cdot \ln \frac{0{,}32\ MPa}{0{,}16\ MPa} = \underline{\underline{-100{,}461 \frac{kJ}{kg}}}$$

$w = ?$ $$-w = \sum q_{ik} = q_{23} + q_{41} + q_{12} + q_{34} \qquad q_{12} = q_{34} = 0$$

$$-w = (159{,}147 - 100{,}461) \frac{kJ}{kg} = \underline{\underline{58{,}686 \frac{kJ}{kg}}}$$

$\eta_{th,c}$ $$\eta_{th,c} = 1 - \frac{T_u}{T_o} = 1 - \frac{505\ K}{800\ K} = 0{,}369 \Rightarrow \underline{\underline{36{,}9\,\%}}$$

oder $$\eta_{th,c} = 1 - \frac{q_{ab}}{q_{zu}} = 1 - \frac{100{,}461 \frac{kJ}{kg}}{159{,}147 \frac{kJ}{kg}} = 0{,}369 \Rightarrow \underline{\underline{36{,}9\,\%}}$$

7.2.2 Der Gleichraum-Prozess

Beim Gleichraum-Prozess wird die Wärme bei konstantem Volumen zu- und abgeführt. Der Gleichraum-Prozess dient als Vergleichsprozess für den von *Nikolaus August Otto* (1832–1891) erfundenen 4-Takt-Ottomotor, der 1876 erstmals in Betrieb genommen wurde.

Der Prozessverlauf ist wie folgt definiert:

$1 \rightarrow 2$ isentrope Kompression (Verdichten)

$2 \rightarrow 3$ isochore Wärmezufuhr (Verbrennung)

$3 \rightarrow 4$ isentrope Expansion

$4 \rightarrow 1$ isochore Wärmeabfuhr (Gaswechsel)

Beim üblichen Hubkolbenmotor finden Kompression und Expansion in einem Zylinder statt. Der Kolben im Zylinder wird über einen Kurbeltrieb hin und her bewegt. Die beiden Extrempositionen, die der Kolben dabei einnimmt, nennen wir den unteren und oberen Totpunkt (UT und OT). Der Kolben verharrt jeweils kurz in dieser Position, er hat die Geschwindigkeit null, daher Totpunkt. Das Volumen zwischen den beiden Totpunkten bezeichnen wir als das Hubvolumen V_h. Das im oberen Totpunkt vorhandene Restvolumen nennen wir das Kompressionsvolumen V_c.

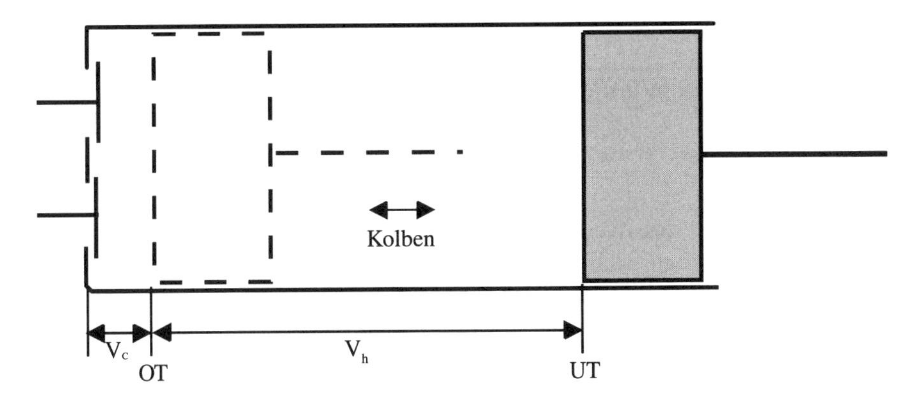

Abbildung 7-13: Volumina in einem Hubkolbenmotor

Eine wichtige Kenngröße beim Hubkolbenmotor ist das Verdichtungsverhältnis ε:

$$\varepsilon = \frac{V_h + V_c}{V_c} = \frac{\text{Maximales Volumen}}{\text{Minimales Volumen}} \tag{7.20}$$

Wenn wir unseren Prozessablauf in UT beginnen, so ist

$$V_1 = V_h + V_c \tag{7.21}$$

Nach der isentropen Kompression steht der Kolben in OT, also gilt: $V_2 = V_c$

Daraus folgt:

$$\varepsilon = \frac{V_1}{V_2} \tag{7.22}$$

Die isochore Wärmezufuhr erfolgt im OT und entspricht beim Realmotor der Verbrennung. Anschließend erfolgt die Expansion bis in den UT. Dort wird dann zurück zum Ausgangszustand isochor Wärme abgeführt. Beim Realmotor schließen sich noch zwei Takte an. Mit dem Ausschieben der Verbrennungsgase und dem Ansaugen von frischem, brennbarem Gemisch wird der Ausgangszustand wieder hergestellt.

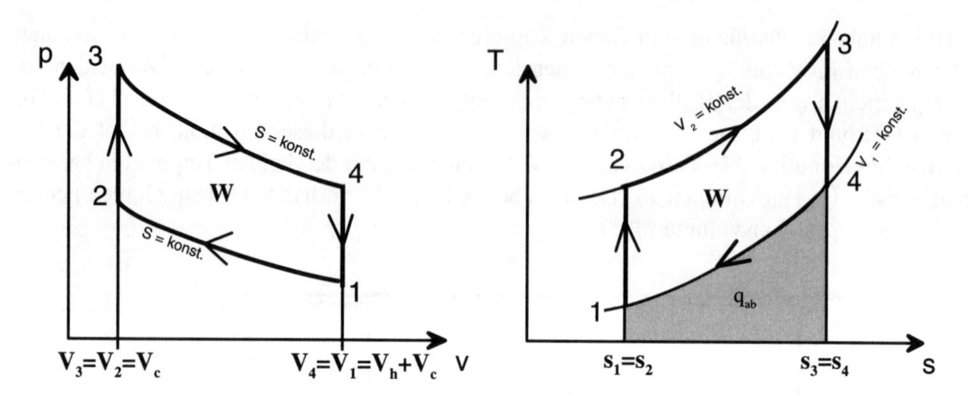

Abbildung 7-14: Der Gleichraum-Prozess im p,v- und T,s -Diagramm

Betrachten wir nun den Prozessverlauf im *p,*v- und *T,s*-Diagramm (Abb. 7-14), so sehen wir auch hier im *T,s*-Diagramm deutlich, dass der Wirkungsgrad erheblich von der Höhe der Verdichtung (1 → 2) abhängt. Bei gleicher zugeführter Wärmemenge, das ist die Fläche unter der Zustandsänderung von 2 nach 3, wird mit zunehmender Verdichtung die abzuführende Wärmemenge immer kleiner.

Für den thermischen Wirkungsgrad des Gleichraum-Prozesses $\eta_{th,v}$ erhalten wir:

$$\eta_{th,\mathrm{v}} = \frac{\sum q_{ik}}{q_{\mathrm{zu}}}$$

Mit $dq = du + p \cdot d\mathrm{v}$ und $d\mathrm{v} = 0$ ist:

$$q_{\mathrm{zu}} = q_{23} = c_{\mathrm{v}} \cdot (T_3 - T_2) \tag{7.23}$$

$$q_{\mathrm{ab}} = q_{41} = c_{\mathrm{v}} \cdot (T_1 - T_4) \tag{7.24}$$

$$\eta_{th,\mathrm{v}} = \frac{q_{23} + q_{41}}{q_{23}} = \frac{c_{\mathrm{v}} \cdot (T_3 - T_2) + c_{\mathrm{v}} \cdot (T_1 - T_4)}{c_{\mathrm{v}} \cdot (T_3 - T_2)} \tag{7.25}$$

$$\eta_{th,\mathrm{v}} = 1 + \frac{(T_1 - T_4)}{(T_3 - T_2)} \tag{7.26}$$

Mit der Isentropengleichung: $$\frac{T_1}{T_2} = \left(\frac{v_2}{v_1}\right)^{\kappa-1} \tag{7.27}$$

und der Voraussetzung $v_4 = v_1$ und $v_2 = v_3$

$$\frac{T_4}{T_3} = \left(\frac{v_2}{v_1}\right)^{\kappa-1} = \frac{T_1}{T_2}$$ folgt:

$$\frac{T_3}{T_2} = \frac{T_4}{T_1} \tag{7.28}$$

Formt man nun die Gleichung für den Wirkungsgrad entsprechend um, so erhält man:

$$\eta_{th,v} = 1 - \frac{\left(T_1 \cdot \left(\frac{T_4}{T_1} - 1\right)\right)}{\left(T_2 \cdot \left(\frac{T_3}{T_2} - 1\right)\right)} = 1 - \frac{T_1}{T_2} \tag{7.29}$$

Mit $\varepsilon = \frac{V_1}{V_2}$ und $\frac{T_1}{T_2} = \left(\frac{v_2}{v_1}\right)^{\kappa-1} = \frac{1}{\varepsilon^{\kappa-1}}$ (7.30)

folgt für den thermischen Wirkungsgrad des Gleichraum-Prozesses:

$$\eta_{th,v} = 1 - \frac{1}{\varepsilon^{\kappa-1}} \tag{7.31}$$

Für den thermischen Wirkungsgrad des Gleichraum-Prozesses ergibt sich damit eine Abhängigkeit nur vom Verdichtungsverhältnis und vom Isentropenexponenten κ. Der Prozesswirkungsgrad ist also völlig unabhängig von der Größe der Wärmezufuhr. Mit zunehmendem Verdichtungsverhältnis steigt der Wirkungsgrad und mit steigendem κ (abnehmende Atomzahl der Moleküle) ebenfalls (siehe Abb. 7-15).

Anmerkung Heutige Ottomotoren haben ein Verdichtungsverhältnis von durchschnittlich $\varepsilon = 10$. Mit Luft, die ja im Wesentlichen aus zweiatomigen Gasen besteht, also $\kappa = 1{,}4$, kann man dann maximal einen Wirkungsgrad von 60 % erreichen. Das Verdichtungsverhältnis kann wegen der Selbstentzündungsgefahr bei der Verdichtung des Kraftstoffdampf-Luft-Gemisches nicht beliebig gesteigert werden.

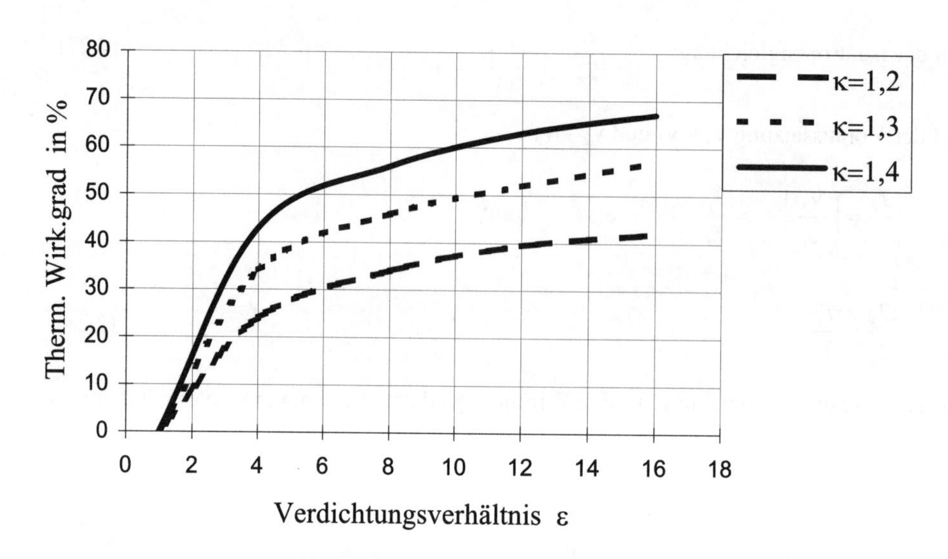

Abbildung 7-15: Der thermische Wirkungsgrad des Gleichraum-Prozesses in Abhängigkeit des Verdichtungsverhältnisses

Zusammenfassung Der Wirkungsgrad hängt beim Gleichraum-Prozess vom Verdichtungsverhältnis ε und vom Isentropenexponenten κ, also der Art des Gases, ab. Mit der Zunahme von ε und κ nimmt auch $\eta_{th,v}$ zu.

Beispiel 7-2: *Bei einem Gleichraum-Prozess mit $\varepsilon = 9$ herrscht ein Anfangszustand von $T_1 = 300$ K und $p_1 = 0,1$ MPa. Der Prozess wird mit trockener Luft durchgeführt, $\kappa = 1,4$, $R_i = 287$ J/kgK. In OT wird eine spezifische Wärmemenge von 2000 kJ/kg$_{Luft}$ zugeführt.*

Berechnen Sie p, v und T in allen Eckpunkten, $\eta_{th,v}$ und q_{ab}.

	1	2	3	4
p in MPa	0,1	**2,167**	**10,53**	**0,486**
v in m³/kg	**0,861**	**0,0957**	**0,0957**	**0,861**
T in K	300	**722**	**3509**	**1458**

$v_1 = ?$ $\quad p \cdot v = R_i \cdot T \quad ; \quad v_1 = \frac{R_i \cdot T_1}{p_1} = \frac{287 \text{ J/kgK} \cdot 300 \text{ K}}{0,1 \cdot 10^6 \text{ N/m}^2} = 0,861 \text{ m}^3/\text{kg}$

$v_1 = v_4$ *, da beide auf einer Isochoren liegen!*

$v_2 = ?$ $\quad \varepsilon = \frac{v_1}{v_2} \quad ; \quad v_2 = \frac{v_1}{\varepsilon} = \frac{0,861 \text{ m}^3/\text{kg}}{9} = 0,0957 \text{ m}^3/\text{kg} = v_3$

$p_2 = ?$ $\quad \frac{p_2}{p_1} = \left(\frac{v_1}{v_2}\right)^{\kappa} = \varepsilon^{\kappa}$; $\quad p_2 = \varepsilon^{\kappa} \cdot p_1$

$$p_2 = 9^{1,4} \cdot 0{,}1 \text{ MPa} = 2{,}167 \text{ MPa}$$

$T_2 = ?$ $\quad \frac{T_2}{T_1} = \left(\frac{v_1}{v_2}\right)^{\kappa-1} = \varepsilon^{\kappa-1}$; $\quad T_2 = T_1 \cdot \varepsilon^{\kappa-1} = 300 \text{ K} \cdot 9^{0,4} = 722 \text{ K}$

$T_3 = ?$ $\quad q_{zu} = u_3 - u_2 = c_v \left(T_3 - T_2\right)$; $\quad T_3 = \frac{q_{zu}}{c_v} + T_2$

$$c_v = \frac{R_i}{\kappa - 1} = \frac{287 \text{ J/kgK}}{0{,}4} = 717{,}5 \text{ J/kgK}$$

$$T_3 = \frac{2000 \text{ kJ/kg}}{0{,}7175 \text{ kJ/kgK}} + 722 \text{ K} = 3\,509 \text{ K}$$

$p_3 = ?$ $\quad \frac{p_3}{p_2} = \frac{T_3}{T_2}$ (Isochore) ; $\quad p_3 = p_2 \cdot \frac{T_3}{T_2} = 2{,}167 \text{ MPa} \cdot \frac{3509 \text{ K}}{722 \text{ K}}$

$$p_3 = 10{,}53 \text{ MPa}$$

$p_4 = ?$ $\quad \frac{p_3}{p_4} = \varepsilon^{\kappa}$; $\quad p_4 = \frac{p_3}{\varepsilon^{\kappa}} = \frac{10{,}53 \text{ MPa}}{9^{1,4}} = 0{,}486 \text{ MPa}$

$T_4 = ?$ *entweder über die Isentropengleichung* $\quad \frac{T_3}{T_4} = \varepsilon^{\kappa-1}$

oder über die allgemeine Gasgleichung $\quad p_4 \cdot v_4 = R_i \cdot T_4$

$$T_4 = \frac{p_4 \cdot v_4}{R_i} = \frac{0{,}486 \cdot 10^6 \text{ N/m}^2 \cdot 0{,}861 \text{ m}^3\text{/kg}}{287 \text{ Nm/kgK}} = 1458 \text{ K}$$

$\eta_{th,v} = ?$ $\quad \eta_{th,v} = 1 - \frac{1}{\varepsilon^{\kappa-1}} = 1 - \frac{1}{9^{0,4}} = 0{,}585$

$q_{ab} = ?$ $\quad q_{ab} = q_{41} = u_1 - u_4 = c_v \cdot \left(T_1 - T_4\right) = 717{,}5 \text{ J/kgK} \left(300 \text{ K} - 1458 \text{ K}\right)$

$$q_{ab} = -830{,}86 \text{ kJ/kg}$$

7.2.3 Der Gleichdruck-Prozess

Wegen der Selbstentzündungsgefahr des Gemisches kann beim Ottomotor das Verdichtungsverhältnis nicht beliebig gesteigert werden. *Rudolf Diesel* (1858–1913) hat nun einen Prozessverlauf gesucht, der eine Verdichtung bis an die mechanische Belastbarkeit der Maschine erlaubt und bei dem dann während des Abwärtshubes Wärme so zugeführt wird, dass keine weitere Drucksteigerung erfolgt. Bei dem Dieselverfahren wird zuerst reine Luft verdichtet, heute ca. $\varepsilon = 20$, und dann erst Kraftstoff eingespritzt, der sich in der heißen Luft von selbst entzündet. *Diesel*s erster Motor lief 1895; heute gilt der Dieselmotor als die Wärmekraftmaschine mit dem höchsten Wirkungsgrad. Großdieselmotoren erreichen im Bestpunkt einen effektiven Wirkungsgrad von 54 %. Übertroffen wird der Wirkungsgrad nur von mehrstufigen Prozessen, über die wir bei der Gasturbine noch sprechen werden.

In Abbildung 7-16 ist der Vergleichsprozess für den Dieselmotor im *p,*v- und *T,s*-Diagramm dargestellt.

Der Prozessverlauf beginnend in UT:

$1 \rightarrow 2$	isentrope Kompression
$2 \rightarrow 3$	isobare Wärmezufuhr (Verbrennung); sehr schwer zu verwirklichen (Einspritzmenge muss in Abhängigkeit vom Kurbelwinkel gesteuert eingebracht werden, dies beeinträchtigt die Schnellläufigkeit des Motors)
$3 \rightarrow 4$	isentrope Expansion
$4 \rightarrow 1$	isochore Wärmeabfuhr (Gaswechsel)

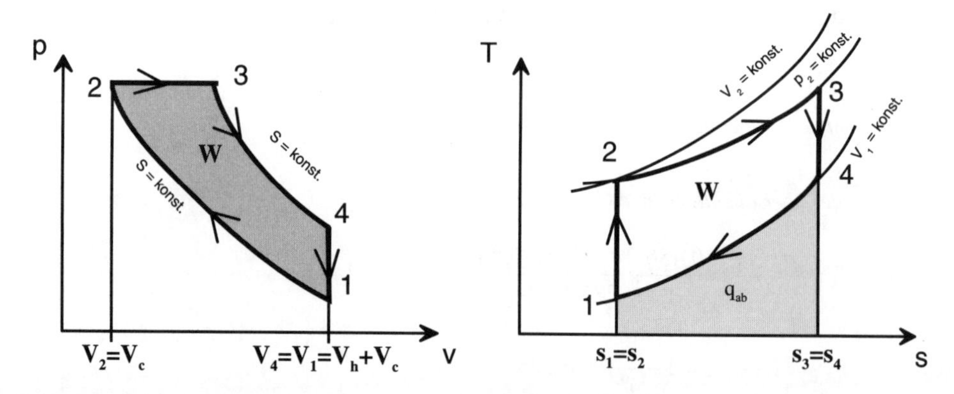

*Abbildung 7-16: Der Gleichdruck-Prozess im p,*v- *und T,s-Diagramm*

Auch hier lassen sich im *T,s*-Diagramm die Abhängigkeiten des Wirkungsgrades erkennen. Wie beim Gleichraum-Prozess ist das Verdichtungsverhältnis die wichtigste bestimmende Größe. Da aber die Isobare immer flacher verläuft als die Isochore, muss die gleiche Fläche (Wärmezufuhr) unter der jeweiligen Zustandslinie von 2 nach 3 bei der Isobaren eine größere Entropieänderung zur Folge haben. Da in beiden Prozessen die Wärmeabfuhr auf der Isochoren durch den Punkt 1 erfolgt, muss beim Gleichdruck-Prozess die abzuführende Wärmemenge größer sein. Wenn $-w = q_{zu} - q_{ab}$ ist, dann ist die abführbare Nutzarbeit beim Gleichdruck-Prozess kleiner als beim Gleichraum-Prozess. Dieser Unterschied wird umso größer sein, je größer die Wärmezufuhr ist, da Isochore und Isobare immer weiter auseinander laufen.

Nun aber zur exakten Betrachtung des thermischen Wirkungsgrades für den Gleichdruck-Prozess $\eta_{th,p}$. Für den thermischen Wirkungsgrad $\eta_{th,p}$ gilt:

$$\eta_{th,p} = \frac{q_{\text{zu}} + q_{\text{ab}}}{q_{\text{zu}}} \tag{7.32}$$

Mit $dq = dh - \text{v} \cdot dp$ und $dp = 0$ folgt: $\quad q_{23} = h_3 - h_2 \quad$ (7.33)

und mit $dq = du + p \cdot d\text{v}$ und $d\text{v} = 0$ ist: $\quad q_{41} = u_1 - u_4$

$$\kappa = \frac{c_p}{c_\text{v}} \tag{7.34}$$

$$\eta_{th,p} = \frac{(h_3 - h_2) - (u_4 - u_1)}{(h_3 - h_2)} = \frac{c_p \cdot (T_3 - T_2) + c_\text{v} \cdot (T_1 - T_4)}{c_p \cdot (T_3 - T_2)} \tag{7.35}$$

$$\eta_{th,p} = 1 - \frac{c_\text{v} \cdot (T_4 - T_1)}{c_p \cdot (T_3 - T_2)} = 1 - \frac{1}{\kappa} \cdot \frac{(T_4 - T_1)}{(T_3 - T_2)} \tag{7.36}$$

$$\eta_{th,p} = 1 - \frac{1}{\kappa} \cdot \frac{T_1}{T_2} \cdot \frac{\left(\frac{T_4}{T_1} - 1\right)}{\left(\frac{T_3}{T_2} - 1\right)} \quad \text{mit} \quad \frac{T_1}{T_2} = \frac{1}{\varepsilon^{\kappa-1}} \tag{7.37}$$

$$\eta_{th,p} = 1 - \frac{1}{\kappa} \cdot \frac{1}{\varepsilon^{\kappa-1}} \cdot \frac{\left(\frac{T_4}{T_1} - 1\right)}{\left(\frac{T_3}{T_2} - 1\right)} \tag{7.38}$$

Nebenrechnung

Es ist: $$\frac{T_4}{T_3} = \left(\frac{\text{v}_3}{\text{v}_4}\right)^{\kappa-1} = \left(\frac{\text{v}_3}{\text{v}_1}\right)^{\kappa-1} \tag{7.39}$$

und $$\frac{T_2}{T_1} = \left(\frac{\text{v}_1}{\text{v}_2}\right)^{\kappa-1} \tag{7.40}$$

Multipliziert man (7.39) mit (7.40): $$\frac{T_4}{T_3}\cdot\frac{T_2}{T_1}=\left(\frac{v_3\cdot v_1}{v_4\cdot v_2}\right)^{\kappa-1} \tag{7.41}$$

so erhält man mit $v_1 = v_4$: $$\frac{T_4}{T_1}\cdot\frac{T_2}{T_3}=\left(\frac{v_3}{v_2}\right)^{\kappa-1} \tag{7.42}$$

mit $p\cdot v = R_i\cdot T$ $$\frac{T_4}{T_1}=\frac{T_3}{T_2}\cdot\left(\frac{v_3}{v_2}\right)^{\kappa-1}=\frac{T_3}{T_2}\cdot\left(\frac{R_i\cdot T_3\cdot p_2}{p_3\cdot R_i\cdot T_2}\right)^{\kappa-1} \tag{7.43}$$

da $p_2 = p_3$: $$\frac{T_4}{T_1}=\frac{T_3}{T_2}\cdot\left(\frac{T_3}{T_2}\right)^{\kappa-1}=\left(\frac{T_3}{T_2}\right)^{\kappa} \tag{7.44}$$

(7.44) in (7.38) eingesetzt, ergibt dann:

$$\eta_{th,p}=1-\frac{1}{\kappa}\cdot\frac{1}{\varepsilon^{\kappa-1}}\cdot\frac{\left[\left(\frac{T_3}{T_2}\right)^{\kappa}-1\right]}{\left[\frac{T_3}{T_2}-1\right]} \tag{7.45}$$

Das Verhältnis von $\frac{T_3}{T_2}$ drückt die Höhe der Wärmezufuhr aus, da $q_{zu}=c_p\cdot(T_3-T_2)$.

> **Merke** Der Wirkungsgrad des Gleichdruck-Prozesses ist in erster Linie von ε und κ abhängig. Hinzu kommt eine Abhängigkeit von der Höhe der zugeführten Wärmemenge. Je größer die Wärmezufuhr, desto kleiner $\eta_{th,p}$, wobei die Grenze für die Wärmezufuhr $v_3 \leq v_4$ ist. Der Wirkungsgrad des Gleichdruck-Prozesses ist bei gleichem Verdichtungsverhältnis kleiner als der des Gleichraum-Prozesses. In der Praxis ist jedoch ε beim Dieselmotor ca. doppelt so hoch wie beim Ottomotor und damit der Kraftstoffverbrauch ca. 25 % niedriger.

Für das Maß der zugeführten Wärmemenge kann man die dimensionslose Größe q^* einführen:

$$q^*=\frac{h_3-h_2}{h_1}=\frac{q_{zu}}{c_p\cdot T_1} \tag{7.46}$$

In der Realität ermöglicht der Gleichdruck-Prozess wesentlich höhere Verdichtungsverhältnisse ($\varepsilon = 16$ bis $\varepsilon = 20$) und damit höhere Wirkungsgrade. Für verschiedene q^* ergibt sich damit folgendes Bild für $\eta_{th,p}$:

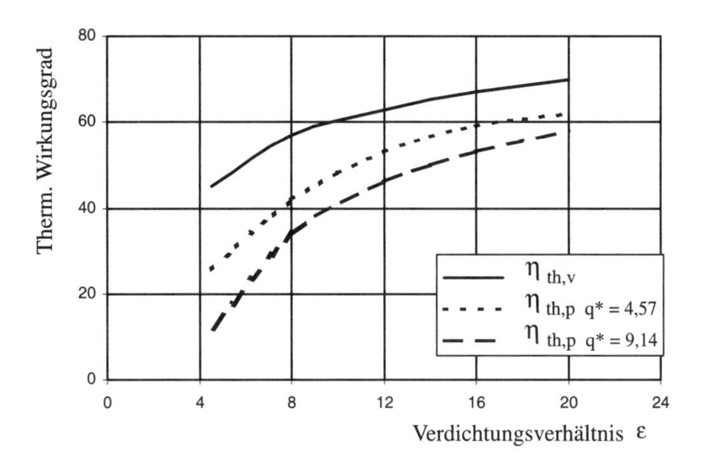

Abbildung 7-17: Abhängigkeit von $\eta_{th,p}$ von ε und q^*

Zusammenfassung Der Wirkungsgrad des Gleichdruck-Prozesses als Vergleichsprozess für den Dieselmotor hängt vom Verdichtungsverhältnis, vom Isentropenexponenten des Gases und von der Höhe der zugeführten Wärmemenge ab. Je größer q_{zu}, desto kleiner $\eta_{th,p}$.

Beispiel 7-3: *Bei einem Gleichdruck-Prozess, $\varepsilon = 20$, mit Luft ($\kappa = 1{,}4$, $R_i = 287$ J/kgK) wird eine Wärmemenge von 1500 kJ pro kg Luft zugeführt. Der Anfangszustand ist mit 300 K und 0,1 MPa angegeben.*

Berechnen Sie die Zustandsgrößen p, v und T in allen vier Eckpunkten des Prozesses und den thermischen Wirkungsgrad.

	1	2	3	4
p in MPa	0,1	**6,63**	**6,63**	**0,36**
v in m^3/kg	**0,861**	**0,04305**	**0,1077**	**0,861**
T in K	300	**994,3**	**2487,6**	**1083**

Beachten Sie beim Ausfüllen: $p_2 = p_3$ und $v_4 = v_1$

$v_1 = ?$ $\quad p_1 \cdot v_1 = R_i \cdot T_1$; $\quad v_1 = \frac{R_i \cdot T_1}{p_1} = \frac{287\ \text{J/kgK} \cdot 300\ \text{K}}{0{,}1 \cdot 10^6\ \text{N/m}^2} = 0{,}861\ \text{m}^3/\text{kg}$

$v_2 = ?$ $\quad \varepsilon = \frac{v_1}{v_2}$; $\quad v_2 = \frac{v_1}{\varepsilon} = \frac{0{,}861\,\text{m}^3/\text{kg}}{20} = 0{,}04305\,\text{m}^3/\text{kg}$

$p_2 = ?$ $\quad \frac{p_2}{p_1} = \left(\frac{v_1}{v_2}\right)^\kappa = \varepsilon^\kappa$; $\quad p_2 = \varepsilon^\kappa \cdot p_1 = 20^{1,4} \cdot 0{,}1\ \text{MPa} = 6{,}63\ \text{MPa}$

$T_2 = ?$ $\quad \frac{T_2}{T_1} = \left(\frac{v_1}{v_2}\right)^{\kappa-1} = \varepsilon^{\kappa-1} \quad ; \quad T_2 = T_1 \cdot \varepsilon^{\kappa-1} = 300\,\text{K} \cdot 20^{0,4} = 994,3\,\text{K}$

$T_3 = ?$ $\quad q_{zu} = c_p\left(T_3 - T_2\right) \quad ; \quad T_3 = \frac{q_{zu}}{c_p} + T_2$

$$c_p = \frac{\kappa}{\kappa - 1} \cdot R_i = \frac{1,4}{0,4} \cdot 287\ \text{J/kgK} = 1004,5\ \text{J/kgK}$$

$$T_3 = \frac{1500\ \text{kJ/kg}}{1,0045\ \text{kJ/kgK}} + 994,3\ \text{K} = 2487,6\ \text{K}$$

$v_3 = ?$ $\quad \frac{p_3 \cdot v_3}{T_3} = \frac{p_2 \cdot v_2}{T_2} \quad ;$ *mit* $p_3 = p_2$ *ist* $\quad v_3 = v_2 \cdot \frac{T_3}{T_2}$

$$v_3 = 0{,}04305\,\text{m}^3/\text{kg} \cdot \frac{2487{,}6\,\text{K}}{994{,}3\,\text{K}} = 0{,}1077\,\text{m}^3/\text{kg}$$

$p_4 = ?$ *mit der isentropen Gleichung*:

$$\frac{p_4}{p_3} = \left(\frac{v_3}{v_4}\right)^{\kappa} \quad ; \quad p_4 = p_3 \cdot \left(\frac{v_3}{v_4}\right)^{\kappa} = 6{,}63\,\text{MPa} \cdot \left(\frac{0{,}1077\,\text{m}^3/\text{kg}}{0{,}861\,\text{m}^3/\text{kg}}\right)^{1,4} = 0{,}36\,\text{MPa}$$

$T_4 = ?$ $\quad \frac{T_4}{T_3} = \left(\frac{v_3}{v_4}\right)^{\kappa-1} \quad ;$

$$T_4 = T_3 \cdot \left(\frac{v_3}{v_4}\right)^{\kappa-1} = 2487,6\ \text{K} \cdot \left(\frac{0{,}1077\ \text{m}^3/\text{kg}}{0{,}861\ \text{m}^3/\text{kg}}\right)^{0,4} = 1083\ \text{K}$$

$\eta_{th,p} = ?$ $\quad \eta_{th,p} = 1 - \frac{1}{\kappa} \cdot \frac{1}{\varepsilon^{\kappa-1}} \cdot \frac{\left(\frac{T_3}{T_2}\right)^{\kappa} - 1}{\frac{T_3}{T_2} - 1}$

$$\eta_{th,p} = 1 - \frac{1}{1,4 \cdot 20^{0,4}} \cdot \frac{\left(\frac{2487,6}{994,3}\right)^{1,4} - 1}{\frac{2487,6}{994,3} - 1} = 0,625$$

oder über $\quad \eta_{th,p} = \frac{q_{zu} + q_{ab}}{q_{zu}}$

mit $\quad q_{ab} = c_v \cdot \left(T_1 - T_4\right) = 717{,}5\ \text{kJ/kgK} \cdot \left(300\ \text{K} - 1083\ \text{K}\right) = -561{,}8\ \text{kJ/kg}$

$$\eta_{th,p} = \frac{1500\ \text{kJ/kg} - 561,8\ \text{kJ/kg}}{1500\ \text{kJ/kg}} = 0,625$$

7.2.4 Der Seiliger-Prozess

Heutige Dieselmotoren werden so betrieben, dass ein Teil der Verbrennung um den OT herum stattfindet, also annähernd eine isochore Wärmezufuhr darstellt, und ein Teil während des Expansionshubes stattfindet. Dabei wird darauf geachtet, dass ein bestimmter Druck, heute ca. 15–18 MPa, nicht überschritten wird. Dieser zweite Teil stellt annähernd eine isobare Wärmezufuhr dar. Der von *Seiliger* vorgeschlagene Vergleichs-Prozess ist nun eine Kombination von Gleichraum- und Gleichdruck-Prozess. Der Seiliger-Prozess wird auch Höchstdruckbegrenzungs-Prozess genannt.

Der Prozessverlauf, beginnend in UT, ist wie folgt definiert:

$1 \rightarrow 2$	isentrope Kompression
$2 \rightarrow 3$	isochore Wärmezufuhr bis p_{max} (Verbrennung)
$3 \rightarrow 3'$	isobare Wärmezufuhr (Verbrennung)
$3' \rightarrow 4$	isentrope Expansion
$4 \rightarrow 1$	isochore Wärmeabfuhr (Gaswechsel)

Damit ergibt sich folgende Darstellung im p,v- und im T,s-Diagramm:

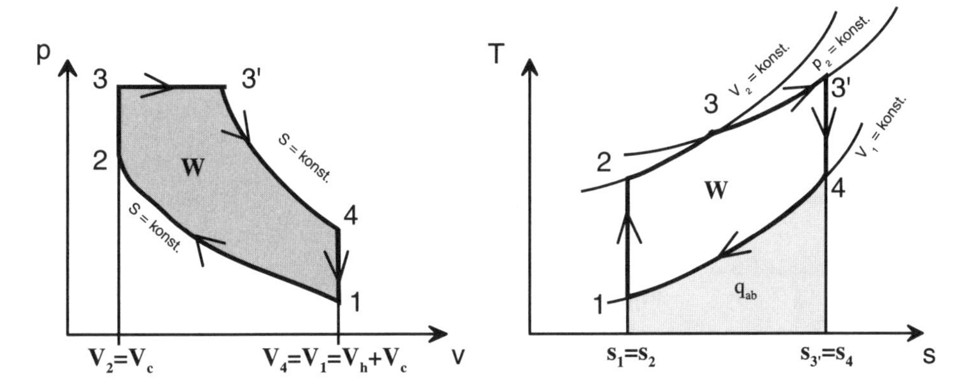

*Abbildung 7-18: Der Seiliger-Prozess im p,*v*- und T,s-Diagramm*

Nachdem der Prozessverlauf zwischen dem Gleichraum- und dem Gleichdruck-Prozess liegt, muss auch der thermische Wirkungsgrad für den Seiliger-Prozess $\eta_{th,s}$ zwischen den beiden Wirkungsgraden liegen. Zur Herleitung für $\eta_{th,s}$ setzen wir, wie für Kreisprozesse üblich, an:

$$\eta_{th,s} = \frac{\sum q_{\text{ik}}}{q_{\text{zu}}}$$

$$\sum q_{\text{ik}} = q_{2,3} + q_{3,3'} + q_{4,1} \qquad \text{und} \qquad q_{\text{zu}} = q_{2,3} + q_{3,3'}$$

$$\eta_{th,s} = \frac{q_{23} + q_{33'} + q_{41}}{q_{23} + q_{33'}} \tag{7.47}$$

$$\eta_{th,s} = \frac{\left[(u_3 - u_2) + (h_{3'} - h_3) + (u_1 - u_4)\right]}{(u_3 - u_2) + (h_{3'} - h_3)} \tag{7.48}$$

$$\eta_{th,s} = \frac{\left[c_v \cdot (T_3 - T_2) + c_p \cdot (T_{3'} - T_3)\right] + c_v \cdot (T_1 - T_4)}{c_v \cdot (T_3 - T_2) + c_p \cdot (T_{3'} - T_3)} \tag{7.49}$$

$$\eta_{th,s} = 1 - \frac{c_v \cdot (T_4 - T_1)}{c_v \cdot (T_3 - T_2) + c_p \cdot (T_{3'} - T_3)} \qquad \text{mit} \quad \kappa = \frac{c_p}{c_v} \tag{7.50}$$

$$\eta_{th,s} = 1 - \frac{T_1}{T_2} \cdot \frac{\left(\frac{T_4}{T_1} - 1\right)}{\left(\frac{T_3}{T_2} - 1\right) + \kappa \cdot \left(\frac{T_{3'}}{T_2} - \frac{T_3}{T_2}\right)} \tag{7.51}$$

Wir versuchen nun, $\frac{T_4}{T_1}$ noch in Abhängigkeit der Wärmezufuhr darzustellen.

Nebenrechnung:

$$\frac{T_4}{T_{3'}} = \left(\frac{v_{3'}}{v_4}\right)^{\kappa-1} = \left(\frac{v_{3'}}{v_1}\right)^{\kappa-1} \qquad ; \qquad \frac{T_2}{T_1} = \left(\frac{v_1}{v_2}\right)^{\kappa-1}$$

$$\frac{T_4}{T_1} \cdot \frac{T_2}{T_{3'}} = \left(\frac{v_1 \cdot v_{3'}}{v_4 \cdot v_2}\right)^{\kappa-1} \qquad \text{mit} \quad v_1 = v_4$$

$$\frac{T_4}{T_1} = \frac{T_{3'}}{T_{2'}} = \left(\frac{v_{3'}}{v_2}\right)^{\kappa-1} \qquad \text{mit} \quad v_2 = v_3$$

$$\frac{T_4}{T_1} = \frac{T_{3'}}{T_{2'}} = \left(\frac{v_{3'}}{v_3}\right)^{\kappa-1} = \frac{T_{3'}}{T_2} \cdot \left(\frac{T_{3'} \cdot R_i \cdot p_3}{T_3 \cdot R_i \cdot p_{3'}}\right)^{\kappa-1}$$

da $p_{3'} = p_3$: $\frac{T_4}{T_1} = \frac{T_{3'}}{T_2} \cdot \left(\frac{T_{3'}}{T_3}\right)^{\kappa-1} = \frac{T_{3'}}{T_2} \cdot \left(\frac{T_{3'}}{T_3}\right)^{\kappa-1} \cdot \frac{T_3}{T_{3'}} = \frac{T_3}{T_2} \cdot \left(\frac{T_{3'}}{T_3}\right)^{\kappa}$

$$\eta_{th,s} = 1 - \frac{1}{\varepsilon^{\kappa-1}} \cdot \frac{\left[\left(\frac{T_{3'}}{T_3}\right)^{\kappa} \cdot \left(\frac{T_3}{T_2}\right) - 1\right]}{\left(\frac{T_3}{T_2} - 1\right) + \kappa \cdot \frac{T_3}{T_2} \cdot \left(\frac{T_{3'}}{T_3} - 1\right)} \tag{7.52}$$

Das Ergebnis zeigt, dass der Wirkungsgrad neben den bekannten Größen ε und κ von den verschiedenen zugeführten Wärmemengen abhängt. Das Verhältnis $\frac{T_3}{T_2}$ steht für den isochor zugeführten Anteil und $\frac{T_{3'}}{T_3}$ für den isobar zugeführten Anteil.

Setzt man jeweils den isochoren bzw. den isobaren Anteil zu null, so muss der thermische Wirkungsgrad des Seiliger-Prozesses in den des Gleichraum- oder des Gleichdruck-Prozesses überführbar sein. Führen wir nun diese Grenzbetrachtungen durch:

Setzen wir den isobaren Anteil = 0, d.h. $\frac{T_{3'}}{T_3} = 1$,

so ist: $$\kappa \cdot \frac{T_3}{T_2} \cdot \left(\frac{T_{3'}}{T_3} - 1 \right) = 0$$

und damit Gleichung (7.52): $$\eta_{th,s} = 1 - \frac{1}{\varepsilon^{\kappa-1}} \cdot \left[\frac{\left(\frac{T_3}{T_2} - 1 \right)}{\left(\frac{T_3}{T_2} - 1 \right)} \right]^{\to = 1}$$

$\Rightarrow$ Gleichraum-Prozess (siehe 7.31)

Setzen wir den isochoren Anteil = 0, d.h. $\frac{T_3}{T_2} = 1$, so wird Gleichung (7.52) zu:

$$\eta_{th,s} = 1 - \frac{1}{\varepsilon^{\kappa-1}} \cdot \frac{\left[\left(\frac{T_{3'}}{T_3} \right)^{\kappa} - 1 \right]}{\kappa \cdot \left(\frac{T_{3'}}{T_3} - 1 \right)}$$

$\Rightarrow$ Gleichdruck-Prozess (siehe 7.45)

Dabei entspricht in (7.52): $$\frac{T_{3'}}{T_3} \Rightarrow \frac{T_3}{T_2}$$ (siehe 7.45)

Zusammenfassung Der Seiliger-Prozess liegt im thermischen Wirkungsgrad zwischen dem Gleichraum- und dem Gleichdruck-Prozess. Je nachdem, wie bei einer vorgegebenen zuzuführenden Wärmemenge die Höchstdruckbegrenzung gewählt wird, liegt der Wirkungsgrad näher am Gleichraum- oder Gleichdruck-Prozess. Je niedriger der Maximaldruck sein darf und je höher die zugeführte Wärmemenge ist, desto näher liegt er am Gleichdruck-Prozess. Der Seiliger-Prozess entspricht eher dem realen Diesel-Prozess als der Gleichdruck-Prozess.

Beispiel 7-4: *Benutzen wir noch einmal das Beispiel 7-3 aus dem Gleichdruck-Prozess. Nun wird aber bis zu einem Druck von 12 MPa Wärme isochor zugeführt. Berechnen Sie die Zustände in 3, 3′ und 4 sowie den thermischen Wirkungsgrad!*

Wir übernehmen die Werte für den Zustand 1 und 2 aus dem Beispiel in Abschnitt 7.2.3.

	1	2	3	3′	4
p in MPa	0,1	6,63	12,0	12,0	**0,32**
v in m³/kg	0,861	0,04305	0,04305	**0,065**	0,861
T in K	300	994,3	**1800**	**2717,8**	966

In die Tabelle lassen sich, weil vorgegeben, noch die Drücke für 3 und 3′ und das Volumen v_4 *(weil* $v_4 = v_1$*) eintragen. Außerdem ist* $v_2 = v_3$.

$T_3 = ?$ $\quad p_3 \cdot v_3 = R_i \cdot T_3 \quad ; \quad T_3 = \frac{p_3 \cdot v_3}{R_i} = \frac{12 \cdot 10^6\ \text{N/m}^2 \cdot 0{,}0426\ \text{m}^3\text{/kg}}{287\ \text{J/kgK}}$

$$T_3 = 1800\ \text{K}$$

$q_{zu,\,isochor} = ?$ $\quad q_{2,3} = c_v \cdot (T_3 - T_2) = 717{,}5\ \text{J/kgK} \cdot (1800\text{K} - 994{,}3\text{K})$

$$q_{2,3} = 578{,}1\ \text{kJ/kg}$$

Insgesamt sind 1500 kJ/kg zuzuführen. Deshalb verbleibt für die isobar zuzuführende Wärmemenge:

$q_{3,3'} = q_{zu,ges} - q_{2,3} = 1500\ \text{kJ/kg} - 578{,}1\ \text{kJ/kg}$

$q_{3,3'} = 921{,}9\ \text{kJ/kg}$

$T_{3'} = ?$ $\quad q_{3,3'} = c_p\,(T_{3'} - T_3)$

$$T_{3'} = \frac{q_{3,3'}}{c_p} + T_3 = \frac{921{,}9\,\text{kJ/kg}}{1{,}0045\,\text{kJ/kg}} + 1800\,\text{K} = 2717{,}8\,\text{K}$$

$v_{3'} = ?$ $\quad p_{3'} \cdot v_{3'} = R_i \cdot T_{3'} \quad ; \quad v_{3'} = \frac{R_i \cdot T_{3'}}{p_{3'}} = \frac{287\,\text{J/kgK} \cdot 2717{,}8\,K}{12 \cdot 10^6\ \text{N/m}^2} = 0{,}065\,\text{m}^3\text{/kg}$

$p_4 = ?$ $\quad$ *mit der isentropen Gleichung*:

$$\frac{p_4}{p_{3'}} = \left(\frac{v_{3'}}{v_4}\right)^{\kappa} \quad ; \quad p_4 = p_{3'} \cdot \left(\frac{v_{3'}}{v_4}\right)^{\kappa} = 12\text{MPa} \cdot \left(\frac{0{,}065\,\text{m}^3/\text{kg}}{0{,}861\,\text{m}^3/\text{kg}}\right)^{1,4} = 0{,}322\,\text{MPa}$$

$T_4 = ?$ $\quad p_4 \cdot v_4 = R_i \cdot T_4 \quad ; \quad T_4 = \frac{p_4 \cdot v_4}{R_i} = \frac{0{,}322 \cdot 10^6\ \text{N}/\text{m}^2 \cdot 0{,}861\,\text{m}^3/\text{kg}}{287\,\text{J/kgK}}$

$$T_4 = 966\ \text{K}$$

$q_{ab} = ?$ $\quad q_{41} = c_v \cdot (T_1 - T_4) = 717{,}5\,\text{J/kgK} \cdot (300\text{K} - 966\text{K}) = -477{,}855\,\text{kJ/kg}$

$$-w = \sum q_{ik} = q_{zu} + q_{ab} = 1500\ \text{kJ/kg} - 473{,}55\ \text{kJ/kg} = 1026{,}45\ \text{kJ/kg}$$

$\eta_{th,s} = ?$ $\quad \eta_{th,s} = \dfrac{w}{q_{zu}} = \dfrac{1022{,}145\,\text{kJ/kg}}{1500\,\text{kJ/kg}} = 0{,}6814$

Damit ist der Wirkungsgrad beim Seiliger-Prozess in diesem Beispiel um 9 % höher als im Beispiel 7-3.

7.2.5 Der Joule-Prozess

Der Joule-Prozess ist der Vergleichsprozess für die Gasturbine. Die Gasturbine ist der bevorzugte Antrieb im Flugzeugbau und neben der Dampfturbine auch im Kraftwerksbau. Auf den Einsatz im Kraftwerksbau wird am Schluss dieses Kapitels eingegangen. Der schematische Aufbau einer Gasturbine ist in Abb. 7-19 dargestellt.

Der Vergleichsprozess für die Gasturbine ist wie folgt definiert:

$1 \to 2$ isentrope Verdichtung (Verdichter)
$2 \to 3$ isobare Wärmezufuhr (Verbrennung)
$3 \to 4$ isentrope Expansion (Turbine)
($4 \to 1$ isobare Wärmeabfuhr = Auslass der Gase bei Umgebungsdruck)

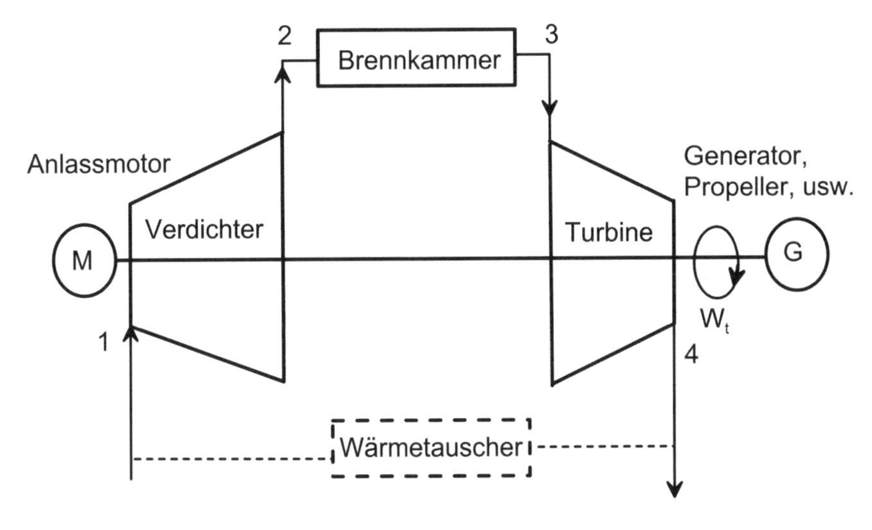

Abbildung 7-19: Schema einer Gasturbine

In der Klammer hinter jeder Zustandsänderung ist aufgeführt, in welchem Bauteil einer Gasturbine die jeweilige Zustandsänderung abläuft. Dabei ist die Zustandsänderung von 4 nach 1 vollständig in Klammern gesetzt und in Abb. 7-19 auch nur gestrichelt eingezeichnet, weil diese Zustandsänderung im realen Gasturbinen-Prozess gar nicht stattfindet. Dort wird das Abgas einfach in die Umgebung geblasen und wieder Frischluft angesaugt. Dies entspricht unserer vom Vergleichs-Prozess her geforderten isobaren Wärmeabfuhr. Für unseren geschlossenen Vergleichs-Prozess ist jedoch diese isobare Wärmeabfuhr Bestandteil des Prozesses.

Stellen wir nun den Joule-Prozess im *p,v*- und im *T,s*-Diagramm dar (Abb. 7-20) und diskutieren wir die Abhängigkeiten des Wirkungsgrades von den Prozessparametern:

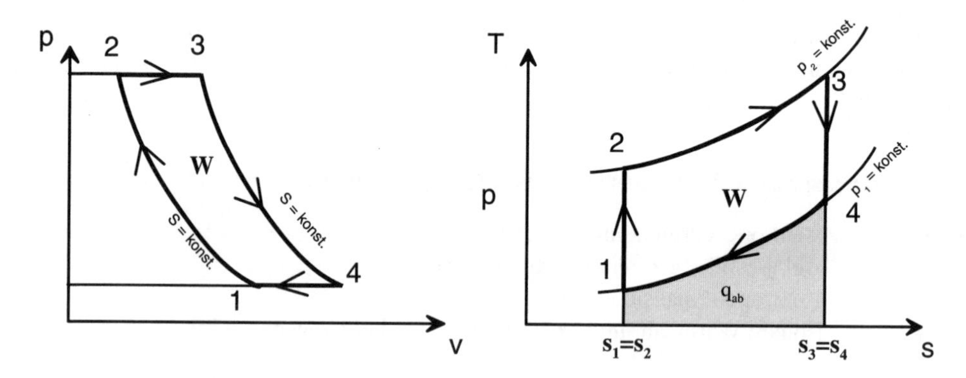

Abbildung 7-20: Der Joule-Prozess im p,v- und T,s-Diagramm

Auch hier gibt das *T,s*-Diagramm die aussagekräftigste Information zur Erreichung des maximalen Wirkungsgrades. Um bei gleicher zugeführter Wärmemenge (dies entspricht der Fläche unter der Zustandsänderung von 2 nach 3) möglichst wenig Wärme abführen zu müssen (4 nach 1), muss von 1 nach 2 möglichst hoch isentrop verdichtet werden, damit schon zu Beginn der Wärmezufuhr ein möglichst hohes Temperaturniveau erreicht wird. Überprüfen wir die Aussage durch Herleitung des thermischen Wirkungsgrades für den Joule-Prozess $\eta_{th,J}$:

$$\eta_{th,J} = \frac{\sum q_{\text{ik}}}{q_{\text{zu}}}$$

$$q_{\text{zu}} = c_p \cdot (T_3 - T_2) \qquad \text{und} \qquad q_{\text{ab}} = c_p \cdot (T_1 - T_4)$$

$$\eta_{th,J} = \frac{c_p \cdot (T_3 - T_2) + c_p \cdot (T_1 - T_4)}{c_p \cdot (T_3 - T_2)} \tag{7.53}$$

$$\eta_{th,J} = \frac{(T_3 - T_2) + (T_1 - T_4)}{(T_3 - T_2)} = 1 - \frac{T_4 - T_1}{T_3 - T_2} \tag{7.54}$$

Mit $\frac{T_1}{T_2} = \frac{T_4}{T_3} = \left(\frac{p_1}{p_2}\right)^{\frac{\kappa-1}{\kappa}} = \left(\frac{p_4}{p_3}\right)^{\frac{\kappa-1}{\kappa}}$ gilt auch $\frac{T_4}{T_1} = \frac{T_3}{T_2}$ (7.55)

$$\eta_{th,J} = 1 - \frac{T_1 \cdot \left(\frac{T_4}{T_1} - 1\right)}{T_2 \cdot \left(\frac{T_3}{T_2} - 1\right)} \tag{7.56}$$

$$\eta_{th,J} = 1 - \frac{T_1}{T_2} = 1 - \left(\frac{p_1}{p_2}\right)^{\frac{\kappa-1}{\kappa}} \tag{7.57}$$

Im Gasturbinenbau wird das Verdichterdruckverhältnis p_2 / p_1 mit dem Formelzeichen π abgekürzt. Damit ergibt sich die Formulierung:

$$\frac{p_2}{p_1} = \pi \qquad \Rightarrow \qquad \eta_{th,J} = 1 - \frac{1}{\pi^{\frac{\kappa-1}{\kappa}}} \tag{7.58}$$

Nachfolgendes Diagramm (Abb. 7-21) zeigt den Gasturbinenwirkungsgrad $\eta_{th,J}$ in Abhängigkeit von π für $\kappa = 1{,}4$.

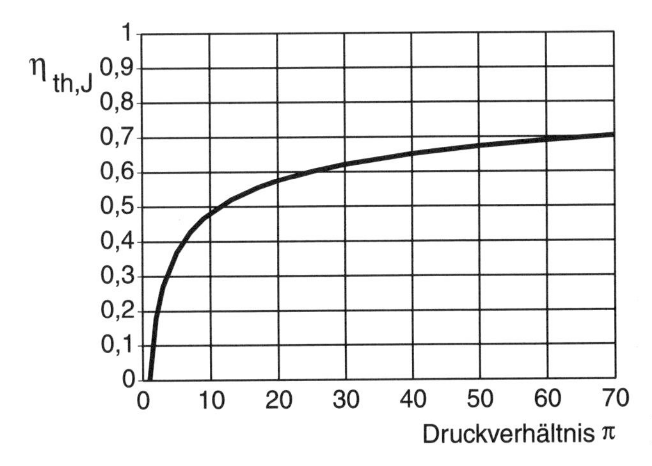

Abbildung 7-21: Der Wirkungsgrad bei Joule-Prozessen als Funktion von π

Wenn Sie nun die Gleichung (7.57) und die Gleichung (7.29) vergleichen, sehen Sie, dass sowohl der Gleichraum-Prozess als auch der Joule-Prozess den gleichen Wirkungsgrad haben, wenn das Temperaturverhältnis T_1 / T_2 gleich ist:

$$\eta_{th,v} = \eta_{th,J} = 1 - \frac{T_1}{T_2} \qquad (7.57 = 7.29)$$

Durch die Isentropengleichungen $\frac{T_1}{T_2} = \left(\frac{v_2}{v_1}\right)^{\kappa-1} = \left(\frac{p_1}{p_2}\right)^{\frac{\kappa-1}{\kappa}}$ sind die beiden Gleichungen in die Endformen (7.31) und (7.58) überführbar, nur dient im Motorenbau das Verdichtungsverhältnis und im Verdichterbau das Druckverhältnis als Kennziffer.

Im Unterschied zum Hubkolbenmotor, wo nur kurzzeitig die Maximaltemperatur im Arbeitsraum erreicht wird, um dann sofort wieder während der Expansion und des Gaswechsels abzusinken, liegt die Maximaltemperatur bei der Gasturbine ständig an der Turbine an. Dies bedeutet, dass über die Wahl des Werkstoffes für den ersten Schaufelkranz der Turbine die Maximaltemperatur im Prozess festgelegt wird. Dies hat weitreichende Folgen für die Wahl der Prozessparameter.

In der Formulierung (7.57) für den Wirkungsgrad des Joule-Prozesses ist klar ersichtlich, dass die Verdichtungsendtemperatur möglichst hoch zu wählen ist, um einen optimalen Wirkungsgrad zu erreichen. Ist nun aber die Maximaltemperatur T_3 vorgegeben, so ergibt sich ein Problem. In Abb. 7-22 wird gezeigt, dass bei einer Verdichtung von 1 nach 2″ fast die Maximaltemperatur T_3 erreicht wird. Damit kann fast keine Wärme mehr zugeführt werden, bis T_3 erreicht ist. Im Extremfall, wenn mit der Verdichtungsendtemperatur T_2 bereits die Maximaltemperatur T_3 erreicht ist, kann gar keine Wärme mehr zugeführt werden. Dann ist aber die Prozessarbeit gleich null. Gleich null wäre die Prozessarbeit aber auch, wenn gar nicht verdichtet würde, also $T_2 = T_1$ ist, da der Wirkungsgrad gleich null ist. Zwischen diesen beiden Extrempositionen ist jedoch eine Nutzarbeit erreichbar. Dies ist durch die Prozessführung von $1 \rightarrow 2' \rightarrow 3' \rightarrow 4'$ in Abb. 7-22 sichtbar.

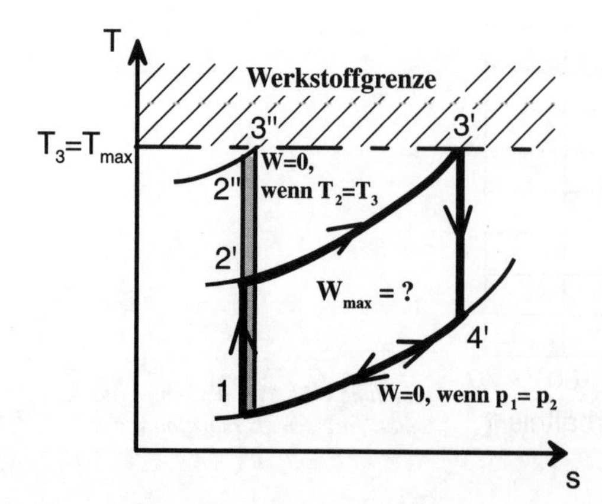

Abbildung 7-22: Wirkungsgrad und Prozessarbeit beim Joule-Prozess

Bei welcher Prozessführung ist nun aber die Prozessarbeit maximal, wenn T_3 vorgegeben ist?

Die Nutzarbeit ist:

$$w_{\text{Nutz}} = \sum q_{\text{ik}} = c_p \cdot (T_3 - T_2) + c_p \cdot (T_1 - T_4) \tag{7.59}$$

$$w_{\text{Nutz}} = \sum q_{\text{ik}} = c_p \cdot (T_1 - T_2 + T_3 - T_4) \tag{7.60}$$

Mit $\frac{T_1}{T_2} = \frac{T_4}{T_3}$ ist:

$$T_4 = \frac{T_3 \cdot T_1}{T_2} \tag{7.61}$$

In (7.60) eingesetzt, ergibt sich:

$$w_{\text{Nutz}} = \sum q_{\text{ik}} = c_p \cdot \left(T_1 - T_2 + T_3 - \frac{T_3 \cdot T_1}{T_2} \right) \tag{7.62}$$

Um die optimale Verdichtungsendtemperatur T_2 zu finden, wird die Nutzarbeit nach T_2 differenziert:

$$\frac{dw_{\text{Nutz}}}{dT_2} = c_p \cdot \left(-1 + T_3 \cdot \frac{T_1}{T_2^2} \right) \tag{7.63}$$

Das Optimum liegt nun bei:

$$\frac{dw_{\text{Nutz}}}{dT_2} = 0 = c_p \cdot \left(-1 + T_3 \cdot \frac{T_1}{T_2^2} \right) \tag{7.64}$$

$$T_2^2 = T_3 \cdot T_1 \tag{7.65}$$

$$T_2 = \sqrt{T_3 \cdot T_1} \tag{7.66}$$

Hieraus kann das optimale Druckverhältnis mit der Isentropengleichung berechnet werden:

$$\frac{T_1}{T_2} = \left(\frac{p_1}{p_2} \right)^{\frac{\kappa - 1}{\kappa}}$$

Die Turbineneintrittstemperaturen liegen heute bei Großanlagen bei ca. 1350 °C und bei Hochleistungsflugtriebwerken mit gekühlten Schaufeln bei 1500 °C.

Zusammenfassung Der Wirkungsgrad des Joule-Prozesses hängt vom Verdichterdruckverhältnis π und vom Isentropenexponenten κ ab. Der Betrag der zugeführten Wärmemenge hat keine Auswirkung auf den Wirkungsgrad. Bei vorgegebener Maximaltemperatur wird die maximale Prozessarbeit nicht bei maximalem Wirkungsgrad erreicht, sondern wenn T_2 gleich der Wurzel aus dem Produkt von T_1 und T_3 ist.

An dieser Stelle will ich noch auf den Exergieverlust bei den bisher genannten Prozessen eingehen und auch darauf, wie diese minimiert werden können. In Abb. 7-23 sind die Isochore und die Isobare, die durch den Ausgangszustand im *T,s*-Diagramm gehen, dargestellt.

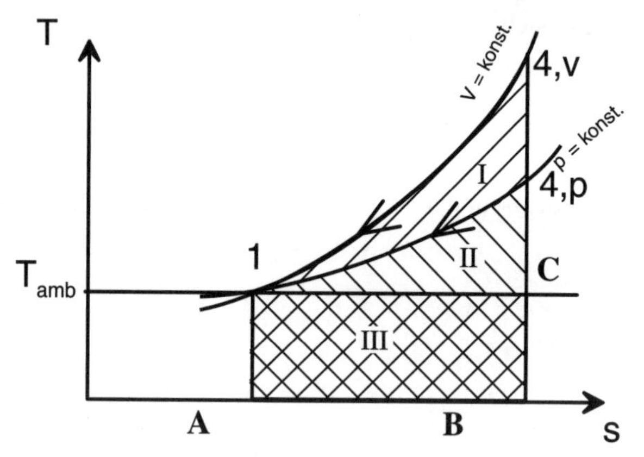

Abbildung 7-23: Exergieverluste im T,s-Diagramm

Beim Gleichraum-, Gleichdruck- und Seiliger-Prozess geht der „Rückweg" zum Ausgangszustand, also von 4 nach 1 in Abb. 7-23, über die Isochore: Im Punkt 4 dieser Prozesse, wir nennen ihn hier 4,v, hat das Gas noch einen höheren Druck und eine höhere Temperatur als die Umgebung, wenn Punkt 1 Umgebungszustand war. Damit besteht ein Druck- und Temperaturgefälle gegenüber unserer Umgebung, das zur Arbeitsverrichtung ausgenutzt werden könnte. Es ist also noch Exergie vorhanden. Bei den Verbrennungsmotoren wird z.B. der Exergieverlust durch unvollständige Druckausnutzung im Prozess mit Hilfe des Abgasturboladers noch weiter ausgenutzt (Fläche I). Motoren mit einem Abgasturbolader haben bei richtigem Einsatz des Laders einen geringeren Verbrauch, also einen höheren Wirkungsgrad. Das gilt insbesondere für Dieselmotoren.

Aber auch nach dem Abgasturbolader herrscht noch eine höhere Temperatur als die Umgebungstemperatur. Wir haben zwar das Gas von $p_{4,v}$ auf $p_{4,p} = p_1$ entspannt, aber es ist noch ein Exergiepotential (Fläche II) vorhanden. Dieses Exergiepotential ist auch bei der Gasturbine, die ja bis Umgebungsdruck entspannt, vorhanden und wird mit einem so genannten GUD-Kraftwerk ausgenutzt (Abb. 7-24).

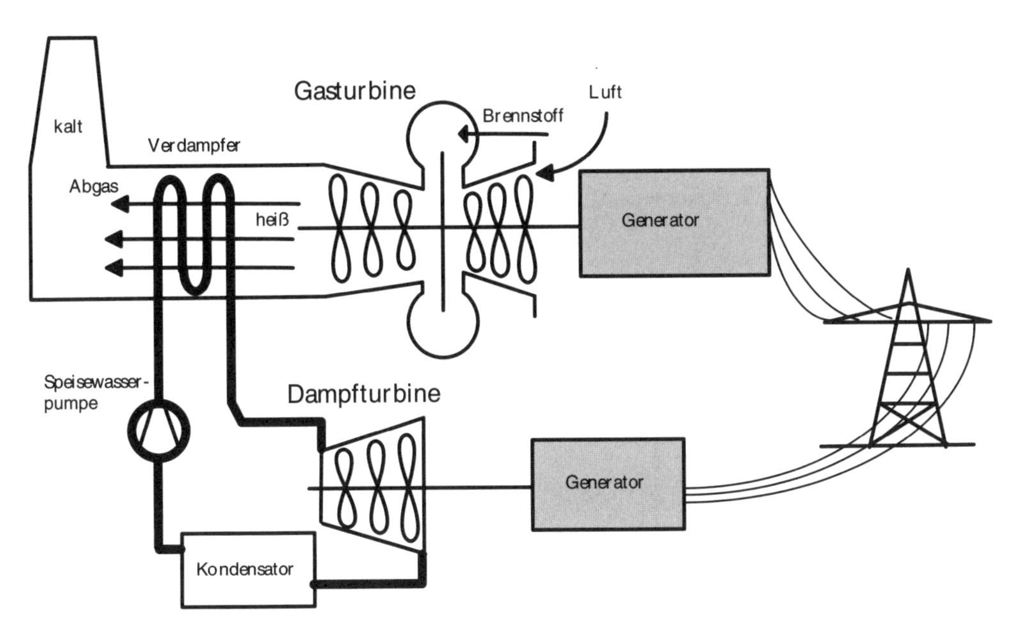

Abbildung 7-24: Gas- und Dampfturbinen-(GUD-)Kraftwerk; Funktionsprinzip

Dabei werden eine Gasturbine und eine Dampfturbine zur Energieerzeugung eingesetzt. GUD bedeutet Gas- und Dampfturbinenkraftwerk. Mit den heißen Abgasen der Gasturbine wird Dampf erzeugt und über einen separaten Dampfturbinen-Prozess entspannt. Damit wird zusätzlich die Restwärme aus der Gasturbine in elektrische Energie umgewandelt. Herkömmliche Kraftwerke erreichen einen so genannten Klemmenwirkungsgrad von ca. 40 %. GUD-Kraftwerke erreichen einen Klemmenwirkungsgrad von 58 %. Unter Klemmenwirkungsgrad versteht man das Verhältnis der an den Klemmen des Kraftwerks abgegebenen elektrischen Arbeit zu der eingesetzten chemischen Energie, die bei der Verbrennung des Brennstoffes freigesetzt wird. Die Fläche III entspricht der entstandenen Anergie und steht nicht mehr zur Umwandlung zur Verfügung.

7.2.6 Der Stirling-Prozess

Der Stirling-Prozess ist nach dem Erfinder des Stirlingmotors, dem schottischen Pastor *Robert Stirling* (1790–1878), benannt. Mit seinem Bruder James brachte dieser seinen Motor (Patentanmeldung 1816) zum Laufen, der eine wechselvolle Geschichte erlebt hat. Heute erfährt der Stirlingmotor wieder eine Renaissance, weil dieser Motor mit einer äußeren Verbrennung arbeitet. Der Motor kann also mit nahezu jedem brennbaren Material, d.h. von Kamelmist bis Holzhackschnitzel, von Rohöl bis Sonnenblumenöl usw., befeuert werden. Auch in Solarkraftwerken wird sein Einsatz geprüft, wobei der Heizkopf in den Brennpunkt großer Parabolspiegel gesetzt wird.

Der Prozessverlauf ist wie folgt definiert:

$1 \rightarrow 2$	isotherme Kompression
$2 \rightarrow 3$	isochore Wärmezufuhr
$3 \rightarrow 4$	isotherme Expansion
$4 \rightarrow 1$	isochore Wärmeabfuhr

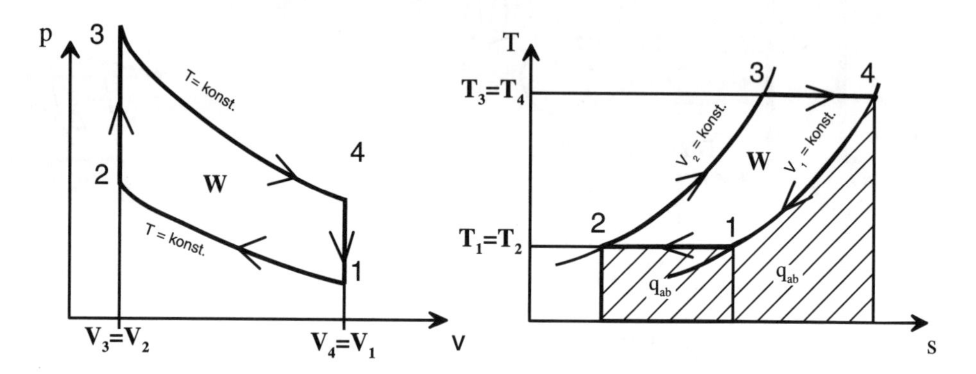

*Abbildung 7-25: Der Stirling-Prozess im p,*v*- und T,s-Diagramm*

Bei diesem Prozess ist im *T,s*-Diagramm sichtbar, dass die Wärmemengen $Q_{2,3}$ und $Q_{4,1}$ betragsmäßig gleich sein müssen und damit keinen Beitrag zur Ermittlung der Prozessarbeit $\sum q_{\text{ik}}$ liefern. Sie sind deshalb betragsmäßig gleich, weil die Isochoren im *T,s*-Diagramm parallel verschobene Exponentialkurven sind. Der Wirkungsgrad wird daher wie beim Carnot-Prozess von der Temperaturdifferenz T_1 / T_3 abhängen. Auch hier gilt, je höher T_3, desto höher der Wirkungsgrad.

Der thermische Wirkungsgrad $\eta_{th,st}$ errechnet sich aus der Summe der von außen zu- und abgeführten Wärmemengen. Die Wärmemengen $q_{2,3}$ und $q_{4,1}$ werden im System durch den Regenerator nur hin- und hergeschoben. Dies geschieht bei reversiblen Zustandsänderungen verlustfrei:

$$q_{\text{zu}} = q_{34} = R_i \cdot T_3 \cdot \ln\frac{\text{v}_4}{\text{v}_3} \tag{7.67}$$

$$q_{\text{ab}} = q_{12} = R_i \cdot T_1 \cdot \ln\frac{\text{v}_2}{\text{v}_1} = -R_i \cdot T_1 \cdot \ln\frac{\text{v}_1}{\text{v}_2} \tag{7.68}$$

$$\eta_{th,st} = \frac{\sum q_{\text{ik}}}{q_{\text{zu}}} = \frac{R_i \cdot T_3 \cdot \ln\frac{\text{v}_4}{\text{v}_3} - R_i \cdot T_1 \cdot \ln\frac{\text{v}_1}{\text{v}_2}}{R_i \cdot T_3 \cdot \ln\frac{\text{v}_4}{\text{v}_3}} \tag{7.69}$$

$$\eta_{th,st} = 1 - \frac{T_1 \cdot \ln \frac{v_1}{v_2}}{T_3 \cdot \ln \frac{v_4}{v_3}} \tag{7.70}$$

Mit $v_4 = v_1$ und $v_2 = v_3$ gilt: $$\eta_{th,st} = 1 - \frac{T_1}{T_3} \tag{7.71}$$

Theoretisch hat also der Stirling-Prozess den gleichen Wirkungsgrad wie der Carnot-Prozess.

Technisch schwierig sind isotherme Kompression und Expansion. Über einen Regenerator kann ein Teil der Prozesswärme im System hin- und hergeschoben werden. Das Hin- und Herschieben übernimmt ein Doppelkolbensystem. Wegen des tatsächlich geschlossenen Kreislaufs kann z.B. Helium als Prozessgas verwendet werden. Den Prozessablauf in der Maschine kann man sich wie in Abb. 7-26 dargestellt vorstellen.

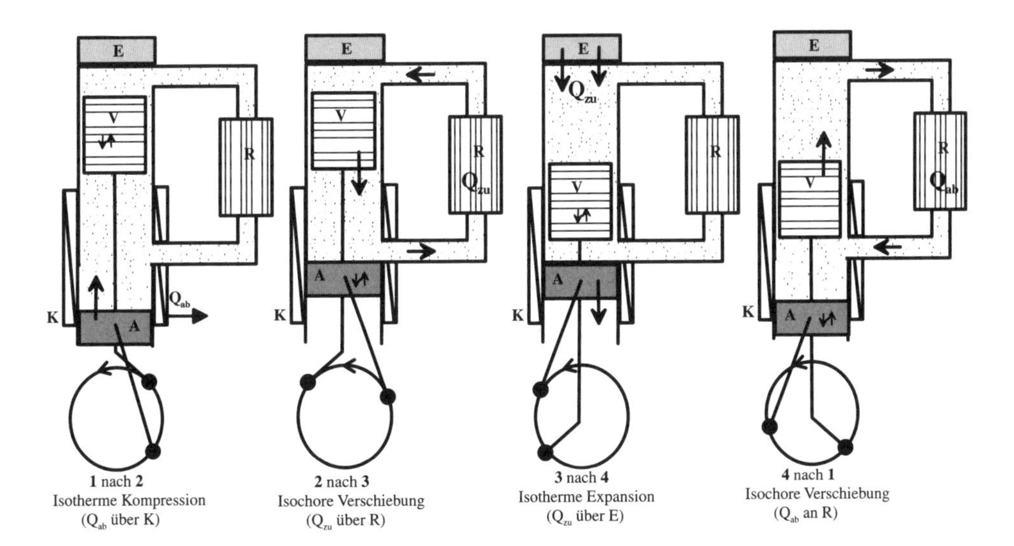

Abbildung 7-26: Die 4 Phasen des Stirling-Doppelkolbenmotors

Der Doppelkolben-Stirlingmotor besteht aus einem Arbeitskolben und einem Verdrängerkolben. Der Arbeitskolben (A) muss gasdicht sein, der Verdrängerkolben (V) nicht. Die Kolbenstange des Verdrängerkolbens ist gasdicht im Arbeitskolben geführt. Die beiden Kurbeln für die Kolben sind um 90° versetzt.

Von 1 nach 2 macht der Verdrängerkolben (V) in der oberen Position nur eine kleine Auf- und Abbewegung. Der Arbeitskolben (A) führt jedoch einen deutlichen Hub aus und komprimiert das Gasvolumen. Das Volumen unter und über dem Verdränger ist betroffen. Die beiden Volumina sind über eine Leitung verbunden. Dabei wird die Wand unter dem Verdränger über einen Wärmetauscher (K) gekühlt, so dass die Temperatur konstant bleibt.

Von 2 nach 3 führt nun der Arbeitskolben nur eine kleine Auf- und Abbewegung um die obere Kolbenstellung aus. Das Gesamtgasvolumen ist minimal (v_{min}). Der Verdrängerkolben führt nun einen deutlichen Hub aus und verschiebt das Gas über den heißen Regenerator (R) von der Verdrängerunterseite zur Oberseite. Dabei wird dem Gas Wärme aus dem Regenerator zugeführt.

Von 3 nach 4 führt der Verdrängerkolben nur eine kleine Auf- und Abbewegung in der unteren Kolbenposition durch und der Arbeitskolben führt einen deutlichen Hub aus. Es wird unter Wärmezufuhr aus dem Erhitzer (E) am oberen Volumen isotherm expandiert.

Von 4 nach 1 führt nun wieder der Arbeitskolben seine Bewegung um die untere Hubposition herum aus, und der Verdrängerkolben führt einen deutlichen Hub nach oben aus und verschiebt das heiße Gas von der Verdrängerkolbenoberseite über den Regenerator zur Unterseite. Dabei gibt das heiße Gas Wärme an den Regenerator (R) ab. Diese Wärmemenge wird dort für den Takt 2 → 3 gespeichert.

Es ist klar, dass sich durch die stetige Drehbewegung keine reinen Isochoren verwirklichen lassen. Da sich in der Realität die Isochoren und die Isothermen nicht ideal darstellen lassen, sieht das reale *p*,v-Diagramm wie eine Schleife aus.

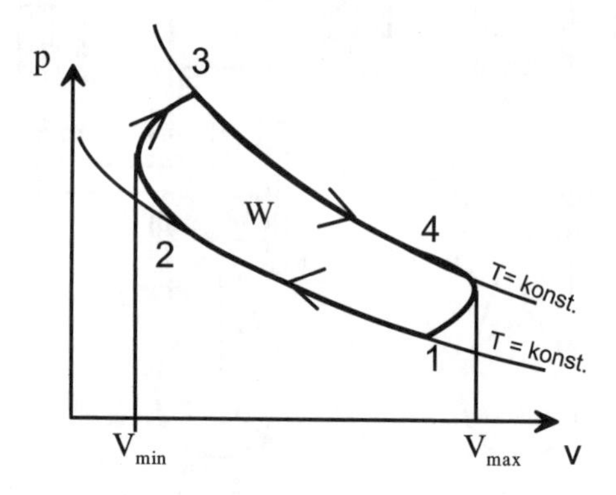

*Abbildung 7-27: Angepasstes p,*v*-Diagramm für den Doppelkolbenmotor*

Beispiel 7-5: *Ein rechtsläufiger Stirling-Prozess hat folgenden Verlauf:*

1 → 2	*isotherme Kompression*
2 → 3	*isochore Wärmezufuhr von einem im System befindlichen Regenerator*
3 → 4	*isotherme Expansion*
4 → 1	*isochore Wärmeabfuhr an diesem im System befindlichen Regenerator*

Der Prozess wird mit 1 kg Helium als thermisch und kalorisch idealem Gas durchgeführt. Die Molmasse ist mit M = 4,0026 kg/kmol gegeben, das Verhältnis von c_p/c_v mit konstant $\kappa = 1,657$. Das Verhältnis von v_1/v_2 beträgt 10 : 1.

a) *Skizzieren Sie den Prozessverlauf im p,v- und im T,s-Diagramm und geben Sie an, wo dem System von außen Wärme zu- oder abgeführt wird.*

b) *Berechnen Sie die Zustände (p, v und T) an den Eckpunkten, wenn der Zustand im Punkt 1 mit p = 0,1 MPa absolut und ϑ = 50 °C gegeben ist. Die Entropiedifferenz des Heliums bei der isochoren Wärmezufuhr ist mit $s_3 - s_2$ = 3,572 kJ/kgK gegeben. Alle Zustandsänderungen sind als reibungsfrei und reversibel anzusehen.*

c) *Berechnen Sie die spezifische Prozessarbeit sowie die spezifische, von außen zugeführte und die nach außen abgeführte Wärmemenge. Geben Sie auch den thermischen Wirkungsgrad η_{th} des Prozesses an, wenn die spezifische Nutzarbeit dabei auf die von außen zugeführte Wärmemenge bezogen wird.*

Lösung

a) *Skizze siehe Abb. 7-25. Wärmezufuhr von außen von 3 nach 4 und Wärmeabfuhr nach außen von 1 nach 2. Wärmezufuhr vom Regenerator von 2 nach 3 und Wärmeabfuhr an den Regenerator von 4 nach 1.*

b)

	1	2	3	4
p in MPa	0,1	**1,0**	**3,096**	**0,3096**
T in K	323	323	**1000**	**1000**
v in m^3/kg	**6,709**	**0,6709**	**0,6709**	**6,709**

1 → 2: $p_1 \cdot v_1 = p_2 \cdot v_2$ $\qquad p_2 = p_1 \cdot \frac{v_1}{v_2} = 1{,}0 \text{ MPa}$

$$R_i = \frac{R}{M} = \frac{8314 \text{ J/kmolK}}{4{,}0026 \text{ kg/kmol}} = 2{,}077 \text{ kJ/kgK}$$

$$v_1 = \frac{R_i \cdot T}{p} = \frac{2{,}077 \text{ Nm/kgK} \cdot 323 \text{ K}}{0{,}1 \cdot 10^6 \text{ N/m}^2} = 6{,}709 \text{ m}^3/\text{kg}$$

$$\frac{v_1}{v_2} = 10 \qquad v_2 = \frac{v_1}{10} = 0{,}6709 \text{ m}^3/\text{kg}$$

$$c_v = \frac{R_i}{\kappa - 1} = \frac{2{,}077 \text{ kJ/kgK}}{1{,}657 - 1} = 3{,}161 \text{ kJ/kgK}$$

$$s_3 - s_2 = c_v \cdot \ln\frac{T_2}{T_1}$$

$$\ln\frac{T_2}{T_1}=\frac{s_3-s_2}{c_v} \qquad \frac{T_2}{T_1}=e^{\frac{s_3-s_2}{c_v}}=e^{\frac{3,572}{3,161}}$$

$$T_2=T_1\cdot e^{\frac{s_3-s_2}{c_v}}=323\cdot e^{\frac{3,572}{3,161}}=1000\text{ K}$$

$p_3 = ?$

$$\frac{p_2\cdot v_2}{T_2}=\frac{p_3\cdot v_3}{T_3} \qquad \textit{mit} \quad v_2=v_3$$

$$p_3=\frac{p_2\cdot T_3}{T_2}=\frac{1{,}0\text{ MPa}\cdot 1000\text{ K}}{323\text{ K}}=3{,}096\text{ MPa}$$

$p_4 = ?$

$$p_3\cdot v_3=p_4\cdot v_4 \qquad p_4=p_3\cdot\frac{v_3}{v_4}=p_3\cdot\frac{v_2}{v_1}=3{,}096\,\text{MPa}\,\frac{1}{10}=0{,}3096\text{ bar}$$

$$\frac{v_3}{v_4}=\frac{R_i\cdot T}{p} \qquad v_3=\frac{2077\text{ Nm/kgK}\cdot 1000\text{ K}}{3{,}096\cdot 10^6\text{ N/m}^2}=0{,}6709\text{ m}^3\text{/kg}=v_2$$

$$v_4=v_1=6{,}709\text{ m}^3\text{/kg}$$

c)

$-w = ?$

$$-w=\sum q_{ik}=q_{12}+q_{23}+q_{34}+q_{41}$$

$$q_{12}=R_i\cdot T_1\cdot\ln\frac{v_2}{v_1}$$

$$q_{23}=c_v\cdot(T_3-T_2)$$

$$q_{34}=R_i\cdot T_3\cdot\ln\frac{v_4}{v_3}=-R_i\cdot T_3\cdot\ln\frac{v_3}{v_4}$$

$$q_{41}=c_v\cdot(T_1-T_4)$$

Mit $v_1 = v_4$ *und* $v_2 = v_3$ *sowie* $T_4 = T_3$ *und* $T_2 = T_1$:

$$-w=R_i\cdot T_1\cdot\ln\frac{v_2}{v_1}=-R_i\cdot T_3\cdot\ln\frac{v_2}{v_1}+c_v\cdot(T_3-T_2)+c_v\cdot(T_2-T_3)$$

$$-w=R_i\cdot\ln\frac{v_2}{v_1}\cdot(T_1-T_3)+c_v\cdot(T_3-T_2+T_2-T_3)$$

$$-w=2{,}077\text{ kJ/kgK}\cdot\ln 0{,}1\cdot(323-1000)\text{ K}=3\,237{,}7\text{ kJ/kg}$$

q_{zu} von außen = ? $$q_{zu} \text{ von außen} = q_{34} = R_i \cdot T_3 \cdot \ln \frac{v_4}{v_3} = R_i \cdot T_3 \cdot \ln \frac{v_1}{v_2}$$

$$= 2{,}077 \text{ kJ/kgK} \cdot 1000 \text{ K} \cdot \ln 10 = 4782{,}5 \text{ kJ/kg}$$

q_{ab} nach außen = ? $$q_{ab} \text{ nach außen} = q_{12} = R_i \cdot T_1 \cdot \ln \frac{v_2}{v_1}$$

$$= 2{,}077 \text{ kJ/kgK} \cdot 323 \text{ K} \cdot \ln 0{,}1 = -1544{,}7 \text{ kJ/kg}$$

η_{th} = ? $$\eta_{th} = \frac{|w|}{q_{zu}} = \frac{3237{,}7 \text{ kJ/kg}}{4782{,}5 \text{ kJ/kg}} = 0{,}677 \longrightarrow 67{,}7\,\%$$

7.3 Kältemaschinen und Wärmepumpe

Ein wichtiges Anwendungsbeispiel von Kreisprozessen in unserem Alltag ist der Kühlschrank. Allgemein gehört er zu den Kältemaschinen. Auch die Klimaanlage im Auto oder im Haus zählt dazu. Kältemaschinen sind Arbeitsmaschinen, das heißt, wir haben es mit linksläufigen Prozessen zu tun. Ein Kühlschrank, der nach dem linksläufigen Carnot-Prozess arbeitet, könnte wie in Abb. 7-28 skizziert aufgebaut sein.

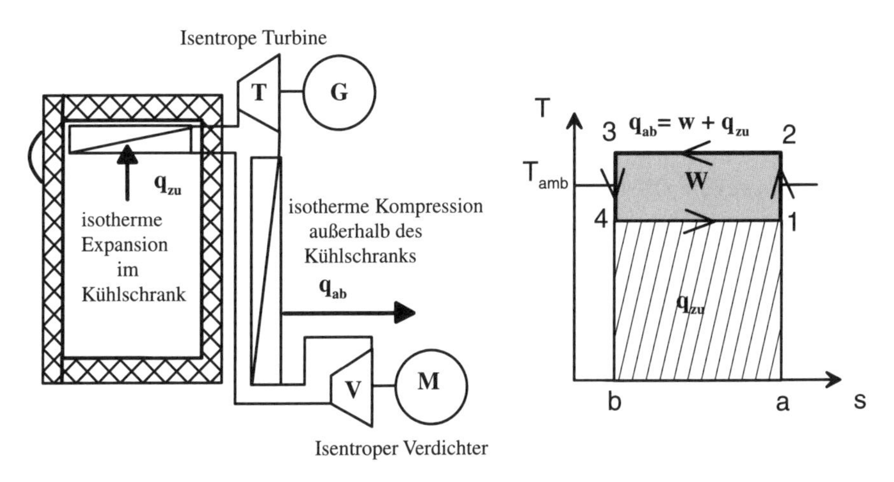

Abbildung 7-28: Prinzipskizze für einen Kühlschrank, der nach dem Carnot-Prozess arbeitet, mit T,s-Diagramm

$1 \rightarrow 2$ In einem Verdichter, der von einem Elektromotor (M) angetrieben wird, wird das ideale Gas isentrop verdichtet. Dabei muss das Gas auf eine Temperatur gebracht werden, die über der Umgebungstemperatur T_{amb} liegt. Die Temperaturerhöhung kommt aus der Verdichterarbeit $w_{t,r}$.

2 → 3 Das Gas wird in den Wärmetauscher geschickt und unter Wärmeabgabe isotherm komprimiert. Der Wärmetauscher ist außerhalb, in der Regel auf der Rückseite des Kühlschranks, angebracht.

$q_{ab} = q_{23}$ = Fläche a–2–3–b–a

3 → 4 Nach dem Kühler wird das Gas isentrop expandiert. Man könnte die Expansionsarbeit in einer Turbine nutzen, die wiederum einen Generator antreibt. Dabei sinkt die Temperatur unter die Umgebungstemperatur.

4 → 1 Das Gas wird in einem Wärmetauscher, der sich im Kühlschrank befindet, weiter isotherm expandiert. Damit bei der Expansion die Temperatur nicht weiter absinkt, muss dem Gas Wärme aus dem Kühlraum zugeführt werden.

$q_{zu} = q_{41}$ = Fläche a–1–4–b–a

Die Prozessarbeit, die nur aus der isothermen Kompression und Expansion resultiert, entspricht der Fläche 1–2–3–4–1. Bei diesem Prozess gilt ebenfalls:

$$-w = \sum q_{ik} = q_{zu} + q_{ab} \qquad (q_{ab} \text{ ist nach Definition negativ})$$

Bei diesem Prozess interessiert auch noch, welcher Nutzen pro Aufwand erzielt wird. Nutzen ist hier die transportierte Wärmemenge und Aufwand ist die Antriebsleistung w der Maschine. Es stellt sich dabei heraus, dass die transportierte Energiemenge ein Vielfaches der aufgewendeten Arbeit sein kann. Da zur Kennzeichnung des Prozesses hier der thermische Wirkungsgrad untauglich ist, definieren wir eine neue Kennzahl. Man nennt diese Zahl die **Leistungsziffer ε:**

$$\varepsilon_{KM} = \frac{q_{zu}}{w} \qquad \text{(allgemein gültig)} \tag{7.72}$$

Für eine Kältemaschine (KM) ist der Nutzen die dem Kühlraum entzogene Wärmemenge. Dies ist für das Gas die zugeführte Wärmemenge:

Bei unserem Carnot-Prozess entspricht dies:

$$\varepsilon_{KM} = \frac{T_{41}}{T_{23} - T_{41}} \tag{7.73}$$

Merke Hieraus ist ersichtlich, dass ε_{KM} von der Temperatur im Kühlraum (T_{41}), genauer gesagt von der Gastemperatur im Wärmetauscher des Kühlraumes, und von der Temperaturdifferenz $T_{23} - T_{41}$, also vom Temperaturhub im Verdichter und der Turbine, abhängig ist. Hier ist eine möglichst geringe Differenz anzustreben.

Für einen Kühlschrank heißt das: Stellen Sie den Thermostat nicht unnötig kalt ein und suchen Sie einen kühlen Platz für den Kühlschrank. Die Kühltruhe gehört deshalb möglichst nicht in den warmen Heizungskeller, sondern in den kühlsten Raum des Hauses.

Beispiel 7-6: *In einer Kältemaschine, die nach dem Carnot-Prozess arbeitet, wird nach dem isentrop arbeitenden Verdichter eine Temperatur von 17 °C erreicht. Im Wärmetauscher nach der Turbine wird weiter bei –10 °C isotherm expandiert. Wie groß ist die Leistungsziffer?*

$$\varepsilon_{\mathrm{KM}} = \frac{T_{41}}{T_{23} - T_{41}} = \frac{263\ \mathrm{K}}{290\ \mathrm{K} - 263\ \mathrm{K}} = 9{,}74$$

Unser Kühlschrank ist aber auch gleichzeitig eine Heizung, denn hinter dem Kühlschrank wird Wärme über Umgebungstemperaturniveau abgeführt. Überspitzt gesprochen: Stellt man einen Kühlschrank in einem Fenster derart auf, dass der Wärmetauscher auf der Rückseite die Wärme in den Wohnraum abführt und die „Kühlraumseite" zur Umgebung hin offen ist, so pumpt man Wärme von der kalten Umgebung in den warmen Wohnraum. Dies wird tatsächlich angewandt. Man bezeichnet es als Wärmepumpe. Selbstverständlich verwendet man hierzu keinen Kühlschrank, sondern eine speziell für diesen Zweck konstruierte Anlage. Für eine Wärmepumpe (WP) ist der „Nutzen" die dem zu beheizenden Raum zugeführte Wärmemenge. Dies ist für das Gas die abzuführende Wärmemenge q_{ab} (isotherme Kompression). Die Leistungsziffer für Wärmepumpen ist daher definiert:

$$\varepsilon_{\mathrm{WP}} = \frac{q_{\mathrm{ab}}}{w} \tag{7.74}$$

Bei einem Carnot-Prozess entspricht dies:

$$\varepsilon_{\mathrm{WP}} = \frac{T_{23}}{T_{23} - T_{41}} \tag{7.75}$$

Merke Auch hier ist die Leistungsziffer abhängig von der Temperatur (T_{23}), d.h. der Gastemperatur im Wärmetauscher zur Erhitzung des Warmwassers für die Hausheizung, und von der Temperaturdifferenz $T_{23} - T_{41}$. Dies bedeutet, je geringer die Temperaturdifferenz ist, desto höher ist die Leistungsziffer.

Es ist also möglichst eine Niedertemperaturheizung anzustreben.

Beispiel 7-7: *Im Wärmetauscher zur Warmwasserbereitung wird die isotherme Kompression bei 70 °C durchgeführt. Um aus den im Erdreich verlegten Rohren Wärme aufnehmen zu können, muss das Gas in den Rohren bei 0 °C isotherm expandiert werden. Wie groß ist die Leistungsziffer?*

$$\varepsilon_{\mathrm{WP}} = \frac{T_{23}}{T_{23} - T_{41}} = \frac{343}{343 - 273} = 4{,}9$$

Zusammenfassung Bei linksläufigen Kälte-Prozessen wird mehr Wärme transportiert, als Arbeit für den Transport aufgewendet werden muss. Deshalb wird die Effektivität des Prozesses in Leistungsziffern angegeben, die für Kältemaschinen und Wärmepumpen unterschiedlich definiert sind.

7.3.1 Gaskältemaschinen

Dieser Idealprozess (Carnot) kann in der Realität weder als linksläufiger noch als rechtsläufiger Prozess dargestellt werden. Deshalb werden andere Prozesse dazu herangezogen. Eine isotherme Kompression oder Expansion ist in einem Wärmetauscher nicht realisierbar.

Gut realisierbar ist aber eine isobare Zustandsänderung in einem Wärmetauscher. Bei Gaskältemaschinen wird deshalb der linksläufige Joule-Prozess verwendet. Man spricht von Gaskältemaschinen, weil während des gesamten Prozessverlaufs das Fluid gasförmig bleibt. Diese Gaskältemaschinen werden nur bei tiefen Temperaturen < 100 °C verwendet.

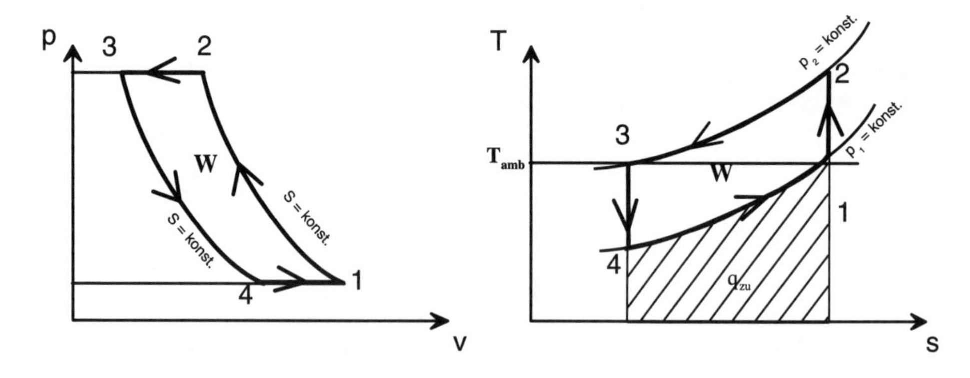

Abbildung 7-29: Linksläufiger Joule-Prozess für eine Kältemaschine

Bei einer so genannten Kaltluftmaschine wird Luft vom Umgebungszustand angesaugt und von 1 → 2 im Kompressor verdichtet. Dann wird das Gas soweit wie möglich abgekühlt (2 → 3). In der Turbine kühlt sich die Luft unter Arbeitsabgabe unter die Umgebungstemperatur ab (3 → 4) und gelangt dann in den Wärmetauscher im Kühlraum, wo sie isobar aus dem Kühlraum Wärme aufnimmt und so die Kühlleistung erbringt. Gerade bei sehr tiefen Temperaturen im Kühlraum existiert nach dem Wärmetauscher noch eine deutlich niedrigere Temperatur in der Kühlluft als in der Umgebung. Mit dieser Restkühlluft kann die Luft nach dem Kompressor noch weiter abgekühlt werden.

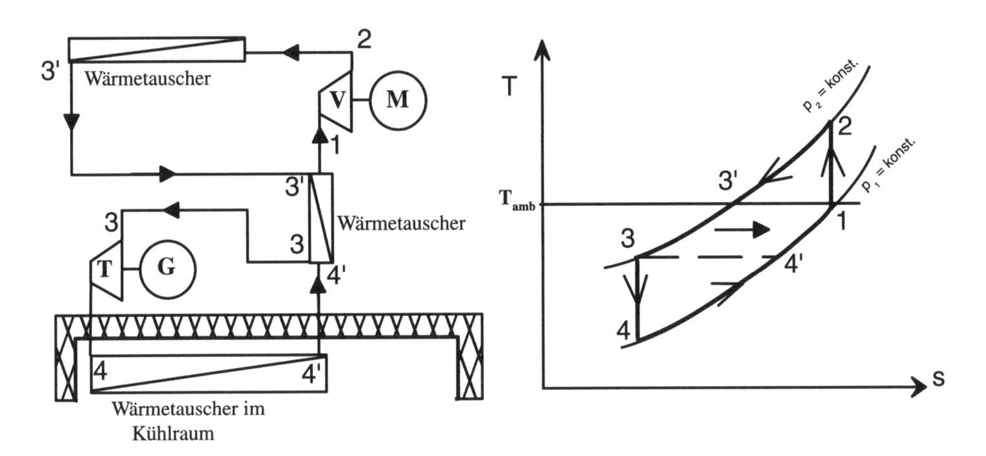

Abbildung 7-30: Prinzipskizze und T,s-Diagramm für Kaltluftmaschine mit innerem Wärmeaustausch

Eine solche Kaltluftmaschine mit innerem Wärmeaustausch ist in Abb. 7-30 skizziert. Die Leistungsziffern für den linksläufigen Joule-Prozess lassen sich wie beim rechtsläufigen Prozess (siehe Abschnitt 7.2.5) herleiten.

$$\varepsilon_{\mathrm{KM}} = \frac{q_{\mathrm{zu}}}{w} \qquad \text{(siehe 7.72)}$$

$$\varepsilon_{\mathrm{KM,\,J}} = \frac{1}{\left(\dfrac{p_2}{p_1}\right)^{\frac{\kappa-1}{\kappa}} - 1} \qquad (7.76)$$

und

$$\varepsilon_{\mathrm{WP}} = \frac{q_{\mathrm{ab}}}{w} \qquad \text{(siehe 7.74)}$$

$$\varepsilon_{\mathrm{WP,\,J}} = \frac{1}{1 - \left(\dfrac{p_1}{p_2}\right)^{\frac{\kappa-1}{\kappa}}} \qquad (7.77)$$

Mit aufwendigeren Verfahren kann der Wirkungsgrad gesteigert werden, wie zum Beispiel durch mehrstufige Verfahren mit Zwischenkühlung. Der Stirling-Prozess als linksläufiger Prozess wird in der Philips-Gaskältemaschine umgesetzt. Der Einsatzbereich dieser Maschinen liegt bei Temperaturen von – 80 bis –270 °C.

Zusammenfassung Gaskältemaschinen arbeiten mit gasförmigen Kühlmedien und sind für sehr niedrige Temperaturen geeignet.

7.3.2 Dampfkältemaschinen

Im Haushaltsbereich und zur Lagerung von Nahrungsmitteln werden Dampfkältemaschinen eingesetzt. In unseren Kühltruhen und Kühlschränken arbeiten in der Regel Dampfkältemaschinen. Bei diesen Maschinen macht man sich das Realgasverhalten von Stoffen zunutze. In Abschnitt 6.2 haben wir gelernt, dass die Verdampfungs- oder Kondensationstemperatur eines Stoffes druckabhängig ist. Je höher der Druck, desto höher ist die Siedetemperatur.

Der Verdampfungs- und umgekehrt auch der Kondensationsvorgang finden bei konstanter Temperatur, also isotherm, statt. Bei idealen Gasen sind isotherme Zustandsänderungen nur schwer darstellbar. Deshalb kann auch der linksläufige Carnot-Prozess technisch kaum mit Gasen realisiert werden. Berücksichtigt man das Realgasverhalten, so kommt man sehr nahe an die von *Carnot* vorgeschlagene Prozessführung heran. Man bezeichnet diesen Prozess als den linksläufigen Clausius-Rankine-Prozess. Man braucht für diesen Prozess einen Stoff, der bei niedrigem Druck eine Verdampfungstemperatur knapp unter der gewünschten Kühlraumtemperatur hat und möglichst bei einem wenig höheren Druck oberhalb der Umgebungstemperatur kondensiert. Diese Stoffe waren die Kältemittel R 12, R 22 und R 502. Es sind Fluor-Chlor-Kohlenwasserstoffe (FCKWs). Diese Stoffe wurden wegen der Schädigung der Ozonschicht verboten. Heute wird daher Propan in den Haushaltskühlaggregaten eingesetzt. Propan wird auch in Feuerzeugen verwendet, wo das Propan bei dem Innendruck flüssig ist und bei Entspannung auf Umgebungsdruck verdampft.

Diese Maschinen arbeiten also im Nassdampfbereich und heißen deshalb Dampfkältemaschinen. In Abb. 7-31 ist der Prozess der Dampfkältemaschine schematisch und im *T,s*-Diagramm dargestellt.

Der Prozess läuft nun folgendermaßen ab:

$1 \rightarrow 2$ Isentrope Verdichtung von trockenem gesättigtem Dampf ($x_D = 1$). In 2 liegt überhitzter trockener Dampf bei T_2 und p_2 vor ($T_2 > T_{amb}$).

$2 \rightarrow 3$ Nach dem Verdichter kommt der Dampf in den Kondensator (Wärmetauscher) und kühlt dort isobar (p_2 = konst.) unter Wärmeabgabe an die Umgebung bis auf die Taupunkttemperatur T_3 ab.

$3 \rightarrow 4$ Nachdem die Taupunkttemperatur erreicht wurde, kondensiert das Gas unter weiterer Wärmeabgabe, bis in 4 gesättigte Flüssigkeit vorliegt ($x_D = 0$). Dieser Vorgang ist isobar (p_2 = konst.) und isotherm (T_3 = konst.).

$4 \rightarrow 5$ Die nun vorliegende Flüssigkeit ($x_D = 0$) wird weiter bei p_2 = konst. unter die Siedetemperatur (T_3) abgekühlt.

$5 \rightarrow 6$ Über eine Drossel wird das Kältemittel bis auf den Druck p_1 entspannt. Der Punkt 6 liegt im Nassdampfgebiet. Während der Entspannung verdampft bereits ein Teil des Kältemittels. Die Verdampfungsenthalpie wird dem Kältemittel entzogen, so dass es bis auf die Siedetemperatur T_1, die zu p_1 gehört, abgekühlt wird ($T_1 < T_{\text{Kühlraum}}$).

$6 \rightarrow 1$ Im Verdampfer, einem Wärmetauscher, der im Kühlraum angeordnet ist, verdampft nun das Kältemittel durch Wärmeaufnahme aus dem Kühlraum, bis nur noch gesättigter trockener Dampf vorliegt ($x_D = 1$).

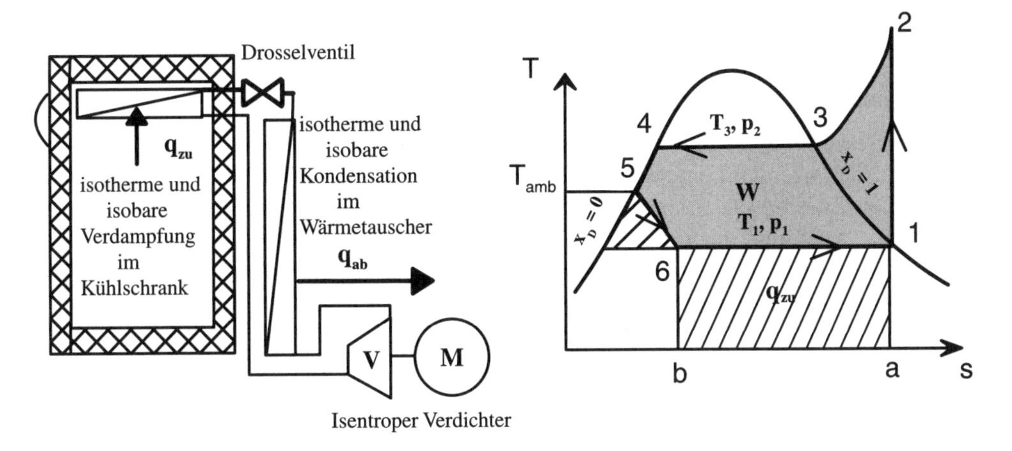

Abbildung 7-31: Schematische Darstellung und T,s-Diagramm einer Dampfkältemaschine

Anmerkung Bei Kleinanlagen wird von 5 → 6 nur über eine Drossel entspannt, weil eine Entspannung in einer Expansionsmaschine (z.B. Turbine) den technischen und wirtschaftlichen Aufwand nicht rechtfertigt.

Die Berechnung der Leistungsziffern erfolgt hier über die Enthalpiedifferenzen, die den *h,s*-Diagrammen des jeweiligen Kältemittels zu entnehmen sind. Dies vereinfacht das Arbeiten sehr.

Die für die Verdichtung aufgenommene spezifische technische Arbeit w_t entspricht der Enthalpiedifferenz $h_2'' - h_1''$.

Mit dem 1. Hauptsatz: $dq = dh - \mathrm{v}dp$; da $dq = 0$ (isentrop)

gilt: $dh = \mathrm{v}dp = w_t$; da $\int \mathrm{v}dp = w_t$.

Die abgeführte spezifische Wärmemenge q_{ab} entspricht der Enthalpiedifferenz $h_5' - h_2''$, da die Wärme isobar (p_2) abgeführt wird. Die zugeführte spezifische Wärmemenge q_{zu} entspricht der Enthalpiedifferenz $h_1'' - h_{6,1+x}$.

Deshalb ergibt sich nun für die Leistungsziffern:

$$\varepsilon_{KM} = \frac{q_{zu}}{w} = \frac{h_1'' - h_{6,1+x}}{h_2'' - h_1''} \tag{7.78}$$

und

$$\varepsilon_{WP} = \frac{q_{ab}}{w} = \frac{h_5' - h_2''}{h_2'' - h_1''} \tag{7.79}$$

Anmerkung Wesentlich ist bei der Dampfkältemaschine das Verständnis, wie der Prozess abläuft. Um den Umfang dieses Buches einzugrenzen, wurde auf das Anfügen von *h,s*-Diagrammen der Kältemittel verzichtet. Damit entfällt auch das Berechnungsbeispiel.

Zusammenfassung Dampfkältemaschinen werden im Haushaltsbereich und in Kühlhäusern für Nahrungsmittel eingesetzt. Hier wird das Realgasverhalten zur Darstellung von isothermen Zustandsänderungen genutzt. Dabei werden entsprechende Kältemittel bei niedrigem Druck und niedriger Temperatur verdampft und möglichst isentrop auf einen höheren Druck verdichtet. Bei diesem Druck wird dann isobar und weitgehend isotherm kondensiert. Die Leistungsziffern sind etwas schlechter als beim Carnot-Prozess.

7.4 Der Verdichter

Druckluft ist etwas, das uns täglich begegnet, ob an der Tankstelle, um die Reifen aufzupumpen, oder in der Werkstatt, wo Druckluftmaschinen (Schrauber) und Druckluftzylinder betrieben werden. Diese Druckluft wird durch Kolbenverdichter oder Schraubenkompressoren bereitgestellt. Aber auch bei unseren Kreisprozessen gibt es Verdichter, z.B. im Joule-Prozess (Gasturbine). In der chemischen Industrie werden Gase bei sehr hohen Drücken benötigt und müssen gefördert werden. Kompressoren oder Verdichter sind demnach wichtige Maschinen in der Technik. Interessant ist an Verdichtern vor allem die Verdichtung und das Fördern des verdichteten Gases.

In Verdichtern laufen keine Kreisprozesse ab. Sie können aber gut mit den aus den Kreisprozessen geläufigen Methoden behandelt werden. Es handelt sich allgemein um eine polytrope Verdichtung. Somit gilt:

$p \cdot \mathrm{v}^n = \text{konst.}$ oder allgemein:

$$\frac{T_2}{T_1} = \left(\frac{p_2}{p_1}\right)^{\frac{n-1}{n}} = \left(\frac{\mathrm{v}_1}{\mathrm{v}_2}\right)^{n-1} \tag{7.80}$$

Beachte Im Unterschied zu den Kreisprozessen ist die Masse während eines Arbeitszyklusses *nicht* konstant.

Es handelt sich um ein offenes System, das mit Hilfe des Kolbenverdichters am anschaulichsten behandelt werden kann. Das Erarbeitete gilt aber auch für Schrauben- und Turboverdichter, G-Lader usw.

7.4.1 Der verlustlose Verdichter

Um die wesentlichen Zusammenhänge erkennen zu können, schaffen wir uns einen idealen Verdichter. Dieser Kolbenverdichter hat folgende Eigenschaften:

1. Er arbeitet reibungsfrei und reversibel.
2. Er ist am Kolben vollkommen dicht.
3. Er hat keine Ansaug- und Ausströmwiderstände.
4. Er kann sein Gas vollkommen ausstoßen. Das bedeutet, in der obersten Stellung ist das Arbeitsvolumen = 0. Man sagt, er hat keinen Schadraum.
5. Die Änderung der potentiellen und kinetischen Energie wird vernachlässigt.
6. Der Umgebungsdruck unter dem Kolben ist gleich 0 MPa.

Als Skizze und im $p,$v-Diagramm ist der verlustlose Verdichter in Abb. 7-32 dargestellt, um die Abläufe zu studieren.

Der Arbeitszyklus läuft nun folgendermaßen ab:

$1 \rightarrow 2$ Durch den Kolben wird das Volumen verringert und es erfolgt allgemein beschrieben eine polytrope Verdichtung. Die dazu benötigte Antriebsarbeit ist:

$$w_{t_{1,2}} = \int_1^2 \mathrm{v}dp = p_1 \cdot \mathrm{v}_1 \cdot \frac{n}{n-1} \cdot \left[\left(\frac{p_2}{p_1} \right)^{\frac{n-1}{n}} - 1 \right] \qquad (7.81)$$

oder:

$$w_{t_{1,2}} = R_i \cdot T_1 \cdot \frac{n}{n-1} \cdot \left[\left(\frac{p_2}{p_1} \right)^{\frac{n-1}{n}} - 1 \right] \qquad (7.82)$$

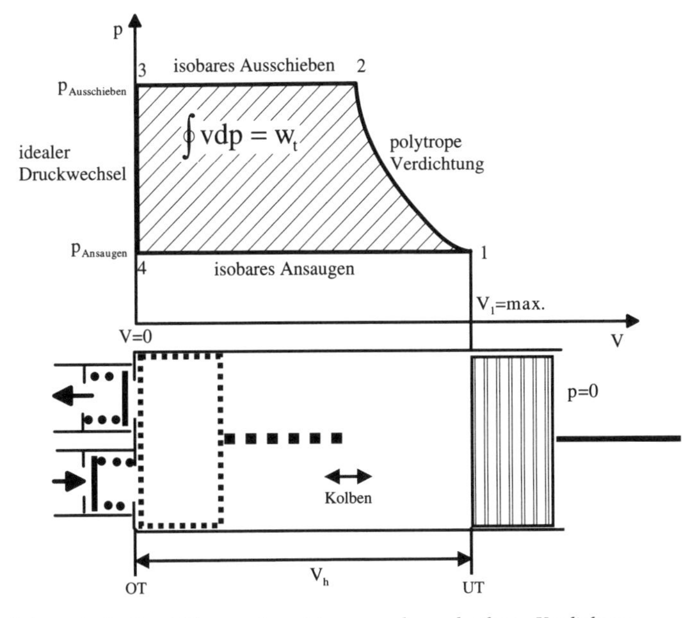

Abbildung 7-32: Schematische Darstellung und p,v-Diagramm des verlustlosen Verdichters

Merke Damit ist die Verdichtungsarbeit abhängig:
a) vom Anfangszustand des Gases ($p_1 \cdot v_1$ oder $R_i \cdot T_1$)
b) von der Art des Gases (R_i)
c) vom Polytropenexponenten n

$$w_{V_{1,2}} = -\int_1^2 p \cdot dv \tag{7.83}$$

$2 \rightarrow 3$ Ausschieben des verdichteten Gases, bis die Masse und das Volumen im Arbeitsraum = 0 ist. Die Arbeit ist die Verschiebearbeit aus:

$$W_{2,3} = F \cdot s_{2,3} \tag{7.84}$$

Es ist: $$F = p_2 \cdot A_{\text{Kolben}} \tag{7.85}$$

und: $$V_2 = A_k \cdot s_{2,3} \tag{7.86}$$

Damit ist: $$W_{2,3} = p_2 \cdot A_{\text{Kolben}} \cdot s_{2,3} = p_2 \cdot V_2 \tag{7.87}$$

Die Arbeit ist positiv, da der Kolben Arbeit an das Gas abgibt.

$3 \rightarrow 4$ Druckwechsel; da keine Masse mehr im Zylinder ist, schließen die Ventile dicht, und bei einer minimalen Bewegung des Kolbens nach unten bricht der Druck auf den Ansaugdruck zusammen.

$$W_{3,4} = 0$$

$4 \rightarrow 1$ Einströmen (Füllen) bei Ansaugdruck. Wie bei $2 \rightarrow 3$ ist hier die Verschiebearbeit am Kolben

$$W_{4,1} = F \cdot s_{4,1} \qquad \text{bzw.} \qquad W_{4,1} = -p_1 \cdot V_1 \tag{7.88}$$

$W_{4,1}$ ist negativ, da der Druck im Kurbelhaus = 0 ist und damit das Gas Arbeit an den Kolben abgibt.

Die Gesamtarbeit über einen Arbeitszyklus ist dann:

$$W_{t,\text{ges}} = W_{t_{1,2}} + W_{2,3} + W_{3,4} + W_{4,1} = \oint V dp \tag{7.89}$$

$$W_{t,\text{ges}} = W_{t_{1,2}} + p_2 V_2 - p_1 V_1 = n \cdot W_{V_{1,2}} \tag{7.90}$$

Die technische Arbeit, die für den Antrieb des Verdichters aufzuwenden ist, wird bei einer isothermen Verdichtung ($n = 1$) am geringsten und bei einer isentropen Verdichtung ($n = \kappa$) maximal.

Aus (7.90) kann man das deutlich ersehen, da bei einer isothermen Zustandsänderung gilt:

$p \cdot V = \text{konst.}$, also: $p_1 V_1 = p_2 V_2$

Dann bleibt: $W_{\text{ges}} = W_{V_{1,2}}$

Merke Wenn nur eine Druckerhöhung von Interesse ist, ist möglichst eine isotherme Verdichtung anzustreben. Aus diesem Grund sind Kolbenkompressoren meist mit Kühlrippen versehen.

Die Mehrarbeit bei isentroper Verdichtung kann gut im p,v-Diagramm erkannt werden (siehe Abb. 7-33).

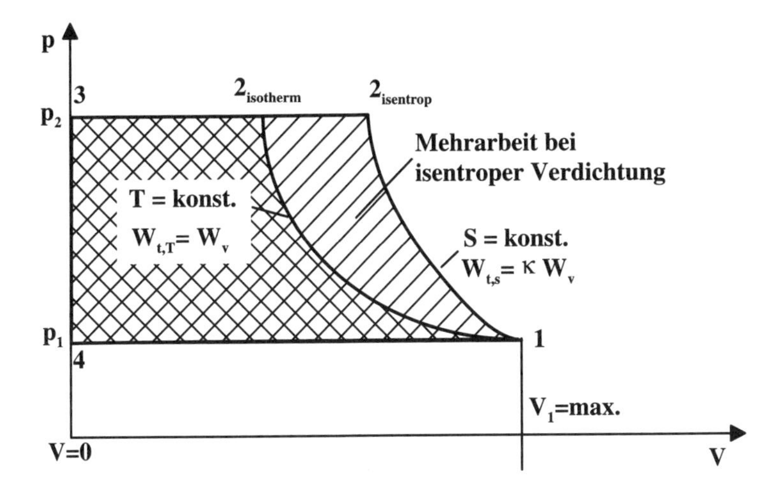

Abbildung 7-33: Isentrope und isotherme Verdichtung im p,v-Diagramm

Zusammenfassung Der Verdichter ist kein Kreisprozess, sondern bewirkt nur eine Zustandsänderung. Wichtig ist, dass die Stoffmenge im Verdichter nur während der Verdichtung konstant ist. Während des Ausschiebens und Ansaugens verändert sich die Stoffmenge im Verdichter, die letztgenannten Vorgänge sind isotherm und isobar. Es ist eine isotherme Verdichtung anzustreben, da dann die Verdichtungsarbeit am kleinsten ist und die Ansaugarbeit gleich der Ausschiebearbeit ist.

7.4.2 Der reale Verdichter

Um aber eine isotherme Zustandsänderung technisch zu realisieren, muss die Zustandsänderung langsam ablaufen. Dadurch würde der Verdichter für einen entsprechenden Massenstrom sehr groß und schwer werden. Deshalb baut man lieber leichte Kompressoren, die bei hohen Drehzahlen laufen. Dies bedeutet aber, dass die Verdichtung eher isentrop als isotherm ist. Aus mehreren Gründen realisiert man bei höheren Druckverhältnissen eine mehrstufige Verdichtung mit Zwischenkühlung.

Bei sehr hohen Druckverhältnissen sind bei isentroper Verdichtung die Verdichtungsendtemperaturen sehr hoch. Dies führt zu hohen thermischen Belastungen der Bauteile. Es kann auch zu ungewollten Reaktionen der geförderten Gase mit den Schmierstoffen kommen oder die Gase werden gar thermisch zerstört. In diesem Fall **muss** eine mehrstufige Verdichtung mit Zwischenkühlung vorgesehen werden.

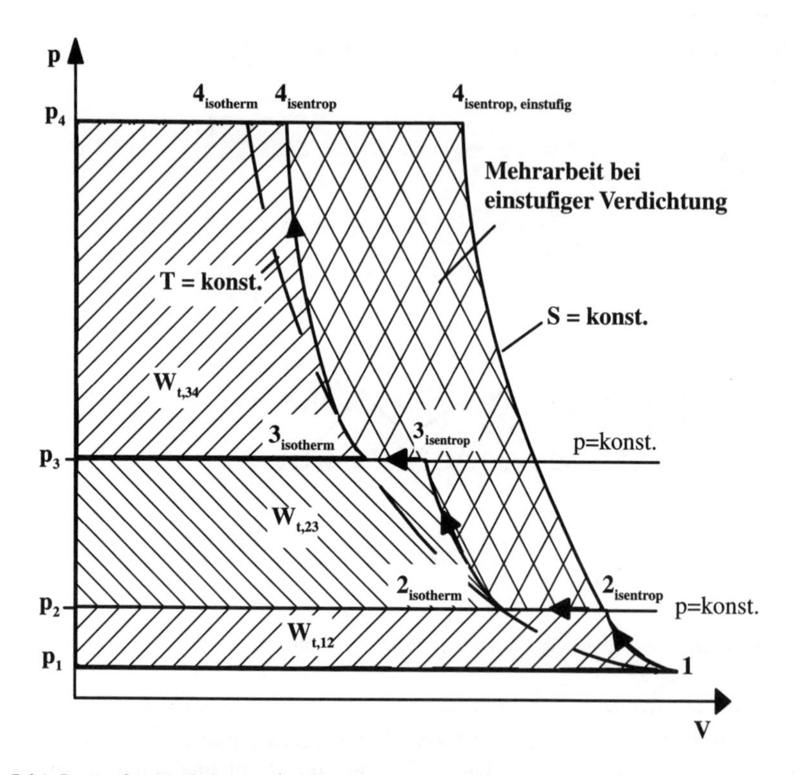

Abbildung 7-34: Dreistufige Verdichtung mit isobarer Zwischenkühlung

Bei einer mehrstufigen Verdichtung mit isobarer Zwischenkühlung auf die Anfangstemperatur wird trotz isentroper Verdichtung eine Verringerung des Antriebsleistungsbedarfes möglich.

Aus Abb. 7-34 ist klar ersichtlich, dass gegenüber einer einstufigen isothermen Verdichtung auch beim mehrstufigen Verdichter mit isentroper Verdichtung eine Mehrarbeit vorhanden ist, diese ist aber gegenüber der einstufigen isentropen Verdichtung deutlich geringer.

Beim realen Verdichter ist die Verdichtung polytrop mit $1 < n < \kappa$.

Wenn eine bestimmte Temperatur pro Stufe nicht überschritten werden darf, ergibt sich über die Isentropengleichung mit

$$\frac{p_1}{p_2} = \left(\frac{T_1}{T_2}\right)^{\frac{\kappa}{\kappa-1}} \tag{7.91}$$

das maximal zulässige Druckverhältnis pro Stufe. Die maximale Arbeitsersparnis erhält man, wenn man in allen Stufen das gleiche Druckverhältnis realisiert. Es gilt daher für das Stufendruckverhältnis bei einer Anzahl von z Stufen:

$$\frac{p_2}{p_1} = \sqrt[z]{\frac{\text{Enddruck}}{\text{Anfangsdruck}}} \tag{7.92}$$

Erhält man aus (7.91) das Stufendruckverhältnis und hat das Gesamtdruckverhältnis, so lässt sich mit (7.92) die Mindeststufenanzahl errechnen:

$$\ln\frac{p_2}{p_1} = \frac{1}{z}\ln\frac{p_{\text{End}}}{p_{\text{Anf}}}\,;$$

nach der Stufenzahl z aufgelöst:

$$z = \frac{\ln\frac{p_{\text{End}}}{p_{\text{Anf}}}}{\ln\frac{p_2}{p_1}} \tag{7.93}$$

Dies führt in der Regel nicht zu einem ganzzahligen Wert für z. Man rundet daher immer zum nächsten ganzzahligen Wert für z auf und berechnet dann erneut das Stufendruckverhältnis. Dieses Stufendruckverhältnis liegt dann unter dem anfangs ermittelten Wert, d.h., die maximal zulässigen Temperaturwerte werden nicht erreicht.

Beispiel 7-8: *Bei einem Verdichter soll eine Gastemperatur von 180 °C pro Stufe nicht überschritten werden. Als Enddruck sind 30 MPa zu erreichen. Wie viele Stufen werden bei isentroper Verdichtung und isobarer Zwischenkühlung auf die Anfangstemperatur von 20 °C benötigt? Das Gas hat einen Isentropenexponenten von $\kappa = 1{,}35$ und einen Anfangsdruck von 0,1 MPa.*

Wie groß ist das Stufendruckverhältnis, das in allen Stufen gleich ist?

Vorläufige Stufenzahl bei $T_{max} = 453$ K:

$$\frac{T_{2,\text{max}}}{T_1} = \left(\frac{p_2}{p_1}\right)^{\frac{\kappa-1}{\kappa}} \quad \rightarrow \quad \frac{p_2}{p_1} = \left(\frac{T_{2,\text{max}}}{T_1}\right)^{\frac{\kappa}{\kappa-1}} = \left(\frac{453\,K}{293\,K}\right)^{\frac{1,35}{0,35}} = 5{,}37$$

und $\ln \frac{p_{\text{End}}}{p_{\text{Anf}}} = \ln \frac{30\text{MPa}}{0{,}1\text{MPa}} = \ln 300$ mit (7.93) $z = \frac{\ln \frac{p_{\text{End}}}{p_{\text{Anf}}}}{\ln \frac{p_2}{p_1}} = \frac{\ln 300}{\ln 5{,}37} = 3{,}39$

Es werden 4 Stufen vorgesehen.

Es sind nur ganze Stufen möglich, daher ergibt sich ein Stufendruckverhältnis

$$\frac{p_2}{p_1} = \sqrt[4]{\frac{300}{1}} = 4{,}16\,.$$

Daraus ergibt sich eine Verdichtungsendtemperatur pro Stufe:

$$\frac{T_2}{T_1} = \left(\frac{p_2}{p_1}\right)^{\frac{\kappa-1}{\kappa}} \quad \rightarrow \quad T_2 = T_1 \cdot \left(\frac{p_2}{p_1}\right)^{\frac{\kappa-1}{\kappa}} = 293\ \text{K} \cdot 4{,}16^{\frac{0{,}35}{1{,}35}}$$

$$T_2 = 424\ \text{K} = 151\ °\text{C}$$

Beispiel 7-9: *Wie viele Stufen werden gebraucht, wenn im vorangegangenen Beispiel durch intensive Zylinderkühlung eine polytrope Verdichtung mit n = 1,25 erreicht wird?*

$$\frac{p_2}{p_1} = \left(\frac{T_{2,\max}}{T_1}\right)^{\frac{n}{n-1}} = \left(\frac{453}{293}\right)^{\frac{1{,}25}{0{,}25}} = 8{,}83$$

$$z = \frac{\ln 300}{\ln 8{,}83} = 2{,}6$$

Es kann dann auf eine Stufe verzichtet werden.

Beim realen Verdichter tritt noch ein weiterer Verlust auf, der durch eine mehrstufige Verdichtung vermindert werden kann. Dies ist der Füllungsverlust beim Ansaugen durch Rückexpansion des Schadraumes. Beim verlustlosen Verdichter (Abschnitt 7.4.1) hatten wir unter 4. definiert, dass sein Restvolumen in oberster Kolbenstellung gleich null ist. Diese Forderung kann in der Realität wegen der erforderlichen Bauteiltoleranzen und der elastischen Verformungen der Bauteile nicht eingehalten werden. Es bleibt immer ein Restvolumen übrig, damit der Kolben nicht gegen den Zylinderkopf läuft. Diesen Restraum nennen wir den schädlichen Raum oder Schadraum. Der Schadraum V_S beträgt bei ausgeführten Maschinen 1 bis 2 % des Hubvolumens. Als Schadraum bezeichnen wir ihn, weil er eine Verringerung der Zylinderfüllung durch Rückexpansion des im Schadraum beinhalteten Gases bringt. Der Füllungsverlust ist umso größer, je größer der Drucksprung im Verdichter ist (Abb. 7-35).

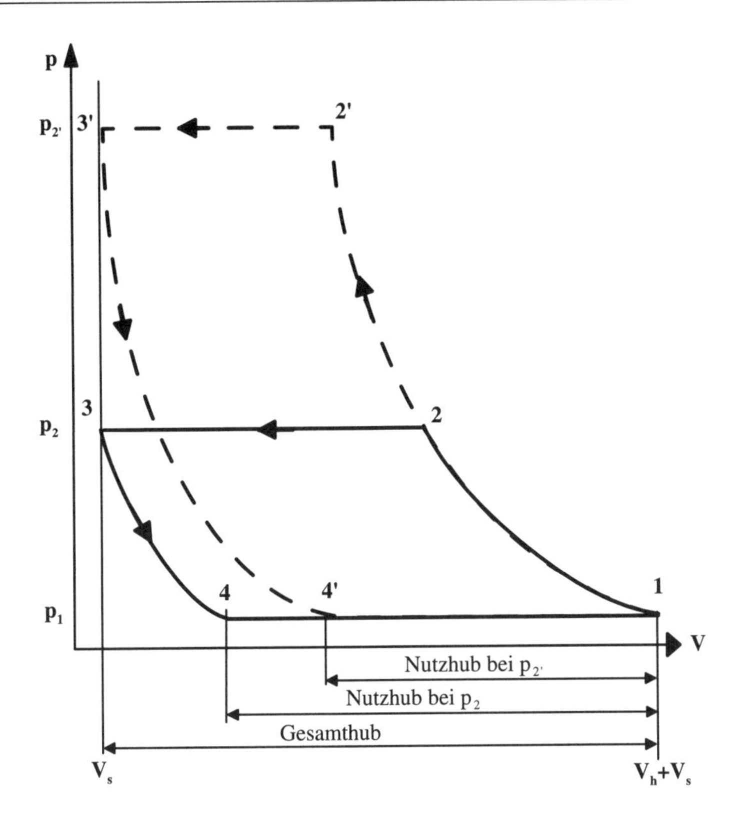

Abbildung 7-35: Füllungsverlust durch schädlichen Raum

Bei Kolbenverdichtern gibt es zwei Kennzahlen, die diesen Effekt beschreiben. Das ist das Schadraumverhältnis ε_0:

$$\varepsilon_0 = \frac{V_S}{V_h} \tag{7.94}$$

und der Füllungsgrad λ_1 bei Füllungsverlust durch Rückexpansion:

$$\lambda_1 = \frac{\text{Nutzhub}}{\text{Gesamthub}} \tag{7.95}$$

Aus Abb. 7-35 ist zu erkennen, dass der Nutzhub = $\frac{V_1 - V_4}{A_k}$ ist, wenn A_k die Kolbenfläche ist. Der Gesamthub ist $\frac{V_h}{A_k}$. Damit ergibt sich für Gleichung (7.95):

$$\lambda_1 = \frac{V_1 - V_4}{V_h} \tag{7.96}$$

Die Polytropengleichung ergibt aus $p \cdot v^n = \text{konst.}$:

$$p_3 \cdot V_3^n = p_4 \cdot V_4^n \qquad \text{oder} \qquad \frac{V_4}{V_3} = \left(\frac{p_3}{p_4}\right)^{\frac{1}{n}} \tag{7.97}$$

da $V_3 = \varepsilon_0 \, V_h$ und $\frac{p_3}{p_4} = \frac{p_2}{p_1}$ ergibt sich für

$V_4 = \varepsilon_0 \, V_h \left(\frac{p_2}{p_1}\right)^{\frac{1}{n}}$; $V_1 = V_h + V_h \cdot \varepsilon_0$, damit ergibt sich für (7.96):

$$\lambda_1 = \frac{V_h + V_h \cdot \varepsilon_0 - \varepsilon_0 \, V_h \left(\frac{p_2}{p_1}\right)^{\frac{1}{n}}}{V_h} \tag{7.98}$$

$$\lambda_1 = 1 + \varepsilon_0 \left[1 - \left(\frac{p_2}{p_1}\right)^{\frac{1}{n}}\right] \qquad \text{oder} \qquad \lambda_1 = 1 - \varepsilon_0 \left[\left(\frac{p_2}{p_1}\right)^{\frac{1}{n}} - 1\right] \tag{7.99}$$

Beispiel 7-10: *Ein Kolbenverdichter mit einem Hubvolumen von 0,785 dm^3 hat einen Hub von 100 mm und ein Schadraumverhältnis von $\varepsilon_0 = 0{,}02$. In diesem Kolbenverdichter soll trockene Luft ($R_{i,Luft} = 287$ J/kgK, $\kappa = 1{,}4$) reibungsfrei und isentrop auf 0,8 oder 2,4 MPa verdichtet und isobar ausgeschoben werden. Der Anfangszustand ist 0,1 MPa, 20 °C. Wie hoch ist λ_1 bei den beiden Verdichtungsenddrücken?*

bei Verdichtungsenddruck $p_2 = 0{,}8$ MPa:

$$\lambda_1 = 1 + 0{,}02\left[1 - 8^{\frac{1}{1{,}4}}\right] = 0{,}932$$

bei Verdichtungsenddruck $p_2 = 2{,}4$ MPa:

$$\lambda_1 = 1 + 0{,}02\left[1 - 24^{\frac{1}{1{,}4}}\right] = 0{,}826$$

Der Füllungsgrad sinkt durch die größere Rückexpansion um 10,5 %.

Bei mehrstufiger Verdichtung ist in den einzelnen Stufen die Rückexpansion geringer und damit λ_1 größer. Zudem ist das Schadvolumen auch in den höheren Stufen immer geringer, da mit kleineren Hüben und Durchmessern gearbeitet werden kann (siehe Abb. 7-36).

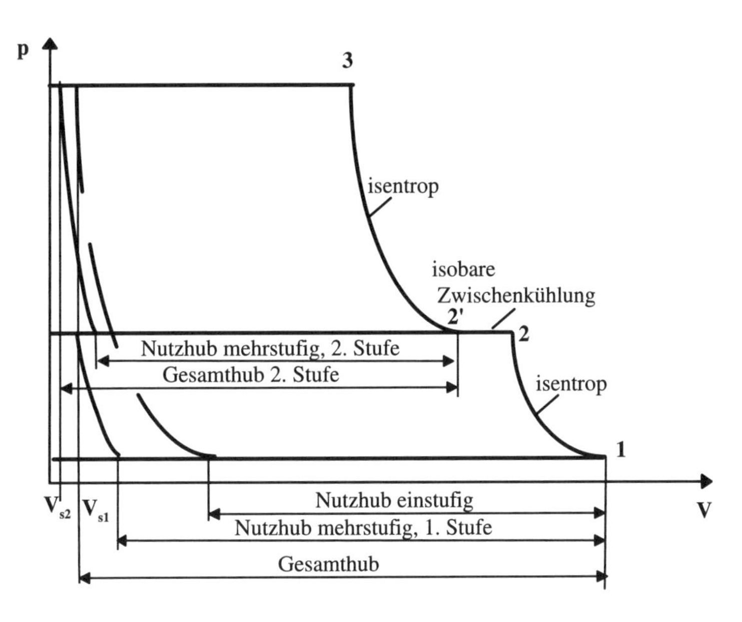

Abbildung 7-36: Verringerung der Füllungsverluste bei mehrstufiger Verdichtung

Weil beim Verdichter primär die Arbeiten von Interesse sind, haben wir in diesem Kapitel häufig das *p*,v-Diagramm verwendet. Im *T*,*s*-Diagramm lassen sich jedoch Details während der Verdichtung besser erkennen. In Abb. 7-37 sind verschiedene Arten der Verdichtung im *T*,*s*-Diagramm dargestellt, die näher erläutert werden sollen.

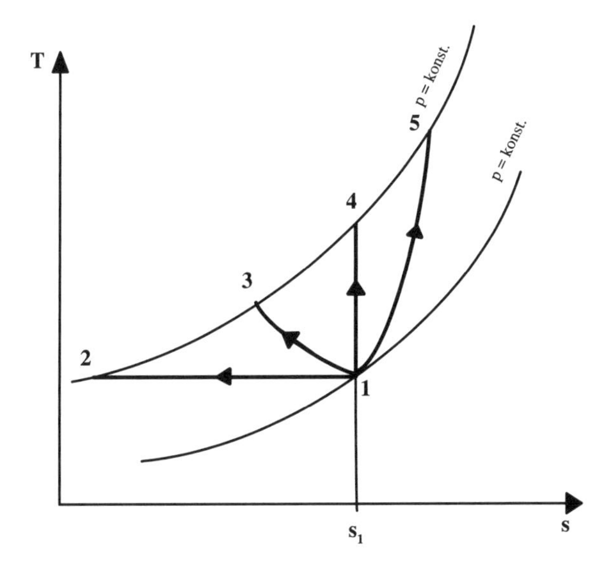

Abbildung 7-37: Verdichtung im T,s-Diagramm

$1 \rightarrow 2$ Isotherme Verdichtung (idealisierter Vorgang), $n = 1$

$1 \rightarrow 3$ Polytrope Verdichtung zwischen isothermer und isentroper Verdichtung. Entspricht realen Verdichtern mit Wärmeabfuhr über die Zylinderwandungen (meist Kolbenverdichter), $1 < n < \kappa$

$1 \rightarrow 4$ Isentrope Verdichtung (idealisierter Vorgang), $n = \kappa$

$1 \rightarrow 5$ Adiabater, reibungsbehafteter Verdichtungsvorgang, wie dies bei Turboverdichtern oft der Fall ist, $n > \kappa$

Eine mehrstufige polytrope Verdichtung $1 < n < \kappa$ mit isobarer Zwischenkühlung im *T,s*-Diagramm ist in Abb. 7-38 dargestellt.

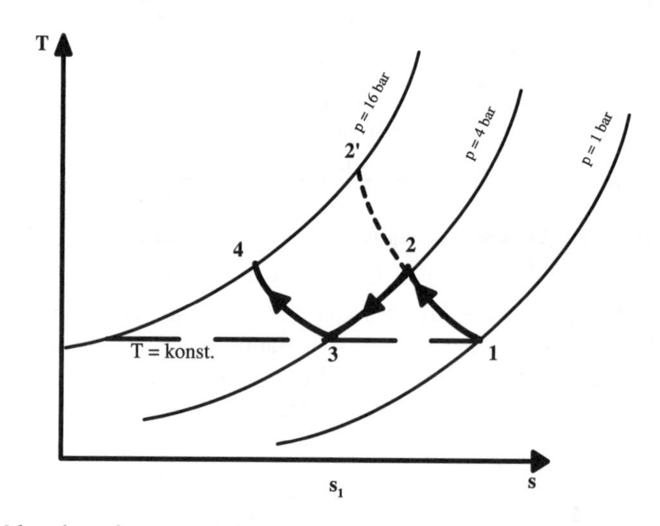

Abbildung 7-38: Mehrstufige polytrope Verdichtung im T,s-Diagramm

$1 \rightarrow 2'$ Entspricht einer einstufigen polytropen Verdichtung mit $1 < n < \kappa$

$1 \rightarrow 2$ Verdichtung in der 1. Stufe mit $1 < n < \kappa$

$2 \rightarrow 3$ Isobare Zwischenkühlung auf T_1

$3 \rightarrow 4$ Verdichtung in der 2. Stufe mit $1 < n < \kappa$

Die Fläche 2 – 2′ – 4 – 3 – 2 entspricht der Mehrarbeit bei einstufiger polytroper Verdichtung.

Zusammenfassung Bei ausgeführten Verdichtern kann bei nicht isothermer Verdichtung die Verdichtungsarbeit durch eine mehrstufige Verdichtung verringert werden. In allen Stufen ist das gleiche Druckverhältnis anzusetzen. Das Druckverhältnis wird in der Regel über die maximal zulässigen Temperaturen vorgegeben. Bei der mehrstufigen Verdichtung wird auch der Füllungsverlust durch Rückexpansion des Schadraums minimiert.

7.4.3 Isentroper Turbinen- und Verdichterwirkungsgrad

Bei Turboverdichtern und bei Turbinen geht aufgrund der sehr kurzen Verweildauer in der Maschine der Verdichtungs- oder Expansionsvorgang so schnell, dass nahezu kein Wärmeaustausch mit den Wandungen erfolgt. Man kann von einem adiabaten Vorgang sprechen. Allerdings ist der Realvorgang nicht reversibel, sondern verlustbehaftet. Das sind z.B. Wandreibung oder Druckverluste an Spalten zwischen Schaufeln und Gehäuse.

Der Idealvorgang wäre für so eine Maschine die reversible, adiabate Zustandsänderung, also eine Isentrope. Der Realvorgang ist dann nach unserer Nomenklatur eine adiabate Zustandsänderung mit Dissipation, für die gilt: $\Delta s_{\text{Diss}} \geq 0$. Wie nahe nun eine solche Maschine an den Idealvorgang herankommt, wird durch den isentropen Turbinen- und den isentropen Verdichterwirkungsgrad beschrieben. Wir verwenden zur grafischen Darstellung das *h,s*-Diagramm (siehe Abschnitt 6.2).

Isentroper Verdichterwirkungsgrad $\eta_{s,V}$

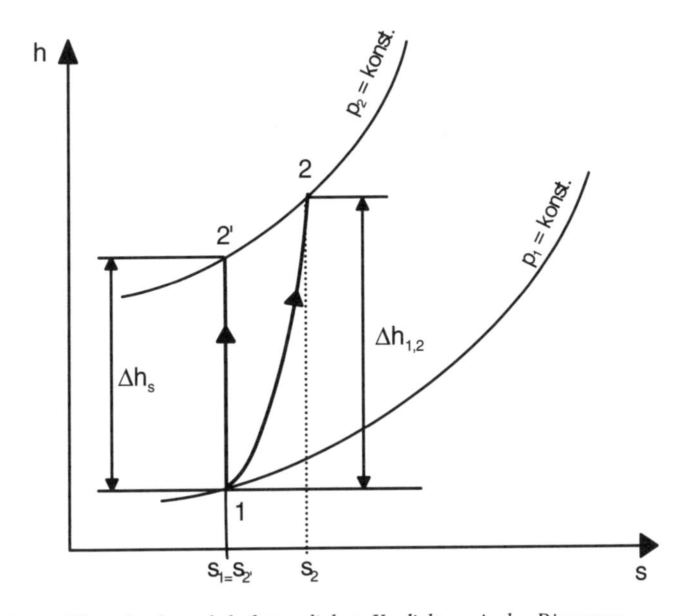

Abbildung 7-39: Reversible und reibungsbehaftete, adiabate Verdichtung im h,s-Diagramm

Nach dem 1. Hauptsatz gilt, wenn man die kinetische und potentielle Energie vernachlässigt, $dq = dh - \text{v}dp$. Nachdem wir einen adiabaten Vorgang voraussetzen, ist $dq = 0$ und der 1. Hauptsatz wird zu:

$$h_2 - h_1 = \int_1^2 \text{v}dp = w_{t_{1,2}} \tag{7.100}$$

Damit ist aus Abb. 7-39 zu ersehen, dass bei einer adiabaten Verdichtung die aufzuwendende Arbeit dann am kleinsten ist, wenn die Verdichtung reibungsfrei ($s_{Diss} = 0$), also isentrop erfolgt. Die hierzu benötigte Enthalpiedifferenz nennen wir die isentrope Enthalpiedifferenz Δh_s.

$$\Delta h_s = h_2' - h_1 \tag{7.101}$$

Die tatsächliche Enthalpiedifferenz $\Delta h_{1,2}$ ist wegen der Dissipationsenergie größer und beträgt:

$$\Delta h_{1,2} = h_2 - h_1 \tag{7.102}$$

Als isentroper Verdichterwirkungsgrad wird nun definiert:

$$\eta_{s,V} = \frac{\Delta h_s}{\Delta h_{1,2}} = \frac{h_2' - h_1}{h_2 - h_1} \tag{7.103}$$

Analog hierzu gilt für die Turbine Ähnliches, nur muss der Wirkungsgrad aus folgendem Grund etwas anders definiert werden:

Der isentrope Turbinenwirkungsgrad $\eta_{s,T}$

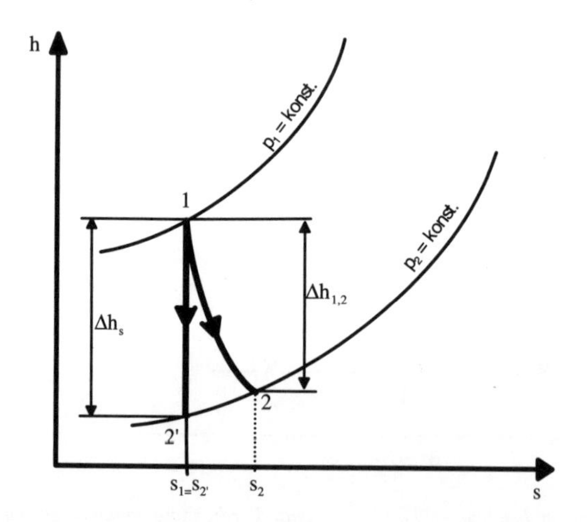

Abbildung 7-40: Reversible und reibungsbehaftete, adiabate Expansion im h,s-Diagramm (Turbine)

Auch hier gilt die Gleichung (7.100). Die Enthalpiedifferenz ist gleich der technischen Arbeit, wobei hier die Arbeit abgeführt wird. Das bedeutet, nach Abb. 7-40 ist bei isentroper Expansion die Enthalpiedifferenz am größten und entspricht:

$$\Delta h_s = h_2' - h_1 \tag{7.104}$$

Da bei reibungsbehafteter Expansion Reibung in Innere Energie verwandelt wird, ist $T_2 > T_{2'}$ und damit

$$\Delta h_{1,2} = h_2 - h_1 < \Delta h_s \qquad (7.105)$$

Damit nun der Wirkungsgrad wie gewohnt < 1 wird, ist der isentrope Turbinenwirkungsgrad definiert:

$$\eta_{s,T} = \frac{\Delta h_{1,2}}{\Delta h_s} = \frac{h_2 - h_1}{h_2' - h_1} \qquad (7.106)$$

In gut ausgeführten Maschinen werden isentrope Verdichter- und Turbinenwirkungsgrade von über 0,95 erreicht.

Beispiel 7-11: *In einem Turboverdichter wird trockene Luft ($\kappa = 1{,}4$, $R_{i,Luft} = 287$ J/kgK) von 0,1 MPa, 20 °C auf 1,4 MPa adiabat verdichtet. Welche Verdichtungsendtemperatur wird erreicht, wenn $\eta_{s,V} = 0{,}92$ ist. Es sind konstante spezifische Wärmekapazitäten anzunehmen.*

Für die isentrope Verdichtung gilt:

$$\frac{T_{2'}}{T_1} = \left(\frac{p_2}{p_1}\right)^{\frac{\kappa-1}{\kappa}} \qquad \rightarrow \qquad T_{2'} = T_1 \cdot \left(\frac{p_2}{p_1}\right)^{\frac{\kappa-1}{\kappa}} = 293\ \text{K} \cdot 14^{\frac{0,4}{1,4}} = 623\ \text{K}$$

$$\eta_{s,V} = \frac{h_2' - h_1}{h_2 - h_1} \qquad \textit{mit } c_p = \textit{konst. gilt:} \qquad \eta_{s,V} = \frac{T_2' - T_1}{T_2 - T_1}$$

$$T_2 - T_1 = \frac{T_2' - T_1}{\eta_{s,V}} \qquad T_2 = \frac{T_2' - T_1}{\eta_{s,V}} + T_1$$

$$T_2 = \frac{623\ \text{K} - 293\ \text{K}}{0{,}92} + 293\ \text{K} = 652\ \text{K}$$

Zusammenfassung Der isentrope Verdichter- und der Turbinenwirkungsgrad kennzeichnen den Gütegrad einer Turbomaschine.

Kontrollfragen

1. Was versteht man unter einem Kreisprozess und wozu werden Kreisprozesse benötigt?
2. Welchen Stellenwert hat der Carnot-Prozess als Wärmekraftprozess für die Praxis und für die vergleichende Betrachtung?
3. Bei einem Joule-Prozess (Heißluftturbine) sind der isentrope Verdichter- und Turbinenwirkungsgrad deutlich < 1. Skizzieren Sie den Prozess im T,s-Diagramm!
4. Zeigen Sie für einen Joule-Prozess, dass bei gegebener Maximaltemperatur, maximaler Wirkungsgrad und maximal erzielbare Arbeit nicht bei gleichem Druckverhältnis erzielt werden! Skizzieren Sie die Situation im T,s-Diagramm!
5. Geben Sie an, durch welche Maßnahmen der thermische Wirkungsgrad für nachstehende Kreisprozesse erhöht werden kann:

   Carnot-Prozess, bei dem die obere Prozesstemperatur gegeben ist.

   Gleichraum-Prozess, bei dem das Verdichtungsverhältnis ε gegeben ist.

   Gleichdruck-Prozess, bei dem ε und κ gegeben sind.

   Seiliger-Prozess, bei dem ε, κ und $q_{zu,gesamt}$ gegeben sind.

   Joule-Prozess, bei dem das κ gegeben ist.
6. Erklären Sie, warum bei einer Kältemaschine, bei der ja Wärme von einem niedrigeren zu einem höheren Temperaturniveau transportiert wird, nicht gegen den 2. Hauptsatz der Thermodynamik verstoßen wird!
7. Mit welchem Vergleichsprozess könnte man einen Kühlschrank beschreiben? Skizzieren Sie den Kühlschrank und zeigen Sie, wo aus der Sicht des Prozessmediums Wärme zu- oder abgeführt wird!
8. Bei folgendem Prozessverlauf mit einem idealen zweiatomigen Gas erfolgt eine Kompression mit einem isentropen Verdichterwirkungsgrad < 1, dann folgt eine Zustandsänderung mit $n = 0$ und $\Delta s > 0$, ihr folgt eine Expansion mit $n = 1{,}6$. Mit einer polytropen Zustandsänderung von $n = 1$ wird das Gas in den Ausgangszustand zurückgeführt. Skizzieren Sie den Prozess im T,s-Diagramm und geben Sie an, wo Wärme zu- oder abgeführt wird! Gibt der Prozess Arbeit ab oder müssen wir Arbeit hinein stecken?
9. Welche Art von Zustandsänderung versucht man in Kältemaschinen darzustellen, indem man das Kältemittel an einer Stelle verdampft und an anderer Stelle kondensiert? Welches Vorzeichen hat dabei jeweils die Entropieänderung?
10. Erklären Sie, warum bei einer mehrstufigen adiabaten Verdichtung mit isobarer Zwischenkühlung auf die Anfangstemperatur die Antriebsleistung geringer ist als bei einer einstufigen isentropen Verdichtung auf den gleichen Enddruck!

Übungen

1. Bei einem Kreisprozess, der ähnlich einem Gleichraum-Prozess verläuft, liegt ein Anfangszustand (vor der Verdichtung) von p_1 = 0,1 MPa, ϑ_1 = 20 °C, V_1 = 1 dm³ vor. Von 1⇒2 wird das Methan/Luftgemisch mit ε = 12 verdichtet. Dabei wird über die Zylinderwände je Verdichtung eine Wärmemenge von Q_{12} = –157,753 J abgeführt, dabei beträgt c_n = –736,22 J/kgK. Der Methananteil CH_4 beträgt 10 Vol.-%. Die trockene Luft und das Methan verhalten sich wie ideale Gase (R_{iLuft} = 287 J/kgK, M_{CH_4} = 16,032 kg/kmol, κ_{Luft} = 1,4, $c_{p_{CH_4}}$ = 2,227 kJ/kgK). Von 2⇒3 wird das Methan/Luftgemisch isochor verbrannt. Der spezifische Brennwert von Methan beträgt Hu = 50,0 MJ/kg. Es ist davon auszugehen, dass 20 % der durch die Verbrennung freiwerdenden Energie an die Brennraumwände abgeführt wird. R_i und κ des Gasgemisches sind während der ganzen Verbrennung als konstant anzusehen, die Stoffumwandlung bei der Verbrennung wird nicht berücksichtigt. Von 3⇒4 wird das Abgas, das aus Stickstoff, Wasserdampf und aus CO_2 besteht, polytrop mit n =1,35 expandiert. (R_{iAbgas} = 279 J/kgK, c_{pAbgas} = 1,358 kJ/kgK). Die Gesamtmasse im Brennraum ändert sich dabei nicht! Von 4⇒1 wird das Abgas durch neues Methan/Luftgemisch vom Ausgangszustand ersetzt. Die Differenz der Energieinhalte ist als isochore Wärmeabfuhr zu betrachten. Skizzieren Sie den Prozess im *p,V*- und im *T,s*-Diagramm! Berechnen Sie den Polytropenexponenten von 1 nach 2 und an den Eckpunkten *T*, *p* und *V*! Berechnen Sie die der Gasmasse zu- und abgeführte Wärmemenge und den thermischen Wirkungsgrad!

2. 1947 schlug *Ralph Miller* eine verbesserte Variante des Gleichraum-Prozesses vor, den Miller-Zyklus. Der 1995 von Mazda vorgestellte Motor mit dem Millercycle kann mit Hilfe eines Idealprozesses folgendermaßen nachgebildet werden:

   1⇒2 wird die Luft adiabat und reibungsfrei mit ε = 8 verdichtet. Die eingeschlossene Luft verhält sich wie ein ideales Gas. R_i und κ_{Luft} sind über den Prozessverlauf als konstant anzunehmen (R_{iLuft} = 287 J/kgK, κ_{Luft} = 1,4). Der Anfangszustand vor der Verdichtung ist mit p_1 = 950 hPa und ϑ_1 = 25 °C angegeben.

   2⇒3 wird der Luft isochor eine spezifische Wärmemenge von 3000 kJ/kg zugeführt.

   3⇒4 wird die Luft adiabat und reibungsfrei mit ε = 10!! expandiert.

   4⇒1 wird die Luft in den Ausgangszustand zurückgeführt.

   Skizzieren Sie den Prozess im *p,V*- und im *T,s*-Diagramm und argumentieren Sie, warum die Prozessarbeit größer wird als beim Gleichraum-Prozess! Berechnen Sie in den Eckpunkten *p*, v und *T*! Berechnen Sie Polytropenexponenten von 4⇒1 und schildern Sie, was zu tun ist, um den Ausgangszustand wieder zu erreichen! Berechnen Sie den thermischen Wirkungsgrad und die Nutzarbeit dieses Prozesses! Um wie viel Prozent kann der Wirkungsgrad gegenüber dem reinen Gleichraum-Prozess mit ε = 8 gesteigert werden?

3. Ein theoretischer Kreisprozess eines Dieselmotors soll sich aus folgenden Zustandsänderungen zusammensetzen:

   1⇒2 polytrope Verdichtung mit $n = 1{,}35$; 2⇒3 isochore Wärmezufuhr

   3⇒4 isobare Wärmezufuhr; 4⇒5 polytrope Expansion mit $n = 1{,}45$

   5⇒1 isochore Wärmeabfuhr.

   Als Arbeitsmittel wird Luft als ideales Gas mit konstanter Wärmekapazität angenommen (R_i = 287 J/kgK und κ = 1,4). Zustand im Ausgangspunkt 1: T_1 = 318 K und p_1 = 83,5 kPa. Der maximale Prozessdruck beträgt p_{max} = 8,6 MPa; das Verdichtungsverhältnis beträgt $\varepsilon = 16$. Die spezifische Wärme, die durch die Verbrennung zugeführt wird, beträgt q_{zu} = 1730 kJ/kg. Skizzieren Sie den Prozess im *p,V*- und im *T,s*-Diagramm! Können Sie die beiden Polytropenexponenten erklären, d.h. was passiert hier bei der Kompression bzw. Expansion? Berechnen Sie v, *p* und *T* für die 5 Eckpunkte! Wie hoch sind die spezifische Prozessarbeit und die abgeführte spezifische Wärmemenge q_{ab}? Wie hoch ist der thermische Wirkungsgrad η_{th} dieses Prozesses?

4. Ein Kolbenverdichter mit isobarer Zwischenkühlung und $V_S = 0$ soll stündlich 1550 m^3 trockene Luft von p = 0,1 MPa absolut und ϑ = 20 °C mit n = 1,3 auf p = 13 MPa verdichten. Welche Stufenzahl ist notwendig, wenn eine Temperatur von ϑ = 125 °C nicht überschritten werden soll und die Luft in den Zwischenkühlern jeweils auf die Anfangstemperatur herunter gekühlt wird. Stellen Sie den Vorgang in einem *p,*v-Diagramm maßstäblich dar; d.h. berechnen Sie die Volumina und Drücke in den Eckpunkten und tragen diese ein! Verbinden Sie die Eckpunkte mit prinzipiellen Verläufen! Wie hoch ist die Endtemperatur nach der letzten Stufe? Welche Wärmemengen *Q* sind in den einzelnen Verdichtungsstufen abzuführen, wenn R_{iLuft} = 287 J/kgK und κ = 1,4 als konstante Werte angenommen werden? Wie groß ist die Volumenänderungsarbeit W_V in der ersten und letzten Stufe?

5. Ein Kolbenkompressor arbeitet stationär und hat einen Kolbendurchmesser von 10 cm und einen Hub von 12 cm. In der obersten Stellung des Kolbens verbleibt ein Schadraum von 50 cm³. Das Auslassventil öffnet bei 0,8 MPa und das Einlassventil bei 1000 hPa. Der Kompressor saugt reine trockene Luft an, sie verhält sich wie ein ideales Gas. R_{iLuft} = 287 J/kgK und κ_{Luft} = 1,4 sind über den Prozessverlauf als konstant anzunehmen. Die Ansaugtemperatur ist mit ϑ_1 = 20 °C angegeben. Die Luft wird vom Zustand 1 (max. Volumen) aus polytrop verdichtet, bis das Auslassventil öffnet (Zustand 2); die Temperatur ϑ_2 = 188 °C. Anschließend wird die Luft aus dem Zylinder verlustfrei, isotherm und isobar ausgeschoben, bis die oberste Kolbenstellung erreicht ist (Zustand 3). Beim Rücklauf des Kolbens expandiert das Restgas des Schadraums, bis der Ansaugdruck (Einlassventil öffnet, Zustand 4) erreicht wird; dann wird wieder frische Luft isotherm und isobar angesaugt. Skizzieren Sie den Prozessverlauf im *p,*v-Diagramm und zeigen Sie den Unterschied zwischen Hubvolumen und Fördervolumen! Wie groß ist die pro Hub ausgeschobene Luftmasse und wie groß ist der Polytropenexponent der Ver-

dichtung? Die Temperatur am Ende der Rückexpansion beträgt 20 °C. Wie viel Prozent des Hubvolumens wurden als Nutzhub genutzt und wie groß ist der Polytropenexponent der Expansion (2 Stellen nach dem Komma)? Berechnen Sie die Summe der absoluten Volumenänderungsarbeiten über dem Zyklus!

6. Eine Kältemaschine wird mit Helium $\dot{m}$ = 0,6 kg/s nach einem Joule-Prozess betrieben. Die Wärmeaufnahme für das Helium findet bei $p_1 = p_2 =$ 0,1 MPa, $\vartheta_1 = -20$ °C bis $\vartheta_2 = -5$ °C statt. Die Wärmeabgabe erfolgt bei $p_3 = p_4 =$ 0,14 MPa. Die Kompression und die Expansion erfolgen ohne Entropieänderung. Das Helium verhält sich wie ein ideales Gas. Die Molmasse von Helium ist $M_{He} = 4{,}0026$ kg/kmol und $c_{pHe} = 5{,}2377$ kJ/kgK = konst. Skizzieren Sie den Prozess im p,V- und im T,s-Diagramm, bezeichnen Sie die Eckpunkte und die Richtung der Zustandsänderungen gemäß Aufgabenstellung! Erstellen Sie eine Tabelle mit Drücken, Temperaturen und Volumenstrom $\dot{V}$ an den Eckpunkten! Welche Kälteleistung hat die Kältemaschine, d.h. welcher Wärmestrom kann dem Kühlraum entzogen werden? Welche Temperatur darf im Kühlraum nicht unterschritten werden, damit diese Kälteleistung erzielt wird? Welche Antriebsleistung benötigt die Kältemaschine? Die Turbine und der Verdichter sitzen auf einer Welle. Berechnen Sie die Leistungsziffer ε der Kältemaschine! Welche Temperatur darf maximal in der Umgebung der Kältemaschine herrschen, damit diese Leistungsziffer erzielt wird? Berechnen Sie $\oint p d\dot{V}$ und $\oint \dot{V} dp$ durch Addition der jeweiligen Arbeiten im Prozess!

Lösungen unter http://www.oldenbourg-wissenschaftsverlag.de

8 Ausgewählte adiabate, rigide Strömungsprozesse

Lernziel Sie müssen Strömungsprozesse, die reversibel oder reibungsbehaftet sind, im h,s-Diagramm darstellen und interpretieren können. Dabei müssen Sie das Wesen und die Grenzen der Beschleunigung und Verzögerung strömender kompressibler Medien kennen und die Zustände berechnen können. Der Umgang mit Drossel, Düse und Diffusor sollte in den Grundzügen verstanden sein. Einfache Berechnungen der Endzustände und Zustände in den Querschnitten müssen beherrscht werden. Sie müssen Querschnittsverläufe und Bedingungen für Überschalldüsen und -diffusoren kennen.

In diesem Kapitel sollen einige Strömungsvorgänge, die sehr häufig in der Technik vorkommen, beschrieben werden. Wir beschränken uns dabei auf:

1. Gase, d.h. kompressible Medien,
2. adiabate Prozesse, d.h. es wird keinerlei Wärme zu- oder abgeführt,
3. rigide Prozesse, d.h. es wird keine Arbeit zu- oder abgeführt,
4. stationäre Fließprozesse.

Ausgewählt für dieses Buch habe ich die Drossel, die Düse und den Diffusor als technische Einrichtungen, die nahezu jedem Ingenieur in seiner Praxis begegnen, wobei die Drossel die wichtigste ist. Bisher haben wir meist reibungsfreie Vorgänge betrachtet. In diesem Kapitel wollen wir die Reibung ausdrücklich zulassen. In jeder Rohrleitung oder in Saug- und Auspuffrohren von Hubkolbenmotoren, bei Verdichtern, bei Gasturbinen, an Druckluftbehältern usw. finden wir solche Vorgänge.

8.1 Grundlagen

Zunächst wollen wir die Energiebilanz für solche Strömungsprozesse betrachten. Es gilt der 1. Hauptsatz der Thermodynamik für stationäre Fließprozesse. Reibungs- und Dissipationsenergien, die während des Prozesses auftreten, führen dazu, dass die Entropie zunimmt.

$$q_{12} + w_{t,12} = h_2 - h_1 + \frac{1}{2}\cdot\left(c_2^{\,2} - c_1^{\,2}\right) + g\cdot\left(z_2 - z_1\right) \tag{8.1}$$

Da wir adiabate Zustandsänderungen vorausgesetzt haben, ist $q_{12} = 0$ und es wird keine Arbeit zu- oder abgeführt, d.h. $w_{t,12} = 0$. Die Änderung der potentiellen Energie kann in den meisten Fällen vernachlässigt werden: $z_2 = z_1$. Damit ergibt sich folgende Formulierung:

$$h_2 - h_1 + \frac{1}{2}\cdot\left(c_2^{\,2} - c_1^{\,2}\right) = 0 \tag{8.2}$$

Formen wir die Gleichung um, so erhalten wir:

$$h_2 + \frac{1}{2}c_2^{\,2} = h_1 + \frac{1}{2}c_1^{\,2} \tag{8.3}$$

Das bedeutet, die Summe aus Enthalpie und kinetischer Energie bleibt bei diesen Strömungsprozessen konstant. Man fasst deshalb die Summe aus Enthalpie und kinetischer Energie zur so genannten Totalenthalpie h^+ zusammen.

$$h_1^+ = h_1 + \frac{1}{2}c_1^{\,2} = h_2 + \frac{1}{2}c_2^{\,2} = h_2^+ \tag{8.4}$$

Aus (8.4) lässt sich für die Zustände in 2 ableiten:

$$h_2 = h_1 + \frac{1}{2}\cdot\left(c_1^{\,2} - c_2^{\,2}\right) \tag{8.5}$$

$$c_2 = \sqrt{2\cdot\left(h_1 - h_2\right) + c_1^{\,2}} \tag{8.6}$$

Merke Bei adiabaten Strömungsprozessen bleibt die Totalenthalpie $h^+ = h + \frac{c^2}{2}$ konstant. Die Zunahme der kinetischen Energie ist gleich der Abnahme der Enthalpie des Fluids.

Betrachten wir die Bilanz mit Reibung, so sind nach dem 2. Hauptsatz nur Zustände möglich, für die gilt $s_2 \geq s_1$. Dabei wäre $s_2 = s_1$, also die isentrope Zustandsänderung, der Grenzfall. Alle anderen Zustände mit $s_2 > s_1$ sind dann reibungsbehaftete Strömungsvorgänge. Aus dem 1. Hauptsatz für offene Systeme kennen wir die Formulierung:

$$q_{12} = \left(h_2 - h_1\right) - \int_1^2 v\,dp \tag{8.7}$$

Da nach unseren Voraussetzungen $q_{12} = 0$ ist, ergibt sich aus Gleichung (8.7)

$$h_2 - h_1 = \int_1^2 \mathrm{v}dp \tag{8.8}$$

Setzen wir die Gleichung (8.8) in die Gleichung (8.2) ein, so erhalten wir:

$$\int_1^2 \mathrm{v}dp + \frac{1}{2}\cdot\left(c_2^2 - c_1^2\right) = 0 \tag{8.9}$$

oder:

$$-\int_1^2 \mathrm{v}dp = \frac{1}{2}\cdot\left(c_2^2 - c_1^2\right) \tag{8.10}$$

Diese Grundgleichung muss für alle Strömungsprozesse in diesem Kapitel erfüllt sein. Diese zunächst recht übersichtliche Gleichung bedarf jedoch einer eingehenden Betrachtung. Zeichnen wir einen Ausgangszustand 1 in ein *h,s*-Diagramm (Abb. 8-1).

Nun sind nach dem 2. Hauptsatz nur Zustände möglich, die auf der Isentrope $s_2 = s_1$ oder rechts von der Isentrope mit $s_2 > s_1$ liegen. Die zweite wichtige Linie ist die Isobare, die durch den Ausgangszustand geht. Wird *dp* positiv, d.h. der Druck von 1 nach 2 nimmt zu, so liegen die Zustände zwischen der Isentrope und der Isobare. Bei Druckabnahme liegen sie rechts der Isobare. Die dritte wichtige Zustandslinie in diesem Diagramm ist die Isenthalpe, also die Linie konstanter Enthalpie.

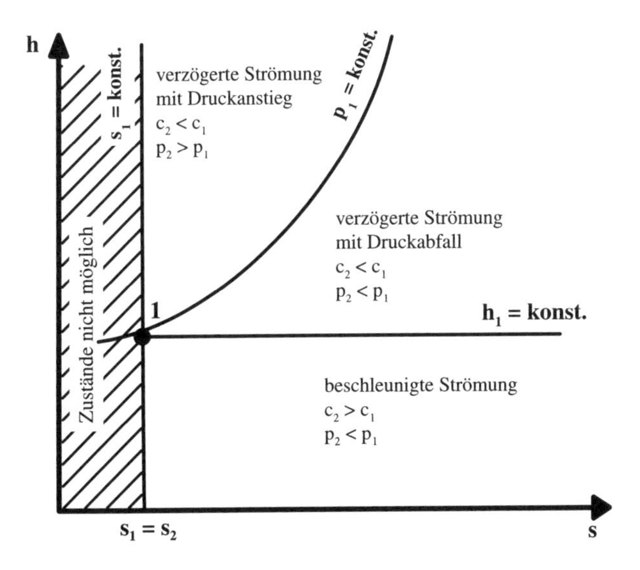

Abbildung 8-1: h,s-Diagramm für adiabate Strömungsprozesse

Wir unterscheiden nun drei Fälle, die auch mit den drei abgegrenzten Flächen im *h,s*-Diagramm der Abb. 8-1 übereinstimmen.

1. Beschleunigte Strömung mit Druckabfall (rechts der Isentropen und unter der Isenthalpen)

Damit in der Gleichung (8.10) der Ausdruck $\frac{1}{2}\cdot\left(c_2^{\,2}-c_1^{\,2}\right)$ positiv wird, muss dp negativ sein, also $p_2 < p_1$. Im Idealfall, also bei einer isentropen Zustandsänderung, wird alle Energie aus dem Druckabfall in kinetische Energie umgesetzt und wir erhalten eine maximale Geschwindigkeitsänderung bei maximaler Temperaturabsenkung. In der Regel sind aber diese Vorgänge reibungsbehaftet, das heißt ein Teil der Energie aus dem Druckabfall wird über die Reibung wieder in Enthalpie umgesetzt. Das heißt, es kommt zu einem Druckabfall und zu einer Geschwindigkeitserhöhung und zu einer Erhöhung der Entropie. Der Zustand liegt also rechts von der Isentropen $s_2 > s_1$, rechts von der Isobaren $p_2 < p_1$ und unter der Isenthalpen $c_2 > c_1$. Dies ist z.B. in einer Düse der Fall.

Der Reibungsbetrag ist kleiner als die Enthalpieabnahme $-\int_1^2 \mathrm{v}dp$.

Im Grenzfall $c_2 = c_1$ ist: $$-\int_1^2 \mathrm{v}dp = h_2 - h_1 = \frac{1}{2}(c_2^2 - c_1^2) = 0$$

Dies bedeutet einen Druckverlust ohne Geschwindigkeitszunahme, d.h., die Druckenergie wurde vollständig durch Reibung dissipiert. Die Zustände liegen auf der Isenthalpe.

2. Verzögerte Strömung mit Druckabfall (rechts der Isobaren und über der Isenthalpen)

Wird die Strömung durch Querschnittsvergrößerung und Reibung so abgebremst, dass Druck und Geschwindigkeit abnehmen, so liegen die Zustände über der Isenthalpe und rechts der Isobare. Hier gilt: $c_2 < c_1$, $p_2 < p_1$ und $s_2 > s_1$. Dies könnte in einem schlechten Diffusor der Fall sein.

3. Verzögerte Strömung mit Druckanstieg (rechts der Isentropen und links der Isobaren)

Die Grenzlinien für dieses Gebiet werden zum einen im reibungsfreien Fall durch die Isentrope über dem Ausgangszustand markiert. Hier gilt: $-\int_1^2 \mathrm{v}dp = \frac{1}{2}\cdot\left(c_2^{\,2}-c_1^{\,2}\right)$, also muss bei $c_2 < c_1$ $dp > 0$, also positiv sein. Die kinetische Energie wird komplett in Druckenergie umgewandelt. Im anderen Grenzfall ist $dp = 0$, dann gilt $\frac{1}{2}\cdot\left(c_2^{\,2}-c_1^{\,2}\right)=0$. Das bedeutet, die kinetische Energie wird komplett in Reibung umgesetzt. Alle anderen Zustände liegen rechts der Isentrope und links der Isobare. Für sie gilt $c_2 < c_1$, $p_2 > p_1$ und $s_2 > s_1$.

Bemerkung Es ist also gar nicht so übersichtlich, wenn ein System mehrere Freiheitsgrade in seinen Reaktionsmöglichkeiten hat. Versuchen Sie deshalb noch einmal, das Ganze für sich nachzuvollziehen.

Als Nächstes wollen wir die Kontinuitätsgleichung heranziehen und die Massenstromdichte definieren.

Bei einer stationären Strömung durch einen Strömungskanal gilt:

$$\dot{m} = \text{konst.} \tag{8.11}$$

Mit der Dichte ρ des Fluids ergibt sich:

$$\dot{m} = \rho \cdot \dot{V} = \text{konst.} \tag{8.12}$$

Für einen Strömungskanal mit konstantem Querschnitt A ist:

$$\dot{V} = \frac{A \cdot s}{t} \qquad \text{und mit} \qquad c = \frac{s}{t} \qquad \text{ergibt sich für Gleichung (8.12):}$$

$$\dot{m} = \rho \cdot A \cdot c = \text{konst.} \tag{8.13}$$

oder

$$\rho_1 \cdot A_1 \cdot c_1 = \rho_2 \cdot A_2 \cdot c_2 \tag{8.14}$$

Für die Geschwindigkeit c im Rohr setzen wir die mittlere Geschwindigkeit über dem Querschnitt an, denn je nach Strömungsform ergibt sich ein bestimmtes Geschwindigkeitsprofil.

Definieren wir die Massenstromdichte mit $\frac{\dot{m}}{A}$, so lässt sich durch Einsetzen obiger Gleichungen und $\rho = \frac{1}{\text{v}}$ zeigen:

$$\frac{\dot{m}}{A} = \frac{\rho \cdot A \cdot c}{A} = \frac{c}{\text{v}} \tag{8.15}$$

Betrachten wir nun eine Strömung durch ein Rohr mit **konstantem Querschnitt**, wie wir das häufig vorfinden, so gilt die Kontinuitätsgleichung $\dot{m} = \text{konst.}$ und A = konst. Damit ist die Massenstromdichte in einem Strömungskanal mit konstantem Querschnitt ebenfalls konstant. Es gilt mit (8.15):

$$\frac{c_1}{\text{v}_1} = \frac{c_2}{\text{v}_2} \qquad \text{oder} \qquad c_2 = \text{v}_2 \cdot \left(\frac{c_1}{\text{v}_1}\right) \tag{8.16}$$

Am Anfang dieses Kapitels haben wir festgestellt, dass die Totalenthalpie konstant bleibt. Setzt man Gleichung (8.16) in Gleichung (8.4) ein, ergibt sich für die Totalenthalpie in einem Rohr mit konstantem Querschnitt:

$$h_1^+ = h_2^+ = h_2 + \frac{1}{2}c_2^2 = h_2 + \frac{v_2^2}{2}\cdot\left(\frac{c_1}{v_1}\right)^2 = h_2 + \frac{v_2^2}{2}\cdot\left(\frac{\dot{m}}{A}\right)^2 \tag{8.17}$$

Das bedeutet, hat man im Ausgangszustand die Totalenthalpie h_1^+ und gibt man zu Beginn im Rohr eine Massenstromdichte $\dot{m}/A$ vor, so lässt sich je nach Reibung ein spezifisches Volumen v_2 und dazu die spezifische Enthalpie h_2 berechnen. Für jedes Δp lässt sich so eine Kurve im *h,s*-Diagramm punktweise konstruieren, wobei zu jedem Anfangszustand je nach gewählter Massenstromdichte mehrere Kurven gehören. Die Kurven sind nach dem Schweizer Ingenieur *Fanno* benannt (Abb. 8-2).

Weiterhin enden alle Fannokurven bei den mit *A* gekennzeichneten Zuständen. Es sind dies die Zustände mit senkrechter Tangente, d.h. maximaler Entropie. Bei Zuständen, die darüber hinausgehen, müsste die Entropie wieder abnehmen, was dem 2. Hauptsatz widerspricht. An diesen Stellen wird die Schallgeschwindigkeit erreicht, d.h. in einem Rohr mit konstantem Querschnitt kann durch Druckabnahme keine höhere Geschwindigkeit als die Schallgeschwindigkeit erreicht werden.

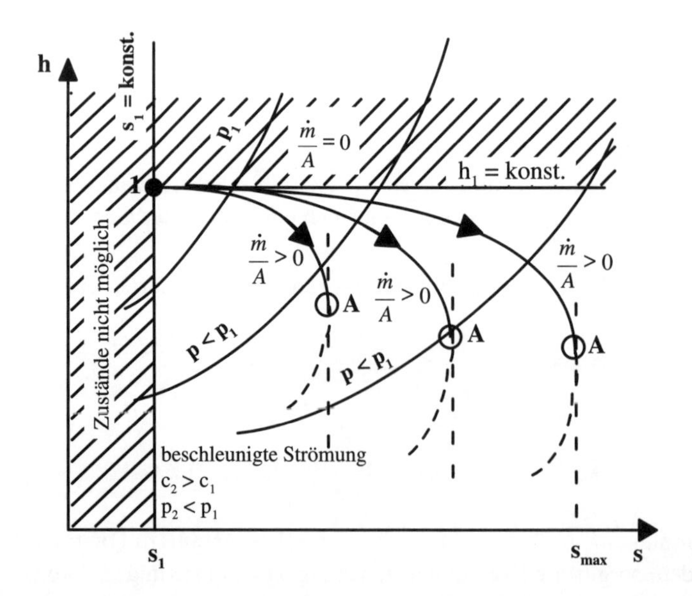

Abbildung 8-2: Fannokurven [10]

Unter der Schallgeschwindigkeit verstehen wir die Fortpflanzungsgeschwindigkeit einer Druck-/Dichteänderung in einem Körper, die durch eine Störung mit kleiner Amplitude von außen angeregt wurde. Haben wir z.B. einen Lautsprecher und davor ruhende Luft, so verursacht die sich hin und her bewegende Lautsprechermembran eine Druck- und Dichteänderung in der unmittelbar davor liegenden Luft. Diese Störung pflanzt sich nun mit Schallgeschwindigkeit fort. Nach *Baehr* [10] lässt sich für die Schallgeschwindigkeit zeigen:

$$a = \sqrt{\frac{dp}{d\rho}} \tag{8.18}$$

Im ungedämpften, also reibungsfreien Fall ist dieser Vorgang isentrop. In Kapitel 5 haben wir für die isentrope Zustandsänderung herausgearbeitet (Gleichung 5.30):

$$\frac{dp}{p} + \kappa \cdot \frac{d\mathrm{v}}{\mathrm{v}} = 0 \qquad \text{(siehe 5.30)}$$

mit $\rho = \frac{1}{\mathrm{v}}$ ergibt sich:

$$\frac{dp}{p} - \kappa \cdot \frac{d\rho}{\rho} = 0 \tag{8.19}$$

Daraus ist:

$$\frac{dp}{p} = \kappa \cdot \frac{d\rho}{\rho} \tag{8.20}$$

und

$$\frac{dp}{d\rho} = \kappa \cdot \frac{p}{\rho} = \kappa \cdot p \cdot \mathrm{v} = \kappa \cdot R_i \cdot T \tag{8.21}$$

Damit ergibt sich für die Schallgeschwindigkeit in einem idealen Gas:

$$a = \sqrt{\frac{dp}{d\rho}} = \sqrt{\kappa \cdot R_i \cdot T} \tag{8.22}$$

Merke Die Schallgeschwindigkeit eines idealen Gases ist vom Isentropenexponenten κ, von R_i und von der absoluten Temperatur abhängig!

***Beispiel* 8-1:** *Wie groß ist die Schallgeschwindigkeit von Luft bei 20 °C, $\kappa = 1{,}4$, $R_i = 287$ J/kgK?*

$$a = \sqrt{1{,}4 \cdot 287\ \mathrm{Nm/kgK} \cdot \frac{1\ \mathrm{kg\ m}}{1\ \mathrm{N\ s^2}} \cdot 293\ \mathrm{K}} = 343\ \mathrm{m/s} \qquad \text{(bei 0 °C = 331 m/s)}$$

Bei Geschwindigkeiten in Nähe der Schallgeschwindigkeit und darüber arbeitet man häufig mit der Machzahl *Ma*.

Die Machzahl ist definiert: $$Ma = \frac{c}{a} \tag{8.23}$$

Sie ist eine dimensionslose Größe und nach dem österreichischen Physiker *Ernst Mach* (1836–1916) benannt. $Ma = 1$ ist demnach Schallgeschwindigkeit, $Ma < 1$ Unterschallbereich und $Ma > 1$ Überschallbereich.

Zusammenfassung Bei den hier betrachteten Strömungsprozessen ist $q_{12} = 0$, $w_{t,12} = 0$ und $\Delta z = 0$. Der spezifische Reibungsanteil wird durch die Entropieänderung charakterisiert. Bei isentropen Strömungsprozessen bleibt die Totalenthalpie (Enthalpie + kinetische Energie) konstant. Die Zunahme der kinetischen Energie ist gleich der Abnahme der Enthalpie des Fluids. Wir unterscheiden drei verschiedene Möglichkeiten der Zustandsänderung:

1. Die verzögerte Strömung mit Druckanstieg: $c_2 < c_1, p_2 > p_1$ und $s_2 \geq s_1$ (Diffusor)
2. Die verzögerte Strömung mit Druckabfall: $c_2 < c_1, p_2 < p_1$ und $s_2 \geq s_1$
3. Die beschleunigte Strömung mit Druckabfall: $c_2 > c_1, p_2 < p_1$ und $s_2 \geq s_1$ (Düse)

In einem Rohr mit konstantem Querschnitt ist die Massenstromdichte konstant und es kann keine höhere Geschwindigkeit als die Schallgeschwindigkeit erreicht werden. Bei anfänglich vorgegebener Massenstromdichte liegen alle Zustände auf einer so genannten Fannokurve.

8.2 Die adiabate Drosselung

Unter einer Drosselung versteht man einen Strömungsvorgang, bei dem durch ein Strömungshindernis, z.B. eine Blende oder eine Drosselklappe (Abb. 8-3), ein Druckverlust ohne Verrichtung von Arbeit und ohne nennenswerte Umwandlung von Enthalpie in kinetische Energie verursacht wird.

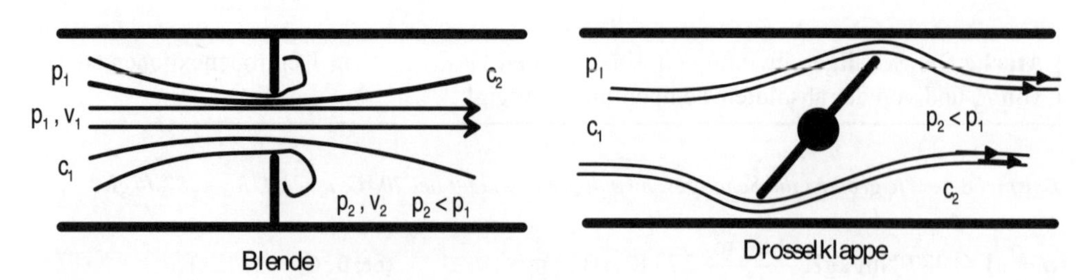

Abbildung 8-3: Strömungshindernisse am Beispiel von Blende und Drosselklappe

Die Zustände vor und hinter einer Drosselstelle, so nennen wir das Strömungshindernis, liegen ebenfalls auf einer Fannokurve, wenn die Querschnitte vor und nach der Drosselstelle konstant sind.

$$h_1^+ = h_2 + \frac{v_2^2}{2} \cdot \left(\frac{\dot{m}}{A}\right)^2 \qquad \text{(siehe 8.17)}$$

Nur für $\dot{m}/A = 0$ bleibt die Enthalpie konstant. In allen anderen Fällen nimmt die Enthalpie ab und die Geschwindigkeit im Rohr nimmt zu.

Merke: Für kleine Massenstromdichten und geringe Druckänderungen verläuft die Fannokurve sehr flach. Das bedeutet eine sehr geringe Enthalpieabnahme und mit $dh = cp(T) \cdot dT$ eine sehr geringe Temperaturabnahme ($T \approx$ konstant) sowie eine sehr geringe Geschwindigkeitszunahme.

Was sind nun „geringe Druckänderungen" und „geringe Geschwindigkeiten"? Hierzu ein Beispiel:

Beispiel 8-2: *In einer Rohrleitung mit einer Drossel strömt ein Gas. Dies hat vor der Drossel die Zustandsgrößen $c_1 = 20$ m/s, $T_1 = 300$ K, $p_1 = 1{,}0$ MPa und dahinter die Zustandsgröße $p_2 = 0{,}7$ MPa. Das ideale Gas sei Luft mit $c_p = 1{,}020$ kJ/kgK. Wie groß sind T_2 und c_2?*

Es gilt: $$h_2 - h_1 + \frac{1}{2} \cdot \left(c_2^2 - c_1^2\right) = 0$$

und $$h_2 - h_1 = c_p \cdot (T_2 - T_1).$$

c_p wird für die erwartete geringe Temperaturänderung als konstant angenommen. Dann kann für T_2 folgender Zusammenhang aufgestellt werden:

$$T_2 = T_1 - \frac{c_2^2 - c_1^2}{2 \cdot c_p} \qquad (8.24)$$

Weiterhin gilt im Rohr die Kontinuitätsgleichung

$$\dot{m}_1 = \dot{m}_2 \quad \textit{oder} \quad c_1 \cdot \rho_1 \cdot A_1 = c_2 \cdot \rho_2 \cdot A_2 \qquad \textit{(siehe 8.14)}$$

mit $A_1 = A_2$: $c_1 \cdot \rho_1 = c_2 \cdot \rho_2$ *und* $\rho = \frac{1}{v}$ *gilt:*

$$\frac{c_1}{v_1} = \frac{c_2}{v_2} \quad \textit{oder} \quad c_2 = c_1 \cdot \left(\frac{v_2}{v_1}\right) \qquad \textit{(siehe 8.15)}$$

aus $p \cdot \mathrm{v} = R_i \cdot T$ *ist* $\mathrm{v} = \frac{R_i \cdot T}{p}$; *in (8.16) eingesetzt ergibt sich:*

$$c_2 = c_1 \cdot \frac{R_i \cdot T_2 \cdot p_1}{p_2 \cdot R_i \cdot T_1} = c_1 \cdot \frac{p_1 \cdot T_2}{p_2 \cdot T_1} \tag{8.25}$$

Damit können nun c_2 und T_2 bestimmt werden.

Iterative Lösung:

1. Annahme: $T_2 = T_1$ sei unverändert!

in Gleichung (8.25): $c_2 = 28{,}57\ m/s$

c_2 in Gleichung (8.24): $T_2 = 299{,}796\ K$

→ in Gleichung (8.25): $c_2 = 28{,}55\ m/s$

c_2 in Gleichung (8.24): $T_2 = 299{,}796\ K$

Obwohl die Geschwindigkeit hier um 43 % zunimmt und der Druck um 30 % abnimmt, kann die Temperaturänderung mit 0,6 ‰ vernachlässigt werden.

Unter obigen Randbedingungen gilt für die meisten Anwendungen:

Die Temperatur bleibt bei einer Drosselung nahezu konstant.

Da für ideale Gase c_p nicht druckabhängig ist, gilt:

Die Enthalpie bleibt bei einer Drosselung konstant.

Dies bedeutet nicht, dass die Enthalpie während des gesamten Vorgangs der Drosselung konstant bleibt. Das Fluid kann zwischen den Querschnitten 1 und 2 beschleunigt und dann verzögert werden, wobei seine Enthalpie zuerst abnimmt und dann zunimmt. Außerdem ist die Zustandsänderung wegen der Wirbelbildung nicht mehr quasistatisch, so dass über sie thermodynamisch keine einfache Aussage möglich ist.

Für reale Gase mit einer Druckabhängigkeit von c_p (Joule-Thompson-Effekt) und für Dämpfe in der Nähe des Überganges vom feuchten in den überhitzten Zustand nehmen die Temperaturen ab.

Die Entropie bei der Drosselung:

Nach unseren obigen Erkenntnissen entspricht die adiabate Drosselung nahezu einer isothermen Expansion, also einer Horizontalen im T,s-Diagramm. Nach dem 1. Hauptsatz ist $T \cdot ds = dq = dh - \mathrm{v} \cdot dp$, mit $dh = 0$ ist $dq = -\mathrm{v} \cdot dp$.

Da bei einer Drosselung dp negativ ist, ergibt sich also eine Wärmezufuhr an das Fluid.

Mit $ds = \dfrac{dq}{T}$ ergibt sich $ds = \dfrac{-\mathrm{v} \cdot dp}{T}$.

Aus $p \cdot \mathrm{v} = R_i \cdot T$ kann formuliert werden: $ds = -R_i \cdot \dfrac{dp}{p}$.

Daraus ergibt sich für eine Zustandsänderung von 1 nach 2: $s_2 - s_1 = R_i \cdot \ln\left(\dfrac{p_1}{p_2}\right)$.

Das bedeutet, eine Drosselung ist eine Verminderung des Arbeitsvermögens durch eine Entropieerhöhung!

Zusammenfassung Die Drossel ist ein Strömungshindernis in einem Strömungskanal. Dabei wird ohne nennenswerte Geschwindigkeitszunahme Druck abgebaut. Bei einer adiabaten Drosselung mit kleinen Massenstromdichten und geringen Druckänderungen verläuft die Fannokurve sehr flach und die Temperatur bleibt dabei in erster Näherung konstant. Eine Drosselung ist eine Verminderung des Arbeitsvermögens durch eine Entropieerhöhung.

8.3 Die adiabate Düsen- und Diffusorströmung

8.3.1 Düse

Eine adiabate Düse ist ein geeignet geformter Strömungskanal, in dem ein Fluid ohne Zufuhr von Wärme ($dq = 0$) und Arbeit ($d_{w,t} = 0$) von außen beschleunigt werden soll. Am geläufigsten sind uns Düsen für den Unterschallbereich. Sie haben einen sich ständig verjüngenden Querschnitt (Abb. 8-4).

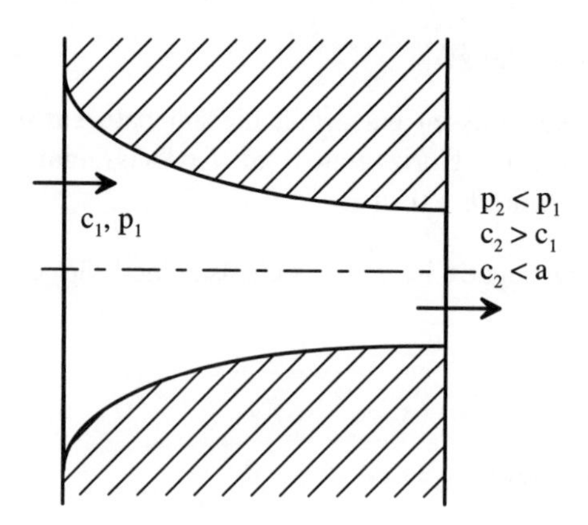

Abbildung 8-4: Düse für den Unterschallbereich

Zu der Formulierung „geeignet geformter Strömungskanal“ werden wir noch in Abschnitt 8.4 entsprechende Betrachtungen anstellen.

Für eine adiabate Düse gilt für die Entropie $s_2 \geq s_1$, wenn 1 der Eintrittszustand ist, wobei $s_2 = s_1$ der Idealfall, also der reibungsfreie Fall ist.

In Abschnitt 8.1 haben wir bereits herausgearbeitet:

$$-\int_1^2 \mathrm{v}dp = \frac{1}{2}\cdot\left(c_2^{\,2} - c_1^{\,2}\right) \qquad \text{(siehe 8.10)}$$

Für die ideale Düse kann $s_2 = s_1$ gesetzt werden. Für das Integral vdp gilt für die Isentrope nach (5.53):

$$w_{t_{1,2}} = \int_1^2 \mathrm{v}dp = \frac{\kappa}{\kappa - 1}\cdot p_1 \cdot \mathrm{v}_1 \cdot \left[\left(\frac{p_2}{p_1}\right)^{\frac{\kappa-1}{\kappa}} - 1\right]$$

In (8.10) eingesetzt:

$$-\frac{\kappa}{\kappa - 1}\cdot p_1 \cdot \mathrm{v}_1 \cdot \left[\left(\frac{p_2}{p_1}\right)^{\frac{\kappa-1}{\kappa}} - 1\right] = \frac{1}{2}\cdot\left(c_2^{\,2} - c_1^{\,2}\right)$$

und nach c_2 aufgelöst:

$$c_2 = \sqrt{-\frac{2\,\kappa}{\kappa-1} \cdot p_1 \cdot \mathrm{v}_1 \cdot \left[\left(\frac{p_2}{p_1}\right)^{\frac{\kappa-1}{\kappa}} - 1\right] + c_1^{\,2}}$$ oder

$$c_2 = \sqrt{\frac{2\,\kappa}{\kappa-1} \cdot p_1 \cdot \mathrm{v}_1 \cdot \left[1 - \left(\frac{p_2}{p_1}\right)^{\frac{\kappa-1}{\kappa}}\right] + c_1^{\,2}}$$ oder

$$c_2 = \sqrt{\frac{2\,\kappa}{\kappa-1} \cdot R_i \cdot T_1 \cdot \left[1 - \left(\frac{p_2}{p_1}\right)^{\frac{\kappa-1}{\kappa}}\right] + c_1^{\,2}} \tag{8.26}$$

Da bei einfachen Düsen, d.h. Düsen mit konstantem oder abnehmendem Querschnitt, nur die Schallgeschwindigkeit im engsten Querschnitt erreicht werden kann, ist das Druckverhältnis p_2 / p_1, das in Geschwindigkeit umgesetzt werden kann, begrenzt. Dieses maximal umsetzbare Druckverhältnis wird als das kritische Druckverhältnis bezeichnet. Dieses kritische Druckverhältnis wird nach dem schwedischen Ingenieur *Carl G. P. Laval (1845–1913)* auch Lavaldruckverhältnis bezeichnet.

Wenn im engsten Querschnitt (Zustand 2) Schallgeschwindigkeit erreicht wird, so gilt nach (8.22):

$$c_2 = a = \sqrt{\kappa \cdot R_i \cdot T_2} \qquad \text{(siehe 8.22)}$$

Damit wird (8.26) unter der Annahme $c_1 = 0$

$$\sqrt{\kappa \cdot R_i \cdot T_2} = \sqrt{\frac{2\,\kappa}{\kappa-1} \cdot p_1 \cdot \mathrm{v}_1 \cdot \left[1 - \left(\frac{p_2}{p_1}\right)^{\frac{\kappa-1}{\kappa}}\right]} \tag{8.27}$$

Mit $p_1 \cdot \mathrm{v}_1 = R_i \cdot T_1$ und der Isentropengleichung $T_2 = T_1 \cdot \left(\frac{p_2}{p_1}\right)^{\frac{\kappa-1}{\kappa}}$ ergibt sich:

$$\kappa \cdot R_i \cdot T_1 \cdot \left(\frac{p_2}{p_1}\right)^{\frac{\kappa-1}{\kappa}} = \frac{2\,\kappa}{\kappa-1} \cdot R_i \cdot T_1 \cdot \left[1 - \left(\frac{p_2}{p_1}\right)^{\frac{\kappa-1}{\kappa}}\right] \tag{8.28}$$

Durch weiteres Umformen erhält man:

$$\left(\frac{p_2}{p_1}\right)^{\frac{\kappa-1}{\kappa}} = \frac{2}{\kappa-1} - \frac{2}{\kappa-1} \cdot \left(\frac{p_2}{p_1}\right)^{\frac{\kappa-1}{\kappa}}$$

$$\left(\frac{p_2}{p_1}\right)^{\frac{\kappa-1}{\kappa}} + \frac{2}{\kappa-1} \cdot \left(\frac{p_2}{p_1}\right)^{\frac{\kappa-1}{\kappa}} = \frac{2}{\kappa-1}$$

$$\left(\frac{p_2}{p_1}\right)^{\frac{\kappa-1}{\kappa}} = \left(\frac{\frac{2}{\kappa-1}}{\frac{\kappa-1}{\kappa-1} + \frac{2}{\kappa-1}}\right) = \frac{2}{\kappa+1} \quad \Rightarrow \quad \frac{p_2}{p_1} = \left(\frac{2}{\kappa+1}\right)^{\frac{\kappa}{\kappa-1}} \tag{8.29}$$

Das heißt, in einer einfachen Düse mit isentroper Expansion kann maximal das Lavaldruck-

verhältnis: $$\left(\frac{p_2}{p_1}\right)_{\text{krit}} = \frac{p_k}{p_1} = \left(\frac{2}{\kappa+1}\right)^{\frac{\kappa}{\kappa-1}} \tag{8.30}$$

in Geschwindigkeit umgesetzt werden.

Das Lavaldruckverhältnis ist ausschließlich von κ abhängig, z.B.:

1-atomige Gase	$\kappa \approx 1{,}667$	$p_k = 0{,}487\, p_1$
2-atomige Gase	$\kappa \approx 1{,}4$	$p_k = 0{,}528\, p_1$
3-atomige Gase	$\kappa \approx 1{,}3$	$p_k = 0{,}546\, p_1$

Merke Man erhält die größte Zunahme an kinetischer Energie in einer Düse und damit auch die größte Enthalpieabnahme, wenn die Expansion reversibel adiabat und damit isentrop ($s_2 = s_1$) verläuft.

Wie verhält sich nun eine reale reibungsbehaftete Düse? Betrachten wir hierzu ein *h,s*-Diagramm, in dem ein bestimmter Drucksprung vor und im engsten Querschnitt der Düse vorgegeben ist (Abb. 8-5).

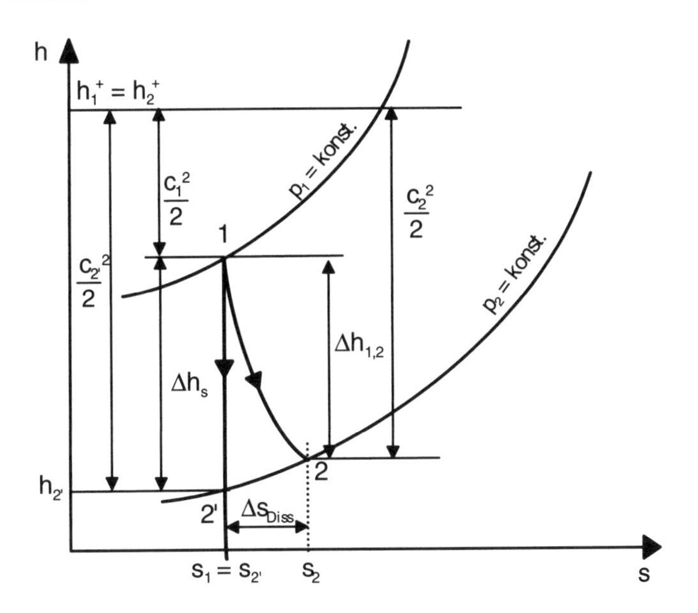

Abbildung 8-5: Isentrope und reibungsbehaftete Zustandsänderung in einer Düse

Wie bereits festgestellt, wird bei isentroper Zustandsänderung ($s_1 = s_{2'}$) die maximale Geschwindigkeit $c_{2'}$ bei der maximalen Enthalpieabnahme $-\Delta h_s = h_1 - h_{2'}$ erreicht. Bei einer reibungsbehafteten Strömung ist $s_2 = s_1 + s_{Diss}$ und s_2 muss größer als s_1 sein, da s_{Diss} nur positiv sein kann. Der Zustand muss auch auf der Isobaren $p_2 < p_1$ liegen. Die Temperatur in 2 ist wegen der Reibungswärme auch höher als in 2' und damit ist $h_2 > h_{2'}$. Die in Geschwindigkeit umgesetzte Enthalpiedifferenz $-\Delta h = h_1 - h_2$ ist kleiner als $-\Delta h_s$. Dies bedeutet, dass auch c_2 kleiner als $c_{2'}$ sein muss.

Da es Ziel einer Düse ist, eine Druckabnahme in möglichst viel kinetische Energie umzusetzen, definiert man einen isentropen Strömungs- oder Düsenwirkungsgrad η_{sS}, bei dem man die erreichte kinetische Energie mit der maximal erzielbaren kinetischen Energie vergleicht:

$$\eta_{sS} = \frac{c_2^{\,2}}{c_{2'}^{\,2}} = \frac{c_2^{\,2}}{c_1^{\,2} - 2 \cdot \Delta h_s} \tag{8.31}$$

($\Delta h_s < 0$: isentrope Enthalpiedifferenz)

Gute Düsen erreichen Werte für η_{sS} von > 0,95. Anstelle von η_{sS} benutzt man gelegentlich den Geschwindigkeitsbeiwert φ:

$$\varphi = \frac{c_2}{c_{2'}} = \sqrt{\eta_{sS}} \tag{8.32}$$

Beispiel 8-3: *In einer einfachen Düse wird Luft aus dem ruhenden Zustand $c_1 = 0$, $T = 300\,K$, $p = 0{,}6\,MPa$ beschleunigt. Die Düse hat einen isentropen Düsenwirkungsgrad $\eta_{sS} = 0{,}9$. Im engsten Querschnitt werden 0,45 MPa gemessen. Welche Geschwindigkeit wurde erreicht? ($\kappa = 1{,}4$; $R_i = 287\,J/kgK$)*

Prüfung: liegt das Druckverhältnis im unterkritischen Bereich?

$p_k = 0{,}528 \cdot p_1 = 0{,}528 \cdot 0{,}6\,\text{MPa} = 0{,}3168\,\text{MPa}$ *; 0,3168 MPa < 0,45 MPa, also Unterschallbereich!*

$$\eta_{sS} = \frac{c_2^{\,2}}{c_{2'}^{\,2}} \qquad \rightarrow \qquad c_2 = \sqrt[2]{\eta_{sS} \cdot c_{2'}^{\,2}}$$

nach (8.26) ist

$$c_{2'} = \sqrt{\frac{2\,\kappa}{\kappa - 1} \cdot R_i \cdot T_1 \cdot \left[1 - \left(\frac{p_2}{p_1}\right)^{\frac{\kappa-1}{\kappa}}\right]}$$

$$c_{2'} = \sqrt{\frac{2 \cdot 1{,}4}{0{,}4} \cdot 287\,\text{J/kgK} \cdot 300\,\text{K} \cdot \left[1 - \left(\frac{0{,}45\,\text{MPa}}{0{,}6\,\text{MPa}}\right)^{\frac{0{,}4}{1{,}4}}\right]}$$

$$(1\,\text{J} = 1\,\text{Nm} = 1\frac{\text{kg m}^2}{\text{s}^2})$$

$$c_{2'} = 218\,\text{m/s}$$

$$c_2 = \sqrt{0{,}9 \cdot (218\,\text{m/s})^2} = 206{,}8\,\text{m/s}$$

Zusammenfassung Die Düse ist ein geeignet geformter Strömungskanal, in dem ein kompressibles Gas unter Druckabnahme beschleunigt wird. Die größte Geschwindigkeitszunahme bei gegebener Druckdifferenz erreicht man bei maximaler Enthalpiedifferenz, d.h. isentroper = reibungsfreier Zustandsänderung. Der Grad der Ausführungsgüte einer Düse wird durch den isentropen Düsen- oder Strömungswirkungsgrad η_{sS} angegeben.

8.3.2 Diffusor

Ein Diffusor ist das Gegenstück zu einer Düse, d.h., ein strömendes Fluid soll durch Verzögerung auf ein höheres Druckniveau gebracht werden. Die kinetische Energie wird in Druck (Enthalpie) umgewandelt. Wie bereits in Abschnitt 8.1 gezeigt, geht das nur, wenn die auftretenden Reibungsverluste entsprechend gering sind.

$$\frac{1}{2} \cdot \left(c_1^{\,2} - c_2^{\,2}\right) = \int_1^2 \text{v}dp \qquad \text{(siehe 8.10)}$$

Ein Diffusor für den Unterschallbereich sieht konsequenterweise ähnlich wie eine umgedrehte Düse aus (Abb. 8-6).

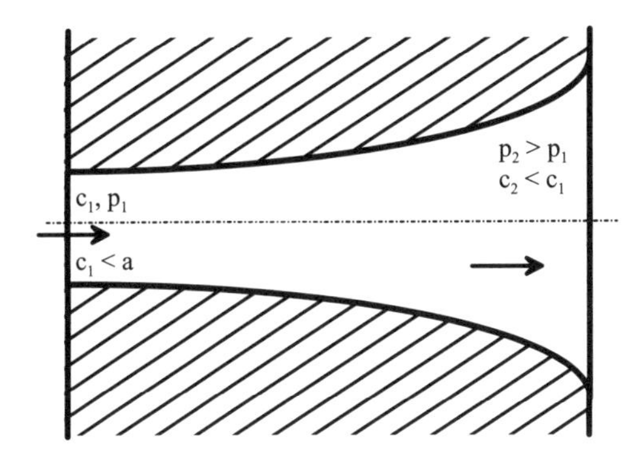

Abbildung 8-6: Diffusor für den Unterschallbereich

Bemerkung Selbstverständlich gibt es auch Düsen und Diffusoren für den Überschallbereich. Deren Querschnittsverläufe sollen aber im nächsten Kapitel gesondert behandelt werden. Die Berechnungsgrundlagen sind aber die gleichen wie im Unterschallbereich.

Es gilt auch für den isentropen Diffusor, dass die Totalenthalpie konstant bleibt. Nach Gleichung (5.53) ist:

$$\int_1^2 \mathrm{v}dp = \frac{\kappa}{\kappa-1} \cdot R_i \cdot T_1 \cdot \left[\left(\frac{p_2}{p_1} \right)^{\frac{\kappa-1}{\kappa}} - 1 \right]$$

Die Gleichung (8.10) wird dann zu:

$$\frac{1}{2} \cdot \left(c_1^2 - c_2^2 \right) = \frac{\kappa}{\kappa-1} \cdot R_i \cdot T_1 \cdot \left[\left(\frac{p_2}{p_1} \right)^{\frac{\kappa-1}{\kappa}} - 1 \right]$$

Da beim Diffusor das Druckverhältnis gefragt ist, stellen wir nach p_2 um:

$$\left(\frac{p_2}{p_1} \right)^{\frac{\kappa-1}{\kappa}} - 1 = \frac{\kappa-1}{2 \cdot \kappa \cdot R_i \cdot T_1} \cdot \left(c_1^2 - c_2^2 \right)$$

$$p_2 = \left(\frac{(\kappa-1) \cdot \left(c_1^2 - c_2^2 \right)}{2 \cdot \kappa \cdot R_i \cdot T_1} + 1 \right)^{\frac{\kappa}{\kappa-1}} \cdot p_1 \qquad (8.33)$$

Wird die Strömung auf $c_2 = 0$ abgebremst, so vereinfacht sich die Gleichung:

$$p_2 = p_1 \cdot \left(1 + \frac{(\kappa - 1) \cdot c_1^2}{2 \cdot \kappa \cdot R_i \cdot T_1}\right)^{\frac{\kappa}{\kappa - 1}} \tag{8.34}$$

Ebenso wie in der Düse kann für einfache Diffusoren maximal das kritische oder Lavaldruckverhältnis umgesetzt werden. Das bedeutet, im engsten Querschnitt eines Unterschall-Diffusors kann maximal Schallgeschwindigkeit herrschen.

Betrachten wir den Vorgang in einem Diffusor anhand eines h,s-Diagramms (Abb. 8-7), so ist leicht zu sehen, dass bei einer isentropen Zustandsänderung mit dem geringsten Enthalpieaufwand vom Druck p_1 aus der vorgegebene Druck p_2 erreicht wird oder bei gegebener Enthalpiedifferenz der höchste Enddruck erreicht wird.

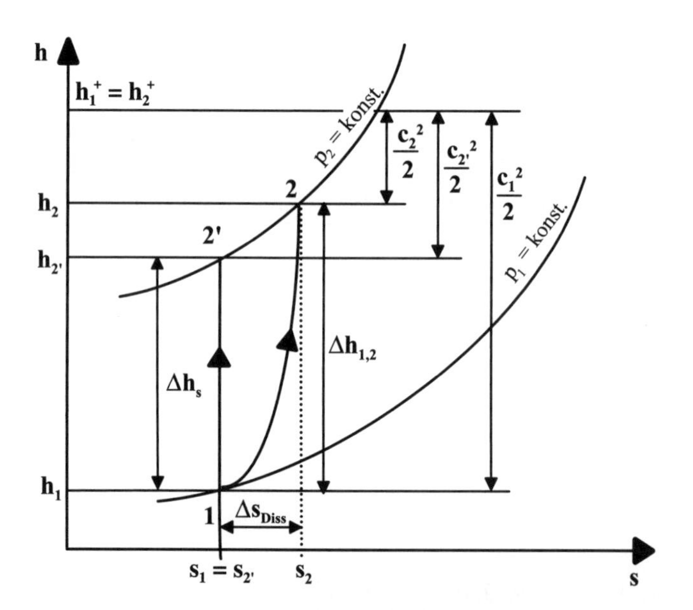

Abbildung 8-7: Isentrope und reibungsbehaftete Zustandsänderung in einem Diffusor

Da es Ziel eines Diffusors ist, möglichst viel kinetische Energie in eine Druckerhöhung umzusetzen, definiert man einen isentropen Diffusorwirkungsgrad η_{sD}, bei dem man die minimal nötige isentrope Enthalpiedifferenz Δh_s $(s_2 = s_1)$ durch die tatsächliche Enthalpiedifferenz dividiert:

$$\eta_{sD} = \frac{h_{2'} - h_1}{h_2 - h_1} = \frac{\Delta h_s}{\Delta h} = \frac{\Delta h_s}{\frac{1}{2} \cdot \left(c_1^2 - c_2^2\right)} \tag{8.35}$$

Der isentrope Diffusorwirkungsgrad kennzeichnet die Güte des reibungsbehafteten und damit irreversiblen Prozesses. Man erreicht bei Diffusoren in der Regel nicht die Wirkungsgrade wie bei Düsen.

Bemerkung Wird eine Strömung vollständig auf die Geschwindigkeit null abgebremst (man sagt auch, bis sie stagniert), besteht die Totalenthalpie nur noch aus Enthalpie $h_2 = c_p T_2$. Man findet deshalb die Totalenthalpie h^+ in der Literatur auch als Stagnationsenthalpie h_0.

Beispiel 8-4: *Am Ende einer Rohrleitung soll trockene Luft in einem Diffusor auf die Geschwindigkeit null abgebremst werden. Im Diffusor nimmt die Entropie durch Reibungsvorgänge um 23,55 J/kgK zu. Die Geschwindigkeit im Rohr beträgt 280 m/s bei einem Druck von 0,3 MPa. Die Luft hat 350 K (R_i = 287 J/kgK, κ = 1,4). Wie hoch sind der Enddruck und die Temperatur?*

Die Totalenthalpie muss konstant bleiben, es gilt: $h_2^+ = h_1 + \frac{c_1^2}{2} = h_2$ *da* $c_2 = 0!$

$$h_2 = c_p T_1 + \frac{c_1^2}{2} = 1004{,}5\ \text{J/kgK} \cdot 350\ \text{K} + \frac{\left(280\,\frac{\text{m}}{\text{s}}\right)^2}{2} = 390775\ \text{J/kg}\,,$$

$$c_p = \frac{R_i \cdot \kappa}{\kappa - 1} = \frac{287\ \text{J/kgK} \cdot 1{,}4}{0{,}4} = 1004{,}5\ \text{J/kgK}\,; \quad h_2 = c_p T_2\,;$$

$$T_2 = \frac{h_2}{c_p} = \frac{390775\ \text{J/kg}}{1004{,}5\ \text{J/kgK}} = 389\ \text{K}$$

Für die Entropiedifferenz gilt nach Gl. (4.84) $s_{12} = s_2 - s_1 = c_p \cdot \ln\frac{T_2}{T_1} - R_i \cdot \ln\frac{p_2}{p_1}$

$$R_i \cdot In\frac{p_2}{p_1} = c_p \cdot \ln\frac{T_2}{T_1} - s_{12}\,,$$

$$p_2 = e^{\frac{c_p \cdot \ln\frac{T_2}{T_1} - s_{12}}{R_i}} \cdot p_1 = e^{\frac{11004{,}5\frac{\text{J}}{\text{kgK}} \cdot \ln\frac{389\text{K}}{350\text{K}} - 23{,}55\frac{\text{J}}{\text{kgK}}}{287\frac{\text{J}}{\text{kgK}}}} \cdot 0{,}3\,\text{MPa} = 0{,}4\,\text{MPa}$$

Zusammenfassung Der Diffusor ist das Gegenstück zu einer Düse. In ihm soll kinetische Energie in Druck umgewandelt werden. Der maximale Druckanstieg wird bei isentroper Zustandsänderung erreicht. Die Güte eines Diffusors wird über den isentropen Diffusorwirkungsgrad beschrieben.

8.4 Querschnittsflächen bei isentroper Düsen- und Diffusorströmung

Welche Form müssen nun Kanäle haben, damit sie für vorgegebene Drücke am Ein- und Austritt einen bestimmten Massenstrom $\dot{m}$ eines Fluids möglichst verlustlos beschleunigen? Durch den Massenerhaltungssatz $\dot{m}$ = konstant in einem Rohr besteht zwischen Dichte ρ, Geschwindigkeit c und Querschnitt A folgende Abhängigkeit:

$$\dot{m} = c \cdot \rho \cdot A$$

Vorausgesetzt, dass die Zustandsänderung isentrop ist und keine Energie dissipiert wird ($j_{12} = 0$), gilt:

$$d\left(\frac{c^2}{2}\right) = c \cdot dc = -\mathrm{v} \cdot dp \tag{8.36}$$

Durch Differenzieren der Kontinuitätsgleichung erhält man:

$$\frac{dA}{A} = -\frac{d(c \cdot \rho)}{c \cdot \rho} = -\frac{d\rho}{\rho} - \frac{c \cdot dc}{c^2} \tag{8.37}$$

$$\frac{dA}{A} = -\frac{d\rho}{\rho} + \frac{\mathrm{v} \cdot dp}{c^2} \tag{8.38}$$

Da die Änderung isentrop ist, gehört zu jeder Dichteänderung eine bestimmte Druckänderung:

mit a = Schallgeschwindigkeit $= \sqrt{\dfrac{dp}{d\rho}}$ (siehe 8.22)

ist $dp = \left(\dfrac{\partial p}{\partial \rho}\right)_s \cdot d\rho = a^2 \cdot d\rho$ (8.39)

Umgestellt nach $d\rho$ ergibt sich: $d\rho = \dfrac{dp}{a^2}$. (8.40)

Setzt man für $\rho = \dfrac{1}{\mathrm{v}}$ ein, ist mit (8.40) $\dfrac{d\rho}{\rho} = \mathrm{v} \cdot d\rho = \dfrac{\mathrm{v} \cdot dp}{a^2}$; (8.41)

Mit (8.41) in (8.38) erhält man:

$$\frac{dA}{A} = -\frac{\mathrm{v}dp}{a^2} + \frac{\mathrm{v}dp}{c^2} = \mathrm{v}dp\left(\frac{1}{c^2} - \frac{1}{a^2}\right) \tag{8.42}$$

Hieraus sind zwei Fälle zu unterscheiden:

1. Düse (beschleunigte Strömung)

Da die Geschwindigkeit zunimmt, ist $dp < 0$. Der Faktor vdp hat also ein negatives Vorzeichen. Ist nun $c < a$ (Unterschallströmung), so ist $\frac{1}{c^2} > \frac{1}{a^2}$. Damit ist der Klammerausdruck in (8.42) positiv. Das bedeutet, dA ist negativ, der Querschnitt verengt sich. Man spricht von einer konvergenten Düse. Ist $c = a$, ist der Klammerausdruck = 0 und damit $dA = 0$. Ist $c > a$ (Überschallströmung), so ist $\frac{1}{c^2} < \frac{1}{a^2}$. Damit ist der Klammerausdruck in (8.42) ebenfalls negativ. Mit dem negativen Vorzeichen aus dp ergibt sich aber nun für dA ein positives Vorzeichen. Das bedeutet, der Kanal muss sich für eine Überschallströmung wieder erweitern. Eine Düse, in der Überschallgeschwindigkeit erreicht werden kann, nennt man eine Lavaldüse. Um Ablösungserscheinungen für die Strömung zu vermeiden, sollte ein Öffnungswinkel von 10° nicht überschritten werden.

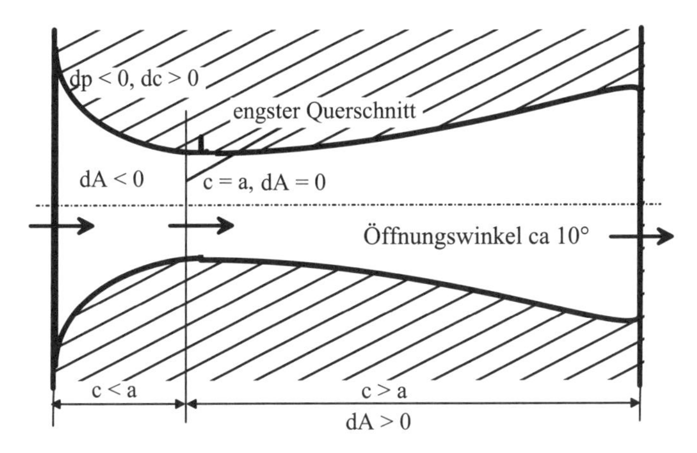

Abbildung 8-8: Lavaldüse für den Überschallbereich

2. Diffusor (verzögerte Strömung)

Im Diffusor nehmen die Geschwindigkeit ab und der Druck zu, also ist $dp > 0$ und hat ein positives Vorzeichen. Tritt nun die Strömung mit Überschallgeschwindigkeit ein ($c > a$), so ist $\left(\frac{1}{c^2} - \frac{1}{a^2}\right)$ negativ. Damit ist dA ebenfalls negativ. Für einen Überschalldiffusor muss also der Querschnitt abnehmen, bis die Querschnittsabnahme bei $c = a$ gleich null wird. Im engsten Querschnitt herrscht auch beim Überschalldiffusor Schallgeschwindigkeit. Im Unterschallbereich ist dann der Klammerausdruck $\left(\frac{1}{c^2} - \frac{1}{a^2}\right)$ positiv, d.h. dA ist ebenfalls positiv, der Diffusorquerschnitt muss sich erweitern. Den Querschnittsverlauf für einen Überschalldiffusor zeigt Abb. 8-9.

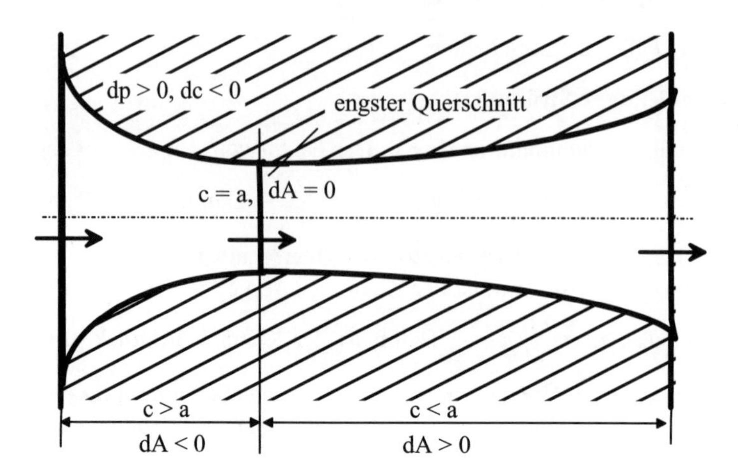

Abbildung 8-9: Querschnittsverlauf für einen Überschalldiffusor

Bei Überschallflugzeugen können Sie im Verdichtereinlauf für die Strahlturbine einen solchen Querschnittsverlauf gut sehen. Genaue Auslegung realer Düsen finden Sie in Büchern zur Strömungslehre.

Beispiel 8-5: *In einer Lavaldüse soll ein Massenstrom $\dot{m} = 40$ kg/s trockener Luft (ideales Gas, $\kappa = 1{,}4$, $R_i = 287$ J/kgK) aus dem ruhenden Zustand ($c_0 = 0$, $p_0 = 0{,}4$ MPa, $T_0 = 300$ K) isentrop auf maximale Geschwindigkeit beschleunigt werden. Der Umgebungsdruck am Austritt der Düse beträgt 0,1 MPa.*

Berechnen Sie die Größen c, A, p und T,

1. *wenn 0,01 MPa umgesetzt wurden,*
2. *wenn Schallgeschwindigkeit erreicht wird,*
3. *am Austritt der Düse.*

1.

$p_1 = 0{,}39$ MPa ; $\dot{m} = 40$ kg/s

$$p_1 \cdot \dot{V}_1 = \dot{m} \cdot R_i \cdot T_1 \qquad \rightarrow \qquad \dot{V}_1 = \frac{\dot{m} \cdot R_i \cdot T_1}{p_1}$$

$$mit \quad \dot{V}_1 = A_1 \cdot c_1 \qquad \qquad A_1 = \frac{\dot{m} \cdot R_i \cdot T_1}{p_1 \cdot c_1}$$

$$T_1 = T_0 \cdot \left(\frac{p_1}{p_0}\right)^{\frac{\kappa-1}{\kappa}} = 300\text{ K} \cdot \left(\frac{0{,}39\text{ MPa}}{0{,}4\text{ MPa}}\right)^{\frac{0,4}{1,4}} = 297{,}84\text{ K}$$

Aus $h_1 - h_0 = \frac{1}{2} \cdot \left(c_0^{\,2} - c_1^{\,2}\right)$ *ergibt sich:*

$$c_1 = \sqrt{2 \cdot c_p \left(T_0 - T_1\right)} = \sqrt{2 \frac{\kappa}{\kappa - 1} R_i \left(T_0 - T_1\right)}$$

$$c_1 = \sqrt{2 \cdot \frac{1{,}4}{0{,}4} \cdot 287\text{ J/kgK} \cdot \left(300\text{ K} - 297{,}84\text{ K}\right)} = 65{,}9\text{ m/s}$$

Damit ist: $A_1 = \frac{40\text{ kg/s} \cdot 287\text{ J/kgK} \cdot 297{,}84\text{ K}}{0{,}39 \cdot 10^6\text{ N/m}^2 \cdot 65{,}9\text{ m/s}} = 0{,}133\text{ m}^2$ (d = 411 mm)

2.

$c_2 = a$

p_2 aus Lavaldruckverhältnis: $\frac{p_2}{p_0} = \left(\frac{2}{\kappa+1}\right)^{\frac{\kappa}{\kappa-1}}$ *(siehe 8.30)*

$$p_2 = p_0 \cdot \left(\frac{2}{\kappa+1}\right)^{\frac{\kappa}{\kappa-1}} = 0{,}4\text{ MPa} \cdot \left(\frac{2}{2{,}4}\right)^{\frac{1,4}{0,4}} = 0{,}2113\text{ MPa}$$

$$T_2 = T_0 \cdot \left(\frac{p_2}{p_0}\right)^{\frac{\kappa-1}{\kappa}} = 300\text{ K} \cdot \left(\frac{0{,}2113\text{ MPa}}{0{,}4\text{ MPa}}\right)^{\frac{0,4}{1,4}} = 250\text{ K}$$ *(Isentropengleichung)*

$$c_2 = a = \sqrt{\kappa \cdot R_i \cdot T_2} = \sqrt{1{,}4 \cdot 287\text{ J/kgK} \cdot 250\text{ K}} = 316{,}94\text{ m/s}$$ *(siehe 8.22)*

wie unter 1.

$$A_2 = \frac{\dot{m} \cdot R_i \cdot T_2}{p_2 \cdot c_2} = \frac{40\text{ kg/s} \cdot 287\text{ Nm/kgK} \cdot 250\text{ K}}{0{,}2113 \cdot 10^6\text{ N/m}^2 \cdot 316{,}94\text{ m/s}} = 0{,}0428\text{ m}^2$$ (d = 233,6 mm)

3.

$p_3 = 0{,}1$ MPa

$$T_3 = T_0 \cdot \left(\frac{p_3}{p_0}\right)^{\frac{\kappa-1}{\kappa}} = 300\ \text{K} \cdot \left(\frac{0{,}1\ \text{MPa}}{0{,}4\ \text{MPa}}\right)^{\frac{0{,}4}{1{,}4}} = 201{,}9\ \text{K}$$

Aus $h_3 - h_0 = \frac{1}{2} \cdot \left(c_0^2 - c_3^2\right) \quad \rightarrow \quad c_3 = \sqrt{2 \frac{\kappa}{\kappa - 1} R_i \left(T_0 - T_3\right)}$

$$c_3 = \sqrt{2 \cdot \frac{1{,}4}{0{,}4} \cdot 287\ \text{J/kgK} \cdot \left(300\ \text{K} - 201{,}9\ \text{K}\right)} = 443{,}9\ \text{m/s}$$

$$c_3 = \frac{443{,}9\ \text{m/s}}{316{,}94\ \text{m/s}} = 1{,}4\ \text{Ma}$$

$$A_3 = \frac{\dot{m} \cdot R_i \cdot T_3}{p_3 \cdot c_3} = \frac{40\ \text{kg/s} \cdot 287\ \text{Nm/kgK} \cdot 201{,}9\ \text{K}}{0{,}1 \cdot 10^6\ \text{N/m}^2 \cdot 443{,}9\ \text{m/s}} = 0{,}0522\ \text{m}^2 \qquad (\text{d} = 257{,}8\ \text{mm})$$

Das Erweiterungsverhältnis von A_2 nach A_3 beträgt: $\frac{A_3}{A_2} = 1{,}22\,!$

Zusammenfassung Die Querschnittsverläufe für Düsen verlaufen für den Unterschallbereich konvergent und im Überschallbereich divergent. Diffusoren haben genau umgekehrte Verläufe.

Kontrollfragen

1. Welche Voraussetzungen gelten für die in diesem Kapitel behandelten Strömungsprozesse?
2. Welche Energiegrößen sind in der Totalenthalpie zusammengefasst?
3. Wie ändern sich Enthalpie und Temperatur bei einer adiabaten Drosselung in einem Rohr mit konstantem Querschnitt, wenn die Druckabnahme und die Massenstromdichte gering sind?
4. Wie verhält sich die Entropie bei einer Drosselung?
5. Welche maximale Geschwindigkeit kann ein kompressibles Fluid in einem Rohr mit konstantem Querschnitt erreichen?
6. Ein strömendes kompressibles Fluid wird in einem Strömungskanal mit konst. Querschnitt expandiert. Stellen Sie den Vorgang im *h,s*-Diagramm dar und schraffieren Sie den Bereich, in dem die Zustandsänderung ablaufen kann. Zeichnen Sie Isenthalpe,

Isentrope und Isobare durch den Ausgangszustand! Wie verändern sich Druck und Geschwindigkeit und auf welcher Linie liegen die Zustände?

7. Ein strömendes kompressibles Fluid wird unter Druckzunahme und Geschwindigkeitsabnahme in einem Strömungskanal mit einem Querschnitt, der sich erweitert, komprimiert. Stellen Sie den Vorgang im h,s-Diagramm dar und zeichnen Sie Isenthalpe, Isentrope und Isobare durch den Ausgangszustand! Schraffieren Sie den Bereich, in dem die Zustandsänderung ablaufen kann!

8. Welcher Zustand ist nach einer Drossel, die sich in einem Rohr mit konstantem Querschnitt befindet, bezüglich Geschwindigkeit, Druck und Temperatur nur möglich, wenn es sich um einen adiabaten Strömungsprozess handelt? Zeichnen Sie den Ausgangszustand mit der zugehörigen Isobare und Isenthalpe in das h,s-Diagramm ein und schraffieren Sie den möglichen Bereich!

9. Wie muss der Querschnittsverlauf für den Einlauf eines Triebwerkes aussehen, das Mach 3 fliegen kann, aber bereits vor dem Verdichter eine geringere Geschwindigkeit als die Schallgeschwindigkeit haben muss?

Übungen

1. Berechnen Sie die Schallgeschwindigkeit in Helium ($M_{He} = 4{,}003$ kg/kmol , $\kappa = 1{,}667$) und Methan ($M_{CH_4} = 16{,}042$ kg/kmol, $\kappa = 1{,}27$) bei 60 °C!

2. An einem Behälter, der mit trockener Luft ($\kappa = 1{,}4$, $R_{iLuft} = 287$ J/kgK) gefüllt ist, ist eine Düse angebracht. Im Behälter herrscht folgender stabiler Zustand: $p_0 = 0{,}3$ MPa, $T_0 = 400$ K, $c_0 = 0$ m/s. In der Düse, die an der Mündung den engsten Querschnitt aufweist, wird die Luft adiabat und reibungsfrei $s_1 = s_0$ beschleunigt. Der Umgebungsdruck beträgt 0,1 MPa absolut. Bestimmen Sie den Zustand im engsten Querschnitt (Austritt) der Düse c_1, T_1, p_1! Liegt das vorliegende Druckverhältnis p_{amb}/p_0 über dem kritischen oder Lavaldruckverhältnis? Welchen Querschnitt muss die Düse im Austritt haben, wenn ein Massenstrom von 65 kg/s entweicht?

3. In einer einfachen Düse wird Luft aus dem Zustand $c_1 = 10$ m/s, $T = 300$ K, $p = 0{,}6$ MPa beschleunigt. Im engsten Querschnitt werden 0,48 MPa gemessen. Welchen isentropen Düsenwirkungsgrad hat die Düse, wenn eine Geschwindigkeit von 180 m/s erreicht wurde ($\kappa = 1{,}4$; $R_i = 287$ J/kgK)? Wie groß muss die Querschnittsänderung zwischen Ein- und Austritt sein?

Lösungen unter http://www.oldenbourg-wissenschaftsverlag.de

9 Wärmeübertragung

Lernziel In diesem Kapitel sollen Sie lernen, welche Wärmetransportmechanismen möglich sind. Sie müssen wissen, wie ein Wärmefluss intensiviert oder möglichst effektiv unterbunden werden kann. Sie müssen die Wärmeströme für die verschiedenen Wärmetransportmechanismen berechnen können. Sie müssen die verschiedenen Grundarten von Wärmeaustauschern kennen und einfache Rekuperatoren auslegen und berechnen können. Bei der Temperaturstrahlung müssen Sie auch die Besonderheiten der Gasstrahlung und ihre Anwendung kennen.

Dieses Kapitel ist für Ingenieure von zentraler Bedeutung. Mehr noch als der Umgang mit kompressiblen Medien und deren Zustandsänderungen wird Sie der Umgang mit der Wärmeübertragung im Alltag beschäftigen. Meist stellt sich die Frage eines möglichst intensiven Wärmetransports an der einen Stelle und einer möglichst vollständigen Unterbindung eines Wärmetransports an anderer Stelle gleichzeitig. Nehmen Sie nur die Beheizung eines Raumes oder das Kochen. Die Wärme soll möglichst verlustlos an den Raum oder den Kochtopf übertragen werden, andererseits soll der Raum bzw. der Kochtopf die zugeführte Wärmemenge möglichst lange in sich behalten.

Es gibt im Bereich Wärmeübertragung viele Regelwerke wie DIN-Normen, insbesondere sei hier der VDI-Wärmeatlas erwähnt, der bei detaillierten Fragestellungen weiterhelfen kann. Die zu diesem Thema erhältliche Literatur ist ebenfalls sehr umfangreich. Das Thema Wärmeübertragung kann sehr komplex werden, insbesondere bei instationären Vorgängen. Wir beschränken uns daher in diesem Kapitel auf stationäre Vorgänge und auf die Grundkenntnisse der verschiedenen Wärmeübertragungsmöglichkeiten.

Die elementare Aussage zum Thema Wärme und Wärmetransport trifft der 2. Hauptsatz der Thermodynamik, der besagt:

Wärme kann ohne einen zusätzlichen Aufwand an Energie nur von einem Körper mit höherer Temperatur auf einen Körper mit niedrigerer Temperatur, d.h. nur in Richtung eines Temperaturgefälles übertragen werden.

Sind zwei Körper mit unterschiedlicher Temperatur in Verbindung und bleiben die Temperaturen in den Körpern zeitlich gleich, so bildet sich ein stationärer Wärmestrom $\dot{Q}$ aus (Abb. 9-1). Die Körper können dabei fest, flüssig oder gasförmig sein.

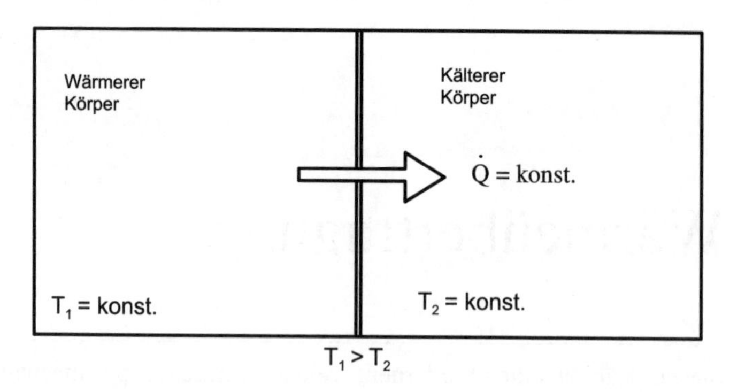

Abbildung 9-1: Stationärer Wärmestrom

Es gibt nun drei Transportmechanismen, die möglich sind. Meist treten sogar alle drei gleichzeitig auf:

Wärmeleitung

Der Wärmetransport erfolgt durch Anregung benachbarter Teilchen. Dabei bleiben diese Teilchen ortsfest. Wärmeleitung erfolgt also in Festkörpern, in ruhenden Flüssigkeiten und in ruhenden Gasen. Wärmeleitung findet z.B. in einer Hauswand statt oder wenn Sie einen Metallstab in eine Flamme halten.

Merke Wärmeleitung ist immer an Materie gebunden. Die perfekte Unterbindung von Wärmeleitung ist daher ein Vakuum.

Konvektion (Wärmemitführung)

Kennzeichnend für die Konvektion ist, dass ein Wärmeträger an einem Ort aufgeheizt oder abgekühlt wird und dann an einer anderen Stelle Wärme abgibt oder aufnimmt. Wärmeträger sind in der Regel Fluide, also Flüssigkeiten und Gase. Es sind auch Schüttgüter, also Festkörper denkbar. Diese sind aber in der Praxis Sonderfälle. Wir unterscheiden freie und erzwungene Konvektion.

Freie Konvektion entsteht, wenn sich Fluide an einer Wand erwärmen. Durch die geringere Dichte des wärmeren Fluids entsteht ein Auftrieb und das Fluid wird in Bewegung gesetzt. Sie können das gut beobachten, wenn Sie ein frisch gekochtes Ei aus dem Wasser nehmen. Sobald Sie das Ei herausnehmen, dampft das Wasser ab und Sie sehen den Dampf aufsteigen. Freie Konvektion tritt z.B. auch an einem Heizkörper auf (Abb. 9-2). Das können Sie allerdings nicht sehen.

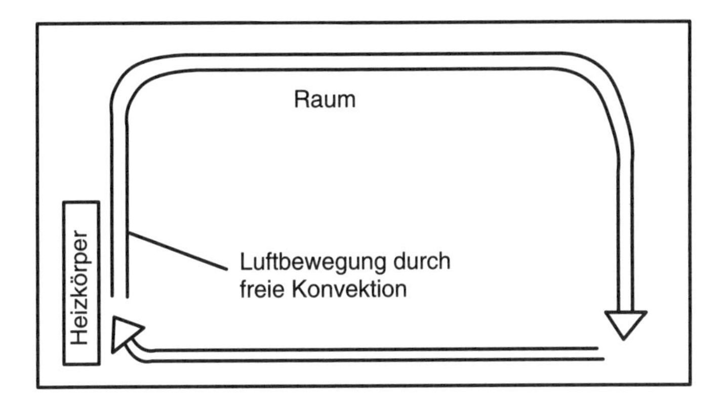

Abbildung 9-2: Raumheizung durch einen Heizkörper als Beispiel für freie Konvektion

Erzwungene Konvektion liegt vor, wenn das Fluid zwangsweise bewegt wird, z.B. wenn das Wasser in den Heizungsrohren durch eine Pumpe bewegt wird oder wenn in einem Föhn die Luft durch ein Gebläse am Heizelement vorbei geblasen wird (Abb. 9-3).

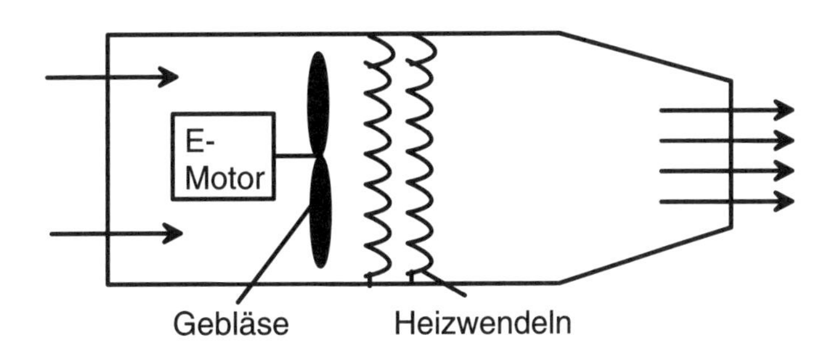

Abbildung 9-3: Schematische Darstellung eines Föhns als Beispiel für erzwungene Konvektion

Konvektion	
freie Konvektion	**erzwungene Konvektion**
Strömung bildet sich durch Dichte-Unterschiede von selbst aus.	Strömung wird erzwungen durch Pumpe, Ventilator usw.

Merke Konvektion erfolgt durch Materietransport unterschiedlicher Temperatur.

Temperaturstrahlung

Jeder Körper (Festkörper, Flüssigkeit, Gas) strahlt Energie in Form von elektromagnetischer Strahlung in die Umgebung ab. Diese Strahlung liegt überwiegend im nicht sichtbaren Bereich. Nimmt ein Körper mehr Strahlung auf als er abgibt, so wird auf ihn ein Wärme- oder Energiestrom übertragen. Strahlt er umgekehrt mehr Energie ab als er aufnimmt, so gibt er einen Energiestrom ab. Wärmeübertragung durch Strahlung ist meist kompliziert, weil die Strahlung in der Regel ungerichtet in den Raum erfolgt und so nur ein Teil der gesamt emittierten Strahlung auf einen Empfänger trifft (Abb. 9-4). Es werden deshalb in diesem Kapitel nur die Grundlagen und einige wenige Spezialfälle, für die es einfache Lösungen gibt, behandelt. Anders als Wärmeleitung und Konvektion ist Temperaturstrahlung auch durch materiefreien Raum möglich. Das kennen wir von der Temperaturstrahlung der Sonne, die durch das nahezu materiefreie All zu uns kommt.

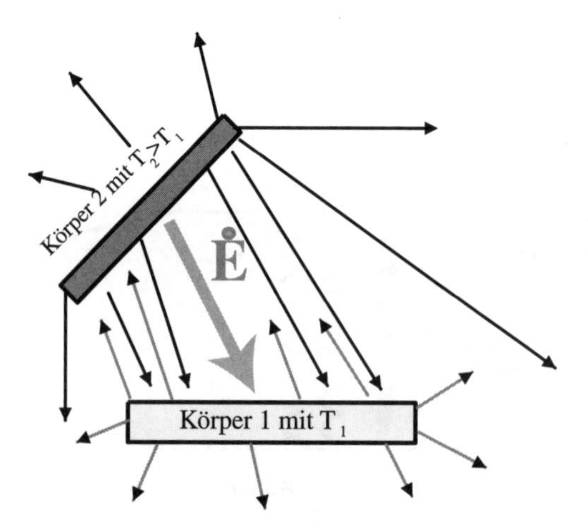

Abbildung 9-4: Wärmeübertragung durch Strahlung

> **Merke** In der Realität treten Wärmeleitung, Konvektion und Temperaturstrahlung gleichzeitig auf. Exakte Berechnungen, die alle Mechanismen berücksichtigen, sind daher oft nicht oder nur mit großem Aufwand möglich.

Wir werden trotzdem alle Mechanismen zur besseren Übersicht nacheinander und separat betrachten. Die Gesamtwärmemengen ergeben sich aus der Addition der beteiligten Transportmechanismen:

$$\dot{Q}_{\text{gesamt}} = \dot{Q}_{\text{Wärmeleitung}} + \dot{Q}_{\text{Konvektion}} + \dot{Q}_{\text{Strahlung}} \tag{9.1}$$

> **Hinweis** Im Bereich der Wärmeleitung und der Konvektion wird häufig nur mit Temperaturdifferenzen gearbeitet. Deshalb verwendet man überwiegend die gewohnten Celsiustemperaturen mit dem Formelzeichen ϑ. Bei der Temperaturstrahlung **muss** mit der absoluten Temperatur gearbeitet werden (Formelzeichen *T*)!

9.1 Wärmeleitung

Wie bereits einführend erwähnt, findet Wärmeleitung in Wandungen oder unbewegten Fluiden statt. Wir befassen uns in diesem Kapitel nur mit stationärer Wärmeleitung. Das bedeutet, die jeweilige Wandinnen- und -außentemperatur sind zeitlich konstant (Abb. 9-5).

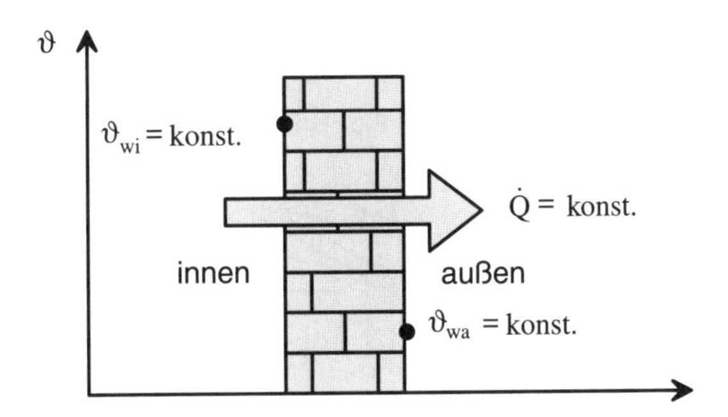

Abbildung 9-5: Stationäre Wärmeleitung

Wenn diese beiden Temperaturen zeitlich konstant sind, fließt pro Zeiteinheit eine konstante Wärmemenge durch die Wand. Die in der Zeiteinheit transportierte Wärmeenergie nennen wir den Wärmestrom $\dot{Q}$.

$$\dot{Q} = \frac{Q}{t} \qquad \frac{\mathrm{J}}{\mathrm{s}} = \frac{\mathrm{Ws}}{\mathrm{s}} = \mathrm{W} \tag{9.2}$$

Der Wärmestrom hat die Einheit einer Leistung.

Ist der Wärmestrom zeitlich konstant, so entspricht das nach unserer Definition einem stationären Prozess. Wir sprechen deshalb von einer stationären Wärmeleitung. Aufheiz- und Abkühlungsvorgänge werden hier nicht beachtet.

9.1.1 Wärmeleitung durch eine ebene Wand

Der französische Physiker *J. B. Fourier* (1768–1830) hat folgende Gesetzmäßigkeiten formuliert:

Die durch eine ebene Wand (Abb. 9-6) geleitete Wärmemenge ist

- zur Temperaturdifferenz $\Delta\vartheta = |\vartheta_{wi} - \vartheta_{wa}|$ direkt proportional,
- zur Wandfläche A direkt proportional,
- zur Wirkzeit t direkt proportional und
- zur Wanddicke δ umgekehrt proportional.

Es gilt also:

$$Q \sim \frac{1}{\delta} \cdot A \cdot t \cdot \Delta\vartheta \tag{9.3}$$

Die Richtung des Wärmetransports ist durch das Temperaturgefälle vorgegeben:

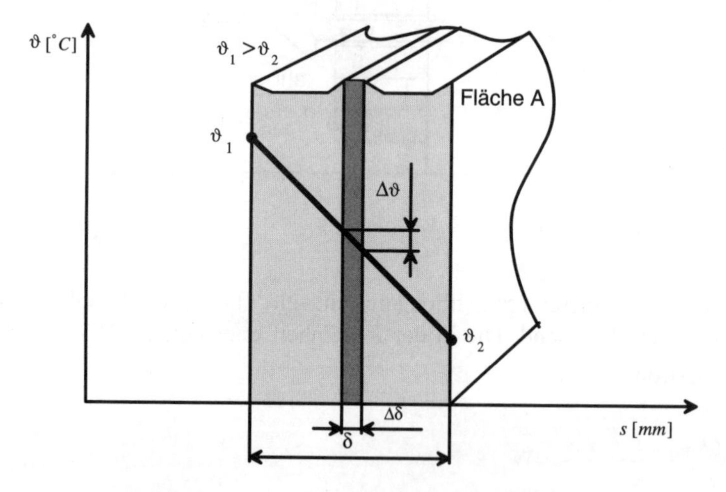

Abbildung 9-6: Stationäre Wärmeleitung durch eine ebene Wand

Dass die Wärmemenge umgekehrt proportional zur Wanddicke ist, deckt sich mit unserer Erfahrung, dass eine Isolierschicht möglichst dick sein sollte. Die andere Konsequenz, dass Wände für eine möglichst effektive Wärmeübertragung möglichst dünn sein sollten, ist uns weniger geläufig. Wenn wir Temperaturmessungen in der Wand durchführen, so stellen wir fest, dass der Temperaturgradient $\left(-\frac{\Delta\vartheta}{\Delta\delta}\right)$ konstant ist. Das belegt noch einmal, dass mit zunehmender Wanddicke die Temperaturdifferenz immer größer wird.

In der Einführung zu diesem Kapitel haben wir als Beispiel für die Wärmeleitung den Metallstab, den man in eine Flamme hält, herangezogen. Dabei stellt man fest, dass er schnell auch am weiter entfernten Ende, das man in der Hand hält, sehr heiß wird. Führen Sie das gleiche Experiment mit einem Glasstab durch, so stellen Sie fest, dass Sie den Glasstab noch bequem in der Hand halten können, obwohl er an der Bunsenbrennerflamme schon flüssig wird (Glasbläser). Die Effektivität der Wärmeleitung, d.h. der Wärmestrom, muss also auch vom Stoff der Wand abhängen.

Diese Materialabhängigkeit wird durch den Proportionalitätsfaktor λ berücksichtigt. Wir nennen diesen Faktor die Wärmeleitfähigkeit. Das komplette Fourier'sche Gesetz lautet damit:

$$Q = \frac{\lambda}{\delta} \cdot A \cdot \Delta\vartheta \cdot t \tag{9.4}$$

oder $$\dot{Q} = \frac{\lambda}{\delta} \cdot A \cdot \Delta\vartheta \tag{9.5}$$

Stellt man die Gleichung nach λ um

$$\lambda = \frac{\dot{Q} \cdot \delta}{A \cdot \Delta\vartheta} \tag{9.6}$$

so erhält man für die Einheit von λ: $\lambda \; in \; \frac{\mathrm{W \cdot m}}{\mathrm{m^2 \cdot K}} = \frac{\mathrm{W}}{\mathrm{m \cdot K}}$

Die Wärmeleitfähigkeit gibt also an, welcher Wärmestrom in Watt pro Meter Wanddicke einer 1 m^2 großen Wandfläche bei einem Temperaturunterschied von 1 K fließt.

Achtung Die Wärmeleitfähigkeit ist wie viele Stoffeigenschaften in der Thermodynamik eine Funktion der Stofftemperatur und bei Gasen auch noch vom Druck abhängig.

Festkörper und Flüssigkeiten $\lambda = \lambda\,(T)$; Gase $\lambda = \lambda\,(T,p)$

Die Wärmeleitfähigkeit λ wird auch oft als Wärmeleitkoeffizient oder Wärmeleitzahl bezeichnet.

Wegen der Temperaturabhängigkeit der Wärmeleitfähigkeit stellt sich nun die Frage: „Welcher λ-Wert ist für die Berechnung heranzuziehen?"

Für übliche Temperaturdifferenzen genügt es, den λ-Wert bei der Wandmitteltemperatur ϑ_m abzulesen:

$$\vartheta_m = \frac{\vartheta_{w,i} + \vartheta_{w,a}}{2} \tag{9.7}$$

Bei sehr großen Temperaturdifferenzen und unbekannten Verläufen von $\lambda = \lambda\,(T)$ können gravierende Fehler auftreten (siehe Abb. 9-7).

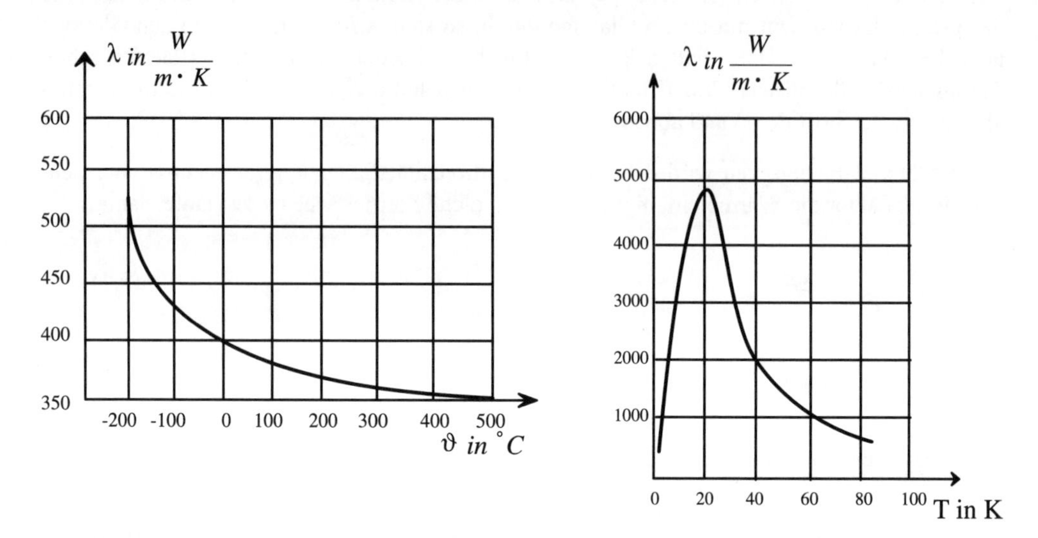

Abbildung 9-7: Wärmeleitfähigkeit von Kupfer im Bereich üblicher und tiefer Temperaturen [13]

Lesen Sie z.B. bei einer mittleren Temperatur von 20 K ab, so ist der Wert bei einer Temperaturdifferenz von nur 20 K viel zu hoch. Hier müssen Sie wie bei sehr großen Temperaturdifferenzen ansetzen:

$$\lambda = \frac{\int_{\vartheta_1}^{\vartheta_2} \lambda\,(T) \cdot d\vartheta}{\Delta\vartheta} \tag{9.8}$$

Für unsere Beispiele und für die meisten Vorgänge in der Technik genügt das Ablesen bei ϑ_m nach Gleichung (9.7).

In der Tabelle 9-1 sind einige λ-Werte zur Orientierung aufgelistet. Genaue Angaben finden Sie in den Quellen für Stoffwerte ([1], [3] und [5]). Für Legierungen bzw. Stoffgemische werden oft nur Bereiche angegeben. Bei Hölzern ist z.B. auch der Feuchtegehalt wichtig und bei Gasen muss auch der Druck angegeben sein.

Tabelle 9-1: Einige λ-Werte bei 20 °C und 0,1 MPa

Stoff	**Wärmeleitfähigkeit λ** in $\frac{W}{m \cdot K}$
Feststoffe:	
Gold	315
Aluminium (99,2 %)	210
Kupfer	400
Zink	121
Stahl, unlegiert	45 … 65
Quarzglas	1,36
Hartporzellan	1,2 … 1,6
Steinsalz (kristallin)	6,0 (senkrecht zur Achse)
Granit	2,8
Quarzsand (trocken)	0,3
Polystyrol (PS)	0,16
PTFE (Teflon)	0,25
Polyester (PE)	0,18
Buche	0,17 (radial, 14 Masse-% Feuchtigkeit)
Buche	0,15 (tangential, 14 Masse-% Feuchtigkeit)
Spanplatten	0,08 (verleimt)
Mörtel	0,9 … 1,4
Polystyrol-Hartschaum	0,025 … 0,04
Mineralfaserstoffe	0,03 … 0,05
Organische Faserstoffe	0,03 … 0,05 (Wolle, Seide)
Flüssigkeiten:	
Dieselöl	0,12
Motorenöl	0,14
Methanol	0,2
Wasser (flüssig)	0,598
Meerwasser	0,60 (bei 20 g Salzgehalt/kg Wasser)
Honig	0,5
Vollmilch	0,56 (3,5 % Fett)
Weine	0,4 … 0,5
Gase (0,1 MPa):	
Luft	0,0259
Sauerstoff	0,0264
Stickstoff	0,0257
Wasserdampf (100 °C)	0,0246
Wasserstoff	0,1861
Xenon	0,0055

Merke Gute elektrische Leiter sind auch gute Wärmeleiter. Schlechte elektrische Leiter sind auch schlechte Wärmeleiter. Gase sind die schlechtesten Wärmeleiter. Bei vielen Isolierstoffen beruht die Isolierwirkung auf eingeschlossenen Gasen (Abb. 9-8), z.B. Daunenjacke, Felle, Kunststoffschaum, Glasschaum, Kork usw.

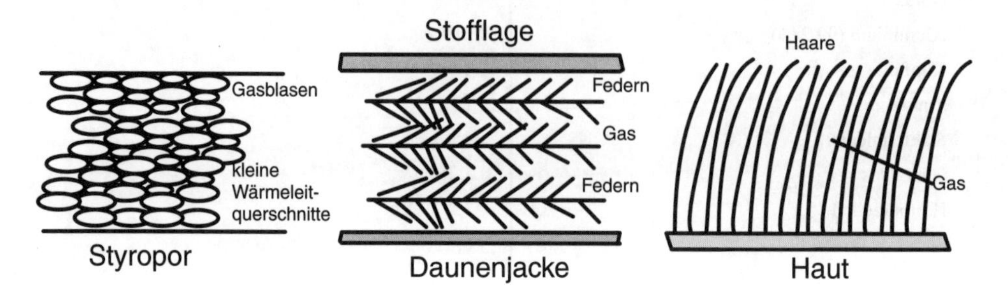

Abbildung 9-8: Isolierwirkung von Dämmstoffen

Wärmeleitwiderstand

Die von der Form und dem Stoff abhängigen Faktoren Wandfläche, Wanddicke und Wärmeleitfähigkeit lassen sich zu einer Größe, dem Wärmeleitwiderstand R_λ zusammenfassen. Der Widerstand gegen Wärmeleitung wird:

- größer mit der Wanddicke δ,
- kleiner bei Vergrößerung der Wandfläche A,
- kleiner bei Zunahme der Wärmeleitfähigkeit.

Wir definieren deshalb den Wärmeleitwiderstand:

$$R_\lambda = \frac{\delta}{\lambda \cdot A} \qquad \frac{\mathrm{m}}{\frac{\mathrm{W}}{\mathrm{m \cdot K}} \cdot \mathrm{m}^2} = \frac{\mathrm{K}}{\mathrm{W}} \tag{9.9}$$

Setzt man die Gleichung (9.9) in Gleichung (9.5) ein, so erhält man:

$$\dot{Q} = \frac{|\Delta \vartheta|}{R_\lambda} \qquad \mathrm{W} \tag{9.10}$$

oder $\Delta \vartheta = R_\lambda \cdot \dot{Q} \quad \mathrm{K}$ (9.11)

Wegen der Analogie zum Ohm'schen Gesetz der Elektrotechnik $U = R \cdot I$ wird die Gleichung (9.11) auch als das Ohm'sche Gesetz der Wärmeleitung bezeichnet. Dabei entspricht das Temperaturgefälle der Spannung, der Wärmestrom dem elektrischen Strom und der Wärmeleitwiderstand dem elektrischen Widerstand.

An dieser Stelle noch eine weitere Definition:

In der Heizungs- und Feuerungstechnik interessiert häufig, welcher Wärmestrom pro Flächeneinheit fließt. Dieses Verhältnis bezeichnet man als Wärmestromdichte oder Heizflächenbelastung $\dot{q}$.

$$\dot{q} = \frac{\dot{Q}}{A} \qquad \frac{\text{W}}{\text{m}^2} \tag{9.12}$$

> **Achtung** Weil es überall in der Literatur so verwendet wird, habe ich dieses Formelzeichen übernommen, obwohl es dasselbe ist wie für den spezifischen Wärmestrom
>
> $$\dot{q} = \frac{\dot{Q}}{m} \qquad \frac{\text{W}}{\text{kg}}.$$

9.1.2 Wärmeleitung durch mehrschichtige ebene Wände

In der Technik trifft man häufig auf Wände, die aus unterschiedlichen Materialien bestehen. Diese sind in der Regel auch mit unterschiedlichen Wärmeleiteigenschaften behaftet. Ein Beispiel hierfür ist die Hauswand, sie besteht von innen nach außen aus Tapete, Innenputz, Ziegelstein, Polystyrolschaum, Außenputz, Außenanstrich. Ein allgemeines Beispiel ist in Abb. 9-9 dargestellt.

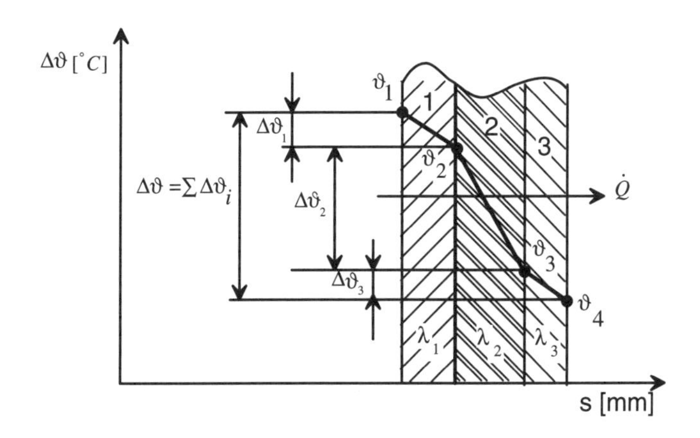

Abbildung 9-9: Temperaturverlauf in einer mehrschichtigen ebenen Wand

In mehrfach geschichteten ebenen Wänden ist der Temperaturgradient in jeder Schicht ebenfalls linear und verhält sich genau wie im vorangegangenen Kapitel beschrieben. Er ist umso größer, je größer der Wärmeleitwiderstand in der jeweiligen Schicht ist.

Der Wärmestrom muss in allen Schichten gleich groß sein, und zwar so groß wie der Gesamtwärmestrom durch die ganze Wand ist. Wenn das nicht so wäre, müsste an den einzelnen Schichtgrenzen Wärme entstehen oder verschwinden, was aber nach dem 1. Hauptsatz nicht der Fall sein kann.

Setzt man einen stationären Wärmestrom voraus, so ergibt sich mit

$$\Delta\vartheta_1 = \vartheta_1 - \vartheta_2$$

$$\Delta\vartheta_2 = \vartheta_2 - \vartheta_3$$

$$\Delta\vartheta_3 = \vartheta_3 - \vartheta_4$$

für den Wärmestrom durch n Schichten:

$$\dot{Q} = \frac{\lambda_1}{\delta_1} \cdot A \cdot \Delta\vartheta_1 = \frac{\lambda_2}{\delta_2} \cdot A \cdot \Delta\vartheta_2 = \frac{\lambda_3}{\delta_3} \cdot A \cdot \Delta\vartheta_3 = \ldots = \frac{\lambda_n}{\delta_n} \cdot A \cdot \Delta\vartheta_n \tag{9.13}$$

Mit Gleichung (9.9) $R_\lambda = \dfrac{\delta}{\lambda \cdot A}$ erhält man für obige Gleichung:

$$\dot{Q} = \frac{\Delta\vartheta_1}{R_{\lambda,1}} = \frac{\Delta\vartheta_2}{R_{\lambda,2}} = \frac{\Delta\vartheta_3}{R_{\lambda,3}} = \ldots = \frac{\Delta\vartheta_n}{R_{\lambda,n}} \tag{9.14}$$

Stellt man die Gleichung (9.14) für die einzelnen Schichten um und summiert man sie, so erhält man:

$$\Delta\vartheta_1 = R_{\lambda,1} \cdot \dot{Q}$$

$$\Delta\vartheta_2 = R_{\lambda,2} \cdot \dot{Q}$$

$$\Delta\vartheta_3 = R_{\lambda,3} \cdot \dot{Q}$$

$$\ldots$$

$$\Delta\vartheta_n = R_{\lambda,n} \cdot \dot{Q}$$

$$\Delta\vartheta_{\text{ges}} = \Delta\vartheta_1 + \Delta\vartheta_2 + \Delta\vartheta_3 + \ldots + \Delta\vartheta_n = \left(R_{\lambda,1} + R_{\lambda,2} + R_{\lambda,3} + \ldots + R_{\lambda,n}\right) \cdot \dot{Q} \tag{9.15}$$

Den Klammerausdruck $\left(R_{\lambda,1} + R_{\lambda,2} + R_{\lambda,3} + \ldots + R_{\lambda,n}\right) = R_{\lambda,\text{ges}}$ fassen wir zum Gesamtwärmeleitwiderstand $R_{\lambda,\text{ges}}$ zusammen. Somit erhalten wir für den Wärmestrom die gewohnte Form:

$$\dot{Q} = \frac{\Delta\vartheta_{\text{ges}}}{R_{\lambda,\text{ges}}} \tag{9.16}$$

Merke Wie die Widerstände in der Elektrotechnik bei der Reihenschaltung addieren sich auch die Wärmeleitwiderstände. Die Reihenfolge spielt rechnerisch keine Rolle. Es kann aber konstruktive Gründe geben, eine bestimmte Reihenfolge einzuhalten. So ist es z.B. einsichtig, warum die Schamottauskleidung in einem Stahlofen innen angebracht ist.

Bei einer Parallelschaltung gilt wie in der Elektrotechnik:

$$\frac{1}{R_{\lambda,\,ges}} = \frac{1}{R_{\lambda,\,1}} + \frac{1}{R_{\lambda,\,2}} + \frac{1}{R_{\lambda,\,3}} + \ldots + \frac{1}{R_{\lambda,\,n}} \qquad (9.17)$$

Dies kommt in der Technik jedoch selten vor.

Beispiel 9-1: *Die Wand einer Kühltruhe besteht aus 1 mm Polystyrol, 80 mm Polystyrolschaum und 0,5 mm Aluminiumblech. In der Kühltruhe herrschen –20 °C. Die Außentemperatur beträgt +20 °C.*

Wie groß ist der Wärmestrom pro m² und wie ist der Verlauf der Temperatur in der Wand? Verwenden Sie die λ-Werte aus Tabelle 9-1 für eine erste Abschätzung und geben Sie an, bei welchen Temperaturwerten die λ-Werte abgelesen werden müssten!

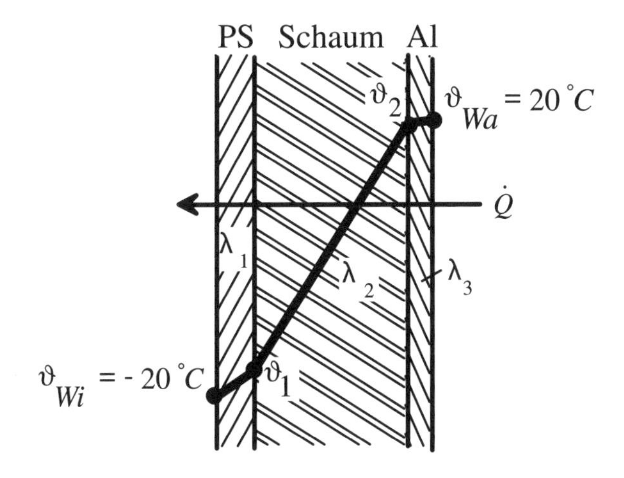

$$R_{\lambda,1} = \frac{\delta_1}{\lambda_1 \cdot A} = \frac{0{,}001\,\text{m}}{0{,}16\,\dfrac{\text{W}}{\text{m}\cdot\text{K}}\cdot 1\,\text{m}^2} = 0{,}00625\,\frac{\text{K}}{\text{W}}$$

$$R_{\lambda,2} = \frac{\delta_2}{\lambda_2 \cdot A} = \frac{0{,}08\,\text{m}}{0{,}03\,\dfrac{\text{W}}{\text{m}\cdot\text{K}}\cdot 1\,\text{m}^2} = 2{,}6667\,\frac{\text{K}}{\text{W}}$$

$$R_{\lambda,3} = \frac{\delta_3}{\lambda_3 \cdot A} = \frac{0{,}0005\ \text{m}}{210\ \dfrac{\text{W}}{\text{m} \cdot \text{K}} \cdot 1\ \text{m}^2} = 2{,}381 \cdot 10^{-6}\ \frac{\text{K}}{\text{W}}$$

$$R_{\lambda,\text{ges}} = \sum_{i=1}^{3} R_{\lambda,i} = 2{,}673\ \frac{\text{K}}{\text{W}}$$

$$\dot{Q} = \frac{\Delta\vartheta}{R_{\lambda,\,ges}} = \frac{40\ \text{K}}{2{,}673\ \dfrac{\text{K}}{\text{W}}} = 14{,}965\ \text{W}$$

Für das Polystyrol gilt: $\dot{Q} = \dot{Q}_{ges} = \frac{\lambda_1}{\delta_1} \cdot A \cdot \left(\vartheta_1 - \vartheta_{w,i}\right)$

$$\vartheta_1 = \frac{\dot{Q}_{ges} \cdot \delta_1}{\lambda_1 \cdot A} + \vartheta_{w,i} = \frac{14{,}965\ \text{W} \cdot 0{,}001\ \text{m}}{0{,}16\ \dfrac{\text{W}}{\text{m} \cdot \text{K}} \cdot 1\ \text{m}^2} + \left(-20\ °\text{C}\right) = -19{,}9\ °\text{C}$$

Hier müsste der λ-Wert bei –20 °C abgelesen werden.

Für den Polystyrol-Hartschaum gilt ebenfalls: $\dot{Q} = \dot{Q}_{ges} = \frac{\lambda_2}{\delta_2} \cdot A \cdot \left(\vartheta_2 - \vartheta_1\right)$

$$\vartheta_2 = \frac{\dot{Q}_{ges} \cdot \delta_2}{\lambda_2 \cdot A} + \vartheta_1 = \frac{14{,}965\ \text{W} \cdot 0{,}08\ \text{m}}{0{,}03\ \dfrac{\text{W}}{\text{m} \cdot \text{K}} \cdot 1\ \text{m}^2} + \left(-19{,}9\ °\text{C}\right) = 20\ °\text{C}$$

Für den Hartschaum müsste der λ-Wert bei $\vartheta_m = \frac{-19{,}9\ °\text{C} + 20\ °\text{C}}{2} \approx 0\ °\text{C}$ *abgelesen werden.*

Der Temperaturabfall im Aluminium ist vernachlässigbar klein, es ist der λ-Wert von +20 °C einzusetzen.

9.1.3 Wärmeleitung durch zylindrische Wände

Der exakte Nachweis des Temperaturverlaufs in gekrümmten Wänden lässt sich mit Hilfe der Integralrechnung ermitteln [1]. In der Technik ist der häufigste Anwendungsfall von Wärmeleitung durch gekrümmte Wände die zylindrische Wand, also Rohre oder Behälter mit kreisrundem Querschnitt (Abb. 9-10). Auch in diesem Fall können die Wandungen mehrschichtig sein. Bei einschichtigen, dünnwandigen Rohren oder Behältern verwendet man meist ein Näherungsverfahren, wobei die Wand abgewickelt wird und als ebene Wand behandelt wird.

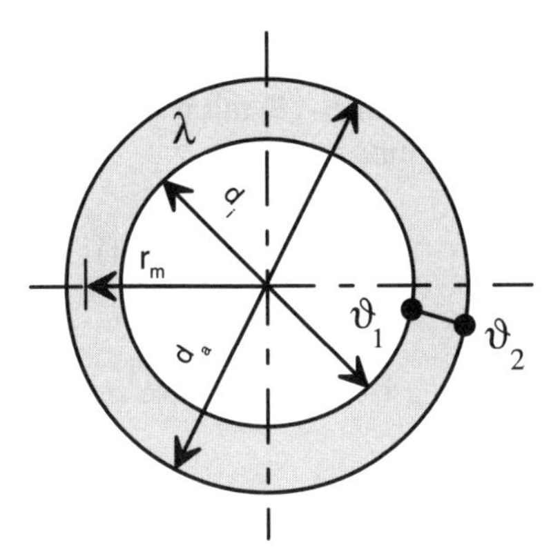

Abbildung 9-10:
Wärmeleitung durch eine zylindrische Wand

Dabei wird für die Flächenberechnung der mittlere Durchmesser für die Umfangsbestimmung eingesetzt.

$$A = d_m \cdot \pi \cdot l \qquad \text{mit} \qquad d_m = \frac{d_a + d_i}{2} \tag{9.18}$$

Bei exakter Berechnung gilt für den Wärmestrom durch eine zylindrische Wand:

$$\dot{Q} = \lambda \cdot A \cdot \frac{d\vartheta}{dr} \tag{9.19}$$

Mit $A = 2 \cdot \pi \cdot r \cdot l$ ergibt sich für $\dot{Q}$:

$$\dot{Q} = \lambda \cdot l \cdot 2 \cdot \pi \cdot r \cdot \frac{d\vartheta}{dr} \tag{9.20}$$

oder umgestellt und integriert:

$$\int_1^2 \vartheta = \frac{\dot{Q}}{\lambda \cdot l \cdot 2 \cdot \pi} \cdot \int_1^2 \frac{dr}{r} \tag{9.21}$$

$$\Delta\vartheta = \vartheta_2 - \vartheta_1 = \frac{\dot{Q}}{\lambda \cdot l \cdot 2 \cdot \pi} \cdot \ln \frac{r_2}{r_1} \tag{9.22}$$

Damit ergibt sich für $\dot{Q}$:

$$\dot{Q} = \frac{2 \cdot \pi \cdot l \cdot \lambda}{\ln \frac{r_a}{r_i}} \cdot (\vartheta_1 - \vartheta_2) \tag{9.23}$$

Dabei ist l die Rohrlänge, r_a der Radius für den Außendurchmesser und r_i der Radius für den Innendurchmesser. Der Temperaturverlauf in einer zylindrischen Wand folgt einer logarithmischen Funktion. Bei der mehrschichtigen zylindrischen Wand (Abb. 9-11) mit n Schichten erfolgt die Berechnung analog zur mehrschichtigen ebenen Wand mit:

$$\dot{Q} = \frac{2 \cdot \pi \cdot l \cdot (\vartheta_1 - \vartheta_n)}{\frac{1}{\lambda_1} \cdot \ln \frac{r_2}{r_1} + \frac{1}{\lambda_2} \cdot \ln \frac{r_3}{r_2} + \frac{1}{\lambda_3} \cdot \ln \frac{r_4}{r_3} + \ldots + \frac{1}{\lambda_n} \cdot \ln \frac{r_{n+1}}{r_n}}. \tag{9.24}$$

Für die Formulierung des Ohm'schen Gesetzes der Wärmeleitung ist für R_λ einzusetzen bei einschichtiger zylindrischer Wand:

$$R_\lambda = \frac{\ln \frac{r_a}{r_i}}{2 \cdot \pi \cdot l \cdot \lambda} \tag{9.25}$$

Bei einer mehrschichtigen zylindrischen Wand:

$$R_\lambda = \frac{\frac{1}{\lambda_1} \cdot \ln \frac{r_2}{r_1} + \frac{1}{\lambda_2} \cdot \ln \frac{r_3}{r_2} + \ldots + \frac{1}{\lambda_n} \cdot \ln \frac{r_{n+1}}{r_n}}{2 \cdot \pi \cdot l} \tag{9.26}$$

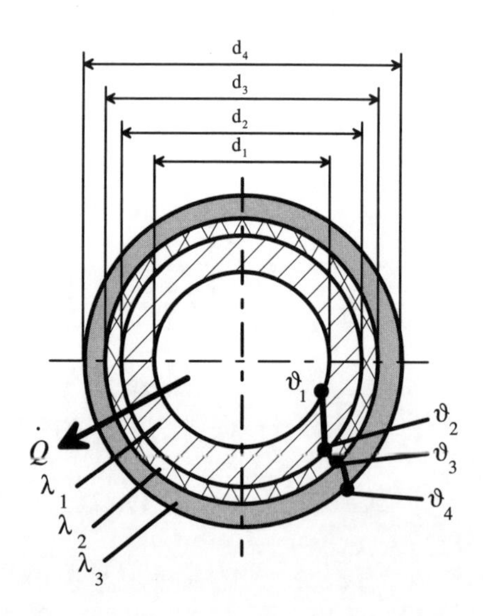

Abbildung 9-11: Wärmeleitung durch eine mehrschichtige zylindrische Wand

Beispiel 9-2: *Ein Rohr für überhitzten Dampf hat einen Außendurchmesser von 250 mm und eine Oberflächentemperatur von 450 °C. Es ist mit einer Mineralfaserisolierschicht von 80 mm Dicke (λ = 0,04 W/m·K) isoliert.*

Wie groß ist der Wärmestrom, der durch eine 12 m lange Rohrleitung geht, wenn die Oberflächentemperatur außen an der Isolierung 25 °C beträgt?

Berechnen Sie:
1. *näherungsweise als ebene Wand und*
2. *nach Gleichung (9.23)*

Geben Sie den Fehler in % an!

1. *Näherung als ebene Wand mit* $b = d_m \cdot \pi$

$$A = l \cdot b \quad ; \quad d_m = \frac{d_a + d_i}{2} = \frac{0{,}410\ \text{m} + 0{,}25\ \text{m}}{2} = 0{,}330\ \text{m}$$

$$A = 12\ \text{m} \cdot 0{,}33 \cdot \pi = 12{,}44\ \text{m}^2$$

$$\dot{Q}_1 = \frac{\lambda}{\delta} \cdot A \cdot \Delta\vartheta = \frac{0{,}04\ \frac{\text{W}}{\text{m} \cdot \text{K}}}{0{,}08\ \text{m}} \cdot 12{,}44\ \text{m}^2 \cdot 425\ \text{K} = 2643{,}65\ \text{W}$$

2. *Gekrümmte Wand:*

$$\dot{Q}_2 = \frac{2 \cdot \pi \cdot l \cdot \lambda \cdot \Delta\vartheta}{\ln \frac{r_a}{r_i}} = \frac{2 \cdot \pi \cdot 12\ \text{m} \cdot 0{,}04\ \frac{\text{W}}{\text{m} \cdot \text{K}} \cdot 425\ \text{K}}{\ln \frac{0{,}205\ \text{m}}{0{,}125\ \text{m}}} = 2591\ \text{W}$$

Die Differenz ist $\dot{Q}_1 - \dot{Q}_2 = 52{,}65\ \text{W}$ *, dies ist bezogen auf* $\dot{Q}_2$ *ein Fehler von + 2 % bei einer doch recht dicken Isolierschicht.*

Merke Bei gekrümmten Wänden reicht in vielen Fällen die näherungsweise Berechnung wie bei der ebenen Wand. Insbesondere bei nicht kreisrunden Querschnitten, z.B. bei Rechteckkanälen in der Lüftungstechnik, ist dieses Verfahren der komplizierten Berechnung vorzuziehen.

Zusammenfassung Der Wärmestrom, der durch eine ebene Wand geleitet wird, ist zur Fläche A, zur Temperaturdifferenz $\Delta\vartheta$ und zum Wärmeleitkoeffizienten λ direkt proportional. Zur Wanddicke δ ist er umgekehrt proportional. Der Wärmestrom ist zur niedrigeren Temperatur hin gerichtet. Der Wärmestrom ist durch alle Schichten gleich groß. Für gekrümmte Wände ist der Temperaturgradient nicht linear und muss besonders berechnet werden. In den meisten Fällen können gekrümmte Wände wie ebene Wände behandelt werden, dabei ist der mittlere Umfang zu verwenden. Bei mehrfach geschichteten Wänden addieren sich die Wärmeleitwiderstände $R_{\lambda,i}$.

9.2 Wärmeübergang

> Die Wärmeübertragung zwischen einer festen Wand und einem bewegten Fluid oder umgekehrt bezeichnet man als Wärmeübergang.

Bei der Wärmeübertragung von einem sich bewegenden Fluid, also einer Flüssigkeit oder einem Gas, stellen wir ein anderes Wärmetransportverhalten fest als bei der Wärmeleitung.

Wärmeübergang tritt z.B. an einem Fahrzeugkühler auf. Innen erfolgt Wärmeübergang vom Kühlmittel, das durch die Wasserpumpe bewegt wird, an die Wand des Kühlrohres und außen erfolgt wieder Wärmeübergang vom Kühlrohr an die durch den Fahrtwind vorbeistreichende Luft. Beobachtet man nun die Geschwindigkeitsverteilung und die Temperaturen im Fluid (Abb. 9-12), so stellt man Folgendes fest:

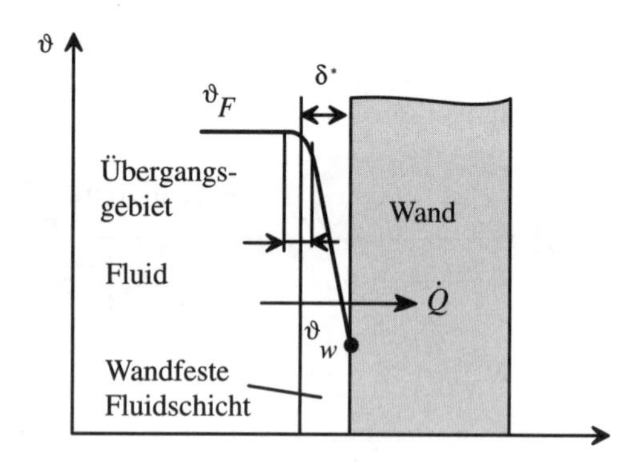

Abbildung 9-12: Temperaturverlauf im Wärmeübergang

Unmittelbar an der Wand bildet sich eine wandfeste Schicht mit der Strömungsgeschwindigkeit gleich null. Von da ab bildet sich dann je nach Strömungsform ein bestimmtes Geschwindigkeitsprofil aus. In dem bewegten Fluid ist die Temperatur konstant. In der unmittelbaren Nähe der wandfesten Schicht, die wir Grenzschicht nennen, verändert sich die Temperatur und hat in der Grenzschicht einen linearen Verlauf. Wenn wir nun eine Grenzschichtdicke δ^* festlegen, die etwa bis in die Mitte des Übergangsgebietes geht, können wir den Wärmeübergang auf eine Wärmeleitung zurückführen mit:

$$\dot{Q} = \frac{\lambda}{\delta^*} \cdot A \cdot \left(\vartheta_F - \vartheta_w\right) \tag{9.27}$$

Da nun aber diese Grenzschichtdicke nicht einfach bestimmt werden kann und von vielen Faktoren abhängt, drücken wir den Quotienten

$$\frac{\lambda}{\delta^*} = \alpha \tag{9.28}$$

durch die Wärmeübergangszahl α aus. Die Gleichung (9.27) wird dann zu:

$$\dot{Q} = \alpha \cdot A \cdot \Delta\vartheta \tag{9.29}$$

Diese Gesetzmäßigkeit wurde von *Isaac Newton* erforscht. Die Wärmeübergangszahl α wird auch als Wärmeübergangskoeffizient bezeichnet.

Analog zum Wärmeleitwiderstand R_λ lässt sich auch ein Wärmeübergangswiderstand R_α definieren:

$$R_\alpha = \frac{1}{\alpha \cdot A} \qquad \frac{\text{K}}{\text{W}} \tag{9.30}$$

Das Ohm'sche Gesetz des Wärmeübergangs ist dann:

$$\Delta\vartheta = R_\alpha \cdot \dot{Q} \tag{9.31}$$

Stellt man die Gleichung (9.29) nach α um, so erhält man für die Einheit von α:

$$\alpha = \frac{\dot{Q}}{A \cdot \Delta\vartheta} \qquad \frac{\text{W}}{\text{m}^2 \cdot \text{K}} \tag{9.32}$$

Die Wärmeübergangszahl kann einen recht großen Wertebereich von $0 \text{ bis } 4{,}5 \cdot 10^4 \ \frac{\text{W}}{\text{m}^2 \cdot \text{K}}$ annehmen.

Es wurde schon darauf hingewiesen, dass die Wärmeübergangszahl nicht einfach zu bestimmen ist, weil auch die Grenzschichtdicke δ^* nicht einfach bestimmbar ist. Die Grenzschichtdicke hängt von vielen Parametern ab, dies sind im Wesentlichen:

- Der **Aggregatzustand** des Fluids, d.h., ist es ein Gas oder eine Flüssigkeit, kondensiert das Gas oder siedet die Flüssigkeit.

  Allgemein gilt: Beim Phasenwechsel werden die höchsten Wärmeübergangszahlen erreicht. Bei Gasen unter üblichen Drücken ist der Wärmeübergang deutlich schlechter als bei Flüssigkeiten.
- Die **Strömungsgeschwindigkeit**. Hier gilt, je größer die Geschwindigkeit c, desto größer ist α.
- Die **Strömungsursache** (Art der Konvektion). Bei erzwungener Konvektion ist α meist höher als bei freier Konvektion.
- Die **Strömungsform**, d.h., ob die Strömung laminar oder turbulent ist. Allgemein gilt: Bei turbulenter Strömung ist der Wärmeübergang immer besser als bei laminarer Strömung.
- Die **Stoffeigenschaften** des Fluids. Hier sind es besonders Dichte, kinematische Viskosität und Wärmeleitverhalten. In diesem Fall steigt α bei Zunahme dieser drei Größen.

- **Beschaffenheit der Wand** (rau, glatt). Prinzipiell ist eine glatte Wand anzustreben. Regelmäßige Strukturen, die Turbulenzen in der Wandnähe verursachen oder Drallströmungen ausprägen, können aber einen Wärmeübergang begünstigen.

Allein diese unvollständige Liste zeigt, dass eine exakte Berechnung des α-Wertes nahezu unmöglich ist. Erstens sind alle Größen in den seltensten Fällen über die gesamte Wärmeübergangsfläche homogen und zweitens fehlen oft die Detailkenntnisse über die physikalischen Größen am Ort des Geschehens.

Prinzipiell gibt es drei Möglichkeiten, an eine passende Wärmeübergangszahl heranzukommen:

1. Man verwendet angenäherte **Erfahrungswerte**. Diese finden Sie in Firmenunterlagen oder in Nachschlagewerken.

   [Bemerkung: Nur für grobe Abschätzung geeignet!]

2. Man bestimmt die Wärmeübergangszahl im **Versuch**. Dabei muss die Wärmeübergangsfläche, die übertragene Wärmemenge und die Temperaturdifferenz vom Fluid zur Wand bestimmt werden bzw. bekannt sein,

$$\alpha = \frac{\dot{Q}}{A \cdot \left(\vartheta_F - \vartheta_w\right)} \tag{9.33}$$

   wobei $\dot{Q}$ in der Regel durch:

$$\dot{Q} = \rho_F \cdot \dot{V}_F \cdot c_{p,F} \cdot \left(\vartheta_{\text{Eintritt}} - \vartheta_{\text{Austritt}}\right) \tag{9.34}$$

   bestimmt wird.

   Bemerkung Diese Methode liefert die genauesten Ergebnisse. Der Nachteil ist die zeitliche Verfügbarkeit und der Gültigkeitsbereich. Das heißt, die Aussage aus dem Versuch gilt nur für die vermessene Konstellation und die jeweiligen Temperaturen.

3. Die Abschätzung der Wärmeleitzahl mit Berechnungen nach der **Ähnlichkeitstheorie** mit Hilfe der Nußelt-Zahl. Auf die Berechnung muss im Folgenden noch genauer eingegangen werden.

   Bemerkung Diese Methode liefert gute Ergebnisse bei der Umströmung von Standardkörpern und für alle Fluide, deren Stoffeigenschaften bekannt sind.

9.2.1 Berechnung der Wärmeübergangszahl über die Nußelt-Zahl

Ernst Nußelt (1882–1957) begründete die Ähnlichkeitstheorie des Wärmeübergangs. Aus Differentialgleichungen, die den Wärmeübergang beschreiben, formulierte er eine dimensionslose Kennzahl, die nach ihm benannte Nußelt-Zahl *Nu*.

$$Nu = \frac{\alpha \cdot L}{\lambda_F} \tag{9.35}$$

Dabei ist λ_F die Wärmeleitfähigkeit des Fluids und L die das Strömungsfeld kennzeichnende Abmessung. L ist in der Regel die Überstromlänge in Strömungsrichtung bei außen umströmten Körpern. Bei kreisrunden Strömungskanälen ist L gleich dem Innendurchmesser oder einem gleichwertigen Durchmesser d_{gl} bei nicht kreisrunden Querschnitten [15]. Dabei gilt:

$$d_{gl} = \frac{4 \cdot A}{U} \tag{9.36}$$

wobei A die durchflossene Querschnittsfläche und U der wärmeaustauschende Umfang ist (in Anlehnung an den hydraulischen Durchmesser aus der Strömungslehre [16]). Dabei wird für den hydraulischen Durchmesser der benetzte Umfang verwendet.

Hier einige Beispiele (Abb. 9-13), wobei die dicke Linie den wärmeaustauschenden Umfang markiert.

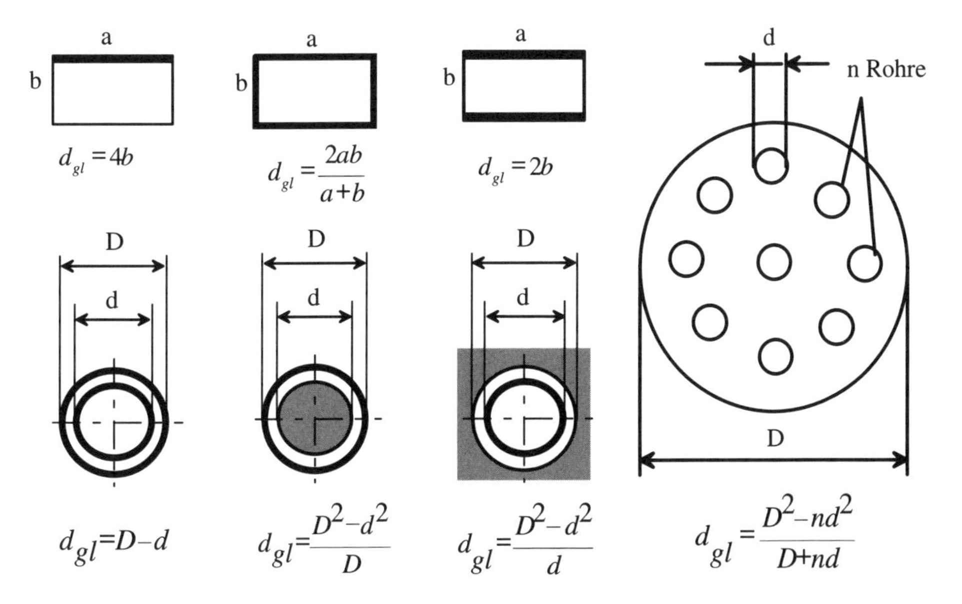

Abbildung 9-13: Beispiele für den gleichwertigen Durchmesser [15]

Ist nun die Nußelt-Zahl bekannt, so lässt sich α berechnen:

$$\alpha = \frac{Nu \cdot \lambda_F}{L} \qquad \frac{\mathrm{W}}{\mathrm{m}^2 \cdot \mathrm{K}} \tag{9.37}$$

Die Ähnlichkeitstheorie des Wärmeübergangs von Nußelt sagt nun aus [13]:

> Bei physikalisch und technisch ähnlichen Einrichtungen des Wärmeübergangs sind die Strömungskenngrößen gleich sowie mathematisch auf gleiche Art miteinander verbunden.

Für die Beschreibung von erzwungenen und freien Konvektionsvorgängen, die in ihrer Strömung ähnlich sind, werden folgende dimensionslose Kennzahlen herangezogen. Diese Kennzahlen sind meist nach wichtigen Personen aus dem Themenkreis benannt.

Die **Reynolds-Zahl *Re*** nach *O. Reynolds (1842–1912)*:

$$Re = \frac{c \cdot L}{\nu} \qquad \text{oder} \qquad Re = \frac{c \cdot L \cdot \rho}{\eta} \tag{9.38}$$

Die Kennzahl beschreibt im Wesentlichen die Strömungsform, d.h., diese ist laminar, sie befindet sich im Übergangsgebiet oder sie ist turbulent. Hier ist zur Berechnung von L nicht d_{gl}, sondern d_h zu verwenden.

Die **Prandtl-Zahl *Pr*** nach *L. Prandtl (1875–1953)*:

$$Pr = \frac{\nu}{a} = \frac{\nu \cdot c_p \cdot \rho}{\lambda_F} = \frac{\eta \cdot c_p}{\lambda_F} \tag{9.39}$$

Die Prandtl-Zahl erfasst im Wesentlichen die Stoffgrößen im Wärmeübergang.

Die **Péclet-Zahl *Pe*** nach *J. Péclet (1793–1857)*:

$$Pe = Re \cdot P_r = \frac{c \cdot L}{a} = \frac{c \cdot L \cdot \rho \cdot c_p}{\lambda_F} \tag{9.40}$$

Die **Grashof-Zahl *Gr*** nach *F. Grashof (1826–1893)*:

$$Gr = \frac{L^3 \cdot g \cdot \Delta\vartheta \cdot \gamma}{\nu^2} \tag{9.41}$$

Diese Kennzahl kennzeichnet die Strömung bei freier Konvektion.

Die **Rayleigh-Zahl *Ra*** nach *Lord Rayleigh (1842–1919)*:

$$Ra = Gr \cdot Pr = \frac{L^3 \cdot g \cdot \Delta\vartheta \cdot \gamma}{\nu \cdot a} \tag{9.42}$$

Die Rayleigh-Zahl fasst Stoffgrößen und die Strömungsgrößen bei freier Strömung zusammen.

In die Gleichungen (9.37) bis (9.42) sind folgende Größen mit den dazugehörigen Einheiten einzusetzen:

$c =$ Strömungsgeschwindigkeit in m/s

$L =$ kennzeichnende Abmessung des Strömungsfeldes in m, siehe auch Gl. (9.36)

$\nu =$ kinematische Viskosität des Fluids in m^2/s

$\eta =$ dynamische Viskosität des Fluids in $Pa \cdot s$

$\rho =$ Dichte des Fluids in kg/m^3; wobei $\nu = \eta/\rho$ ist!

$\lambda_F =$ Wärmeleitfähigkeit des Fluids in $\dfrac{W}{m \cdot K}$

$c_p =$ spezifische Wärmekapazität des Fluids bei $p =$ konst. in J/kgK

$\Delta\vartheta =$ mittlere Temperaturdifferenz in der Grenzschicht in der Regel $\Delta\vartheta = \left| \left(\vartheta_{\text{Fluid}} - \vartheta_{\text{Wand}} \right) \right|$

$a =$ Temperaturleitzahl in m^2/s, die sich aus $a = \dfrac{\lambda_F}{c_p \cdot \rho}$ errechnet.

$g =$ Erdbeschleunigung = 9,81 in m/s^2

$\gamma =$ Raumausdehnungszahl in 1/K, bei Gasen ist $\gamma = 1/T$ mit T als mittlere absolute Grenzschichttemperatur

Mit Hilfe dieser dimensionslosen Kenngrößen kann nun die Nußelt-Zahl berechnet werden. In [9] sind für viele Anwendungsfälle die Zusammenhänge für die Berechnung der Nußelt-Zahl angegeben. Dabei wird eine mittlere Nußelt-Zahl Nu_m für die gesamte Wärmekontaktfläche berechnet.

Achtung Alle diese Gleichungen haben einen beschränkten Geltungsbereich und genau definierte Bezugsgrößen. Finden Sie in der Literatur eine Nußelt-Beziehung ohne Angabe des Gültigkeitsbereiches, so ist die Beziehung in der Regel wertlos!

Berechnung der Nußelt-Zahl für einphasige Fluide

Für einige Standardsituationen für einphasige Fluide werden nun diese Beziehungen aufgelistet. Dabei ist zunächst zwischen erzwungener und freier Konvektion zu unterscheiden. Diese Gleichungen liefern gute Ergebnisse. Um aber möglichst genaue Werte zu erhalten, sollten Sie sich mit den Quellen [9] und [14] auseinandersetzen. Dort sind Messergebnisse in Diagrammform dargestellt. Die Formeln **versuchen**, diese Zusammenhänge als mathematische Funktionen wiederzugeben.

Erzwungene Konvektion

Bei erzwungener Konvektion ist die mittlere Nußelt-Zahl eine Funktion von *Re* und *Pr*.

$$Nu_m = Nu_m\left(Re, Pr\right)$$

Platte längs angeströmt

Funktion für Nu_m	**Gültigkeitsbereich**
$Nu_m = 0{,}664\ Re^{1/2} \cdot Pr^{1/3} \cdot K$ [1], [2], [14], [17] (9.43)	$Re < 5 \cdot 10^5$ laminar $0{,}6 \le Pr \le 2000$
$Nu_m = \dfrac{0{,}037\ Re^{0{,}8}\ Pr}{1 + 2{,}443\ Re^{-0{,}1}\left(Pr^{2/3} - 1\right)} \cdot K$ [1], [2], [14], [17] (9.44)	$5 \cdot 10^5 < Re < 10^7$ turbulent $0{,}6 \le Pr \le 2000$
Stoffwerte	**Faktoren**
Stoffwerte bei Bezugstemperatur $\vartheta_B = \dfrac{\vartheta_W + \vartheta_F}{2}$ $\vartheta_F = \dfrac{\vartheta_{zu} + \vartheta_{ab}}{2}$ ϑ_W = Wandtemperatur ϑ_F = Fluidtemperatur ϑ_{zu} = Fluidtemperatur vor Platte ϑ_{ab} = Fluidtemperatur nach Platte	L = Plattenlänge in Strömungsrichtung $K = 1$ für Gase $K = \left(\dfrac{Pr_F}{Pr_W}\right)^{0{,}25}$ für Flüssigkeiten

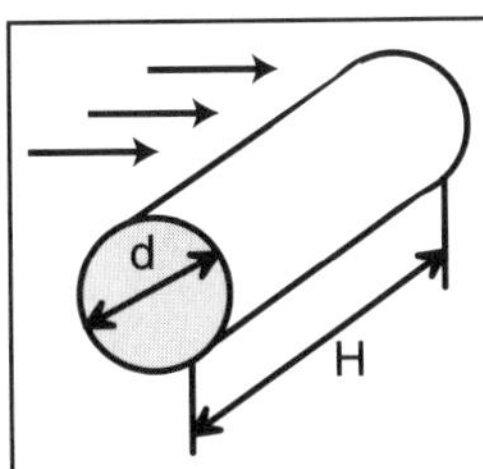

Zylinder, Draht oder Rohr quer angeströmt

Funktion für Nu_m	**Gültigkeitsbereich**
wie Platte: $Nu_m = 0,664\ Re^{1/2} \cdot Pr^{1/3} \cdot K$ (9.43) [1], [2], [14], [17]	jedoch: $Re < 10$ laminar $0,6 \le Pr \le 1000$
$Nu_m = \frac{0,037\ Re^{0,8}\ Pr}{1+2,443\ Re^{-0,1}\left(Pr^{2/3}-1\right)} \cdot K$ [1], [2], [14], [17] (9.44)	$10 < Re < 10^7$ turbulent $0,6 \le Pr \le 1000$
Stoffwerte	**Faktoren**
Stoffwerte bei Bezugstemperatur $\vartheta_B = \frac{\vartheta_W + \vartheta_F}{2}$ ϑ_W = Wandtemperatur ϑ_F = Fluidtemperatur $\vartheta_F = \frac{\vartheta_{zu} + \vartheta_{ab}}{2}$ ϑ_{zu} = Fluidtemperatur vor Zylinder ϑ_{ab} = Fluidtemperatur nach Zylinder	$L = \frac{D \cdot \pi}{2}$ = halber Umfang $K = 1$ für Gase $K = \left(\frac{Pr_F}{Pr_W}\right)^{0,25}$ für Flüssigkeiten

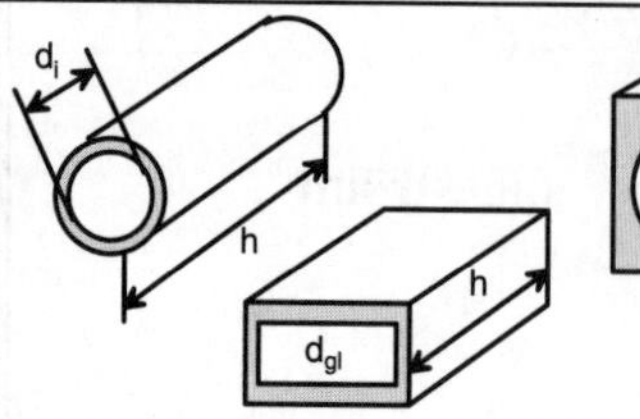

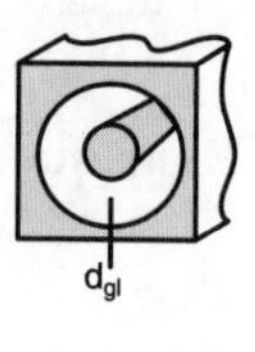

Rohr oder Ringspalt innen durchflossen

Funktion für Nu_m	**Gültigkeitsbereich**
$$Nu_m = \left[49,37 + \left(1,615 \sqrt[3]{Pe \frac{d}{h}} - 0,7 \right)^3 \right]^{1/3} \cdot K$$ [1] (9.45)	$Re < 2300$ laminar $0,1 \le Pr \le \infty$ $0,1 < Pe \cdot \frac{d}{h} < 10^4$
$$Nu_m = \frac{\frac{\xi}{8} \cdot (Re - 1000) \cdot Pr}{1 + 12,7 \cdot \left(Pr^{2/3} - 1 \right) \cdot \sqrt{\frac{\xi}{8}}} \cdot \left[1 + \left(\frac{d}{h} \right)^{2/3} \right] \cdot K$$ [1], [9], [14] (9.46)	Übergangs- und Turbulenzgebiet $2300 < Re < 5 \cdot 10^6$ $0,5 \le Pr \le 2000$ $h/d > 1$

Stoffwerte	**Faktoren**
Stoffwerte bei Bezugstemperatur $\vartheta_B = \frac{\vartheta_W + \vartheta_F}{2}$ ϑ_W = Wandtemperatur ϑ_F = Fluidtemperatur $\vartheta_F = \frac{\vartheta_{zu} + \vartheta_{ab}}{2}$ ϑ_{zu} = Fluidtemperatur am Rohreintritt ϑ_{ab} = Fluidtemperatur am Rohraustritt	$L = d_i$ oder d_{gl} $d_{gl} = \frac{4A}{U}$ (siehe 9.36) $K \approx 1$ für Gase $K = \left(\frac{Pr_F}{Pr_W} \right)^{0,11}$ für Flüssigkeiten $\xi = (0,79 \ \ln Re \ - 1,64)^{-2}$ $d = d_{gl} =$ Rohrinnendurchmesser $h =$ Rohrlänge

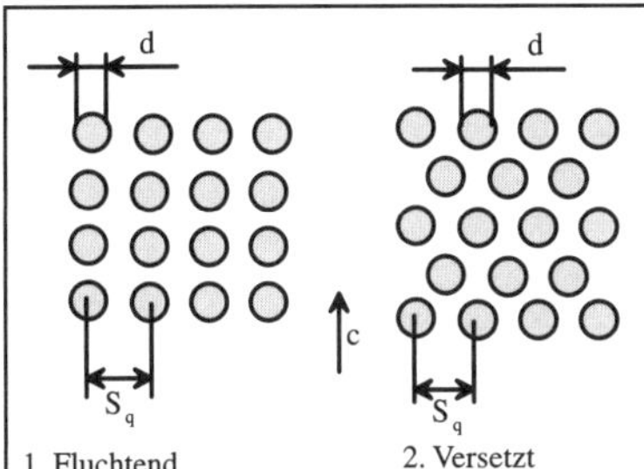

Rohrbündel außen quer angeströmt

Funktion für Nu_m	**Gültigkeitsbereich**
$$Nu_m = c \cdot Re^m \cdot Pr^{0,3} \left(\frac{Pr_F}{Pr_W} \right)^P \cdot F$$ [17] (9.47)	$30 \le Re \le 1{,}2 \cdot 10^6$ $0{,}71 \le Pr \le 500$

Stoffwerte	**Faktoren**
Alle Stoffwerte bei Eintrittstemperatur des Fluids, außer Pr_F bei $\frac{\vartheta_{zu} + \vartheta_{ab}}{2}$ und P_W bei mittlerer Wandtemperatur Die Geschwindigkeit für die Ermittlung der Reynolds-Zahl ist die Geschwindigkeit im engsten Querschnitt c_e $c_e = c \frac{S_q}{S_q - d}$; dabei ist $c =$ Ausströmgeschwindigkeit $S_q =$ Querteilung $d =$ Rohraußendurchmesser	$L = d_a$ Außendurchmesser des Einzelrohres Für $10^2 < Re < 10^3$ ist der Korrekturfaktor F bei einer Reihenzahl 0,9 1 – 5 0,95 5 – 10 1 > 10 und ab $Re > 10^3$ F bei einer Reihenzahl 0,6 1 0,80 2 – 3 0,85 3 – 5 0,95 5 – 10 1 > 10 Exponenten m und c für Rohranordnung:

Re	fluchtend m	fluchtend c	versetzt m	versetzt c
$200 \le Re \le 10^3$	0,5	0,52	0,5	0,5
$10^3 \le Re \le 2 \cdot 10^5$	0,63	0,27	0,6	0,4
$Re > 2 \cdot 10^5$	0,84	0,02	0,84	0,021

Exponent P

$P = 0{,}25$ bei Heizung des Fluids

$P = 0{,}2$ bei Kühlung des Fluids

Freie Konvektion

Bei freier Konvektion ist die mittlere Nußelt-Zahl eine Funktion von *Gr* und *Pr*

$$Nu_m = Nu_m\left(Gr, Pr\right) = Nu_m\left(Ra\right)$$

Waagerechte Platte	
Funktion für Nu_m	**Gültigkeitsbereich**
Fluid von unten beheizt oder von oben gekühlt $Nu_m = 0{,}766\left[Ra \cdot F_1\right]^{1/5}$ (9.48) $Nu_m = 0{,}15\left[Ra \cdot F_1\right]^{1/3}$ (9.49) [1], [2], [14]	$0 < Pr < \infty$ für beide Gleichungen $Ra \cdot F_1 < 7 \cdot 10^4$ laminar $7 \cdot 10^4 < Ra\, f\left(Pr\right)$ turbulent
Fluid von oben beheizt oder von unten gekühlt $Nu_m = 0{,}6\left[Ra \cdot F_2\right]^{1/5}$ (9.50) [1], [2], [14]	$0 < Pr < \infty$ $10^3 < Ra \cdot F_2 < 10^{10}$
Stoffwerte	**Faktoren**
$\vartheta_B = \dfrac{\vartheta_F + \vartheta_W}{2}$ $\vartheta_F =$ Fluidtemperatur der Umgebung $\vartheta_W =$ Wandtemperatur	$L = A/U$ A = Fläche der Wand U = Umfang der Wand $F_1 = \left[1 + \left(\dfrac{0{,}322}{Pr}\right)^{\frac{11}{20}}\right]^{-\frac{20}{11}}$ $F_2 = \left[1 + \left(\dfrac{0{,}492}{Pr}\right)^{\frac{9}{16}}\right]^{-\frac{16}{9}}$

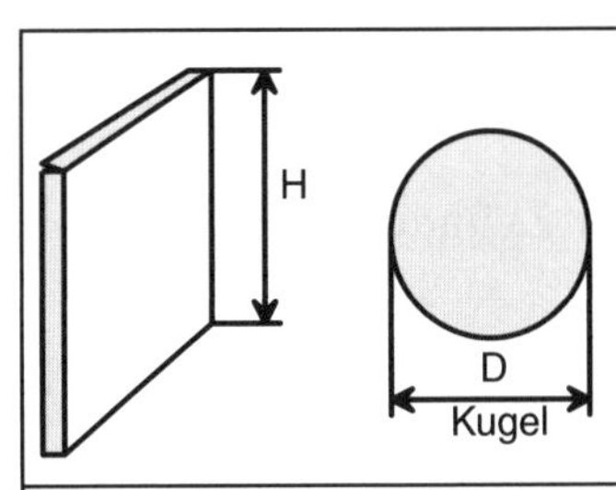

Senkrechte ebene Wand und Kugel

Funktion für Nu_m	**Gültigkeitsbereich**
$Nu_m = \left[0,825 + 0,387\left(Ra \cdot F_3\right)^{1/6}\right]^2$ [1], [2], [17] (9.51)	$10^{-1} < Ra < 10^{12}$ Wand $10^3 < Ra < 10^{12}$ Kugel für beide: $10^{-3} < Pr < \infty$
Stoffwerte	**Faktoren**
$\vartheta_B = \dfrac{\vartheta_F + \vartheta_W}{2}$ (siehe waagerechte Platte)	$L = H$ für Wand $L = d$ für Kugel $F_3 = \dfrac{1}{\left[1 + \left(\dfrac{0,492}{Pr}\right)^{\frac{9}{16}}\right]^{\frac{8}{27}}}$

Senkrechter Zylinder

Funktion für Nu_m	Gültigkeitsbereich
$$Nu_m = \left[0{,}825 + 0{,}387\left(Ra \cdot F_3\right)^{1/6}\right]^2 + 0{,}87\,\frac{H}{d}$$ [1], [2], [17] (9.52)	$10^{-3} < Pr < \infty$ $10^{-1} < Ra < 10^{12}$
Stoffwerte	**Faktoren**
$$\vartheta_B = \frac{\vartheta_F + \vartheta_W}{2}$$ (wie bei 9.51)	$L = H$ für Wand $$F_3 = \frac{1}{\left[1 + \left(\frac{0{,}492}{Pr}\right)^{\frac{9}{16}}\right]^{\frac{8}{27}}}$$

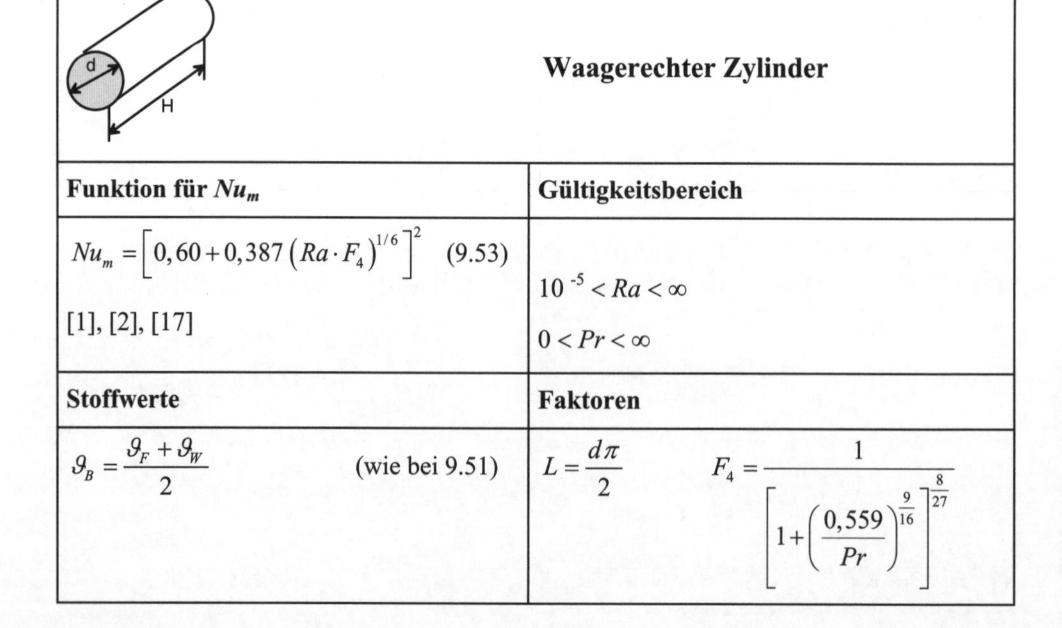

Waagerechter Zylinder

Funktion für Nu_m	Gültigkeitsbereich
$$Nu_m = \left[0{,}60 + 0{,}387\left(Ra \cdot F_4\right)^{1/6}\right]^2$$ (9.53) [1], [2], [17]	$10^{-5} < Ra < \infty$ $0 < Pr < \infty$
Stoffwerte	**Faktoren**
$$\vartheta_B = \frac{\vartheta_F + \vartheta_W}{2}$$ (wie bei 9.51)	$L = \frac{d\pi}{2}$ $$F_4 = \frac{1}{\left[1 + \left(\frac{0{,}559}{Pr}\right)^{\frac{9}{16}}\right]^{\frac{8}{27}}}$$

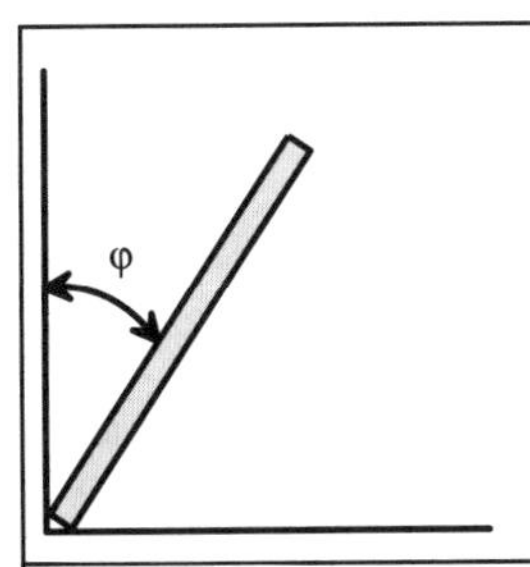

Geneigte ebene Platte für φ ≤ 60°

Nu_m wie bei senkrechter Wand, jedoch wird für $Ra(\varphi) = Ra(\text{senkr.}) \cdot \cos\varphi$ gesetzt. (9.54)

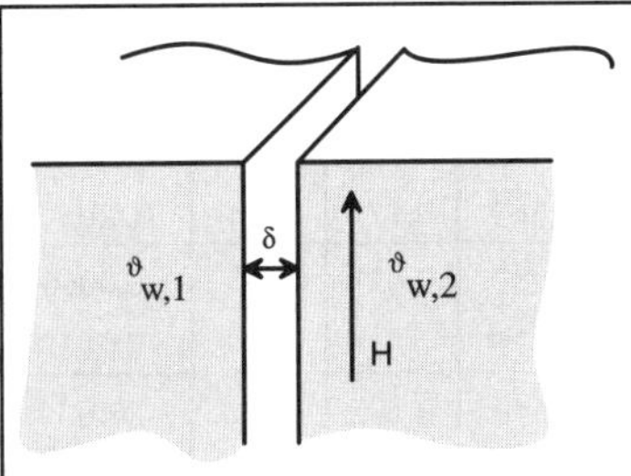

Senkrechter Spalt, seitlich beheizt

Funktion für Nu_m	**Gültigkeitsbereich**
seitlich beheizt:	
$Nu_m = 0{,}42\, Pr^{0{,}012} Ra^{0{,}25} \left(\frac{H}{\delta}\right)^{-0{,}25}$ (9.55)	für $10^4 < Ra < 10^7$ beide für alle Pr
$Nu_m = 0{,}049\, Ra^{0{,}33}$ (9.56)	für $10^7 < Ra < 10^9$

Stoffwerte	**Faktoren**
$\vartheta_B = \frac{\vartheta_{W,1} + \vartheta_{W,2}}{2}$	$L = \delta$ = Spaltbreite H = Spalthöhe

Einige Stoffwerte sind in den Tabellen 9-2 und 9-3 zusammengestellt (aus [22], Seite 203, Tabelle 11.7-11.8).

Tabelle 9-2: Stoffwerte für Flüssigkeiten bei 0,1013 MPa

Stoff	ϑ °C	ρ kg/dm³	c_p kJ/kgK	η 10^{-5} Ns/m²	ν 10^{-6} m²/s	λ W/mK	a 10^{-6} m²/s	*Pr*	γ 1/K
Wasser	0	0,9998	4,190	178,9	1,789	0,555	0,131	13,6	0,00006
H_2O	20	0,9982	4,183	100,5	1,006	0,598	0,143	7,03	0,00020
	40	0,9921	4,178	65,3	0,658	0,627	0,151	4,35	0,00038
	60	0,983	4,191	47,0	0,478	0,651	0,159	3,01	0,00054
	80	0,972	4,199	35,4	0,364	0,669	0,164	2,22	0,00065
	100	0,958	4,216	28,2	0,294	0,682	0,169	1,75	0,00078
	150 [1])	0,917	4,271	18,4	0,201	0,683	0,174	1,15	0,00113
	200 [1])	0,865	4,501	13,8	0,160	0,665	0,171	0,94	0,00155
Kohlendioxid	20 [1])	0,771	3,64	4,8	0,062	0,087	0,031	2,00	0,0066
CO_2	30 [1])	0,596	-	3,2	0,054	0,071	-	-	0,0147
Ammoniak	0 [1])	0,639	4,65	24,0	0,376	0,540	0,182	2,07	0,00211
NH_3	20 [1])	0,610	4,77	22,0	0,361	0,494	0,170	2,12	0,00244
Schwefel-	–20	1,485	1,273	46,5	0,313	0,223	0,118	2,65	0,00178
dioxid	0 [1])	1,435	1,357	36,8	0,257	0,212	0,109	2,36	0,00172
SO_2	20 [1])	1,383	1,390	30,4	0,220	0,199	0,103	2,14	0,00194
Spindelöl	20	0,871	1,851	1306	15,0	0,144	0,089	168,0	0,00074
	40	0,858	1,934	681	7,93	0,143	0,086	92,0	0,00075
	60	0,845	2,018	418	4,95	0,142	0,083	59,4	0,00075
	80	0,832	2,102	283	3,40	0,141	0,080	42,1	0,00076
	100	0,820	2,186	200	2,44	0,140	0,078	31,4	0,00077
	120	0,807	2,269	154	1,19	0,138	0,076	25,3	0,00078
Trans-	20	0,866	1,892	3161	36,5	0,124	0,076	481	0,00069
formatorenöl	40	0,852	1,993	1422	16,7	0,123	0,072	230	0,00069
	60	0,842	2,093	732	8,7	0,122	0,069	126	0,00070
	80	0,830	2,198	432	5,2	0,120	0,066	79,4	0,00071
	100	0,818	2,294	310	3,8	0,119	0,063	60,3	0,00072

1) bei jeweiligem Sättigungsdruck

Tabelle 9-3: Stoffwerte für Gase bei 0,1 MPa

Stoff	ϑ °C	ρ kg/m³	c_p kJ/kgK	η 10^{-5} Ns/m²	ν 10^{-6} m²/s	λ W/mK	a 10^{-6} m²/s	**Pr**	γ 10^{-3} 1/K
Wasserstoff H_2	–50	0,1085	-	0,73	67,7	0,147	-	-	-
	0	0,0886	14,235	0,84	95,1	0,176	139,3	0,68	-
	50	0,0748	14,361	0,94	125,1	0,202	188,3	0,67	-
	100	0,0649	14,444	1,03	158,9	0,229	245,2	0,65	-
	200	0,0512	14,528	1,21	236,3	0,276	362,8	0,64	-
	300	0,0423	14,570	1,39	329,5	0,297	437,4	0,64	-
Wasserdampf H_2O	100	0,589	2,135	1,28	21,7	0,0242	19,2	1,003	2,882
	200	0,461	1,926	1,66	36,1	0,0328	36,9	0,959	3,291
	300	0,379	2,010	2,01	53,1	0,0427	56,0	0,938	7,117
	400	0,322	2,052	2,35	73,0	0,0551	83,4	0,924	-
Luft	–60	1,6364	1,007	1,402	8,567	0,01983	12,0	0,71	4,719
	–40	1,4952	1,006	1,509	10,09	0,02145	14,3	0,71	4,304
	–20	1,3765	1,006	1,615	11,73	0,02301	16,6	0,71	3,962
	0	1,2754	1,006	1,710	13,41	0,02454	19,1	0,70	3,671
	20	1,1881	1,007	1,798	15,13	0,02603	21,8	0,70	3,419
	40	1,1120	1,008	1,881	16,92	0,02749	24,5	0,69	3,200
	60	1,0452	1,009	1,973	18,88	0,02894	27,4	0,69	3,007
	80	0,9859	1,010	2,073	21,02	0,03038	30,5	0,69	2,836
	100	0,933	1,012	2,16	23,15	0,0318	33,7	0,69	2,684
	200	0,736	1,026	2,59	34,94	0,0389	51,6	0,68	2,115
	300	0,608	1,047	2,96	48,09	0,0429	72,3	0,67	1,745
	400	0,518	1,068	3,29	62,95	0,0485	95,1	0,66	1,486
	600	0,399	1,114	3,88	96,08	0,0582	143,0	0,67	1,145
	800	0,324	1,156	4,44	133,6	0,0669	190	0,70	0,932
	1000	0,273	1,185	4,93	175,1	0,0762	237	0,74	0,786
Kohlendioxid CO_2	–50	2,420	-	1,13	4,67	0,0109	-	-	-
	0	1,950	0,829	1,38	7,08	0,0143	8,8	0,80	-
	50	1,648	0,875	1,62	9,80	0,0178	12,4	0,80	-
	100	1,428	0,925	1,85	12,90	0,0213	16,1	0,80	-
	200	1,125	0,996	2,29	20,40	0,0283	25,3	0,81	-
Ammoniak NH_3	0	0,761	2,169	0,93	12,3	0,022	13,4	0,92	-
	50	0,638	2,198	1,10	17,4	-	-	-	-
	100	0,551	2,232	1,30	23,6	0,030	24,4	0,97	-
	200	0,433	2,395	1,65	38,3	-	-	-	-

Beispiel 9-3: *Mit welcher Leistung muss ein Schwimmbad mit 28 °C Wassertemperatur beheizt werden, wenn nachts eine Lufttemperatur von 12 °C herrscht? Das Becken ist 10 m breit und 25 m lang. Verdunstungseffekte sind zu vernachlässigen. Das Wasser ist wie eine ebene Wand zu behandeln.*

a) wenn die Luft ruht

b) wenn die Luft das Becken mit 5 m/s in Längsrichtung überströmt

Für beide Fälle gilt:

$$\dot{Q} = \alpha \cdot A \cdot \left(\vartheta_W - \vartheta_L\right) \quad ; \quad A = l \cdot b = 10\ \text{m} \cdot 25\ \text{m} = 250\ \text{m}^2$$

$$\Delta\vartheta = \vartheta_W - \vartheta_L = 28\ °\text{C} - 12\ °\text{C} = 16\ °\text{C}$$

α im Fall a)

Freie Konvektion, waagerechte Platte, Luft von unten beheizt! Es kommen die Gleichungen (9.48) oder (9.49) in Frage. Die Prandtl-Zahl muss nicht geprüft werden, jedoch die Rayleigh-Zahl.

Die Stoffwerte sind bei der Bezugstemperatur

$$\vartheta_B = \frac{\vartheta_L + \vartheta_W}{2} = \frac{12 + 28}{2} = 20\ °C$$ *aus der Tabelle 9-3 durch Interpolieren abzulesen.*

$$Ra = \frac{L^3 \cdot g \cdot \Delta\vartheta \cdot \gamma}{\nu \cdot a} \qquad L = \frac{A}{U} = \frac{l \cdot b}{2\left(l + b\right)} = \frac{25\ \text{m} \cdot 10\ \text{m}}{2\left(25\ \text{m} + 10\ \text{m}\right)} = 3{,}57\ \text{m}$$

$$Ra = \frac{\left(3{,}57\ \text{m}\right)^3 \cdot 9{,}81\,\frac{\text{m}}{\text{s}^2} \cdot 16\,\text{K} \cdot 3{,}419 \cdot 10^{-3}\,\frac{1}{\text{K}}}{15{,}13 \cdot 10^{-6}\,\frac{\text{m}^2}{\text{s}} \cdot 21{,}8 \cdot 10^{-6}\,\frac{\text{m}^2}{\text{s}}} = 7{,}4 \cdot 10^{10}$$

Bei $Ra = 7{,}4 \cdot 10^{10}$ *ist die Gleichung (9.49) zu verwenden.*

Gleichung (9.49):

$$Nu_m = 0{,}15\left[Ra \cdot F_1\left(Pr\right)\right]^{1/3}$$

$$F_1\left(Pr\right) = \left[1 + \left(\frac{0{,}322}{Pr}\right)^{\frac{11}{20}}\right]^{-\frac{20}{11}}$$

$$F_1\left(Pr\right) = \left[1 + \left(\frac{0{,}322}{0{,}7}\right)^{\frac{11}{20}}\right]^{-\frac{20}{11}} = 0{,}40126$$

$$Nu_m = 0{,}15\left[7{,}4 \cdot 10^{10} \cdot 0{,}40126\right]^{1/3} = 464{,}5$$

$$Nu_m = \frac{\alpha \cdot L}{\lambda_F} \qquad \rightarrow \qquad \alpha = \frac{Nu_m \cdot \lambda_F}{L} = \frac{464{,}5 \cdot 26{,}03 \cdot 10^{-3}\ \dfrac{\text{W}}{\text{m K}}}{3{,}57\ \text{m}} = 3{,}4\ \frac{\text{W}}{\text{m}^2\text{K}}$$

Damit ist:

$$\dot{Q} = 3{,}4\ \frac{\text{W}}{\text{m}^2\text{K}} \cdot 250\ \text{m}^2 \cdot 16\ \text{K} = 13{,}6\ \text{kW}$$

***α* im Fall b)**

Erzwungene Konvektion, Platte längs angeströmt. Es ist zu prüfen, ob (9.43) oder (9.44) zu verwenden ist. Es gilt die gleiche Bezugstemperatur von 20 °C.

L = Plattenlänge = 25 m; K = 1 für Gase

Pr_{Luft} von 20 °C = 0,7, also im Gültigkeitsbereich

$$Re = \frac{c \cdot L}{\nu} = \frac{5\ \dfrac{\text{m}}{\text{s}} \cdot 25\ \text{m}}{15{,}13 \cdot 10^{-6}\ \dfrac{\text{m}^2}{\text{s}}} = 8{,}26 \cdot 10^6$$

Es gilt also Gleichung (9.44).

$$Nu_m = \frac{0{,}037\ Re^{0{,}8}\ Pr}{1 + 2{,}443\ Re^{-0{,}1}\left(Pr^{2/3} - 1\right)} = \frac{0{,}037 \cdot \left(8{,}26 \cdot 10^6\right)^{0{,}8} \cdot 0{,}7}{1 + 2{,}443 \cdot \left(8{,}26 \cdot 10^6\right)^{-0{,}1} \cdot \left(0{,}7^{2/3} - 1\right)} = 9888{,}5$$

$$\alpha = \frac{Nu_m \cdot \lambda_F}{L} = \frac{9888{,}5 \cdot 26{,}03 \cdot 10^{-3}\ \dfrac{\text{W}}{\text{m K}}}{25\ \text{m}} = 10{,}3\ \frac{\text{W}}{\text{m}^2\text{K}}$$

Damit ist:

$$\dot{Q} = 10{,}3\ \frac{\text{W}}{\text{m}^2\text{K}} \cdot 250\ \text{m}^2 \cdot 16\ \text{K} = 41{,}2\ \text{kW}$$

Beispiel 9-4: *Durch ein Heizungsrohr mit d_i = 20 mm fließt Wasser mit einer Geschwindigkeit von 0,5 m/s. Das Wasser tritt mit 95 °C in das Rohr ein und mit 85 °C wieder aus. Die Rohrlänge beträgt 8 m. Die Rohrinnenwand hat im Mittel eine Temperatur von 70 °C. Bestimmen Sie den Wärmeübergangskoeffizienten innen im Rohr!*

Die Bezugstemperatur für die Stoffwerte ist:

$$\vartheta_B = \frac{\vartheta_W + \vartheta_F}{2} \qquad \text{mit} \qquad \vartheta_F = \frac{\vartheta_{\text{zu}} + \vartheta_{\text{ab}}}{2} = \frac{95 + 85}{2}\ °\text{C} = 90\ °\text{C}$$

$$\vartheta_B = \frac{90 + 70}{2}\ °\text{C} = 80\ °\text{C}$$

$L = d_{\text{i}} = 0{,}02$ m ; *Pr = 2,22 = gültig*

$$Re = \frac{c \cdot L}{\nu} = \frac{0{,}5\,\frac{\text{m}}{\text{s}} \cdot 0{,}02\ \text{m}}{0{,}364 \cdot 10^{-6}\,\frac{\text{m}^2}{\text{s}}} = 27472{,}5$$

Damit gilt Gleichung (9.46):

$$Nu_m = \frac{\frac{\xi}{8} \cdot (Re - 1000) \cdot Pr}{1 + 12{,}7 \cdot \left(Pr^{2/3} - 1\right) \cdot \sqrt{\frac{\xi}{8}}} \cdot \left[1 + \left(\frac{d}{h}\right)^{2/3}\right] \cdot \left(\frac{Pr_F}{Pr_W}\right)^{0{,}11}$$

$$\xi = \left(0{,}79 \ln Re - 1{,}64\right)^{-2} = 0{,}02415 \qquad \rightarrow \qquad \frac{\xi}{8} = 3{,}02 \cdot 10^{-3}$$

$$Nu_m = \frac{3{,}02 \cdot 10^{-3} \cdot (27472 - 1000) \cdot 2{,}22}{1 + 12{,}7 \cdot \left(2{,}22^{2/3} - 1\right) \cdot \sqrt{3{,}02 \cdot 10^{-3}}} \cdot \left[1 + \left(\frac{0{,}02}{8}\right)^{2/3}\right] \cdot \left(\frac{1{,}985}{2{,}615}\right)^{0{,}11} = 117{,}7$$

$$\alpha = \frac{Nu_m \cdot \lambda_F}{L} = \frac{117{,}7 \cdot 0{,}669\,\frac{\text{W}}{\text{m K}}}{0{,}02\ \text{m}} = 3937\,\frac{\text{W}}{\text{m}^2\text{K}}$$

Beispiel 9-5: *Ein Behälter mit Transformatorenöl von 100 °C ist mit 10 Kühlrohren von 1 m Länge waagerecht so durchzogen, dass sich die Strömungen der Einzelrohre nicht beeinflussen. Die Rohre haben einen Außendurchmesser von 33 mm und im Mittel eine konstante Außenwandtemperatur von 20 °C.*

Welcher Wärmestrom kann aus dem Öl abgeführt werden?

Es handelt sich um freie Konvektion waagerechter Zylinder.

$$L = \frac{d \cdot \pi}{2} = \frac{0{,}033\ \text{m} \cdot 3{,}14}{2} = 0{,}0518\ \text{m}$$

$$\vartheta_B = \frac{\vartheta_F + \vartheta_W}{2} = \frac{100\ °\text{C} + 20\ °\text{C}}{2} = 60\ °\text{C} \qquad ; \qquad Pr = 126 = \text{gültig}$$

$$Ra = \frac{L^3 \cdot g \cdot \Delta\vartheta \cdot \gamma}{\nu \cdot a} = \frac{(0{,}0518\ \text{m})^3 \cdot 9{,}81\,\frac{\text{m}}{\text{s}^2} \cdot 80\ \text{K} \cdot 0{,}7 \cdot 10^{-3}}{8{,}7 \cdot 10^{-6}\,\frac{\text{m}^2}{\text{s}} \cdot 0{,}069 \cdot 10^{-6}\,\frac{\text{m}^2}{\text{s}}}$$

$$Ra = 1{,}272 \cdot 10^{8} \quad = \text{im Gültigkeitsbereich}$$

$$Nu_m = \left[0{,}60 + 0{,}387\left(Ra \cdot F_4\right)^{1/6}\right]^2 \qquad ; \qquad F_4 = \frac{1}{\left[1 + \left(\frac{0{,}559}{Pr}\right)^{\frac{9}{16}}\right]^{\frac{8}{27}}} = 0{,}9864$$

$Nu_m = 85{,}7 \quad ; \quad \alpha = \frac{Nu_m \cdot \lambda_F}{L} = \frac{85{,}7 \cdot 0{,}122 \, \frac{\text{W}}{\text{m} \cdot \text{K}}}{0{,}0518 \text{ m}} = 202 \, \frac{\text{W}}{\text{m}^2\text{K}}$

$\dot{Q} = \alpha \cdot A \cdot \Delta\vartheta \quad ; \quad A = z \cdot d \cdot \pi \cdot l = 10 \cdot 0{,}033 \cdot \pi \cdot 1 \text{ m} = 1{,}037 \text{ m}^2$

$$\dot{Q} = 202 \, \frac{\text{W}}{\text{m}^2\text{K}} \cdot 1{,}037 \text{ m}^2 \cdot 80 \text{ °C} = 16{,}753 \text{ kW}$$

Zusammenfassung Mit Hilfe der Ähnlichkeitstheorie lassen sich für Einphasensysteme über empirische Nußelt-Beziehungen sehr gut α-Werte bestimmen. Der Fehler liegt in der Regel unter 5 % zu den Messwerten. Es sind aber genaue Randbedingungen einzuhalten und vor Verwendung der Formel zu prüfen. Die Bezugstemperaturen sind vorgegeben. Zur Berechnung des Wärmestroms ist die Kontaktfläche der Wand zu verwenden.

9.2.2 Nußelt-Beziehungen beim Phasenwechsel

Für siedende oder kondensierende Fluide gelten andere Nußelt-Beziehungen. Da nun verschiedene Formen des Kondensatniederschlags an den Wänden und verschiedene Formen des Siedens auftreten, müssen auch diese berücksichtigt werden.

Kondensation

Wir unterscheiden beim Kondensieren Film- und Tropfenkondensation (Abb. 9-14).

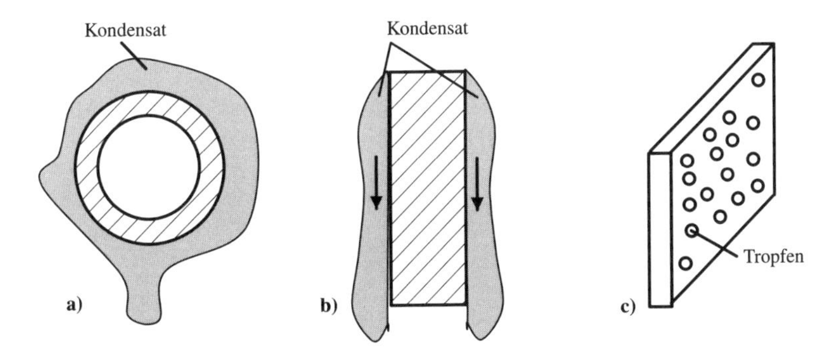

Abbildung 9-14: Kondensablauf bei Filmkondensation am a) waagerechten Zylinder oder b) senkrechten Zylinder oder Wand und bei c) Tropfenkondensation

Höhere Wärmeübergangskoeffizienten lassen sich bei der Tropfenkondensation erreichen, weil der Dampf direkt mit der kalten Wand in Kontakt treten kann und daher eine höhere Temperaturdifferenz zustande kommt. Tropfenkondensation tritt nur zu Beginn des Kondensationsvorgangs auf oder bei Flüssigkeiten, die die Wand nicht benetzen können, und wird daher als Spezialfall nicht in diesem Buch behandelt. Im Allgemeinen tritt Filmkondensation auf.

Definition Filmkondensation liegt vor, wenn die gesamte wärmeaustauschende Fläche mit Flüssigkeit benetzt ist und die Flüssigkeit durch Schwerkraft abfließt.

Die Vorgänge bei der Filmkondensation werden in der Nußelt'schen Wasserhauttheorie beschrieben. Diese Theorie geht von folgender Konfiguration aus (Abb. 9-15, [18]):

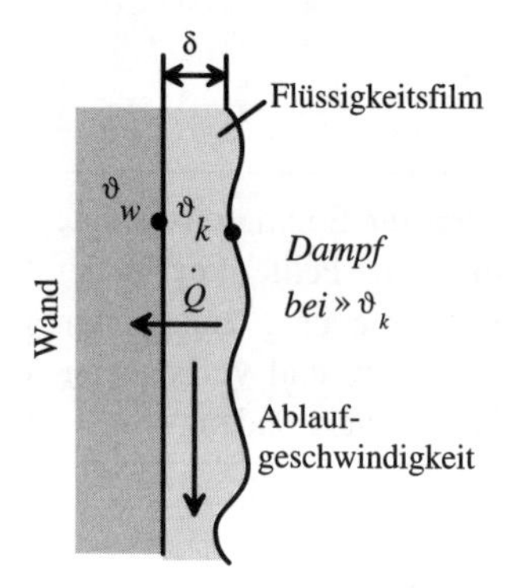

Abbildung 9-15: Filmkondensation

Die Wand hat die Wandtemperatur ϑ_W und ist mit einem stationär ablaufenden Flüssigkeitsfilm bedeckt. Dieser Flüssigkeitsfilm hat an der Oberfläche zum Dampf hin die Kondensationstemperatur ϑ_K des Fluids. Dabei ist $\vartheta_K = f\,(p,\ \text{Stoff})$ und größer als ϑ_W. Durch diesen Kondensatfilm der Dicke δ wird die Kondensationsenthalpie r (= Verdampfungsenthalpie) abgeführt.

$$\dot{Q} = \dot{m} \cdot r \tag{9.57}$$

Damit errechnet sich der Kondensatstrom zu $\dot{m} = \dfrac{\dot{Q}}{r}$ (9.58)

Die Dicke und Abfließgeschwindigkeit des Kondensatfilmes sind von den Stoffeigenschaften des Kondensates abhängig. Diese werden bei der Bezugstemperatur

$$\vartheta_B = \frac{\vartheta_K + \vartheta_W}{2} \tag{9.59}$$

abgelesen.

Es lässt sich für das Kondensat eine dimensionslose Länge L_K errechnen.

$$L_K = L \cdot \sqrt[3]{\frac{g}{\nu_F^{\,2}}} \tag{9.60}$$

Darin ist L unsere bekannte kennzeichnende Abmessung des Strömungsfeldes.

Weiterhin definiert man eine dimensionslose Temperaturdifferenz :

$$T_K = \frac{\lambda_F \left(\vartheta_K - \vartheta_W\right)}{\eta_F \cdot r} \tag{9.61}$$

Mit dieser dimensionslosen Länge und der dimensionslosen Temperaturdifferenz lässt sich eine allgemeine Nußelt-Beziehung für laminare Strömung des Kondensats angeben.

$$Nu_{m,\,lam} = \frac{c}{\left[L_K \cdot T_K\right]^{1/4}} \tag{9.62}$$

Darin ist $c = \frac{2 \cdot \sqrt{2}}{3} = 0{,}943$ für senkrechte Wände oder Zylinder. Für waagerechte Rohre (Zylinder) ist der Wärmeübergang besser und es ergibt sich die Relation:

$$Nu_{\text{waagerecht}} = 0{,}77 \cdot Nu_{\text{senkrecht}} \tag{9.63}$$

Also wird c bei waagerechtem Zylinder zu 0,726.

Die Bestimmung des Wärmeübergangskoeffizienten α_m aus der Nußelt-Beziehung geschieht über die Gleichung:

$$Nu_{m,\,lam} = \frac{\alpha_{m,\,lam}}{\lambda_F} \sqrt[3]{\frac{\nu_F^{\,2}}{g}} \tag{9.64}$$

$$\alpha_{m,\,lam} = \frac{Nu_{m,\,lam} \cdot \lambda_F}{\sqrt[3]{\frac{\nu_F^{\,2}}{g}}} \tag{9.65}$$

Diese Gleichungen gelten für Reynolds-Zahlen $Re < 400$, die über die Gleichung

$$Re = Nu_m \cdot L_K \cdot T_K \tag{9.66}$$

errechnet werden. Darüber hinaus lässt sich für turbulente Strömung $Re > 400$ eine Nußelt-Beziehung (nach *Blangetti*) angeben, die von $0{,}5 \leq Pr \leq 20$ belegt ist.

$$Nu_{m,\,t} = Nu_{m,\,lam} \cdot \left[1 + 9 \cdot 10^{-7} \left(L_K \cdot T_K\right)^{1,45} \cdot Pr_F^{\,1,53}\right]^{0,6} \tag{9.67}$$

In Kondensatoren werden oft viele Rohre übereinander angeordnet. Die abtropfende Flüssigkeit beeinflusst den Wärmeübergang der darunter liegenden Rohre. Hierfür wird von *Schlünder* [18] eine Korrekturformel für den Wärmeübergangskoeffizienten angegeben:

$$\alpha_z = \alpha_0 \cdot z^{-0,1} \tag{9.68}$$

Darin ist z die Anzahl der übereinander angeordneten Rohre.

Zur besseren Übersicht mit einer Zusammenstellung der Faktoren und des Gültigkeitsbereiches wird das Dargelegte in Tab. 9-4 zusammengefasst:

Tabelle 9-4: Nußelt-Beziehungen für Filmkondensation

Senkrechte Platte oder senkrechter Zylinder (Rohr) bei ruhendem oder langsam strömendem Dampf < 10 m/s	
Funktion für Nu_m	**Gültigkeitsbereich**
$Nu_{m,\,lam} = \dfrac{0,943}{\left[L_K \cdot T_K\right]^{1/4}}$ (9.69) [18]	$Re < 400$ laminar mit $Re = Nu_m \cdot L_K \cdot T_K$
$Nu_m = Nu_{m,\,lam} \cdot \left[1 + 9 \cdot 10^{-7} \left(L_K \cdot T_K\right)^{1,45} \cdot Pr_F^{\,1,53}\right]^{0,6}$ [18] (9.70)	$Re > 400$ turbulent $0,5 \le Pr \le 20$
Stoffwerte	**Faktoren**
bei $\vartheta_B = \dfrac{\vartheta_K + \vartheta_W}{2}$ Es sind die Stoffwerte für die Flüssigkeit einzusetzen. ϑ_K = Kondensationstemperatur = Siedetemperatur bei jeweiligem Druck ϑ_W = Wandtemperatur	$L = H$ (Wand-, Zylinderhöhe) $L_K = L \cdot \sqrt[3]{\dfrac{g}{\nu_F^{\,2}}}$; $T_K = \dfrac{\lambda_F \left(\vartheta_K - \vartheta_W\right)}{\eta_F \cdot r}$ r = Kondensationsenthalpie = Verdampfungsenthalpie beim jeweiligen Druck

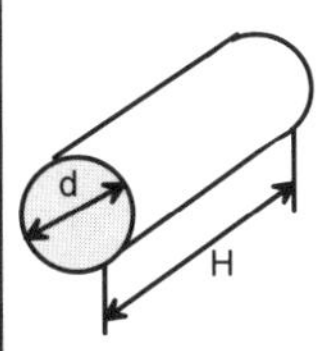

Waagerechter Zylinder (Rohr) bei ruhendem oder langsam strömendem Dampf < 10 m/s

Funktion für Nu_m	**Gültigkeitsbereich**
$Nu_{m,\,lam} = 0{,}77 \cdot Nu_{m,\,lam,\,\text{senkrecht}}$ $Nu_{m,\,lam} = \dfrac{0{,}726}{\left[L_K \cdot T_K\right]^{1/4}}$ (9.71)	$Re < 400$ laminar mit $Re = Nu_m \cdot L_K \cdot T_K$
$Nu_m = Nu_{m,\,lam} \cdot \left[1 + 9 \cdot 10^{-7}\left(L_K \cdot T_K\right)^{1{,}45} \cdot Pr_F^{\;1{,}53}\right]^{0{,}6}$ (9.72)	$Re > 400$ turbulent $0{,}5 \le Pr \le 20$
Stoffwerte	**Faktoren**
siehe (9.69) und (9.70)	$L = d$ (Außendurchmesser) sonst wie bei (9.69) und (9.70)

z

Rohrbündel mit

z Reihen übereinander

Formel	**Faktoren**
$\alpha_{m,\,z} = \alpha_0 \cdot z^{-0{,}1}$ (siehe 9.68)	$\alpha_0 = \alpha$ mit Hilfe von (9.71) oder (9.72) ermittelt z = Anzahl der übereinander liegenden Rohre

Beispiel 9-6: *In einem Rohrbündelkondensator mit 25 horizontalen Rohren zu 1 m Länge und einem Außendurchmesser von 33 mm liegen 5 Rohrreihen übereinander. Die Rohre haben eine mittlere konstante Wandtemperatur von $\vartheta_W = 40$ °C. Im Kondensator strömt um die Rohre langsam Sattdampf von Wasser bei 0,618 MPa. Wie groß ist die stündlich anfallende Kondensatmenge ($\vartheta_{K\,(0{,}6\,MPa)} = 160$ °C)?*

Die Bezugstemperatur ist dann

$$\vartheta_B = \frac{\vartheta_K + \vartheta_W}{2} = \frac{160\text{ °C} + 40\text{ °C}}{2} = 100\text{ °C}$$

Für 100 °C werden aus den Tabellen für flüssiges Wasser abgelesen:

$$\nu_F = 0,291 \cdot 10^{-6}\,\frac{\text{m}^2}{\text{s}}, \quad \lambda_F = 681 \cdot 10^{-3}\,\frac{\text{W}}{\text{m}\cdot\text{K}}, \quad \eta_F = 279 \cdot 10^{-6}\,\frac{\text{kg}}{\text{m}\cdot\text{s}}$$

Verdampfungsenthalpie bei 0,618 MPa (160 °C): r = 2082,2 kJ/kg

$L = 0{,}033\ \text{m} = d_a$

$$L_K = L \cdot \sqrt[3]{\frac{g}{\nu_F^{\,2}}} = 0,033\ \text{m} \cdot \sqrt[3]{\frac{9,81\,\frac{\text{m}}{\text{s}^2}}{\left(0,291 \cdot 10^{-6}\,\frac{\text{m}^2}{\text{s}}\right)^2}} = 1608,7$$

$$T_K = \frac{\lambda_F\left(\vartheta_K - \vartheta_W\right)}{\eta_F \cdot r} = \frac{681 \cdot 10^{-3}\,\frac{\text{W}}{\text{m}\cdot\text{K}} \cdot \left(160\ °\text{C} - 40\ °\text{C}\right)}{279 \cdot 10^{-6}\,\frac{\text{kg}}{\text{m}\cdot\text{s}} \cdot 2082,2 \cdot 10^3\,\frac{\text{W}\cdot\text{s}}{\text{kg}}} = 0,1407$$

$$Nu_{m,\,lam} = \frac{0,726}{\left[L_K \cdot T_K\right]^{1/4}} = \frac{0,726}{\left[1608,7 \cdot 0,1407\right]^{1/4}} = 0,187$$

$$Re = Nu_m \cdot L_K \cdot T_K = 0,187 \cdot 1608,7 \cdot 0,1407 = 42,3 \qquad \rightarrow \textit{laminar}$$

Nach (9.65):

$$\alpha_{m,\,lam} = \frac{Nu_{m,\,lam} \cdot \lambda_F}{\sqrt[3]{\frac{\nu_F^{\,2}}{g}}} = \frac{0,187 \cdot 681 \cdot 10^{-3}\,\frac{\text{W}}{\text{m}\cdot\text{K}}}{\sqrt[3]{\frac{\left(0,291 \cdot 10^{-6}\,\frac{\text{m}^2}{\text{s}}\right)^2}{9,81\,\frac{\text{m}}{\text{s}^2}}}}$$

$$\alpha_{m,\,lam} = 6208\,\frac{\text{W}}{\text{m}^2\text{K}}$$

Für die 5 Rohrreihen übereinander ist nach (9.68):

$$\alpha_{m,\,z} = \alpha_0 \cdot z^{-0,1} = 6208\,\frac{\text{W}}{\text{m}^2\text{K}} \cdot 5^{-0,1} = 5285\,\frac{\text{W}}{\text{m}^2\text{K}}$$

$$\dot{Q} = \alpha_{m,\,z} \cdot A \cdot \Delta\vartheta \quad , \quad A = z \cdot d \cdot \pi \cdot l = 25 \cdot 0,033\ \text{m} \cdot \pi \cdot 1\ \text{m} = 2,592\ \text{m}^2$$

$$\dot{Q} = 5285\,\frac{\text{W}}{\text{m}^2\text{K}} \cdot 2,592\ \text{m}^2 \cdot \left(160\ °\text{C} - 40\ °\text{C}\right) = 1643,85\ \text{KW}$$

$$\dot{m} = \frac{\dot{Q}}{r} = \frac{923,167\,\frac{\text{kJ}}{\text{s}}}{2082,2\,\frac{\text{kJ}}{\text{kg}}} = 0,7895\,\frac{\text{kg}}{\text{s}} = 2842\,\frac{\text{kg}}{\text{h}}$$

Verdampfen

Beim Sieden unterscheidet man Konvektionssieden, Blasensieden und Filmsieden.

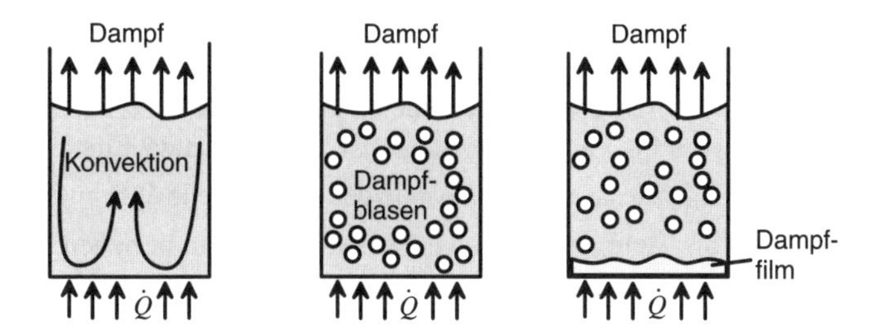

Abbildung 9-16: Siedeformen

Beim Konvektionssieden liegt die Wandtemperatur nur wenig über der Siedetemperatur. Die erwärmte Flüssigkeit steigt durch freie Konvektion auf und verdampft an der Oberfläche.

Beim Blasensieden ist die Wandtemperatur bereits so hoch, dass sich unmittelbar an der Wand Dampfblasen bilden, die sich dann ablösen und schnell in der Flüssigkeit aufsteigen. Bei dieser Form des Siedens werden die höchsten Wärmeübergangszahlen erreicht.

Bei weiter steigender Wandtemperatur wird eine so genannte kritische Wärmestromdichte $\dot{q}_{krit}$ erreicht. Dabei schließen sich immer mehr wandnahe Dampfblasen zusammen, die einen Dampffilm zwischen Wand und Flüssigkeit bilden. Dadurch wird der Wärmetransport wieder verschlechtert. Zunächst bricht dieser Dampffilm immer wieder zusammen und man spricht von instabilem Filmsieden. Bei weiterer Erhöhung der Wandtemperatur bildet sich dann ein stabiler Dampffilm aus und der Wärmeübergang verschlechtert sich rapide. Hier besteht die Gefahr des Durchbrennens (Burnout) der Wand. Der Zusammenhang zwischen Wärmeübergangszahl und Übertemperatur der Wand ist nach [9], [18] in Abb. 9-17 dargestellt.

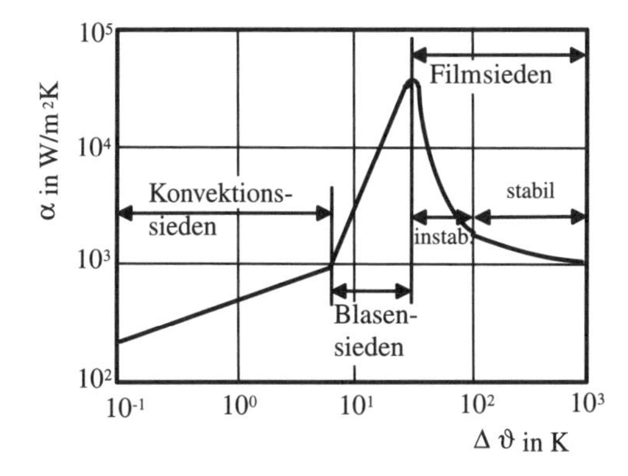

Abbildung 9-17: Einfluss der Temperaturdifferenz an der Wand $(\vartheta_S - \vartheta_W) = \Delta\vartheta$ auf die Wärmeübergangszahl α beim Sieden für Wasser bei 0,1 MPa

Im Bereich des Konvektionssiedens können die gleichen Beziehungen wie bei einphasigen Systemen verwendet werden. Das sind die Gleichungen (9.36) und (9.37).

Im Bereich des Blasensiedens werden die Zusammenhänge über empirisch ermittelte Formeln dargestellt, da der genaue Zusammenhang noch nicht vollständig geklärt ist.

Für Wasser gibt es nach [2] einige Gleichungen, die zu guten Ergebnissen führen. Diese werden in Tabelle 9-5 zusammengestellt. Für andere Stoffe ist weitergehende Literatur heranzuziehen (z.B. [9], [14], [18]). Die Wärmeströme $\dot{Q}$, die mit den aus Tabelle 9-5 ermittelten α-Werten errechnet werden, sind auf die Temperaturdifferenz $\Delta\vartheta = \vartheta_W - \vartheta_S$ zu beziehen.

$$\dot{Q} = \alpha \cdot A \cdot \left(\vartheta_W - \vartheta_S\right) \tag{9.73}$$

Tabelle 9-5: Beziehungen für die Wärmeübergangszahl bei Sieden in ruhendem Wasser

Waagerechte Heizfläche ruhendes Wasser, Konvektionssieden	
$\alpha_m = 1{,}026 \cdot \dot{q}^{\,0{,}26} \cdot p^{0{,}25}$ (9.74) oder $\alpha_m = 1{,}034\left(\vartheta_W - \vartheta_S\right)^{0{,}351} \cdot p^{0{,}338}$ (9.75) für beide α in $\frac{\text{kW}}{\text{m}^2\,\text{K}}$ [2]	für $\dot{q} < 17\,\frac{\text{kW}}{\text{m}^2}$ (freie Konvektion) $0{,}5 \le p \le 20$ bar Es sind einzusetzen: $\dot{q}$ in $\frac{\text{kW}}{\text{m}^2}$ (Wärmestromdichte) p in bar

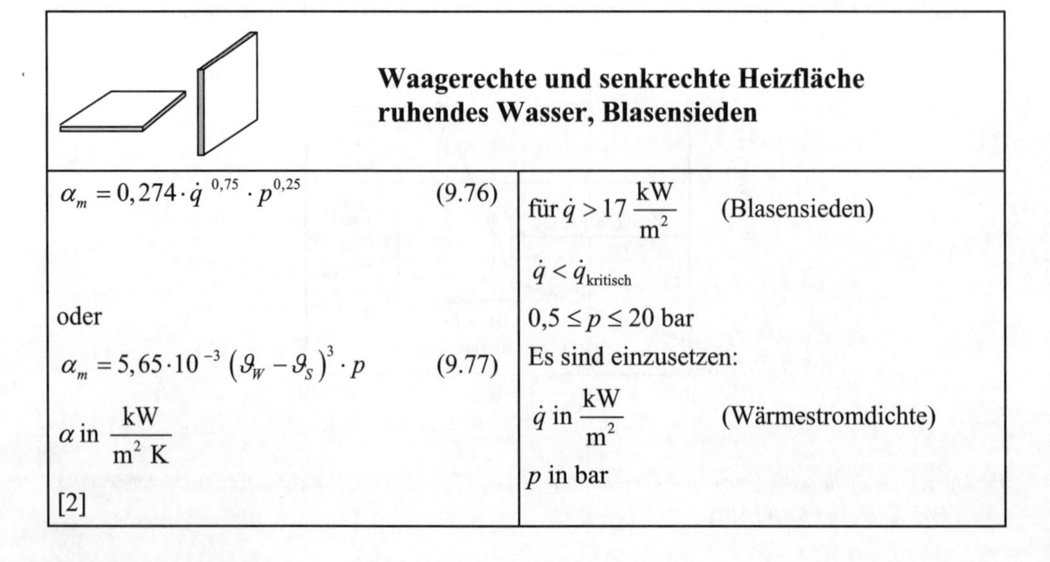

Waagerechte und senkrechte Heizfläche ruhendes Wasser, Blasensieden	
$\alpha_m = 0{,}274 \cdot \dot{q}^{\,0{,}75} \cdot p^{0{,}25}$ (9.76) oder $\alpha_m = 5{,}65 \cdot 10^{-3}\left(\vartheta_W - \vartheta_S\right)^3 \cdot p$ (9.77) α in $\frac{\text{kW}}{\text{m}^2\,\text{K}}$ [2]	für $\dot{q} > 17\,\frac{\text{kW}}{\text{m}^2}$ (Blasensieden) $\dot{q} < \dot{q}_{\text{kritisch}}$ $0{,}5 \le p \le 20$ bar Es sind einzusetzen: $\dot{q}$ in $\frac{\text{kW}}{\text{m}^2}$ (Wärmestromdichte) p in bar

Für die Berechnung der kritischen Wärmestromdichte gibt es allgemeingültige Berechnungsgrundlagen [9], in die auch der Anfahrzustand eines Verdampfers eingeht. Für den Fall, dass die gesamte Flüssigkeit im Verdampfer bereits auf Siedetemperatur ist und stabiles Blasensieden vorliegt, kann folgende Gleichung verwendet werden [9]:

$$\dot{q}_{\text{krit}} = 0{,}145 \cdot r \cdot \rho_D^{\;0,5} \cdot \left[g \cdot \sigma \cdot \left(\rho_F - \rho_D \right) \right]^{0,25} \qquad (9.78)$$

Darin ist r die Verdampfungsenthalpie, g die Erdbeschleunigung und ρ die Dichte des Dampfes ρ_D und der Flüssigkeit ρ_F. σ ist die Oberflächenspannung der Flüssigkeit.

Beispiel 9-7: *Zur Orientierung ergibt sich mit dieser Formel für Wasser bei 100 °C und 0,10133 MPa ein Wert von:*

$$\dot{q}_{\text{krit}} = 0{,}145 \cdot 2256{,}9 \frac{\text{kJ}}{\text{kg}} \cdot \left(0{,}5977 \frac{\text{kg}}{\text{m}^3} \right)^{0,5} \cdot \left[9{,}81 \frac{\text{m}}{\text{s}^2} \cdot 58{,}8 \cdot 10^{-3} \frac{\text{N}}{\text{m}} \cdot \left(958{,}13 \frac{\text{kg}}{\text{m}^3} - 0{,}5977 \frac{\text{kg}}{\text{m}^3} \right) \right]^{0,25}$$

$$\dot{q}_{\text{krit}} = 1226{,}5 \frac{\text{kJ}}{\text{m}^2}$$

Hinweis Die in diesem Buch genannten Berechnungsgrundlagen für Verdampfer sind für die Auslegung im unkritischen Bereich ausreichend. Für genaue Berechnungen ist die entsprechende Fachliteratur heranzuziehen, z.B. [9].

Beispiel 9-8: *Auf einer Herdplatte wird in einem Kochtopf Wasser bei Umgebungsdruck von 0,10133 MPa zum Sieden gebracht. Der Topf hat einen Innendurchmesser von 20 cm.*

a) *Wie groß muss die Heizleistung der Platte mindestens sein, damit sicher Blasensieden auftritt?*

b) *Die Heizleistung der Platte sei 1 kW und wird verlustlos an den Topfboden weitergeleitet. Wie groß sind α_m und die Topfbodentemperatur?*

Blasensieden tritt auf ab $\dot{q} > 17 \frac{\text{kW}}{\text{m}^2}$. *Bodenfläche* $= \frac{d_i^2 \cdot \pi}{4} = \frac{(0{,}2\ \text{m})^2 \cdot \pi}{4} = 0{,}0314\ \text{m}^2$

$$\dot{q} = \frac{\dot{Q}}{A} \quad \rightarrow \quad \dot{Q} = \dot{q} \cdot A = 17 \frac{\text{kW}}{\text{m}^2} \cdot 0{,}0314\ \text{m}^2 = 0{,}534\ \text{kW}$$

Bei 1 kW ist $\dot{q} = \frac{1\ \text{kW}}{0{,}0314\ \text{m}^2} = 31{,}85 \frac{\text{kW}}{\text{m}^2}$

Nach Gleichung (9.7) ist:

$$\alpha_m = 0{,}274 \cdot \dot{q}^{\,0,75} \cdot p^{0,25} = 0{,}274 \cdot (31{,}85)^{0,75} \cdot (1{,}0133)^{0,25}$$

$$\alpha_m = 3{,}686\,\frac{\text{kW}}{\text{m}^2\text{K}}$$

$\dot{Q}$ errechnet sich nach Gleichung (9.73): $\dot{Q} = \alpha \cdot A \cdot (\vartheta_W - \vartheta_S)$; $\vartheta_S = 100\ °\text{C}$

$$\vartheta_W = \frac{\dot{Q}}{\alpha_m \cdot A} + \vartheta_S = \frac{1\,\text{kW}}{3{,}686\,\frac{\text{kW}}{\text{m}^2\text{K}} \cdot 0{,}0314\,\text{m}^2} + 100\ °\text{C}$$

$$\vartheta_W \approx 109\ °\text{C}$$

Zusammenfassung Beim Verdampfen und Kondensieren gelten je nach Kondensationsform und Siedeart eigene Bedingungen. Beim Kondensieren bringt die Tropfenkondensation höhere Wärmeübergangswerte als die allgemein übliche Filmkondensation.

Sieden beginnt mit dem Konvektionssieden und geht bei steigender Heizflächenbelastung (Wärmestromdichte) in Blasensieden über. Beim Blasensieden steigen die Wärmeübergangswerte stark an, bis eine kritische Wärmestromdichte erreicht ist. Ab der kritischen Wärmestromdichte beginnt das Filmsieden. Beim Filmsieden sinkt der Wärmeübergangskoeffizient stark ab und es besteht die Gefahr des Durchbrennens der Wand (Burnout).

9.3 Wärmedurchgang

In diesem Kapitel beschäftigen wir uns mit der gemeinsamen Anwendung von Wärmeübergang und Wärmeleitung. Sehr häufig werden zwei Fluide durch eine feste Wand getrennt. Das kann z.B. bei der Hauswand zum Zwecke der Isolation sein oder z.B. im Falle eines Motorkühlers im Auto für eine Trennung der Medien mit intensivem Wärmeaustausch. Die Situation an der Rohrwand des Kühlers ist in Abb. 9-18 skizziert und stellt einen einfachen Wärmedurchgang dar.

Definition Der Wärmedurchgang setzt sich aus mindestens zwei Wärmeübergängen und mindestens einer Wärmeleitung zusammen.

Das bedeutet, dass sich ein Wärmedurchgang auch aus mehreren Wärmeleitungen und mehreren Wärmeübergängen zusammensetzen kann. Wichtig ist, dass der Wärmestrom in allen Wärmeübergängen und Wärmeleitungen eines Wärmedurchgangs gleich groß ist. Auch wenn an verschiedenen Stellen des Wärmedurchgangs mehr Wärme transportiert werden könnte, bestimmt die Stelle mit dem größten Wärmeleit- oder Wärmeübergangswiderstand im Wesentlichen den Wärmestrom.

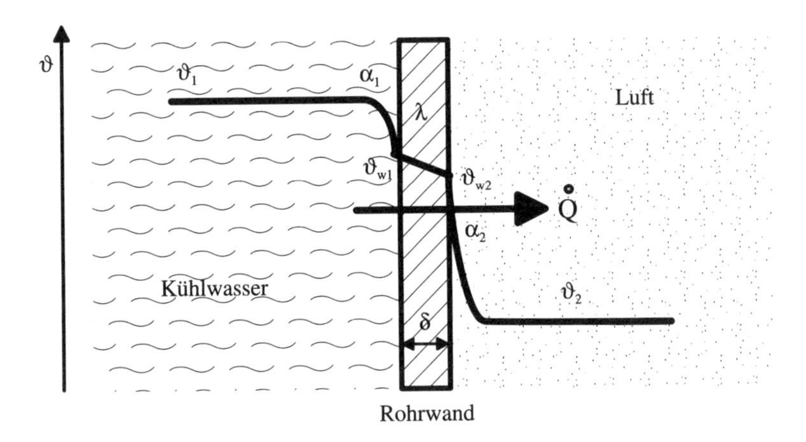

Abbildung 9-18: Einfacher Wärmedurchgang am Beispiel eines Autokühlers

Als drastisches Beispiel soll ein Wasserrohr mit großem Durchmesser dienen, das am Ende verschlossen ist und in dessen Kappe ein winziges Loch gebohrt ist (Abb. 9-19). Analog zum Massenerhaltungssatz in diesem Beispiel verhält sich beim Wärmedurchgang der Wärmestrom wegen des Energieerhaltungssatzes (1. Hauptsatz):

$$\dot{m}_{\text{ein}} = \dot{m}_{\text{aus}}$$

analog hierzu gilt: $\dot{Q}_{\text{ein}} = \dot{Q}_{\text{aus}}$

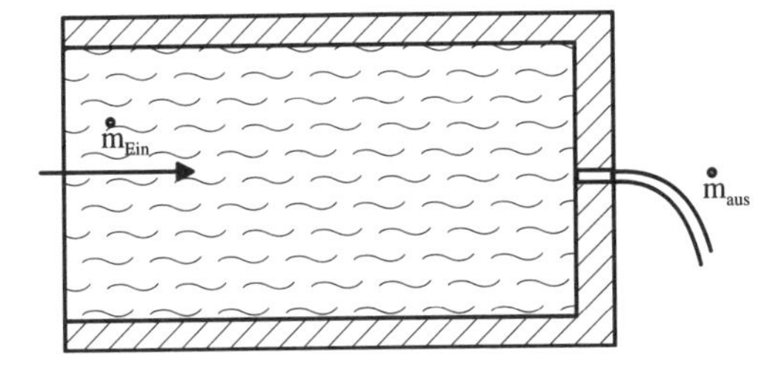

Abbildung 9-19: Analogiemodell Massenerhaltungssatz und Energieerhaltungssatz im Wärmedurchgang

> **Merke** An allen Stellen des Wärmedurchgangs ist der Wärmestrom gleich groß.

Um zu einer einfachen, übersichtlichen Darstellung der Zusammenhänge im Wärmedurchgang zu kommen, fassen wir die verschiedenen Wärmeübergänge und Wärmeleitungen zu *einem* Proportionalitätsfaktor zusammen. Diesen Faktor nennen wir die Wärmedurchgangszahl *k*, die auch einfach als *k*-Wert in der täglichen Praxis bezeichnet wird. Zur Herleitung der Wärmedurchgangszahl betrachten wir noch einmal unsere Situation am Autokühler (Abb. 9-19).

Im ersten Wärmeübergang (Kühlwasser zu Rohrwand) gilt:

$$\dot{Q} = \alpha_1 \cdot A \cdot \left(\vartheta_1 - \vartheta_{W,1}\right) \qquad \rightarrow \qquad \left(\vartheta_1 - \vartheta_{W,1}\right) = \frac{\dot{Q}}{\alpha_1 \cdot A}$$

In der Wärmeleitung (Rohrwand) gilt:

$$\dot{Q} = \frac{\lambda}{\delta} \cdot A \cdot \left(\vartheta_{W,1} - \vartheta_{W,2}\right) \qquad \rightarrow \qquad \left(\vartheta_{W,1} - \vartheta_{W,2}\right) = \frac{\dot{Q} \cdot \delta}{\lambda \cdot A}$$

Im zweiten Wärmeübergang (Rohrwand zu Luft) gilt:

$$\dot{Q} = \alpha_2 \cdot A \cdot \left(\vartheta_{W,2} - \vartheta_2\right) \qquad \rightarrow \qquad \left(\vartheta_{W,2} - \vartheta_2\right) = \frac{\dot{Q}}{\alpha_2 \cdot A}$$

Summiert man nun alle Gleichungen, die nach den jeweiligen Temperaturdifferenzen umgestellt sind, so erhält man:

$$\vartheta_1 - \vartheta_{W,1} + \vartheta_{W,1} - \vartheta_{W,2} + \vartheta_{W,2} - \vartheta_2 = \frac{\dot{Q}}{\alpha_1 \cdot A} + \frac{\dot{Q} \cdot \delta}{\lambda \cdot A} + \frac{\dot{Q}}{\alpha_2 \cdot A}$$

$\dot{Q}$ ist ja für alle gleich und A ist in der Regel auch gleich groß. Deshalb kann man vereinfacht schreiben:

$$\Delta\vartheta = \vartheta_1 - \vartheta_2 = \frac{\dot{Q}}{A}\left(\frac{1}{\alpha_1} + \frac{\delta}{\lambda} + \frac{1}{\alpha_2}\right) \tag{9.79}$$

umgestellt nach $\dot{Q}$ ergibt sich:

$$\dot{Q} = \frac{1}{\dfrac{1}{\alpha_1} + \dfrac{\delta}{\lambda} + \dfrac{1}{\alpha_2}} \cdot A \cdot \Delta\vartheta \tag{9.80}$$

Diese Form ist uns schon bekannt, und wir setzen für den Wärmedurchgangskoeffizienten:

$$k = \frac{1}{\dfrac{1}{\alpha_1} + \dfrac{\delta}{\lambda} + \dfrac{1}{\alpha_2}} \qquad \frac{\mathrm{W}}{\mathrm{m^2K}} \tag{9.81}$$

Allgemein gilt für n Wärmeleitungen und m Wärmeübergänge:

$$k = \frac{1}{\sum_{i=1}^{n} \frac{\delta_i}{\lambda_i} + \sum_{j=1}^{m} \frac{1}{\alpha_j}} \tag{9.82}$$

Die Gleichung (9.80) ist dann:

$$\dot{Q} = k \cdot A \cdot \Delta\vartheta \tag{9.83}$$

Wie beim Wärmeübergang lässt sich auch hier ein Wärmedurchgangswiderstand (Ohm'sches Gesetz des Wärmedurchgangs) definieren:

$$R_k = \frac{1}{k \cdot A} \quad \frac{\mathrm{K}}{\mathrm{W}} \tag{9.84}$$

Somit ergibt sich an der Stelle des Wärmedurchgangs die Temperaturdifferenz:

$$\Delta\vartheta = R_k \cdot \dot{Q} \tag{9.85}$$

Für die Erarbeitung von Gleichung (9.83) haben wir einen konstanten Querschnitt durch den Wärmedurchgang vorausgesetzt. Bei Rohren ist dies ja nicht der Fall. Zur Vereinfachung arbeitet man bei dünnwandigen Rohren wie bei einer ebenen Wand mit konstantem Querschnitt. Man wickelt dann das Rohr mit dem mittleren Durchmesser

$$d_m = \frac{d_a + d_i}{2} \qquad \text{ab.}$$

Die Fläche ist nun:

$$A = d_m \cdot \pi \cdot l \tag{9.86}$$

Für dickwandige Rohre ergibt sich aus dem Wärmeübergang innen:

$$\dot{Q} = \alpha_1 \cdot A_1 \cdot \left(\vartheta_1 - \vartheta_{W,1}\right) = \alpha_1 \cdot 2 \cdot r_1 \cdot \pi \cdot l \cdot \left(\vartheta_1 - \vartheta_{W,1}\right),$$

aus der Wärmeleitung:

$$\dot{Q} = \lambda \cdot \frac{2 \cdot \pi \cdot l}{\ln \frac{r_2}{r_1}} \cdot \left(\vartheta_{W,1} - \vartheta_{W,2}\right)$$

und aus dem Wärmeübergang außen:

$$\dot{Q} = \alpha_2 \cdot A_2 \cdot \left(\vartheta_{W,2} - \vartheta_2\right) = \alpha_2 \cdot 2 \cdot r_2 \cdot \pi \cdot l \cdot \left(\vartheta_{W,2} - \vartheta_2\right).$$

Durch Umstellen nach der Temperaturdifferenz und Aufsummieren erhält man:

$$\Delta\vartheta = \frac{\dot{Q}}{2 \cdot \pi \cdot l}\left(\frac{1}{\alpha_1 \cdot r_1} + \frac{1}{\lambda} \cdot \ln\frac{r_2}{r_1} + \frac{1}{\alpha_2 \cdot r_2}\right) \tag{9.87}$$

Damit ist $\dot{Q}$:

$$\dot{Q} = \frac{2 \cdot \pi \cdot l \cdot \Delta\vartheta}{\left(\frac{1}{\alpha_1 \cdot r_1} + \frac{1}{\lambda} \cdot \ln\frac{r_2}{r_1} + \frac{1}{\alpha_2 \cdot r_2}\right)} \tag{9.88}$$

Beim Wärmedurchgang handelt es sich um eine Reihenschaltung von Widerständen. Deshalb kann der Gesamtwiderstand niemals kleiner sein als der größte Einzelwiderstand. Das bedeutet im Klartext, der *k*-Wert ist immer kleiner als der geringste α-Wert oder der Quotient aus $\frac{\lambda}{\delta}$.

Achten Sie deshalb bei der Optimierung eines Wärmedurchgangs immer darauf, welche Einzelwerte für α und $\frac{\lambda}{\delta}$ vorliegen. Liegen irgendwelche Einzelwerte weit von den anderen Werten entfernt, so ist das Hauptaugenmerk auf diese Werte zu richten.

Der Temperaturverlauf, der sich in einem Wärmeübergang einstellt (Abb. 9-18), kann leicht abgeschätzt werden. Man stellt alle Gleichungen in einem einfachen Wärmeübergang nach $\dot{Q}/A$ um. $\dot{Q}/A$ ist aber eine konstante Größe. Deshalb gilt:

$$\frac{\dot{Q}}{A} = \alpha_1 \cdot \Delta\vartheta_1 = \frac{\lambda}{\delta} \cdot \Delta\vartheta_2 = \alpha_2 \cdot \Delta\vartheta_2 \tag{9.89}$$

Also bedeutet, wenn das Produkt $\alpha \cdot \Delta\vartheta$ bzw. $\frac{\lambda}{\delta} \cdot \Delta\vartheta$ konstant sein muss:

hoher α-Wert kleines $\Delta\vartheta$ und umgekehrt kleiner α-Wert bzw. $\frac{\lambda}{\delta}$-Wert großes $\Delta\vartheta$.

Beim Wärmedurchgang ist darauf zu achten, dass beim Wärmeübergang auch Temperaturstrahlung auftreten kann. Auf diesen Fall soll im Abschnitt 9.4 Temperaturstrahlung noch eingegangen werden.

Zusammenfassung Wir sprechen von einem Wärmedurchgang, wenn entlang eines Wärmetransports mindestens zweimal ein Wärmeübergang und einmal eine Wärmeleitung stattfinden. Die Wirkung der Einzelmechanismen werden in der Wärmedurchgangszahl k zusammengefasst. Dünnwandige Rohre werden wie ebene Wände behandelt. Bei dickwandigen Rohren ist die Flächenveränderung zu berücksichtigen. Die Wärmedurchgangszahl k ist immer kleiner als der kleinste Wärmeübergangswert oder der kleinste Quotient aus $\frac{\lambda}{\delta}$.

Beispiel 9-9: *Ein Gießereiofen hat einen Außendurchmesser von 2,5 m und einen Innendurchmesser von 2 m. Die Außenhaut besteht aus einem Stahlmantel von 30 mm mit* $\lambda_{St} = 47\,\frac{\text{W}}{\text{mK}}$ *und einer Schamotte-Ausmauerung von 220 mm mit* $\lambda_{Sch} = 0{,}44\,\frac{\text{W}}{\text{mK}}$.

Im Ofen befindet sich flüssiger Stahl mit 1200 °C. Die Wärmeübergangszahl zum Schamotte beträgt 600 W/m²K. Die Wärmeübergangszahl zur 30 °C warmen Luft beträgt $9{,}5\,\frac{\text{W}}{\text{m}^2\text{K}}$.

a) Berechnen Sie den Wärmestrom $\dot{Q}$ *für eine Ofenfläche von 25* m^2*!*

b) Berechnen Sie die tatsächlichen Temperaturen an und in der Wand!

zu a)

$$\dot{Q} = k \cdot A \cdot \Delta\vartheta \quad ; \quad \Delta\vartheta = \vartheta_{St} - \vartheta_L = 1200\,°\text{C} - 30\,°\text{C} = 1170\,°\text{C}$$

$$k = \frac{1}{\frac{1}{\alpha_i} + \frac{1}{\alpha_a} + \frac{\delta_{Sch}}{\lambda_{Sch}} + \frac{\delta_{St}}{\lambda_{St}}} = \frac{1}{\frac{1}{600\,\frac{\text{W}}{\text{m}^2\text{K}}} + \frac{1}{9{,}5\,\frac{\text{W}}{\text{m}^2\text{K}}} + \frac{0{,}22\,\text{m}}{0{,}44\,\frac{\text{W}}{\text{m K}}} + \frac{0{,}03\,\text{m}}{47\,\frac{\text{W}}{\text{m K}}}}$$

$$k = 1{,}646\,\frac{\text{W}}{\text{m}^2\text{K}}$$

$$\dot{Q} = 1{,}646\,\frac{\text{W}}{\text{m}^2\text{K}} \cdot 25\,\text{m}^2 \cdot 1170\,\text{K} = 48{,}1455\,\text{kW}$$

zu b)

$$\dot{Q} = \alpha_i \cdot A \cdot \left(\vartheta_{St} - \vartheta_{W,i}\right) \quad \rightarrow \quad \vartheta_{W,i} = \vartheta_{St} - \frac{\dot{Q}}{\alpha_i \cdot A} = 1200\,°\text{C} - \frac{48{,}1455\,\text{kW}}{600\,\frac{\text{W}}{\text{m}^2\text{K}} \cdot 25\,\text{m}^2}$$

$$\vartheta_{W,i} = 1200\,°\text{C} - 3{,}21\,\text{K} = 1196{,}79\,°\text{C}$$

1. Wärmeleitung:

$$\dot{Q} = \frac{\lambda_{Sch}}{\delta_{Sch}} \cdot A \cdot \left(\vartheta_{W,i} - \vartheta_i \right) \rightarrow$$

$$\vartheta_i = \vartheta_{W,i} - \frac{\dot{Q} \cdot \delta_{Sch}}{\lambda_{Sch} \cdot A} = 1196{,}79\ °C - \frac{48{,}1455\ \text{kW} \cdot 0{,}22\ \text{m}}{0{,}44\ \frac{\text{W}}{\text{mK}} \cdot 25\ \text{m}^2}$$

$$\vartheta_i = 1196{,}79\ °C - 962{,}91\ °C = 233{,}88\ °C$$

2. Wärmeleitung: $$\dot{Q} = \frac{\lambda_{St}}{\delta_{St}} \cdot A \cdot \left(\vartheta_i - \vartheta_{w,a} \right) \rightarrow$$

$$\vartheta_{w,a} = \vartheta_i - \frac{\dot{Q} \cdot \delta_{St}}{\lambda_{St} \cdot A} = 233{,}88\ °C - \frac{48{,}1455\ \text{kW} \cdot 0{,}03\ \text{m}}{47\ \frac{\text{W}}{\text{mK}} \cdot 25\ \text{m}^2}$$

$$\vartheta_{w,a} = 233{,}88\ °C - 1{,}23\ °C = 232{,}65\ °C$$

Zur Kontrolle 2. Wärmeübergang:

$$\dot{Q} = \alpha_a \cdot A \cdot \left(\vartheta_{W,a} - \vartheta_L \right) \quad \rightarrow \quad \vartheta_L = \vartheta_{W,a} - \frac{\dot{Q}}{\alpha_a \cdot A} = 232{,}65\ °C - \frac{48{,}1455\ \text{kW}}{9{,}5\ \frac{\text{W}}{\text{m}^2\text{K}} \cdot 25\ \text{m}^2}$$

$$\vartheta_L = 232{,}65\ °C - 202{,}72\ °C = 29{,}93\ °C$$

9.4 Temperaturstrahlung

Umgangssprachlich spricht man häufig von Wärmestrahlung. Im Sinne der Thermodynamik ist jedoch Temperaturstrahlung der richtige Ausdruck. Wir wollen uns hier mit der Strahlung beschäftigen, die ein Stoff aufgrund seiner Temperatur (= Innere Energie) aussendet. Wärme ist nur eine Prozessgröße, die die Innere Energie und damit die Temperatur verändert. Das Besondere an der Temperaturstrahlung ist, dass sie unabhängig vom thermischen Niveau der Umgebung ist und auch im materielosen, sprich leeren Raum funktioniert.

Merke Wärmetransport durch Strahlung ist auch im Vakuum möglich.

Temperaturstrahlung gehört vom Wirkungsmechanismus her zur elektromagnetischen Strahlung. Für elektromagnetische Strahlung gilt: Sie bewegt sich im leeren Raum geradlinig mit Lichtgeschwindigkeit c_0 (ca. 300 000 km/s). Man spricht im Sinne der Quantentheorie bei elektromagnetischer Strahlung von Teilchen, den Photonen. Photonen besitzen keine Ruhemasse. Für diese Photonen, die quer (transversal) zur Ausbreitungsrichtung schwingen, gilt folgender Zusammenhang zwischen Wellenlänge λ und Frequenz ν:

$$c = \lambda \cdot \nu \tag{9.90}$$

Im nicht leeren Raum nimmt die Lichtgeschwindigkeit c_L gegenüber dem Vakuum ab. Das Verhältnis

$$n = \frac{c_0}{c_L} \tag{9.91}$$

bezeichnet man als Brechungszahl n, wobei bei der Abnahme der Lichtgeschwindigkeit in einem Medium die Frequenz beibehalten wird. Das bedeutet nach Gleichung (9.90) eine Wellenlängenverschiebung. Wichtig für den Energietransport durch Strahlung ist folgende Aussage:

> Die von Photonen transportierte Energie lässt sich der Wellenlänge λ zuordnen. Je kürzer die Wellenlänge, desto höher die Frequenz und desto energiereicher die Strahlung.

Der Wellenlängenbereich elektromagnetischer Strahlung geht, grob gesagt, von 0 bis ∞. Der Wellenlängenbereich der Strahlung, die durch die Temperatur eines Körpers verursacht wird, umfasst aber nur einen Bereich von etwa 10^{-1} µm $< \lambda < 10^3$ µm (Abb. 9-20).

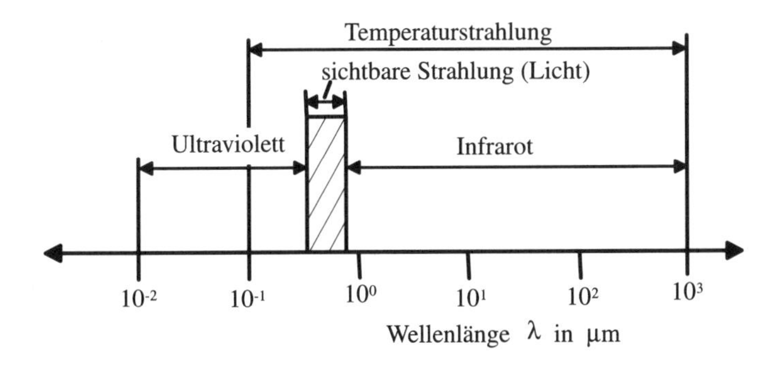

Abbildung 9-20: Wellenlängenverteilung (Spektrum) elektromagnetischer Strahlung

Die Grenze darf jedoch nicht als scharfe Abgrenzung gesehen werden. Es wird für die Angabe dieses Intervalls davon ausgegangen, dass die Temperatur der strahlenden Körper von wenigen Kelvin bis etwa $2 \cdot 10^4$ K variiert. Die für das menschliche Auge sichtbare elektromagnetische Strahlung bezeichnen wir als Licht (0,38 µm $< \lambda <$ 0,78 µm). Sie ist Teil der Temperaturstrahlung.

Aus physikalischer Sicht besteht außer der unterschiedlichen Wellenlänge kein Unterschied zwischen sichtbarer und unsichtbarer Strahlung. Den Wellenlängenbereich, der sich an das kurzwelligste, sichtbare Licht anschließt (das ist violett), nennen wir den Bereich der ultravioletten Strahlung. Diese sehr kurzwellige Strahlung ist sehr energiereich und wird von sehr heißer Materie (z.B. Sonne) ausgestrahlt. Wegen des hohen Energiegehaltes ist sie für die menschliche Haut gefährlich. Im Bereich der Technik haben wir jedoch sehr viel niedrigere Temperaturen. Diese Strahlung liegt in einem Wellenlängenbereich, der sich an das langwelligste, sichtbare Licht (das ist rot) anschließt. Dieser Infrarot genannte Bereich umfasst den Hauptteil der Strahlung in der technischen Anwendung, auch wenn in der Solarthermie die ultraviolette Strahlung wichtig ist.

Für die Temperaturstrahlung gelten selbstverständlich auch die Gesetze der Optik!

Sie wissen aus der Physik, dass durch die Brechung des Lichtes ein Spektrum erzeugt werden kann. Sie erinnern sich sicherlich an das Experiment, wo weißes, sichtbares Licht durch ein Prisma geschickt wird und die Strahlung je nach Wellenlänge unterschiedlich abgelenkt (gebrochen) wird. Es sind dann die „Regenbogenfarben" von rot über gelb und blau bis hin zu violett sichtbar. Diese Auffächerung nach Wellenlängen nennen wir ein Spektrum.

Sind in einem Spektrum lückenlos alle Wellenlängen des jeweiligen Intervalls vertreten, sprechen wir von einem kontinuierlichen Spektrum.

Alle Festkörper und Flüssigkeiten senden eine Temperaturstrahlung aus, die ein kontinuierliches Spektrum besitzt. Gase hingegen senden nur ganz bestimmte (diskrete) Wellenlängen aus. Sie haben daher ein diskontinuierliches oder Linienspektrum.

Sind in einem Spektrum nur diskrete Wellenlängen vorhanden, so sprechen wir von einem Linienspektrum.

Auf das Strahlungsverhalten von Gasen soll später noch genauer eingegangen werden. Betrachten wir nun im Folgenden so genannte Kontinuumsstrahler, das sind Strahler mit einem kontinuierlichen Spektrum, also Festkörper und Flüssigkeiten.

Um die Energiemengen zu beschreiben, die durch Strahlung transportiert werden, bedienen wir uns der Vorstellung aus der Quantentheorie. Ein Photon hat nun je nach Frequenz ν und damit auch je nach Wellenlänge λ einen bestimmten Energieinhalt $e_{\mathrm{Ph}\,(\lambda)}$.

$$e_{Ph\,(\lambda)} = h \cdot \nu \qquad \mathrm{J = Ws} \tag{9.92}$$

wobei h das so genannte Planck'sche Wirkungsquantum ist:

$$h = \left(6{,}6260755 \pm 0{,}000004\right) \cdot 10^{-34}\ \mathrm{Js}$$

Zählen wir die Photonen einer Wellenlänge, die durch eine Kontrollfläche pro Zeiteinheit fliegen, so erhalten wir eine Energiemenge, die für jede Wellenlänge eingestrahlt wird. Wir sprechen von der Strahlungsintensität $\Phi_{(\lambda)}$ einer Wellenlänge:

$$\Phi_{(\lambda)} = \frac{\sum e_{Ph,\lambda}}{t} \qquad \frac{\text{Ws}}{\text{s}} = \text{W} \tag{9.93}$$

Integrieren wir über alle interessierenden Wellenlängen, so erhalten wir die Gesamtintensität der Strahlung für unsere Kontrollfläche:

$$\Phi = \int_{\lambda_{\min}}^{\lambda_{\max}} \Phi(\lambda) \cdot d\lambda \qquad \text{W} \tag{9.94}$$

Eine Energiemenge pro Zeit entspricht einer Leistung. Deshalb wird die Gesamtintensität einer Strahlung als Strahlungsleistung Φ bezeichnet.

Bei der Wärmeübertragung interessiert nun analog zur Wärmestromdichte die pro Flächeneinheit unserer Kontrollfläche eingestrahlte Strahlungsleistung, sozusagen die Strahlungsdichte. Wir führen hierzu die Strahlungsdichte M ein:

$$M = \frac{\Phi}{A} \qquad \frac{\text{W}}{\text{m}^2} \tag{9.95}$$

Der Wärmeaustausch durch Strahlung beruht nun auf zwei Teilvorgängen. Einmal sendet ein Körper Strahlung mit einer bestimmten Strahlungsleistung Φ aus. Wir nennen dies Emission. Bei der Emission wird Innere Energie in Form von Strahlungsenergie abgegeben.

$$dU = \Phi \cdot dt \tag{9.96}$$

Im anderen Fall, wenn Strahlung auf einen Körper auftrifft, kann Unterschiedliches mit der Strahlung passieren (Abb. 9-21).

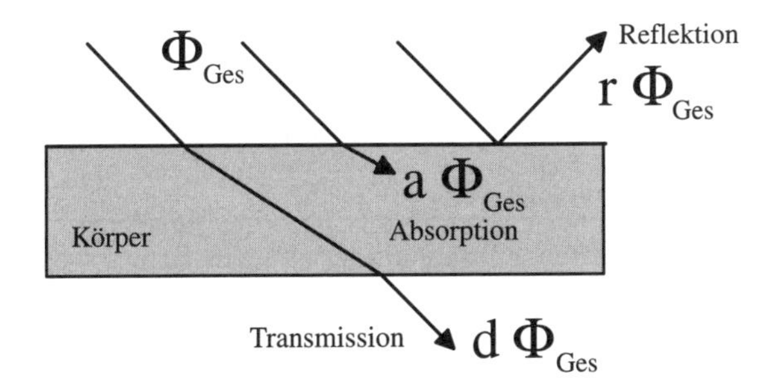

Abbildung 9-21: Vorgänge beim Auftreffen von Strahlung

Die Strahlungsenergie kann in den Körper aufgenommen (absorbiert), an der Oberfläche reflektiert oder einfach durch den Körper durchgelassen (transmittiert) werden.

Bei der Absorption wird die Strahlungsenergie in Innere Energie umgewandelt:

$\Phi \cdot dt = dU$!

Bei der Reflektion bleibt die Innere Energie des Körpers konstant:

$dU = 0$!

Bei der Transmission bleibt die Innere Energie des Körpers ebenfalls konstant:

$dU = 0$ und $\Phi_{\text{Ein}} = \Phi_{\text{Aus}}$!

In der Realität können alle drei Vorgänge gleichzeitig vorkommen. Nehmen wir z.B. eine Wärmeschutzverglasung im Pkw. Trifft eine Strahlung mit einer Strahlungsdichte M auf diese Scheibe (Abb. 9-21) auf, so wird ein Teil reflektiert, ein Teil transmittiert und ein Teil absorbiert. Alle drei Teile müssen dem Energieerhaltungssatz zufolge zusammen die eingestrahlte Energiemenge ergeben.

$$\Phi = r \cdot \Phi + a \cdot \Phi + d \cdot \Phi \tag{9.97}$$

$$r + a + d = 1 \tag{9.98}$$

Es sei dann r = der Reflektionskoeffizient,

a = der Absorptionskoeffizient

und d = der Transmissionskoeffizient.

Bei der Reflexion müssen wir noch zwischen spiegelnder und diffuser Reflektion unterscheiden.

Bei diffuser Reflektion, die an matten Oberflächen auftritt, ist die reflektierte Strahlung ungerichtet in alle Richtungen.

Bei spiegelnder Reflektion, die an metallisch blanken, glatten Oberflächen auftritt, gilt das optische Gesetz: „Einfallswinkel = Ausfallswinkel“.

Bei einem idealen Spiegel ist der Reflektionskoeffizient $r = 1$. Wohl aus der Erfahrung, dass weiße Oberflächen häufig einen hohen Reflektionskoeffizienten aufweisen, gilt folgende Definition:

Körper, die die gesamte auftreffende Strahlung reflektieren, heißen weiße Körper: $r = 1$

Für einen idealen Körper, der die gesamte auftreffende Strahlung durchlässt, definieren wir:

Körper, die die gesamte auftreffende Strahlung hindurchlassen, heißen diathermate Körper: $d = 1$

Völlig durchlässig sind ein- und zweiatomige Gase. Mehratomige Gase wie z.B. CO_2 und H_2O haben $d < 1$ und $a > 0$. Die Durchlässigkeit hängt auch von der Wellenlänge der Strahlung ab. Glas z.B. ist für den sichtbaren Bereich der Temperaturstrahlung sehr gut durchlässig, während es die langwellige Temperaturstrahlung weitgehend reflektiert. Diese Eigenschaften des Glases haben den so genannten Treibhauseffekt zur Folge. Dieser kann in ähnlicher Form auch durch entsprechende Gase in unserer Erdatmosphäre auftreten.

Für den Strahlungsaustausch am interessantesten ist ein Körper, der alle auftreffende Strahlung absorbiert:

Körper, die die gesamte auftreffende Strahlung absorbieren, heißen schwarze Körper:

$$a = 1.$$

Der Vorgang der Absorption geschieht bei den meisten festen und flüssigen Körpern schon in sehr dünnen Randschichten. Bei elektrisch leitenden Körpern schon in 1 µm Tiefe, bei Nichtleitern bis in 1 mm Tiefe. Wir betrachten hier für die Einführung in Thematik integrale Werte für a, r und d. Um einige technische Phänomene erklären zu können müssten diese Faktoren noch wellenlängenabhängig betrachtet werden.

Das Absorbieren von Strahlung bereitet uns besonders im Frühjahr einen Genuss. Die meisten realen Oberflächen haben $d = 0$ und einen Absorptionskoeffizienten zwischen $0 < a < 1$ und $0 < r < 1$. Sie sind also weder weiße noch schwarze Körper. Wir sprechen daher von grauen Körpern.

Die Bezeichnung einer Oberfläche mit „schwarz oder weiß“ gilt für sein Strahlungsverhalten und darf nicht damit, wie das Auge den Körper wahrnimmt, verwechselt werden, auch wenn dies häufig übereinstimmt. Denn das Auge nimmt ja nur einen kleinen Ausschnitt aus dem Wellenlängenbereich war, der breite infrarote Bereich bleibt unserem „Sensor“ verborgen. Hier einige Absorptionskoeffizienten:

Tabelle 9-6: Absorptionskoeffizienten

schwarzer Mattlack	a = 0,97	Dachpappe schwarz	a = 0,91
Eisoberfläche	a = 0,96	Ziegelsteine	a = 0,92
Wasseroberfläche	a = 0,95	Stahl poliert	a = 0,26
Raureif	a = 0,95	Stahl verrostet	a = 0,685
Ruß	a = 0,95	poliertes Gold	a = 0,02
Heizkörperlack	a = 0,93	poliertes Kupfer	a = 0,03
weiße Emaille	a = 0,91	Aluminium, walzblank	a = 0,039
Holz (Buche)	a = 0,935		

Kommen wir noch einmal auf den Vorgang der Emission zurück und beleuchten ihn genauer. *Kirchhoff* (1824–1887) hat beobachtet, dass verschiedene Körper gleicher Temperatur eine unterschiedliche Strahlungsleistung abgeben.

Das Kirchhoff'sche Gesetz besagt nun:

> Das Emissionsvermögen eines Körpers mit einer bestimmten „Farbe" ist genauso groß wie sein Absorptionsvermögen: $\varepsilon = a$.

Das bedeutet auch, dass ein „schwarzer" Körper, man sagt auch schwarzer Strahler, die größtmögliche Energiemenge abstrahlt. Die Energiemenge, die ein schwarzer Strahler abstrahlt, ist nur von der 4. Potenz der absoluten Temperatur und der Größe der Fläche abhängig, von der Temperatur der Umgebung aber völlig unabhängig. Diese Abhängigkeit wurde von *Prevost* (1809) erkannt. *Wien* (1864–1928) hat bemerkt, dass sich die Wellenlänge, bei der die maximale Strahlungsintensität $\Phi_{(\lambda),max}$ auftritt, mit steigender Temperatur immer weiter zu kürzeren Wellenlängen verschiebt. Diese Abhängigkeit nennt man das Wien'sche Verschiebungsgesetz. Das Planck'sche Strahlungsgesetz beschreibt nun die Intensitätsverteilung $\Phi_{(\lambda)}$ über die Wellenlänge bei der jeweiligen Temperatur (Abb. 9-22).

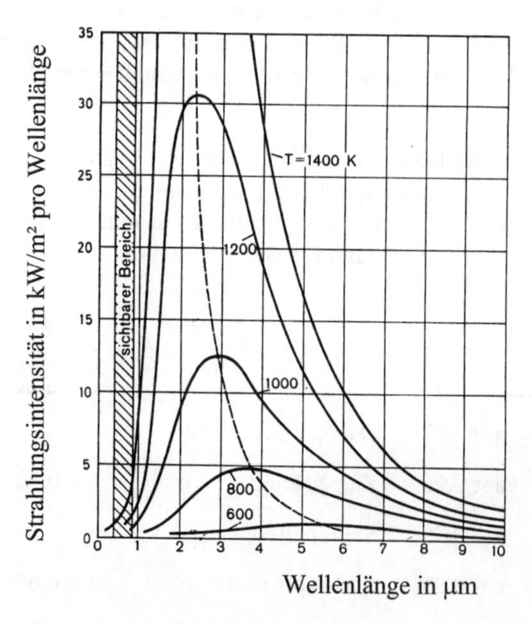

Abbildung 9-22: Intensitätsverteilung der Strahlung eines schwarzen Körpers bei verschiedenen Temperaturen [2]

Stefan (1835–1893) und *Bolzmann* (1844–1906) formulierten und begründeten den exakten Zusammenhang zwischen Temperatur und Strahlungsleistung eines schwarzen Körpers. Das

Gesetz von Stefan-Bolzmann besagt nun, dass ein schwarzer Körper mit einer Strahlungsdichte emittiert, die zu der 4. Potenz der absoluten Temperatur proportional ist.

$$M_S = \sigma \cdot T^4 \tag{9.99}$$

Dabei ist σ der Proportionalitätsfaktor, der als Stefan-Boltzmann-Konstante bezeichnet wird. Die Stefan-Boltzmann-Konstante wird mit

$\sigma = 5{,}67 \cdot 10^{-8} \dfrac{\mathrm{W}}{\mathrm{m^2K^4}}$ angegeben.

Um ohne diesen Exponenten auskommen zu können, wird das Gesetz auch wie folgt angegeben:

$$M_S = \sigma \cdot \left(\frac{T}{100}\right)^4 \tag{9.100}$$

σ ist dann nur mit $5{,}67 \dfrac{\mathrm{W}}{\mathrm{m^2K^4}}$ anzugeben.

Ein grauer Strahler emittiert dann nach dem Kirchhoff'schen Gesetz mit:

$$M = \varepsilon \cdot M_S = \varepsilon \cdot \sigma \cdot \left(\frac{T}{100}\right)^4 \tag{9.101}$$

Für die Strahlungsleistung einer strahlenden Fläche gilt damit:

$$\Phi = M \cdot A = \varepsilon \cdot \sigma \cdot A \cdot \left(\frac{T}{100}\right)^4 \tag{9.102}$$

Strahlt ein grauer Strahler über ein Zeitintervall t mit konstanter Emissionsleistung Φ, dann ist die gesamte abgestrahlte Energie

$$E = \Phi \cdot t = \varepsilon \cdot \sigma \cdot A \cdot \left(\frac{T}{100}\right)^4 \cdot t \tag{9.103}$$

Beispiel 9-10: *Ein Stück verrostetes Stahlblech mit 150 cm Länge und 100 cm Breite soll auf einer Temperatur von 200 °C gehalten werden. Das Blech wird von unten beheizt, über dem Blech herrscht Vakuum. Wie hoch muss die Heizleistung sein, wenn nur die Strahlungsenergie berücksichtigt wird?*

$$P_{\mathrm{Heiz}} = \dot{Q}_{\mathrm{zu}} \quad ; \quad \dot{Q}_{\mathrm{zu}} = \dot{Q}_{\mathrm{ab}} \quad ; \quad \dot{Q}_{\mathrm{ab}} = \Phi \quad ; \quad \Phi = \varepsilon \cdot \sigma \cdot A \cdot \left(\frac{T}{100}\right)^4$$

$$P_{\mathrm{Heiz}} = \varepsilon \cdot \sigma \cdot A \cdot \left(\frac{T}{100}\right)^4$$

$A = l \cdot b = 1{,}5\ \mathrm{m^2}$; $T = 473\ \mathrm{K}$; $\varepsilon = 0{,}685$ *(siehe Tab. 9-6)*

$$P_{\text{Heiz}} = 0{,}685 \cdot 5{,}67 \frac{\text{W}}{\text{m}^2 \cdot \text{K}^4} \cdot 1{,}5\ \text{m}^2 \cdot \left(\frac{473\ \text{K}}{100}\right)^4$$

$$P_{\text{Heiz}} = 2\,916\ \text{W} = 2{,}9\ \text{kW}$$

Es gibt neben dem Begriff des „grauen Körpers“, der alle Wellenlängen gleich in einem bestimmten Verhältnis zum schwarzen Strahler absorbiert und emittiert, auch den „farbigen oder selektiven Körper“, dessen Emissions- und Absorptionskoeffizient wellenlängenabhängig sind ($a = a_{(\lambda)} < 1$). Dies gilt nach Kirchhoff auch für ε, also $\varepsilon = \varepsilon_{(\lambda)}$. Hierzu zählen insbesondere Gase und elekrisch leitende Materialien, aber auch Gläser, deren Verhalten den so genannten Treibhauseffekt ermöglichen. Kurzwellige Strahlung von der Sonne wird hindurchgelassen, langwellige Strahlung aus dem Inneren jedoch reflektiert.

Für den Wärmeaustausch durch Strahlung ist nun folgende Tatsache besonders wichtig und macht die Berechnung aufwendig:

Die von der Strahleroberfläche ausgehende Emission Φ_s des schwarzen Strahlers verteilt sich diffus nach allen Richtungen. In Richtung der Flächennormalen tritt der Höchstwert Φ_n auf. (Abb. 9-23). Zwischen der Gesamtstrahlung Φ und der in senkrechter Richtung emittierten Strahlungsleistung Φ_n einer Fläche besteht die Beziehung:

$$\Phi = \pi \cdot \Phi_n \tag{9.104}$$

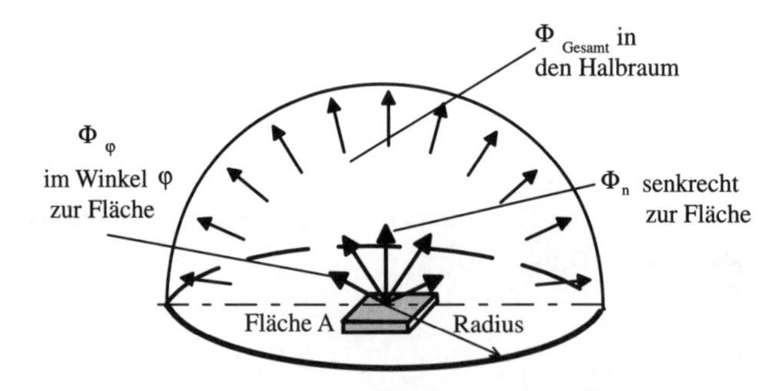

Abbildung 9-23: Emission eines Strahlers in den darüber liegenden Halbraum

Mit zunehmender Abweichung von der Flächennormalen nimmt die Emission ab und wird in Richtung parallel zur emittierenden Wand gleich null. Es gilt das **Lambert’sche Kosinusgesetz:**

$$\Phi_\varphi = \Phi_n \cdot \cos\varphi \tag{9.105}$$

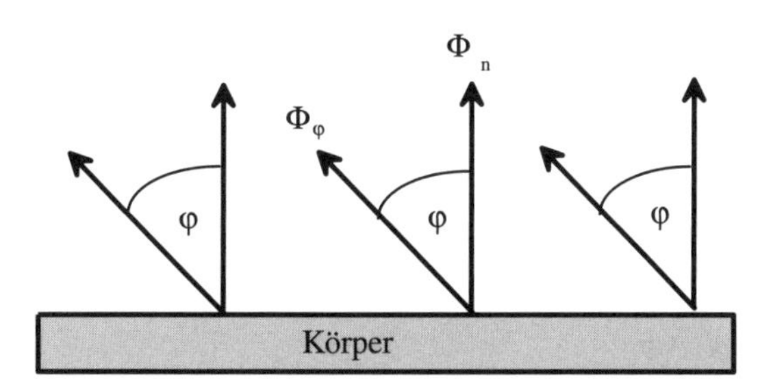

Abbildung 9-24: Kosinusgesetz nach Lambert (1728–1777)

Wichtig Mit zunehmender Entfernung vom Strahler wird die Begrenzungsfläche des darüber liegenden Halbraumes immer größer. Da die ausgesendete Energiemenge gleich bleibt, nimmt die Strahlungsdichte M ständig ab.

Diese Tatsache kennen Sie vom Lagerfeuer: je heißer der Strahler, desto weiter muss man weggehen, um die Bestrahlung aushalten zu können. Mit den Worten der Thermodynamik: Mit zunehmendem Abstand nimmt die Strahlungsdichte ab und die absorbierte Energiemenge verringert sich.

Beispiel 9-11: *Eine Fläche sendet eine Strahlungsleistung $\dot{E}$ von 1000 W aus. Wie nimmt die durchschnittliche Strahlungsdichte M einer Halbkugeloberfläche bei Verdoppelung des Abstandes ab?*

$O_{\text{Kugel}} = 4 \cdot \pi \cdot r^2$; *für die Oberfläche der Halbkugel gilt dann*: $O_{\text{Halbk.}} = \dfrac{O_{\text{Kugel}}}{2}$

$O_{\text{Halbk.}} = 2 \cdot \pi \cdot r^2$ *ist dann die Oberfläche im Abstand r* *und*

$O_{\text{Halbk.}} = 2 \cdot \pi \cdot (2\,r)^2 = 8 \cdot \pi \cdot r^2$ *im Abstand 2 r.*

Es gilt somit für die Strahlungsdichte im Abstand r und 2r:

$$M_{(r)} = \frac{\dot{\Phi}}{2 \cdot \pi \cdot r^2} \qquad \textit{und} \qquad M_{(2r)} = \frac{\dot{\Phi}}{8 \cdot \pi \cdot r^2}$$

$$\frac{M_{(2r)}}{M_{(r)}} = \frac{\dot{\Phi} \cdot 2 \cdot \pi \cdot r^2}{8 \cdot \pi \cdot r^2 \cdot \dot{\Phi}} = \frac{1}{4}$$

Merke Die Strahlungsdichte nimmt im Quadrat zum Abstand einer strahlenden Fläche ab.

Eine weitere interessante Tatsache ergibt sich aus dem Lambert'schen Kosinusgesetz! Warum erscheinen uns die Sonne oder der Mond als eine gleich helle Scheibe, obwohl die

Strahlungsenergie mit zunehmendem Winkel abnimmt? Einem Beobachter erscheint eine strahlende Fläche A immer in der gleichen Helligkeit, ganz gleich unter welchem Winkel er sie sieht, denn das Verhältnis Strahlungsemission zu scheinbarer Fläche bleibt immer gleich. Deshalb erscheinen auch Sonne und Mond als Scheiben gleicher Helligkeit. Der schräg angestrahlte Beobachter sieht von der strahlenden Fläche A nur die Projektion $A \cdot \cos\varphi$, deshalb gilt dann:

$$\frac{\Phi_\varphi}{A_\varphi} = \frac{\Phi_n \cdot \cos\varphi}{A \cdot \cos\varphi} = \frac{\Phi_n}{A}$$

Beispiel 9-12: *Ein keramischer Strahler mit einer ebenen 15 x 15 cm großen Oberfläche hat eine Temperatur von 800 °C. Welchen Energiestrom gibt der Strahler ab?*

a) insgesamt $\varepsilon = 0{,}93$,

b) in Richtung auf einen Beobachter senkrecht zur Fläche,

c) in Richtung auf einen Beobachter, der die Fläche in einem Winkel von 45° zur Senkrechten sieht.

a) $$\Phi = A \cdot M = \varepsilon \cdot \sigma \cdot A \cdot \left(\frac{T}{100}\right)^4 = 0{,}93 \cdot 5{,}67\,\frac{\text{W}}{\text{m}^2\,\text{K}^4} \cdot (0{,}15\,\text{m})^2 \cdot \left(\frac{1\,073}{100}\right)^4 = 1573\,\text{W}$$

b) $$\Phi = \pi \cdot \Phi_n \quad \rightarrow \quad \Phi_n = \frac{\Phi}{\pi} = 501\,\text{W}$$

c) $$\Phi_\varphi = \Phi_n \cdot \cos 45° = 354\,\text{W}$$

Zusammenfassung Temperaturstrahlung ist proportional zur 4. Potenz der absoluten Temperatur eines Körpers und völlig unabhängig von der Umgebungstemperatur. Temperaturstrahlung ist elektromagnetische Strahlung in einem Wellenlängenbereich von 0,1 µm bis 1000 µm. Temperaturstrahlung kann von einem Körper absorbiert, reflektiert und durchgelassen werden. Idealisierte Körper werden nach ihrem Verhalten als schwarze Körper ($a = 1$), weiße Körper ($r = 1$) oder diathermale Körper ($d = 1$) bezeichnet. Körper, für die gilt $d = 0$ und $0 < a < 1$, werden als graue Körper bezeichnet. Strahlt ein Körper nur in diskreten Wellenlängen, wird er als bunter oder selektiver Strahler bezeichnet. Das Emissionsverhalten ist gleich dem Absorptionsverhalten eines Körpers. Es gilt $\varepsilon = a$. Jede Fläche strahlt in den über ihr liegenden Halbraum, wobei die Strahlungsleistung senkrecht zur Fläche am größten ist und parallel zur Fläche zu null wird. Die Strahlungsdichte nimmt mit dem Quadrat der Entfernung ab.

9.4.1 Wärmeübertragung durch Strahlung

Jeder Körper mit einer Temperatur T sendet Temperaturstrahlung aus. Stehen nun zwei Körper so zueinander, dass sie sich gegenseitig bestrahlen (Abb. 9-25), so entsteht ein Energieaustausch durch Strahlung.

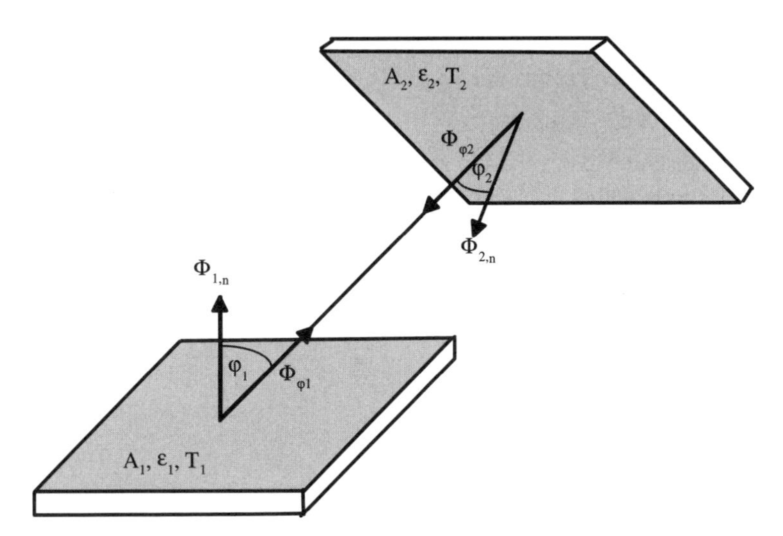

Abbildung 9-25: Zwei beliebig im Raum angeordnete Flächen, die sich gegenseitig bestrahlen

Die Fläche A_1 sendet eine Strahlungsleistung $\Phi_{\varphi 1}$ in Richtung des Winkels φ_1 aus, ebenso sendet die Fläche A_2 die Strahlungsleistung $\Phi_{\varphi 2}$ in Richtung des Winkels φ_2 aus. Da der Absorptionskoeffizient a gleich dem Emissionskoeffizienten ε ist, wird von der Fläche A_1 die Strahlungsleistung

$$\Phi_2 = \varepsilon_1 \cdot \Phi_{2,\varphi_2} \qquad \text{aufgenommen.}$$

Abgegeben wurde $\Phi_{1,\varphi 1}$. Die Änderung der Inneren Energie von A_1 ist dann

$$\Delta U_1 = \varepsilon_1 \Phi_{2,\varphi_2} - \Phi_{1,\varphi_1}$$

(Reflexionseffekte werden der Übersichtlichkeit halber außer Acht gelassen.)

Je nachdem, ob die Fläche 1 mehr Energie an die Fläche 2 abgibt oder von der Fläche 2 aufnimmt, tritt ein Differenzwärmestrom in Richtung einer Fläche auf.

Will man nun die genauen Verhältnisse bei technischen Fragestellungen berechnen, so ist dies oft sehr aufwendig, da meist mehr als zwei Körper in Wechselbeziehung stehen und die Flächen keine konstanten Winkel zueinander einnehmen und unterschiedliche Größen haben. Um hier genauer einzusteigen, gibt es geeignete Fachliteratur. Als Bücher, die einen detaillierten Einstieg in diese Problematik liefern, seien die Quellen [18] und [19] genannt.

Unabhängig vom speziellen Fall gilt jedoch für den Wärmestrom:

$$\dot{Q} = C_{12} \cdot A_1 \cdot \left[\left(\frac{T_1}{100} \right)^4 - \left(\frac{T_2}{100} \right)^4 \right] \tag{9.106}$$

Wobei folgende Zeichen bedeuten:

T_1 absolute Temperatur des Körpers mit der höheren Temperatur

T_2 absolute Temperatur des Körpers mit der niedrigeren Temperatur

A_1 Oberfläche des Körpers mit der Temperatur T_1

A_2 Oberfläche des Körpers mit der Temperatur T_2

C_{12} Strahlungsaustauschkonstante, die von der gegenseitigen Lage der beiden Körper sowie den Emissionskoeffizienten der beiden strahlenden Flächen abhängig ist.

Für zwei einfache Fälle sei die Strahlungsaustauschkonstante genannt. Im ersten Fall stehen sich zwei gleich große Flächen in geringem Abstand parallel gegenüber (Abb. 9.26a), so dass Randverluste vernachlässigt werden können. Beide Körper sind strahlungsundurchlässig ($d_1 = d_2 = 0$).

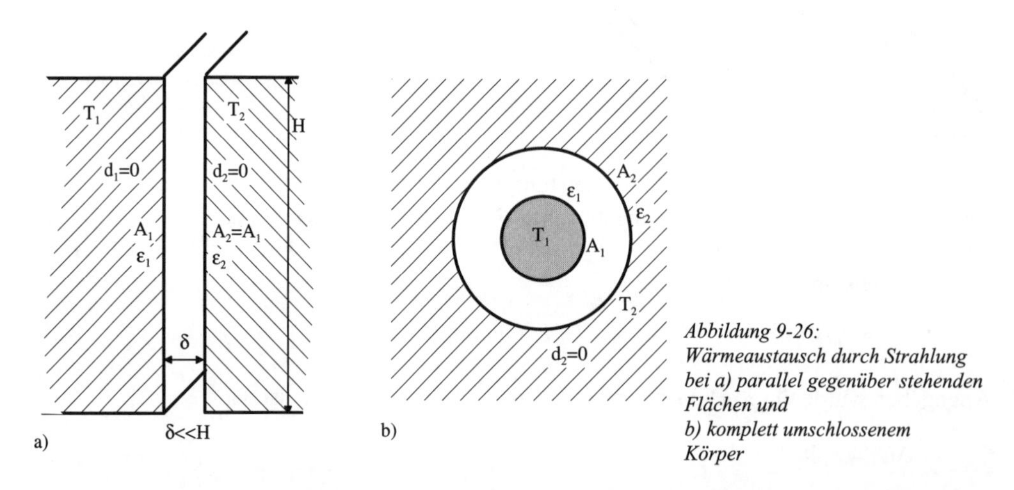

Abbildung 9-26: Wärmeaustausch durch Strahlung bei a) parallel gegenüber stehenden Flächen und b) komplett umschlossenem Körper

Für diesen Fall der parallel gegenüberstehenden gleich großen Flächen ergibt sich für die Strahlungsaustauschkonstante C_{12}:

$$C_{12} = \frac{\sigma}{\frac{1}{\varepsilon_1} + \frac{1}{\varepsilon_2} - 1} \qquad \frac{\mathrm{W}}{\mathrm{m^2\,K^4}} \tag{9.107}$$

Im anderen Fall wird ein Körper völlig von einem anderen umgeben (Abb. 9-26b). Auch hier sind die Wände strahlungsundurchlässig. Für diese Konfiguration ergibt sich für die Strahlungsaustauschkonstante:

$$C_{12} = \frac{\sigma}{\frac{1}{\varepsilon_1} + \left(\frac{1}{\varepsilon_2} - 1\right) \cdot \frac{A_1}{A_2}} \qquad \frac{\mathrm{W}}{\mathrm{m^2\ K^4}} \tag{9.108}$$

In diesem Fall ist in die Gleichung (9.106) die Oberfläche des eingeschlossenen Körpers für A_1 einzusetzen.

Bei vielen Körpern tritt Wärmeabgabe an der Oberfläche durch Konvektion und Strahlung gleichzeitig auf. Es besteht hier der Wunsch, um die Berechnung zu vereinfachen, einen Wärmeübergangskoeffizienten durch Strahlung α_S einzuführen, mit dem dann die ausgetauschte Strahlungsenergie nach der Gleichung

$$\dot{Q}_{Str} = \alpha_S \cdot A \cdot (T_1 - T_2) \tag{9.109}$$

zu berechnen ist. Der dann abgegebene Gesamtwärmestrom errechnet sich aus:

$$\dot{Q}_{Ges} = \dot{Q}_{Konv} + \dot{Q}_{Str} = (\alpha_{Konv} + \alpha_S) \cdot A \cdot (T_1 - T_2)$$

oder

$$\dot{Q}_{Ges} = \alpha_{Ges} \cdot A \cdot (T_1 - T_2) \tag{9.110}$$

$$\alpha_{Ges} = \alpha_{Konv} + \alpha_{Str} \tag{9.111}$$

Der Wärmeübergangskoeffizient durch Strahlung ergibt sich aus:

$$\dot{Q}_{Str} = \Phi$$

$$\alpha_S \cdot A \cdot (T_1 - T_2) = C_{12} \cdot A \cdot \left[\left(\frac{T_1}{100}\right)^4 - \left(\frac{T_2}{100}\right)^4\right]$$

$$\alpha_S = C_{12} \cdot \frac{\left[\left(\frac{T_1}{100}\right)^4 - \left(\frac{T_2}{100}\right)^4\right]}{T_1 - T_2} \tag{9.112}$$

Achtung α_S ist stark temperaturabhängig und muss bei veränderten Temperaturen neu berechnet werden!

Beispiel 9-13: *Ein Abgasrohr eines Ofens führt 2,3 m durch einen Raum. Das Rohr hat einen Außendurchmesser von 200 mm, eine Oberflächentemperatur von konstant 200 °C und $\varepsilon = 0{,}83$. Der Raum hat eine Länge von 4 m, eine Breite von 3,20 m und eine Höhe von 2,30 m. Die Ziegelsteinwände haben eine konstante Temperatur von 15 °C und einen Absorptionskoeffizienten von 0,92.*

a) Wie hoch ist der abgegebene Wärmestrom durch Strahlung?

b) Wie hoch sind der Gesamtwärmeübergangskoeffizient und die Gesamtwärmemenge, wenn der Wärmeübergangskoeffizient für die freie Konvektion $\alpha_{Konv} = 9\ \text{W/m}^2\text{K}$ *beträgt?*

a) Die Oberfläche des Rohres ist: $A_1 = d_a \cdot \pi \cdot l = 0{,}2\ \text{m} \cdot \pi \cdot 2{,}30\ \text{m} = 1{,}445\ \text{m}^2$

$$\dot{Q} = C_{12} \cdot A_1 \cdot \left[\left(\frac{T_1}{100}\right)^4 - \left(\frac{T_2}{100}\right)^4\right]$$

$$C_{12} = \frac{\sigma}{\frac{1}{\varepsilon_1} + \left(\frac{1}{\varepsilon_2} - 1\right) \cdot \frac{A_1}{A_2}}$$

$$A_2 = 2 \cdot l \cdot b + h \cdot 2 \cdot (l + b)$$

$$A_2 = 2 \cdot 4\ \text{m} \cdot 3{,}20\ \text{m} + 2{,}30\ \text{m} \cdot 2 \cdot (4\ \text{m} + 3{,}20\ \text{m})$$

$$A_2 = 58{,}72\ \text{m}^2$$

$$C_{12} = \frac{5{,}67\ \frac{\text{W}}{\text{m}^2\text{K}^4}}{\frac{1}{0{,}83} + \left(\frac{1}{0{,}92} - 1\right) \cdot \frac{1{,}445\ \text{m}^2}{58{,}72\ \text{m}^2}} = 4{,}7\ \frac{\text{W}}{\text{m}^2\text{K}^4}$$

$$\dot{Q} = 4{,}7\ \frac{\text{W}}{\text{m}^2\text{K}^4} \cdot 1{,}445\ \text{m}^2 \cdot \left[\left(\frac{473\ \text{K}}{100}\right)^4 - \left(\frac{288\ \text{K}}{100}\right)^4\right] = 2932\ \text{W}$$

b) $\alpha_{Ges} = \alpha_{Konv} + \alpha_S$

$$\alpha_S = C_{12} \cdot \frac{\left[\left(\frac{T_1}{100}\right)^4 - \left(\frac{T_2}{100}\right)^4\right]}{T_1 - T_2} = 4{,}7\ \frac{\text{W}}{\text{m}^2\text{K}^4} \cdot \frac{4{,}73\ \text{K}^4 - 2{,}88\ \text{K}^4}{473\ \text{K} - 288\ \text{K}}$$

$$\alpha_S = 10{,}97\ \frac{\text{W}}{\text{m}^2\text{K}} \approx 11\ \frac{\text{W}}{\text{m}^2\text{K}}$$

$$\alpha_{Ges} = 9\ \frac{\text{W}}{\text{m}^2\text{K}} + 11\ \frac{\text{W}}{\text{m}^2\text{K}} = 20\ \frac{\text{W}}{\text{m}^2\text{K}}$$

$$\dot{Q}_{Ges} = \alpha_{Ges} \cdot A \cdot (T_1 - T_2) = 20\ \frac{\text{W}}{\text{m}^2\text{K}} \cdot 1{,}445\ \text{m}^2 \cdot (473\ \text{K} - 288\ \text{K}) = 5{,}346\ \text{kW}$$

Zusammenfassung Der Wärmeaustausch durch Strahlung ist nur in wenigen Fällen einfach zu berechnen, da neben den Absorptions- und Reflektionseigenschaften der beteiligten Körper deren Lage im Raum und ihr Abstand eine Rolle spielen. Es gibt für viele Standardfälle in der Technik Lösungen in der entsprechenden Fachliteratur. Wo Strahlung und Konvektion gemeinsam auftreten, wird oft eine Gesamtwärmeübergangszahl angegeben.

9.4.2 Das Strahlungsverhalten von Gasen

Flüssige und feste Körper emittieren, reflektieren und absorbieren entsprechend ε, r und α Energie. Dieses Verhalten ist bei vielen Gasen, insbesondere bei niedermolekularen Verbindungen, z.B. N_2, O_2, H_2, …, kaum feststellbar. Sie zeigen eine nahezu vollständige Durchlässigkeit für Temperaturstrahlung. Man spricht von einem diathermen Verhalten $d = 1$.

Einige Gase jedoch, von besonderer Bedeutung sind speziell 3atomige Verbindungen wie H_2O, CO_2, SO_2, aber auch CH_4 und höhere Kohlenstoffverbindungen, emittieren und absorbieren ebenfalls. Für Wasserdampf und Kohlendioxid bei Atmosphärendruck ist das Strahlungsverhalten weitgehend erforscht. Für höhere Drücke und andere Gase liegen dagegen nur wenige Berechnungsunterlagen vor. Allerdings weicht das Strahlungsverhalten deutlich von dem fester Körper ab. Diese Gase absorbieren und emittieren nur Strahlung in bestimmten für das jeweilige Gas ganz charakteristischen Wellenlängenbereichen.

Weil die Materiedichte bei Gasen sehr gering ist und die Wahrscheinlichkeit, dass ein Gasmolekül mit einem Photon zusammentrifft, mit der Weglänge durch ein Gas zunimmt, ist auch das Absorptionsverhalten stark von der Weglänge durch einen Gaskörper abhängig. Dadurch, dass Gase nur bestimmte Wellenlängen absorbieren oder emittieren, haben diese auch ein so genanntes Linienspektrum (siehe auch Abschnitt 9.4).

Dieses selektive Strahlungsverhalten wird in der Analysetechnik verwendet. Sind z.B. Gasbestandteile unbekannt, so schickt man das Licht eines Kontinuumstrahlers durch das Gas und bildet anschließend das Spektrum. An den fehlenden Wellenlängen (Linien), die für jedes Gas an bestimmten Stellen liegen, kann man das Vorhandensein bestimmter Gase nachweisen. Man kann auch das Licht heißer Gase zerlegen. Dieses Linienspektrum lässt dann ebenfalls Rückschlüsse auf die strahlenden Gase zu. Nur so ist es möglich zu sagen, aus welchen Stoffen Lichtjahre entfernte Galaxien bestehen, obwohl noch nie ein Mensch auch nur in die Nähe dieser Sterne gekommen ist.

Auch die Tatsache, dass das Absorptionsvermögen von der Dicke einer Gasschicht abhängt, wird technisch in der Gasanalysetechnik ausgenützt (Abb. 9-27).

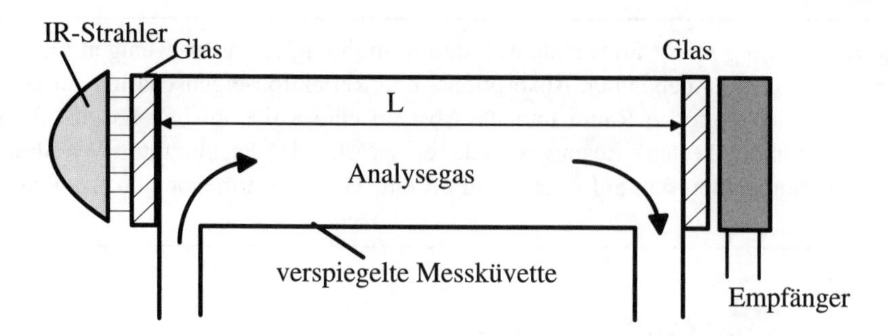

Abbildung 9-27: Vereinfachte Darstellung eines NDIRA-Messgerätes zur Messung von Gaskonzentrationen

Bei der so genannten **N**icht-**D**ispersiven-**I**nfra**r**ot-**A**nalyse (NDIRA) werden folgende Prinzipien ausgenutzt:

Ein Infrarotstrahler durchstrahlt eine innen verspiegelte Röhre (Messküvette). Die Verspiegelung minimiert Absorptionseffekte durch die Wandungen. Wird die Messküvette von Stickstoff durchströmt, so wird keine Strahlung absorbiert und der Empfänger registriert das Maximum an Strahlungsenergie. Leitet man nun durch die Messküvette getrocknetes Abgas, das z.B. CO_2 und unverbrannte Kohlenwasserstoffe enthält, so werden bestimmte Wellenlängen absorbiert, und zwar umso mehr, je höher die Konzentration der absorbierenden Gase ist. Der Empfänger kann die Veränderungen bei einzelnen Wellenlängen messen und somit die Art und die Konzentration der enthaltenen Gase bestimmen. Um die Empfindlichkeit bei geringen Konzentrationen zu verbessern, wird eine längere Messküvette eingesetzt. Die meisten Abgasgeräte, die bei der Abgasuntersuchung (AU) für Kraftfahrzeuge verwendet werden, arbeiten nach diesem Prinzip.

Nicht zu verwechseln mit der Gasstrahlung ist die **Flammenstrahlung**. Flammenstrahlung wird durch glühende Kohlenstoffteilchen verursacht, die bei der Verbrennung entstehen. Eine Flamme verhält sich dabei wie ein „grauer“ Körper. Mit zunehmender Flammendicke verhält sich die Flamme wie ein „schwarzer“ Körper. In der Feuerungstechnik spielt die Flammenstrahlung eine wesentlich größere Rolle als die Gasstrahlung der Verbrennungsgase. Deshalb ist auch eine Verbrennung mit gelber Flamme ein Zeichen für eine unvollständige Verbrennung. Die leuchtenden Kohlenstoffteilchen ergeben nur Ruß. Bei vollständiger Verbrennung von Kohlenwasserstoffen ist die Flamme blau.

Zusammenfassung Gase haben ein selektives Strahlungsverhalten. Sie absorbieren und emittieren nur bestimmte Wellenlängen. Das Emissions- und Absorptionsverhalten ist stark von der Dicke der Gasschicht abhängig. Flammenstrahlung darf nicht mit Gasstrahlung verwechselt werden. Flammenstrahlung ist Festkörperstrahlung.

9.5 Wärmeübertrager

Wärmeübertrager werden häufig auch als Wärmeaustauscher oder nur kurz als Wärmetauscher bezeichnet. Wärmeübertrager werden sehr häufig in der Technik eingesetzt. Man findet sie überall dort, wo Wärmemengen von einem Fluid auf ein anderes übertragen werden sollen. Durchlauferhitzer zur Warmwasserbereitung, Nachtspeicheröfen, Tauchsieder, Heizkörper usw. finden sich auch in jedem Haushalt. Werden Wärmeübertrager zur Verdampfung oder zur Kondensation von Fluiden eingesetzt, werden sie auch als Verdampfer oder Kondensatoren bezeichnet.

Beachte Nach dem 2. Hauptsatz der Thermodynamik fließt dabei ein Wärmestrom von der höheren zur niedrigeren Temperatur, solange ein Temperaturgefälle vorhanden ist.

Bauformen der Wärmeaustauscher

Diese Wärmeübertragung kann in drei verschiedenen Arten erfolgen. Entsprechend der Übergangsart im Wärmeaustauscher unterscheidet man die Wärmeaustauscherbauarten:

- Rekuperator
- Regenerator
- Mischwärmetauscher

Rekuperatoren

Rekuperatoren sind Wärmetauscher, die aus zwei parallelen Systemen von möglichst dünnwandigen Rohren oder Kanälen bestehen. In einem dieser Systeme strömt das Fluid mit der höheren Temperatur, im anderen System das Fluid mit niedrigerer Temperatur. Beispiele hierfür sind Wasserkühler, Ölkühler, Durchlauferhitzer u.v.a.

Abb. 9-28 zeigt die Standardsituation, wobei die Fließrichtung der beiden Stoffströme auch anders als im Beispiel gezeigt sein kann.

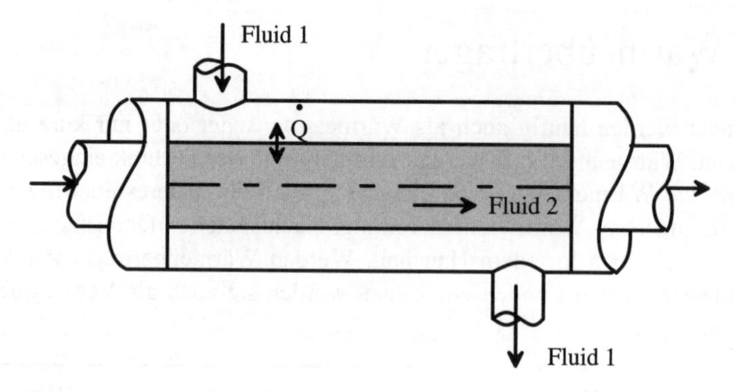

Abbildung 9-28: Rekuperator

Regeneratoren

Bei Regeneratoren (Abb. 9-29) wird die thermische Energie des abgebenden Stoffstromes zunächst an einen Zwischenspeicher abgegeben und von diesem wieder an den aufnehmenden Stoffstrom weitergegeben. Winderhitzer (Cowper) beim Hochofenprozess sind ein typisches Beispiel, aber auch Nachtspeicheröfen oder Latentwärmespeicher. Ebenso arbeiten Regeneratoren für Wärme und Feuchtigkeit in Klimaanlagen nach diesem Prinzip.

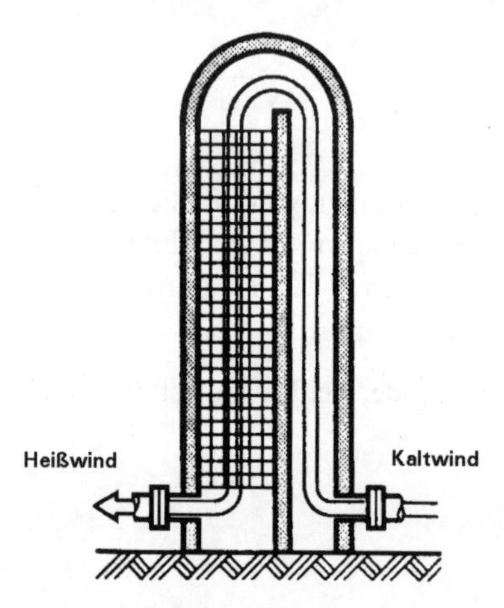

Abbildung 9-29: Cowper als Beispiel für einen Regenerator

Mischwärmetauscher

Abb. 9-30 zeigt einen Kühlturm. Er dient in der Regel zur Abkühlung von Wasser, z.B. des Kühlwassers aus dem Kondensator eines Dampferzeugers im Kraftwerk. Dabei rieselt das zu kühlende Wasser einem aufsteigenden Kaltluftstrom entgegen und wird durch Verdunstung eines geringen Teils abgekühlt. Ein kleiner Wasseranteil tritt demzufolge oben am Kühlturm als Wasserdampf aus, während der Hauptanteil des Wassers am Kühlturmboden gekühlt zur Verfügung steht. Beim Kühlturm handelt es sich um einen Mischwärmetauscher.

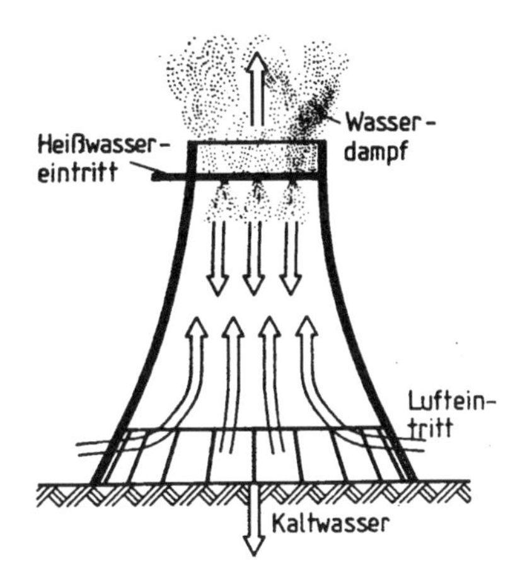

Abbildung 9-30: Kühlturm als Beispiel für einen Mischwärmetauscher

Merke Beim Rekuperator sind die Stoffströme getrennt und die Wärmeübertragung erfolgt zeitgleich.

Beim Regenerator erfolgt die Wärmeübertragung zeitversetzt über einen Zwischenspeicher.

Beim Mischwärmetauscher berühren sich die Stoffströme direkt und können sich vermischen. Die Wärmemenge wird zeitgleich übertragen.

9.5.1 Berechnung von Rekuperatoren

Herrschen in Rekuperatoren stationäre und örtlich eindeutige Temperaturverhältnisse, so lassen sich sehr gute Berechnungsergebnisse erzielen. Ist dies nicht der Fall, so muss auf aufwendigere Berechnungsverfahren oder auf Erfahrungswerte zurückgegriffen werden. Eine gute Hilfe bietet hier der VDI-Wärmeatlas [9].

Klare und übersichtliche Verhältnisse herrschen z.B. in einem Rekuperator, wie er in Abb. 9-31 dargestellt ist. Wir haben hier ein Rohr, das vollständig von einem Rohr mit einem größeren Durchmesser umgeben ist. Fluid 1 strömt hier durch den Ringspalt und tauscht über die Rohrwand des Innenrohrs die Wärme mit dem Fluid 2 im Inneren des Rohres aus. Bei dieser Anordnung ergeben sich zwei Möglichkeiten der Strömungsführung für die beiden Fluide (Abb. 9-31).

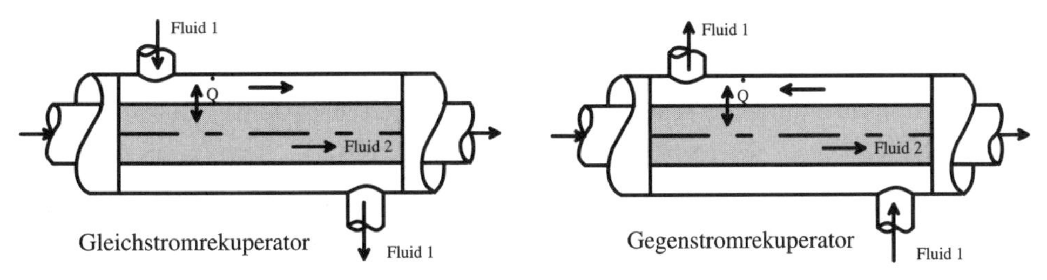

Abbildung 9-31: Gleichstrom- und Gegenstromrekuperator

Fließen die Stoffströme parallel in die gleiche Richtung, so spricht man von einem Gleichstromrekuperator. Sind die Strömungsrichtungen entgegengesetzt, spricht man von einem Gegenstromrekuperator. Wenn möglich, ist immer eine Gegenstromanordnung anzustreben.

Eine weitere, ebenfalls weit verbreitete Art der Führung der Stoffströme ist der Kreuzstrom (Abb. 9-32). Durch Mehrfachdurchgänge bei einer Kreuzstromführung ist auch ein Kreuzgegenstrom oder ein Kreuzgleichstrom möglich.

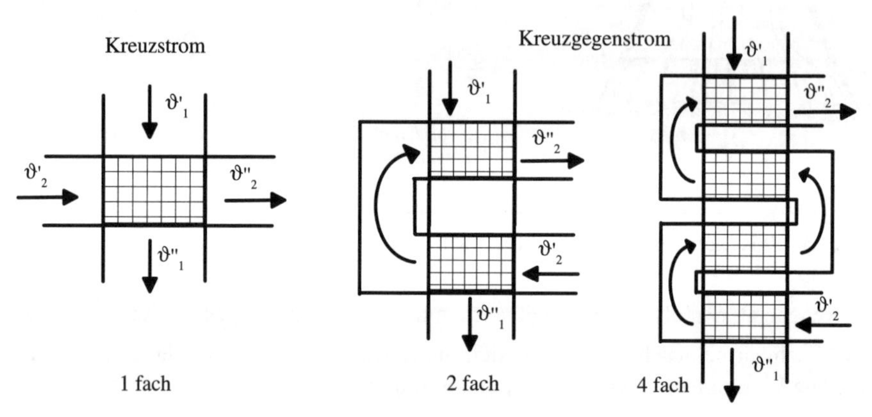

Abbildung 9-32: Kreuzstrom und Kreuzgegenstrom im Mehrfachdurchgang

Ein typisches Beispiel für eine Kreuzstromanordnung ist der Wasser/Luftkühler in Fahrzeugen. Der Fahrtwind strömt in Fahrtrichtung ein und quer zur Fahrtrichtung strömt die Kühlflüssigkeit.

Es sind aber noch viele andere Varianten möglich. Eine umfangreiche Zusammenstellung finden Sie im VDI-Wärmeatlas. Für alle diese Bauarten gilt für den fließenden Wärmestrom:

$$\dot{Q} = k \cdot A \cdot \Delta\vartheta \tag{9.113}$$

Nur in Sonderfällen ist im gesamten Bereich des Wärmetauschers die Temperaturdifferenz konstant, wie zum Beispiel bei kondensierenden Medien oder bei der Verdampfung. Im Allgemeinen ist es jedoch so, dass mindestens eine der beiden Temperaturen – meistens jedoch beide – sich ständig ändern.

Verändert sich die Temperaturdifferenz in einem Wärmetauscher, dann muss der Wärmestrom mit Hilfe einer mittleren Temperaturdifferenz $\Delta\vartheta_m$ berechnet werden.

Aus dem Verfahren des Gleichstromes ergibt sich zwangsweise, dass am Anfang des Wärmetauschers die größte Temperaturdifferenz $\Delta\vartheta_{max}$ bestehen muss. Sie nimmt in Richtung des Fluidstromes ständig ab und erreicht am Wärmeaustauscheraustritt ihren kleinsten Wert $\Delta\vartheta_{min}$. Bei einem beliebig langen Wärmetauscher sind schließlich beide Temperaturen gleich. Diese Charakteristik der Temperaturdifferenz eines Gleichstromwärmetauschers in Abhängigkeit von der Wärmetauscherlänge ist in Abbildung 9-33 dargestellt.

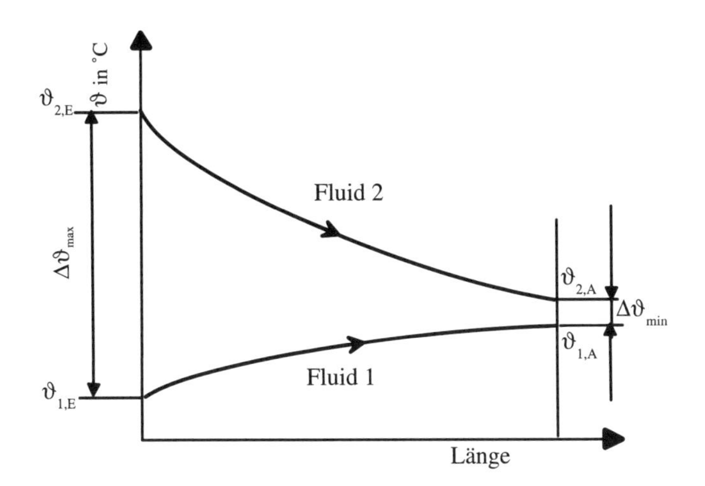

Abbildung 9-33: Temperaturverlauf an einem Gleichstromrekuperator

> **Merke** Beim Gleichstromrekuperator streben beide Stoffströme auf eine gemeinsame Austrittstemperatur zu.

Naturgemäß ergibt sich beim Gegenstromwärmetauscher eine andere Charakteristik der Temperaturdifferenz. In Abhängigkeit von der spezifischen Wärme der Fluide und des Massenstromes der Fluide ergibt sich folgende Charakteristik der Temperaturdifferenz eines Gegenstromwärmetauschers (Abb. 9-34):

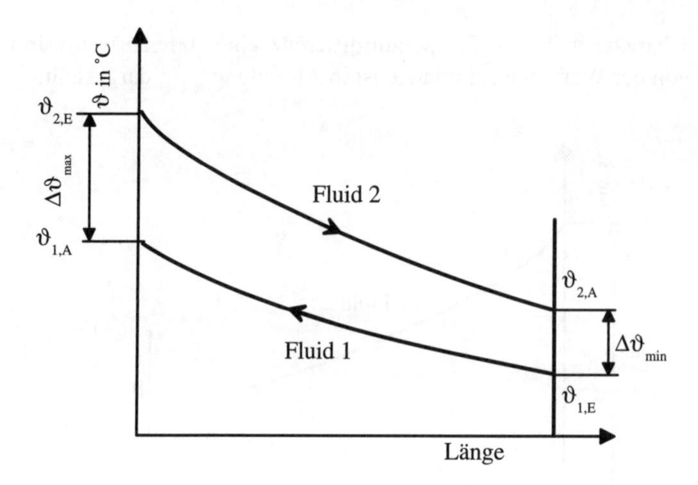

Abbildung 9-34: Temperaturverlauf an einem Gegenstromrekuperator

Merke Mit einem Gegenstromwärmetauscher kann das wärmere Fluid unter die Austrittstemperatur des kälteren Fluids abkühlen bzw. das kältere Fluid sich über die Austrittstemperatur des wärmeren Fluids erwärmen.

Aus den vorliegenden Beispielen sehen Sie, dass als mittlere Temperaturdifferenz eine arithmetische Mitteltemperatur nur eine ungenaue Annäherung sein kann. Für reine Gleich- oder Gegenstromwärmetauscher wird im Allgemeinen die mittlere logarithmische Temperaturdifferenz $\Delta\vartheta_m$ zur Berechnung verwendet. Für Kreuzstrom- und andere Wärmetauscher muss diese Temperaturdifferenz noch durch einen Korrekturfaktor angepasst werden. Korrekturfaktoren finden Sie in [9].

Herleitung der mittleren logarithmischen Temperaturdifferenz am Beispiel des Gleichstromwärmetauschers:

An einer beliebigen Stelle in unserem Wärmetauscher betrachten wir die beliebig kleine Teilfläche dA in dem Längenabschnitt dl. Durch diese Teilfläche fließt der kleine Wärmestrom $d\dot{Q}$. Es gilt nach Gleichung (9.101): $d\dot{Q} = k \cdot dA \cdot \Delta\vartheta$

Nach dem Prinzip $\dot{Q}_{zu} = \dot{Q}_{ab}$ ist $d\dot{Q} = \dot{m}_1 \cdot c_{p1} \cdot \Delta\vartheta_1 = \left| \dot{m}_2 \cdot c_{p2} \cdot \Delta\vartheta_2 \right|$.

Damit nimmt die Temperatur des Fluids 1 beim Durchgang durch das Flächenelement dA um

$\Delta\vartheta_1 = d\dot{Q} \cdot \dfrac{1}{\dot{m}_1 \cdot c_{p1}}$ zu und die Temperatur des Fluids 2

um $\Delta\vartheta_2 = d\dot{Q} \cdot \dfrac{1}{\dot{m}_2 \cdot c_{p2}}$ ab.

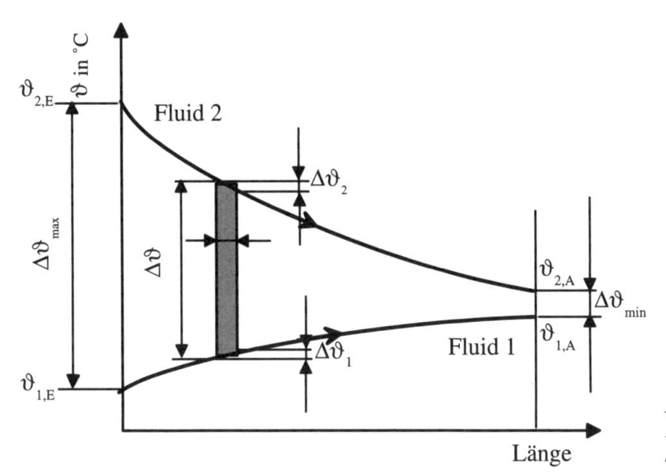

Abbildung 9-35: Bezeichnungen zur Herleitung der mittleren logarithmischen Temperaturdifferenz

Damit ist die Änderung der Gesamttemperaturdifferenz:

$$d\Delta\vartheta = |\Delta\vartheta_2| - \Delta\vartheta_1 = d\dot{Q}\cdot\left(\frac{1}{\dot{m}_2\cdot c_{p2}} - \frac{1}{\dot{m}_1\cdot c_{p1}}\right)$$

oder: $$d\Delta\vartheta = k\cdot dA\cdot\Delta\vartheta = d\dot{Q}\cdot\left(\frac{1}{\dot{m}_2\cdot c_{p2}} - \frac{1}{\dot{m}_1\cdot c_{p1}}\right) \tag{9.114}$$

Aus der Bilanz für den gesamten Wärmeübertrager gilt:

$$\dot{Q} = \dot{m}_1\cdot c_{p1}\cdot\left(\vartheta_{1,A} - \vartheta_{1,E}\right) = \dot{m}_2\cdot c_{p2}\cdot\left(\vartheta_{2,E} - \vartheta_{2,A}\right)$$

oder: $$\frac{1}{\dot{m}_1\cdot c_{p1}} = \frac{\vartheta_{1,A} - \vartheta_{1,E}}{\dot{Q}} \quad \text{und} \quad \frac{1}{\dot{m}_2\cdot c_{p2}} = \frac{\vartheta_{2,E} - \vartheta_{2,A}}{\dot{Q}} \tag{9.115}$$

Setzt man die Gleichungen aus (9.115) in (9.114) ein, erhält man:

$$d\Delta\vartheta = k\cdot dA\cdot\Delta\vartheta\cdot\left(\frac{\left(\vartheta_{2,E} - \vartheta_{2,A}\right) - \left(\vartheta_{1,A} - \vartheta_{1,E}\right)}{\dot{Q}}\right) \tag{9.116}$$

Durch Umstellen und Integrieren ergibt sich:

$$\int_{\Delta\vartheta_{min}}^{\Delta\vartheta_{max}} \frac{d\Delta\vartheta}{\Delta\vartheta} = \int_0^A k\cdot\left(\frac{\vartheta_{2,E} - \vartheta_{2,A} - \vartheta_{1,A} + \vartheta_{1,E}}{\dot{Q}}\right)\cdot dA \tag{9.117}$$

Nach Abb. 9-35 ist:

$$\Delta\vartheta_{max} = \vartheta_{2,E} - \vartheta_{1,E} \qquad \text{und} \qquad \Delta\vartheta_{min} = \vartheta_{2,A} - \vartheta_{1,A}$$

Die Auflösung des Integrals ergibt dann:

$$\ln\frac{\Delta\vartheta_{max}}{\Delta\vartheta_{min}} = k \cdot \left(\frac{\Delta\vartheta_{max} - \Delta\vartheta_{min}}{\dot{Q}}\right) \cdot A$$

oder

$$\dot{Q} = k \cdot A \cdot \left(\frac{\Delta\vartheta_{max} - \Delta\vartheta_{min}}{\ln\frac{\Delta\vartheta_{max}}{\Delta\vartheta_{min}}}\right) \tag{9.118}$$

Das ergibt dann für die Grundform der Gleichung für den Wärmestrom:

$$\dot{Q} = k \cdot A \cdot \Delta\vartheta$$

ein $\Delta\vartheta$ als mittlere logarithmische Temperaturdifferenz $\Delta\vartheta_m$:

$$\Delta\vartheta_m = \frac{\Delta\vartheta_{max} - \Delta\vartheta_{min}}{\ln\frac{\Delta\vartheta_{max}}{\Delta\vartheta_{min}}} \tag{9.119}$$

Wichtig Die Gleichung (9.119) für die mittlere logarithmische Temperaturdifferenz kann sowohl für den Gegenstrom- als auch für den Gleichstromrekuperator angewendet werden. Die mittlere logarithmische Temperaturdifferenz ist stets kleiner als die mittlere arithmetische Temperaturdifferenz.

Beim Kreuzstrom liegt eine doppelte Temperaturabhängigkeit vor. Die Temperatur ändert sich über der Länge und der Breite im Austauschkontakt. Hier muss ein Korrekturfaktor für $\Delta\vartheta_m$ eingeführt werden. Je höher die Anzahl der Mehrfachdurchgänge (vgl. Abb. 9-33) beim Kreuzstrom wird, desto geringer wird die Korrektur, da die Situation sich immer mehr dem reinen Gleich- oder Gegenstrom nähert.

Merke Bei gleicher Heizfläche ist die Leistung im Gegenstrom größer als im Gleichstrom. Beim Kreuzstrom liegt sie zwischen beiden.

Trotz des günstigeren Gegenstromes ist jedoch manchmal Gleichstrom erforderlich, da hierbei die Wandtemperaturen an allen Stellen der Heizfläche im mittleren Bereich bleiben, während sie beim Gegenstrom am Eintritt des wärmeren Fluids unzulässig hohe Werte annehmen können, wodurch unter Umständen eine Schädigung des Wandmaterials oder des zu erwärmenden Fluids eintritt.

Beispiel 9-14: *2,0 kg Spindelöl sollen pro Minute von 80 °C auf 40 °C abgekühlt werden (c_p = 2,018 kJ/kgK). Hierzu stehen pro Minute 1,5 kg Leitungswasser von 10 °C zur Verfügung (c_p = 4,18 kJ/kgK). Es wird ein k-Wert von 800 W/m²K am Rekuperator erzielt. Wie groß ist der Flächenbedarf bei Gleich- und bei Gegenstrom?*

Es gilt: $\dot{Q}_{\text{zu}} = \dot{Q}_{\text{ab}}$

$$\dot{m}_{Öl} \cdot c_{p,Öl} \cdot \left(\vartheta_{\text{Ein}} - \vartheta_{\text{Aus}}\right) = \dot{m}_w \cdot c_{pw} \cdot \left(\vartheta_{A,w} - \vartheta_{E,w}\right)$$

$$\vartheta_{A,w} = \frac{\dot{m}_{Öl} \cdot c_{p,Öl} \cdot \Delta\vartheta_{Öl}}{\dot{m}_w \cdot c_{pw}} + \vartheta_{E,w} = \frac{2{,}0\ \text{kg/min} \cdot 2{,}018\ \frac{\text{kJ}}{\text{kgK}} \cdot 40\ \text{K}}{1{,}5\ \text{kg/min} \cdot 4{,}18\ \frac{\text{kJ}}{\text{kgK}}} + 10\ °\text{C} = 35{,}7\ °\text{C}$$

$$\dot{Q} = k \cdot A \cdot \Delta\vartheta_m$$

$$\dot{Q} = \dot{m}_{Öl} \cdot c_{p,Öl} \cdot \Delta\vartheta_{Öl} = \frac{2{,}0\ \text{kg/min} \cdot 2{,}018\ \frac{\text{kWs}}{\text{kgK}} \cdot 40\ \text{K}}{60\ \text{s/min}} = 2{,}691\ \text{kW}$$

$$A = \frac{\dot{Q}}{k \cdot \Delta\vartheta_m}$$

Fall 1: Gleichstromführung:

Bei Gleichstrom ist am Eintritt $\Delta\vartheta_{max} = 80\ °C - 10\ °C = 70\ K$

und am Austritt: $\Delta\vartheta_{min} = 40\ °C - 35{,}7\ °C = 4{,}3\ K.$

$$\Delta\vartheta_{m,1} = \frac{\Delta\vartheta_{\max} - \Delta\vartheta_{\min}}{\ln \frac{\Delta\vartheta_{\max}}{\Delta\vartheta_{\min}}} = \frac{70\ \text{K} - 4{,}3\ \text{K}}{\ln \frac{70\ \text{K}}{4{,}3\ \text{K}}} = 23{,}55\ \text{K}$$

Hieraus ergibt sich eine Fläche A_1: $$A_1 = \frac{2691\ \text{W}}{800\ \frac{\text{W}}{\text{m}^2\text{K}} \cdot 23{,}55\ \text{K}} = 0{,}143\ \text{m}^2$$

Fall 2: Gegenstromführung:

Hier ist $\Delta\vartheta_{max} = 80\ °C - 35{,}7\ °C = 44{,}3\ K$

und $\Delta\vartheta_{min} = 40\ °C - 10\ °C = 30\ K.$

$$\Delta\vartheta_{m,2} = \frac{44{,}3\ \text{K} - 30\ \text{K}}{\ln \frac{44{,}3\ \text{K}}{30\ \text{K}}} = 36{,}69\ \text{K}$$

Hieraus ergibt sich eine Fläche A_2:
$$A_2 = \frac{2691\ \text{W}}{800\ \frac{\text{W}}{\text{m}^2\text{K}} \cdot 36{,}69\ \text{K}} = 0{,}092\ \text{m}^2$$

Die Fläche bei Gleichstromführung ist um 55 % größer als bei Gegenstromführung.

Für die Auslegung von Rekuperatoren hat sich das im Folgenden geschilderte Verfahren bewährt. Es erschreckt vielleicht den Anfänger, weil Schätzwerte verlangt werden. Es führt jedoch immer zum Ziel, wobei mit zunehmender Erfahrung immer weniger Anpassungsschritte erforderlich sind.

1. Sie ermitteln den zu übertragenden Wärmestrom aus der Aufgabenstellung.
2. Sie wählen den Rekuperatortyp aus, der für Sie in Frage kommt.
3. Sie ermitteln die mittlere logarithmische Temperaturdifferenz aus den beiden Stoffströmen für die von Ihnen gewählte Stoffführung (Gleichstrom, Gegenstrom, Kreuzstrom usw.).
4. Sie schätzen den voraussichtlich erzielbaren k-Wert (für Anfänger schwierig; eine schlechte Schätzung bedeutet mehr Arbeit, ist aber kein Lösungshindernis).
5. Sie berechnen die voraussichtliche Fläche für den Wärmeaustausch mit $A = \frac{\dot{Q}}{k \cdot \Delta\vartheta_m}$.
6. Sie führen nun die Konstruktion des Rekuperators durch (Anordnung der wärmeübertragenden Flächen, Anzahl der Rohre, Wanddicken, Anordnung von Leitblechen zur Strömungsführung, Auswahl von Wanddicken und Materialien usw.).
7. Nun führen Sie die genaue Berechnung des k-Wertes durch. Nachdem die Strömungsgeschwindigkeiten und andere geometrisch bedingte Werte bekannt sind, lassen sich die beteiligten Wärmeübergangszahlen und das Wärmeleitverhalten berechnen.

8. a) Liegt nun der berechnete k-Wert sehr nahe am geschätzten Wert, so kann die genaue Flächenberechnung erfolgen. Die geometrischen Korrekturen in der Konstruktion fallen gering aus.

8. b) Weicht der berechnete k-Wert deutlich vom geschätzten Wert ab, so muss die Konstruktion überarbeitet werden. Schon der Faktor 2 bedeutet eine Verdoppelung oder Halbierung der Flächen!

Hinweis Betrachten Sie die beteiligten α-Werte und beginnen Sie mit der Optimierung beim schlechtesten Wert, denn der k-Wert ist immer kleiner als der kleinste α-Wert.

9. Berücksichtigen Sie einen Verschmutzungsfaktor. Je nach Verschmutzungs- oder Belagbildungsgefahr der wärmeaustauschenden Flächen gilt:

$A_{\text{tatsächlich}} = 1{,}1$ bis $1{,}4\ A_{\text{berechnet}}$

Hinweis Bei Punkt 6 – Konstruktion – müssen Sie folgende Abhängigkeit vom Druckverlust Δp beachten:

Strömungsgeschwindigkeit c hoch → Δp groß → A klein → Energiekosten hoch
→ Investitionskosten klein

Strömungsgeschwindigkeit c niedrig → Δp klein → A groß → Energiekosten niedrig
→ Investitionskosten hoch

Je nach Betriebshäufigkeit und den vorliegenden Platzverhältnissen ist der Wärmetauscher bezüglich der Energiekosten im Betrieb oder der Investitionskosten zu optimieren.

Zusammenfassung In einem Wärmeübertrager fließt Wärme nur dann von selbst, wenn ein Temperaturgefälle vorhanden ist. Wir unterscheiden Rekuperatoren, Regeneratoren und Mischwärmetauscher. Rekuperatoren haben getrennte Stoffströme, die zeitgleich Wärme austauschen. Bei Regeneratoren ist der Wärmeaustausch zeitversetzt. Bei Mischwärmetauschern berühren sich die Fluide direkt. Bei freier Wahl der Stoffstromführung ist immer ein Gegenstromrekuperator zu bevorzugen. Bei gegebener Fläche lässt sich der höchste Wärmestrom übertragen. Bei der Gleichstromanordnung ist der Wärmestrom deutlich niedriger, beim Kreuzstrom liegt er zwischen Gleich- und Gegenstrom. Bei der Wärmestromberechnung ist die mittlere logarithmische Temperaturdifferenz zu verwenden.

Im folgenden Beispiel soll eine Rekuperatorauslegung demonstriert werden. Dabei ist die erste Konstruktion bewusst so gelegt, dass der geschätzte k-Wert zunächst nicht erreicht wird, damit Sie sehen, was dann getan werden kann. Zudem erreicht man auch in der Praxis selten auf Anhieb die richtige Auslegung.

Beispiel 9-15: *An einem Motorenprüfstand wird ein Ölkühler benötigt, der 40 Liter Motorenöl pro Minute von 135 °C auf 105 °C abkühlen kann. Hierzu steht Kühlwasser von 20 °C zur Verfügung. Wegen der Verdampfungsverluste des offenen Rückkühlungssystems sollten 40 °C Rücklauftemperatur des Kühlwassers nicht überschritten werden. Der Wärmetauscher soll 1 m Länge nicht wesentlich überschreiten.*

1. Ermittlung des zu übertragenden Wärmestroms:

$$\dot{Q} = \dot{m}_{Öl} \cdot c_{p,Öl} \cdot \Delta\vartheta_{Öl}$$

$c_{p,Öl}$ *wird bei der Mitteltemperatur* $\dfrac{135\ °\text{C} + 105\ °\text{C}}{2} = 120\ °\text{C}$ *abgelesen.*

$$\dot{m}_{Öl} = \rho_{Öl} \cdot \dot{V}_{Öl}$$

$c_{p,Öl,120\,°C} = 1{,}98\ kJ/kgK$

$\dot{m}_{Öl} = 830\ \text{kg/m}^3 \cdot 0{,}04\ \text{m}^3/\text{min}$ $\rho_{Öl,120\,°C} = 830\ kg/m^3$

$\lambda_{Öl,120\,°C} = 0{,}13\ \frac{\text{W}}{\text{m K}}$

$\dot{m}_{Öl} = 33{,}2\ \text{kg/min} = 0{,}553\ \text{kg/s} = 0{,}667\ \text{dm}^3/\text{s}$

$$\dot{Q} = 0{,}553\ \text{kg/s} \cdot 1980\ \frac{\text{Ws}}{\text{kgK}} \cdot 30\ \text{K} = 32{,}85\ \text{kW}$$

2. *Gewählt wird ein Rohrbündelwärmetauscher mit Gegenstromführung.*

3. *Ermittlung von $\Delta\vartheta_m$:*

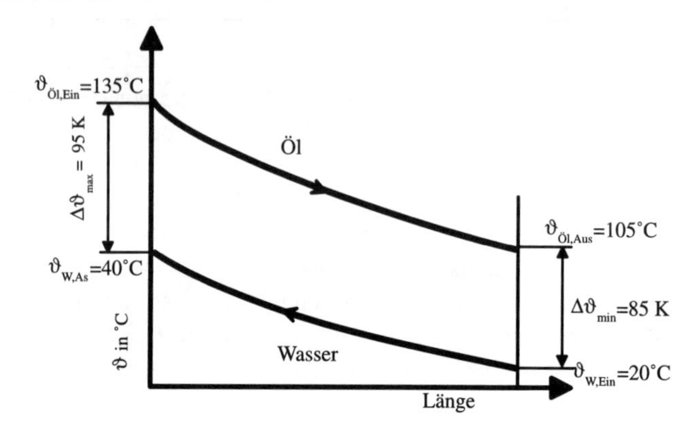

$$\Delta\vartheta_m = \frac{\Delta\vartheta_{max} - \Delta\vartheta_{min}}{\ln \frac{\Delta\vartheta_{max}}{\Delta\vartheta_{min}}} = \frac{95\ \text{K} - 85\ \text{K}}{\ln \frac{95}{85}} = 89{,}9\ \text{K}$$

4. *Es wird ein erreichbarer k-Wert von 300 $\frac{\text{W}}{\text{m}^2\text{K}}$ geschätzt.*

5. *Berechnung der voraussichtlichen Fläche:*

$$A = \frac{\dot{Q}}{k \cdot \Delta\vartheta_m} = \frac{32\,850\ \text{W}}{300\ \frac{\text{W}}{\text{m}^2\text{K}} \cdot 89{,}9\ \text{K}} = 1{,}22\ \text{m}^2$$

6. *Konstruktion:*

Es werden Kupferrohre (λ_{cu} = 400 W/mK) mit 8 mm Außendurchmesser und 1 mm Wandstärke verwendet. Um möglichst hohe Fließgeschwindigkeiten zu erreichen ($c\uparrow = Re\uparrow = Nu_m\uparrow = \alpha_m\uparrow$) werden lange Einzelrohre angestrebt. Es wird eine wärmeaustauschende Länge von 800 mm pro Rohr festgelegt. Die Fläche pro Rohr (Näherung ebene Wand) ist dann:

$$A_{\text{Rohr}} = d_m \cdot \pi \cdot l = 0{,}007\ \text{m} \cdot \pi \cdot 0{,}8\ \text{m} = 0{,}0176\ \text{m}^2$$

Die erforderliche Mindestanzahl z an Rohren ist:

$$z = \frac{A_{\text{ges}}}{A_{\text{Rohr}}} = \frac{1{,}22\ \text{m}^2}{0{,}0176\ \text{m}^2} = 69$$

Es wird ein Rohrbündel wie folgt konstruiert: Um ein Rohr im Mittelpunkt werden im Abstand von $r_1 = d_a + 2 = 10$ mm $z_1 = 7$ Rohre angeordnet ($\approx d_a + 1$ mm Abstand auf den Umfang). In drei weiteren Kreisen mit $r_i = i \cdot r_1$ werden jeweils z_i Rohre mit $z_i = i \cdot z_1$ angeordnet (siehe Skizze)

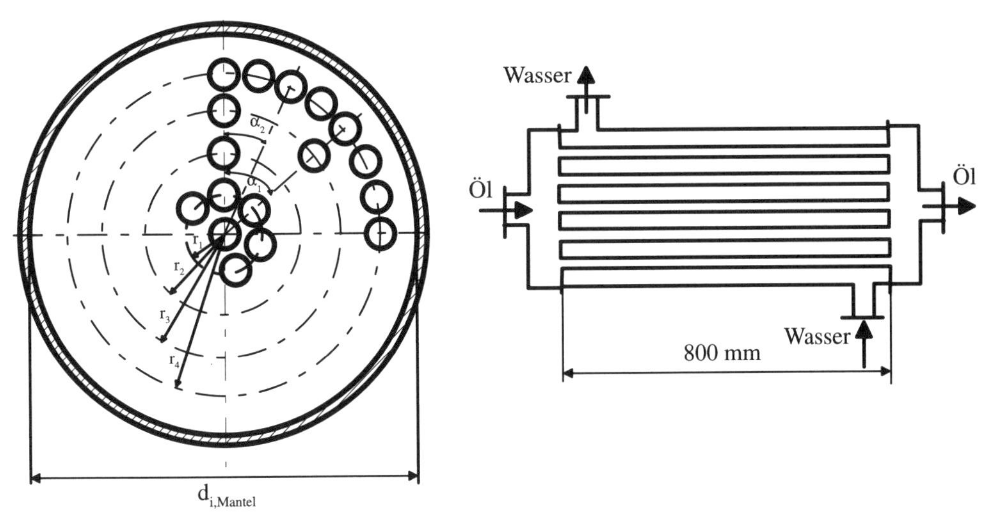

Das Rohrbündel wird in einem Mantelrohr mit $d_{i,M} = 90$ mm Innendurchmesser untergebracht. Es ergibt sich so ein Rohrbündel mit 1 + 7 + 14 + 21 + 28 = 71 Rohren.

Die Gesamtlänge der Rohre wird mit 810 mm gewählt. Die Rohrböden sind je 3 mm dick und zum Verlöten stehen die Rohre noch 2 mm über.

Um festzulegen, ob das Öl oder das Wasser durch die Rohre fließen soll, muss man sich die Reynolds-Zahl anschauen, da $Nu_m = f(Re, Pr)$.

$$Re = \frac{c \cdot L}{\nu} \quad ; \quad \nu_{Öl,120°C} = 8 \cdot 10^{-6}\ \frac{\text{m}^2}{\text{s}} \quad ; \quad \nu_{H_2O,30°C} = 0{,}832 \cdot 10^{-6}\ \frac{\text{m}^2}{\text{s}}$$

Das bedeutet, Re_{H_2O} ist ungefähr $10\ Re_{Öl}$ bei gleichem $c \cdot L$.

Also ist für Öl die höhere Fließgeschwindigkeit zu wählen, d.h. der kleinere Durchflussquerschnitt.

Fließquerschnitt durch die Rohre:

$$A_{\text{innen}} = z \cdot \frac{d_i^2 \cdot \pi}{4} = 71 \cdot \frac{0{,}006\ \text{m}^2 \cdot \pi}{4} = 0{,}002\ \text{m}^2$$

und außen um die Rohre:

$$A_{\text{außen}} = A_{\text{Mantel}} - z \cdot \frac{d_a^{\,2} \cdot \pi}{4} = \frac{d_{i,M}^{\,2} \cdot \pi}{4} - \frac{z \cdot d_a^{\,2} \cdot \pi}{4} = \frac{\left(d_{i,M}^{\,2} - z \cdot d_a^{\,2}\right) \cdot \pi}{4}$$

$$A_{\text{außen}} = \frac{\left(0{,}09^2\ \text{m} - 71 \cdot 0{,}008^2\ \text{m}\right) \cdot \pi}{4} = 0{,}00356\ \text{m}^2 = 1{,}78\ \text{x}\ A_{\text{innen}}$$

Die das Strömungsfeld kennzeichnende Abmessung ist durch die Rohre $d_i = 6$ mm und um die Rohre:

$$d_{gl} = \frac{d_{i,M}^{\,2} - z \cdot d_a^{\,2}}{d_{i,M} + z \cdot d_a} = \frac{90^2\ \text{mm} - 71 \cdot 8^2\ \text{mm}}{90\ \text{mm} + 71 \cdot 8} = 5{,}4\ \text{mm} \qquad \approx \ \textit{gleich}\ (0{,}9\ d_i)$$

Wir entscheiden uns dafür, das Öl durch die Rohre fließen zu lassen und das Wasser außen herum, da $Re_{Öl}$ dann höher ist. Dies ist nötig, weil bei der Berechnung von α das Öl wegen des schlechteren λ-Wertes niedrigere α-Werte ergibt:

$$\alpha = \frac{Nu_m \cdot \lambda_F}{L} \qquad \lambda_{Öl,\ 120\,°C} = 0{,}13\ \frac{\text{W}}{\text{m K}}\ ; \quad \lambda_{H_2O,\,30°C} = 0{,}613\ \frac{\text{W}}{\text{m K}} \qquad \approx \qquad 5\ x\ \lambda_{Öl}$$

*7. **Nachrechnen des k-Wertes aufgrund der gewählten Konstruktion:***

Wir beginnen mit der Ölseite:

$$Re = \frac{c \cdot d_i}{\nu} \quad ; \quad \dot{V} = c \cdot A \quad \rightarrow \quad c = \frac{\dot{V}}{A_{\text{Rohre}}} = \frac{0{,}667 \cdot 10^{-3}\ \text{m}^3/\text{s}}{0{,}002\ \text{m}^2} = 0{,}334\ \text{m/s}$$

$$Re = \frac{0{,}334\ \text{m/s} \cdot 0{,}006\ \text{m}}{8 \cdot 10^{-6}\ \text{m}^2/\text{s}} = 250{,}5$$

$$Pr = \frac{\nu \cdot c_p \cdot \rho}{\lambda_F} = \frac{8 \cdot 10^{-6}\ \text{m}^2/\text{s} \cdot 1980\ \frac{\text{Ws}}{\text{kgK}} \cdot 830\ \text{kg/m}^3}{0{,}13\ \frac{\text{W}}{\text{m K}}} = 101{,}13$$

$$Pe = Pr \cdot Re = 25333 \quad ; \qquad Pe\frac{d}{h} = 25333 \cdot \frac{0{,}006}{0{,}810} = 187{,}6$$

$$Nu_m = \left[49{,}37 + \left(1{,}615 \sqrt[3]{Pe \cdot \frac{d}{h}} - 0{,}7 \right)^3 \right]^{1/3} \cdot \left(\frac{Pr_F}{Pr_w} \right)^{0{,}11}$$

Es wird eine mittlere Wandtemperatur von 40 °C geschätzt, da α_{H_2O} deutlich höher als $\alpha_{Öl}$ sein wird!

$$\textit{mit} \quad \vartheta_{Fl} = \frac{\vartheta_{ein} + \vartheta_{aus}}{2} = \frac{135\ °C + 105\ °C}{2} = 120\ °C \quad \textit{ist} \quad \vartheta_B = \frac{\vartheta_{Fl} + \vartheta_W}{2} = \frac{120\ °C + 40\ °C}{2} = 80\ °C$$

Stoffwerte für Öl:

$$\nu_{80°} = 18 \cdot 10^{-6}\ \frac{m^2}{s} \quad ; \quad c_{p,Öl\ (80°C)} = 2{,}0\ \frac{Ws}{kgK} \quad ; \quad \rho_{Öl} = 835\ kg/m^2$$

$$\lambda_{Öl} = 0{,}129\ \frac{W}{m\,K} \quad \rightarrow \quad Pr_{Öl,\ 80\ °C} = 233$$

$$Nu_m = \left[49{,}37 + \left(1{,}615\ \sqrt[3]{187{,}6} - 0{,}7 \right)^3 \right]^{1/3} \cdot \left(\frac{101{,}13}{233} \right)^{0{,}11} = 8$$

$$\alpha_{m,Öl} = \frac{Nu_m \cdot \lambda_F}{d_i} = \frac{8 \cdot 0{,}13\ \frac{W}{m\,K}}{0{,}006\ m} = 173{,}3\ \frac{W}{m^2K}$$

8. *Konstruktion überarbeiten:*

Nach der Regel, dass der k-Wert immer kleiner ist als der kleinste α-Wert, ist mit diesem α-Wert auf der Ölseite der geforderte k-Wert von 300 W/m²K auf keinen Fall zu schaffen.

Wir brauchen mindestens eine Verdoppelung des ölseitigen α-Wertes. Wir versuchen dies zu erreichen durch eine nur wenig geänderte Konstruktion. Wir halbieren das Rohrbündel horizontal, um die Strömungsgeschwindigkeit zu verdoppeln, und führen die Stoffströme wie in der nächsten Skizze gezeigt.

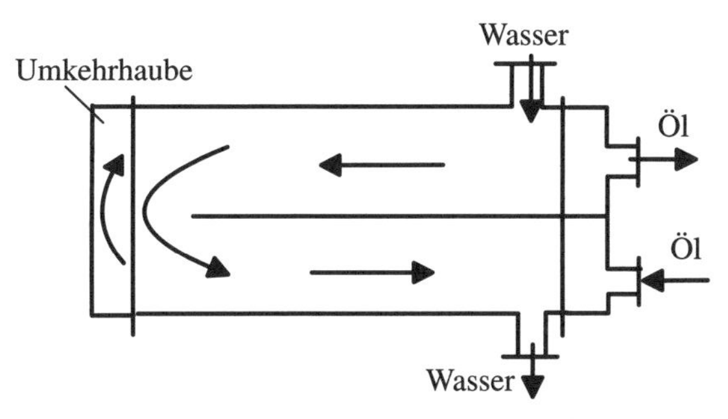

Der Rohrplan wurde ebenfalls leicht geändert und wasserseitig dichter gepackt. Es können nun in einem Mantelrohr von $d_{i;M}$ = 80 mm je Hälfte 33 Rohre (= 66 gesamt) untergebracht werden. Das sind

zwar drei Rohre weniger als die Mindestzahl, es wird aber davon ausgegangen, dass dadurch der Wärmeübergang ölseitig viel besser wird und die geringere Fläche ausgleicht.

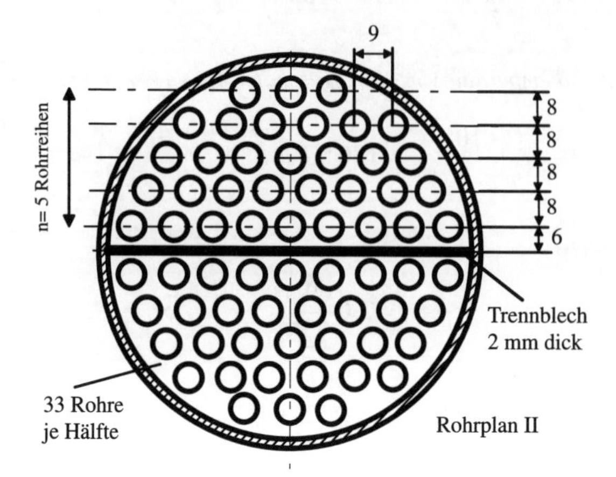

Die durchflossene Fläche durch die Rohre ist nun:

$$A_{\text{innen}} = 33 \cdot \frac{0{,}006^2\,\text{m} \cdot \pi}{4} = 0{,}933 \cdot 10^{-3}\,\text{m}^2$$

Das ergibt eine Fließgeschwindigkeit des Öles von:

$$c = \frac{0{,}667 \cdot 10^{-3}\,\text{m}^2/\text{s}}{0{,}933 \cdot 10^{-3}\,\text{m}^2} = 0{,}715\ \text{m/s} \quad \rightarrow \quad Re = \frac{0{,}715\ \text{m/s} \cdot 0{,}006\ \text{m}}{8 \cdot 10^{-6}\,\text{m}^2/\text{s}} = 536{,}25$$

$$Pe \cdot \frac{d}{h} = Pr \cdot Re \cdot \frac{d}{h} = 401{,}7 \rightarrow \quad Nu_m = 10{,}35 \quad ; \rightarrow \quad \alpha_m = 224{,}25$$

Dieser Wert reicht immer noch nicht aus. Es wird nun das Öl nach außen verlegt und im Kreuzgegenstrom durch Umlenkbleche geführt. Diese Maßnahme wird ergriffen, weil quer angeströmte Rohre einen besseren Wärmeübergang haben. Der Wärmetauscher sieht nun im Längsschnitt schematisch so aus:

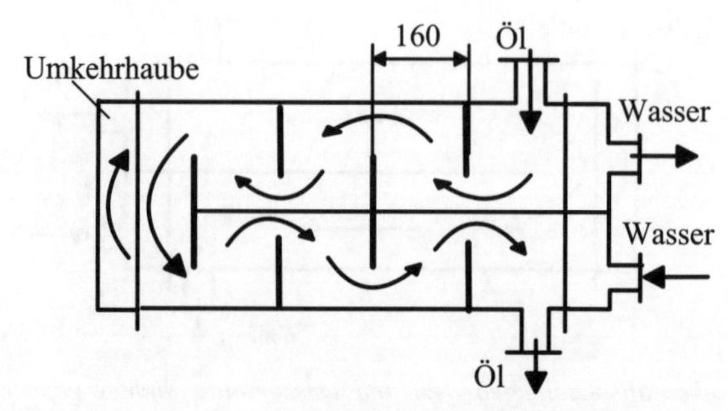

Es werden sieben Umlenkungen mit einer Kammerlänge von 160 mm eingeteilt.

Der mittlere freie Fließquerschnitt errechnet sich, wenn δ die Trennblechdicke ist:

$$A_{\text{außen}} = \left(\frac{d_{i,M}}{2} - n\,d_a - \frac{\delta}{2} \right) \cdot l_{\text{Kammer}} = \left(\frac{0{,}080\ \text{m}}{2} - 5 \cdot 0{,}008\ \text{m} - \frac{0{,}002\ \text{m}}{2} \right) \cdot 0{,}016\ \text{m}$$

$$A_{\text{außen}} = 0{,}6 \cdot 10^{-3}\ \text{m}^2 \quad \rightarrow \quad c = 1{,}111\ \text{m/s} \quad \rightarrow \quad \text{L} = \text{d}_\text{a}$$

$$\rightarrow \quad Re = \frac{1{,}111\ \text{m/s} - 0{,}008\ \text{m}}{8 \cdot 10^{-6}\ \text{m}^2/\text{s}} \quad ; \quad Re = 1\,112 \quad ; \quad Pr = 101{,}13 \text{ unverändert}$$

Nach Gleichung (9.47) ist $\quad Nu_m = c \cdot Re^m \cdot Pr^{0,3} \left(\frac{Pr_F}{Pr_W} \right)^P \cdot F$

$m = 0{,}6$, *da* $Re > 10^3$

$c = 0{,}4 \quad ; \quad p = 0{,}2 \quad$ *und* $\quad F = 0{,}85$

$$Nu_m = 0{,}4 \cdot 1112^{0,6} \cdot 101{,}13^{0,3} \cdot \left(\frac{101{,}13}{233} \right)^{0,2} \cdot 0{,}85$$

$$\text{Nu}_\text{m} = 19{,}5 \quad ; \quad \alpha = \frac{Nu_m \cdot \lambda_F}{L} = \frac{19{,}5 \cdot 0{,}13\ \frac{\text{W}}{\text{m K}}}{0{,}008\ \text{m}} = 317\ \frac{\text{W}}{\text{m}^2\text{K}}$$

Nun wird α_{innen} *wasserseitig nachgerechnet:* $\quad Re = \frac{c \cdot L}{\nu} \quad ;$

Massenstrom Wasser aus $\quad \dot{Q} = \dot{m}_{H_2O} \cdot c_{p,H_2O} \cdot \Delta \vartheta_{H_2O}$

Stoffwerte bei $\quad \frac{\vartheta_{\text{ein}} + \vartheta_{\text{aus}}}{2} = 30\ °\text{C} \quad ; \quad c_{p,H_2O} = 4{,}1808\ \frac{\text{kJ}}{\text{kgK}}$

$$\dot{m}_{H_2O} = \frac{32{,}850\ \text{kW}}{4{,}1805\ \frac{\text{kWs}}{\text{kgK}} \cdot 20\ \text{K}} = 0{,}393\ \text{kg/s} \quad ; \quad \rho_{H_2O} = 995{,}15\ \frac{\text{kg}}{\text{m}^3}$$

$$\dot{m}_{H_2O} = \dot{V}_\rho \quad \rightarrow \quad \dot{V} = \frac{\dot{m}}{\rho} = \frac{0{,}393\ \text{kg/s}}{995{,}15\ \text{kg/m}^3} = 0{,}395 \cdot 10^{-3}\text{m}^3/\text{s}$$

$$\dot{V} = A \cdot c \quad \rightarrow \quad c = \frac{\dot{V}}{A} = \frac{0{,}395 \cdot 10^{-3}\text{m}^3/\text{s}}{0{,}933 \cdot 10^{-3}\text{m}^2} = 0{,}423\ \text{m/s}$$

$$Re = \frac{0{,}423\ \text{m/s} \cdot 0{,}006\ \text{m}}{0{,}832 \cdot 10^{-6}\ \text{m}^2\text{/s}} = 3050 \qquad \nu_{H_2O} = 0{,}832 \cdot 10^{-6}\ \text{m}^2\text{/s}$$

$$Pr_{H_2O} = 5{,}69\,; \quad \lambda_{H_2O} = 0{,}6125\ \frac{W}{m\,K}$$

Mit $\frac{h}{d} >> 1$ *gilt Gleichung (9.46):*

$$Nu_m = \frac{\frac{\xi}{8} \cdot (Re - 1000) \cdot Pr}{1 + 12{,}7 \cdot \left(Pr^{2/3} - 1\right) \cdot \sqrt{\frac{\xi}{8}}} \cdot \left[1 + \left(\frac{d}{h}\right)^{2/3}\right] \cdot \left(\frac{p_F}{p_W}\right)^{0{,}11}$$

$$\frac{\xi}{8} = \frac{(0{,}79 \ln Re - 1{,}64)^{-2}}{8} = 0{,}00566 \qquad Pr_W \text{ bei } 60\ °\text{C} = 3{,}01$$

$$Nu_m = \frac{0{,}00566 \cdot (3050 - 1000) \cdot 5{,}9}{1 + 12{,}7 \cdot \left(5{,}69^{2/3} - 1\right) \cdot 0{,}00566} \cdot \left[1 + \left(\frac{0{,}006}{0{,}81}\right)^{2/3}\right] \cdot \left(\frac{5{,}69}{3{,}01}\right)^{0{,}11}$$

$$Nu_m = 63{,}553$$

$$\alpha = \frac{Nu_m \cdot \lambda_F}{d_i} = \frac{63{,}553 \cdot 0{,}6125\ \frac{\text{W}}{\text{m K}}}{0{,}006\ \text{m}} = 6488\ \frac{\text{W}}{\text{m}^2\text{K}}$$

Damit ergibt sich für den Wärmedurchgang:

$$k = \frac{1}{\frac{1}{\alpha_i} + \frac{\delta}{\lambda} + \frac{1}{\alpha_a}} = \frac{1}{\frac{1}{317\ \frac{\text{W}}{\text{m}^2\text{K}}} + \frac{0{,}001}{400\ \frac{\text{W}}{\text{m K}}} + \frac{1}{6\,488\ \frac{\text{W}}{\text{m}^2\text{K}}}} = 302\ \frac{\text{W}}{\text{m}^2\text{K}}$$

9. Berücksichtigung des Verschmutzungsfaktors:

Da das Wasser im geschlossenen Kreislauf und bei niedrigen Temperaturen verwendet wird und auch das Öl keinen hohen Verschmutzungsgrad aufweist, wird nur ein 10%iger Zuschlag gewählt.

$$A_{\text{erf}} = 1{,}1\ A_{\text{tat}} = 1{,}1 \cdot \frac{\dot{Q}}{k_{\text{tat}} \cdot \Delta\vartheta_m} = \frac{32850\ \text{W} \cdot 1{,}1}{302\ \frac{\text{W}}{\text{m}^2\text{K}} \cdot 89{,}9\ \text{K}} = 1{,}329\ \text{m}^2$$

Vorhanden ist aber nur: $\quad 66\ \text{Rohre} \cdot A_{\text{Rohr}} = 66 \cdot 0{,}0176\ \text{m}^2 = 1{,}162\ \text{m}^2$

Da eine Änderung der Anzahl der Rohre α *deutlich beeinflussen würde, wird nur die Länge geändert.*

$$A_{\text{erf}} = d_m \cdot \pi \cdot z \cdot l_{\text{erf}} \qquad \rightarrow \qquad l_{\text{erf}} = \frac{A_{\text{erf}}}{d_m \cdot \pi \cdot z} = \frac{1{,}329\ \text{m}^2}{0{,}007\ \text{m} \cdot \pi \cdot 66} = 0{,}916\ \text{m}$$

Die wärmeübertragende Rohrlänge wird nun mit 920 mm gewählt und die Gesamtrohrlänge ist damit 930 mm. Mit dem Anschlusskasten und der Umkehrhaube wird die Gesamtlänge von 1 m nur knapp überschritten.

Kontrollfragen

1. Welche Arten des Wärmetransportes sind möglich?
2. In Kühlräumen wird der Verdampfer stets oben, d.h. in Deckennähe, angeordnet und Heizkörper in Wohnräumen stets in Bodennähe. Wie erklären Sie sich das?
3. Was versteht man unter einem Wärmedurchgang und welche Größe ist dabei am schwierigsten zu berechnen?
4. Nennen Sie die drei wesentlichen Arten der Stoffstromführung bei Rekuperatoren. Bei welcher Art ist die Übertragungsleistung bei gegebener Fläche am größten?
5. Erklären Sie den Unterschied zwischen einem Rekuperator und einem Regenerator!
6. Kann es sein, dass der Kälteschutz eines Felles mit einem „Strich" (Haare liegen in einer Richtung) abhängig ist von der Anströmrichtung? Begründung!
7. Was ist ein „weißer Strahler" und welche Werte für ε kann er annehmen?
8. Durch welches Verhalten von Gasen bezüglich der Festkörperstrahlung wird der Treibhauseffekt in der Erdatmosphäre möglich?
9. Beschreiben Sie die Temperaturverläufe für Luft und Wasser in einem Kühlturm über der Höhe! Kann sich die Luft auf annähernd Wassereintrittstemperatur erwärmen und warum?
10. Können Sie begründen, warum man heute bei einer Fußbodenheizung zusätzlich Heizkörper benutzt?
11. Seitlich skizzierter Sonnenkollektor ist zu bauen. Welche Materialien mit welchen Eigenschaften würden Sie an den bezeichneten Stellen einsetzen? Bitte jeweils eine kurze Begründung!

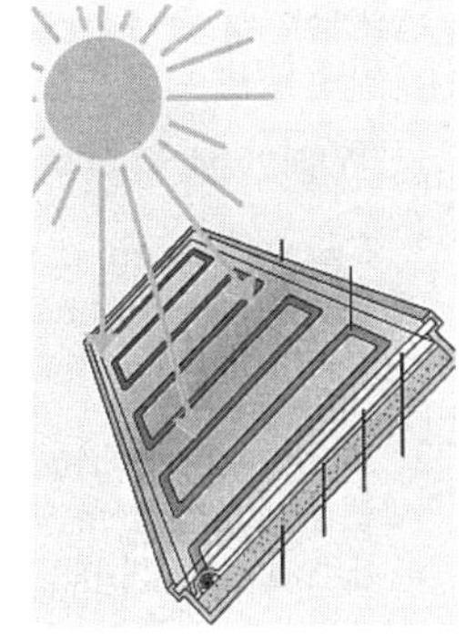

12. Begründen Sie folgende nachstehenden Maßnahmen an einer Thermoskanne mit Angabe des Wärmetransportprinzips:

    Behälter aus Glas:

    Doppelwandig mit Vakuum dazwischen:

    Wände verspiegelt und wo, innen oder außen?

Mit Stopfen gasdicht verschlossen:

In weißes Styropor eingebettet:

Kugelform des Glasbehälters:

13. Sie sollen einen Rekuperator mit möglichst hoher Effektivität konstruieren. Wie sollen dabei folgende Parameter ausgeführt sein?

    Strömung beider Medien:

    Strömungsrichtung beider Medien:

    Wandstärke der wärmeaustauschenden Trennwand:

    die Rauigkeit der wärmeaustauschenden Trennwand:

    der Querschnitt des durchflossenen Spaltes bei $\dot{m}$ = konst.:

14. Erklären Sie, warum z.B. Styropor ein gutes Isoliermaterial ist!
15. Welche Werte für den Absorptionskoeffizienten a kann ein „grauer Strahler" nicht annehmen?
16. In welchem Zusammenhang stehen die Temperatur eines Strahlers und die Wellenlänge der ausgesendeten Strahlung?
17. Besteht zwischen einem Kochtopf aus poliertem Edelstahl und einem emaillierten Kochtopf auch aus der Sicht der Wärmeübertragung ein Unterschied, wenn die Wandaußentemperatur gleich ist?
18. Auf welchem Grundprinzip beruhen die meisten technischen Isoliermaterialien zur Unterbindung der Wärmeleitung?
19. Ein Kunde möchte einen Raum zum Kühlraum umbauen. Er erklärt Ihnen, dass dieser Raum besonders geeignet sei, weil dort durch die Kühlschlangen der ehemaligen Fußbodenheizung bereits großflächige Wärmetauscher zur Verfügung stehen und nur noch ein Kälteaggregat sowie Isoliermaterial beschafft werden müssten. Beraten Sie den Kunden!
20. Erklären Sie, warum bei der Auslegung von Rekuperatoren ein Kompromiss bezüglich des Druckverlustes und der Baugröße gefunden werden muss!
21. Was versteht man unter einem selektiven Strahlungsverhalten und wo tritt so etwas auf?
22. Sie wollen ein extrem heißes Fluid möglichst ohne Energieverlust durch ein Rohr fördern. Sie entscheiden sich für ein doppelwandiges Rohr. Beschreiben Sie den Aufbau Ihrer Isolierung von innen nach außen!
23. Bei einem Wärmeübergang von einem Fluid an eine feste Wand gibt es viele Einflussgrößen. Nennen Sie vier der wichtigsten davon und geben Sie an, wie diese sein sollen, damit ein möglichst effizienter Übergang erfolgt!

24. Warum erscheint uns der Vollmond als gleichmäßig helle Scheibe, obwohl er eine Kugel ist?

Übungen

Falls keine Stoffwerte angegeben werden, sind sie den Tabellen 9-2 und 9-3 zu entnehmen.

1. Aufgabe
   Bei einem Rekuperator hat das Außenrohr einen Innendurchmesser D_i von 30 mm. Das Außenrohr ist so isoliert, dass es nach außen hin als wärmedicht zu betrachten ist. Ein Innenrohr, das wie das Außenrohr 3 m lang ist, hat einen Innendurchmesser d_i von 20 mm und einen Außendurchmesser von d_a = 22 mm. In dem Ringraum soll Luft mit einer mittleren Geschwindigkeit von 40 m/s strömen und sich von 70 °C auf 30 °C abkühlen. Der Druck im Ringraum beträgt 0,1 MPa absolut. Im Innenrohr fließt Wasser im Gegenstrom, das sich von 20 °C auf 40 °C erwärmt.

   - Berechnen Sie den übertragenen Wärmestrom $\dot{Q}$ in kW und den Wassermassenstrom $\dot{m}_w$ in kg/h (R_{iLuft} = 287 J/kgK)!
   - Berechnen Sie den für diese Fläche mindestens benötigten Wärmedurchgangskoeffizienten k_{min}!
   - Berechnen Sie den tatsächlichen Wärmedurchgangskoeffizienten $k_{tat} \cdot \lambda_{Stahl}$ = 47 W/mK! Wird die erforderliche Wärmedurchgangszahl erreicht? Geben Sie das Defizit oder die Sicherheit in % an.

2. Aufgabe
   Das horizontal verlegte Vorrohr eines Motors ist 1 m lang und hat einen Außendurchmesser von 50 mm. In einem Prüfstand ohne Luftbewegung (T_{luft} = 40 °C) stellt sich bei voller Motorleistung eine Oberflächentemperatur des Rohres von konstant 760 °C ein. Das matte, verzunderte Rohr hat einen Absorptionskoeffizienten ε von 0,62.

   - Berechnen Sie den Wärmestrom, der von dem Rohr in die Umgebung abgestrahlt wird!
   - Berechnen Sie den Wärmestrom, der über Konvektion an die Luft abgegeben wird!
   - Das Rohr wird nun vollständig von einem verchromten Rohr (ε = 0,05) ummantelt (siehe Skizze).

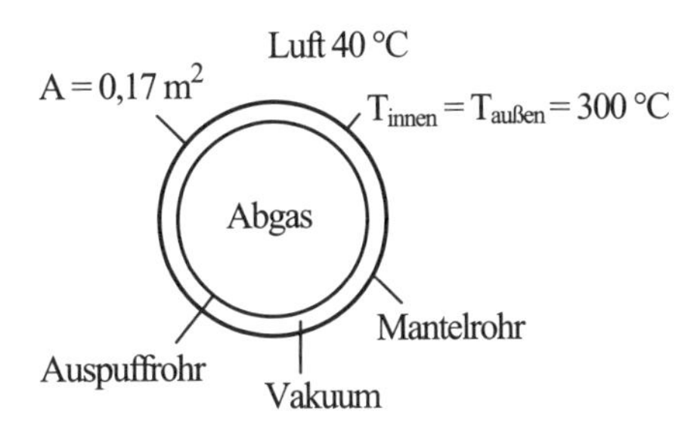

- Das umgebende dünnwandige Rohr hat eine Fläche von 0,17 m². Der Raum zwischen beiden Rohren sei vollständig evakuiert, so dass nur Austausch durch Strahlung stattfindet. Wie groß ist der ausgetauschte Wärmestrom jetzt, wenn eine Temperatur für das Außenrohr von 300 °C geschätzt wird?
- Überprüfen Sie, ob die geschätzte Temperatur des Mantelrohres von 300 °C gut oder schlecht geschätzt war! Nehmen Sie der Einfachheit halber an, dass die Außenfläche gleich der Innenfläche am Mantelrohr ist. Die Verchromung ist innen und außen von gleicher Qualität. Beim Wärmeübergang außen ergibt sich ein Wärmeübergangskoeffizient von $\alpha = 9{,}6$ W/m²K.

3. Aufgabe
Ein Heißluftballon steht in ruhender Luft (R_i = 287 J/kgK) von 10 °C. Der Ballon wird als Kugel mit einem Durchmesser von 10 m betrachtet. Im Ballon herrscht Umgebungsdruck von 1000 hPa. Die Ballonhülle hat eine Dicke von 1 mm und eine Wärmeleitfähigkeit von $\lambda = 0{,}05$ W/m²K. Die Lufttemperatur im Ballon wird mit 64 °C angegeben. Im Inneren ergibt sich ein Wärmeübergangskoeffizient von $\alpha_i = 2$ W/m²K.

- Berechnen Sie den Wärmestrom, der von dem Ballon in die Umgebung abgegeben wird! Die Wandaußentemperatur ist dabei zu schätzen. Die Ballonhülle ist als Wand mit konstanter Fläche anzusehen. Temperaturstrahlung ist hierbei noch nicht zu berücksichtigen.
- Berechnen Sie den Temperaturverlauf an der Ballonwand von innen nach außen!
- Nach wie viel Sekunden muss nachgeheizt werden, wenn die Temperatur im Inneren um maximal 5 °C fallen darf?
- Wie groß ist der abgestrahlte Wärmestrom bei der berechneten Oberflächentemperatur, wenn der Reflexionskoeffizient der Hülle $r = 0{,}75$ ist und der Transmissionskoeffizient $d = 0$ ist? Kann dieser Betrag vernachlässigt werden?
- Wie hoch müsste die spez. Strahlungsdichte M_S der Sonne sein, damit der oben berechnete Strahlungsverlust kompensiert wird? Als wirksame Fläche für die Sonneneinstrahlung ist die Projektionsfläche des Ballons anzusetzen. Als maximaler Wert für M_S in Europa wird 1300 [W/m²] angegeben. Reicht das? Annahme: Die eingestrahlte Energie erhöht die Oberflächentemperatur nicht, sie wird sofort ins Innere abgeführt und verteilt.

4. Aufgabe
Der lackierte Plattenheizkörper $\varepsilon = 0{,}925$ steht mitten in einem Raum. Die verputzte Oberfläche des Raumes $\varepsilon = 0{,}93$ beträgt 100 m² und hat eine konstante Temperatur von 20 °C. Der Plattenheizkörper steht senkrecht und ist so aufgestellt, dass keine Wärme durch Wärmeleitung an den Boden abgeführt werden kann. Die Wärmeabgabe erfolgt nur durch Konvektion und Temperaturstrahlung. Der Heizkörper ist 0,8 m hoch und 1,5 m breit, die Heizkörperdicke ist zu vernachlässigen (d.h. $\dot{Q}$ über Randflächen = 0). Die umgebende trockene Luft im Raum ruht und hat eine Temperatur von konstant 20 °C. Das Wasser strömt mit 62 °C in den Heizkörper ein und verlässt ihn mit 58 °C.

Nehmen Sie zur Vereinfachung an, dass sich dadurch eine mittlere Oberflächentemperatur von konstant 60 °C ergibt.

- Berechnen Sie den Wärmestrom, der über Konvektion an den Raum abgegeben wird!
- Berechnen Sie den Wärmestrom, der über Strahlung an die Wände des Raumes abgegeben wird! Die dazwischen liegende Luft hat den Transmissionskoeffizienten $d = 1$.
- Welcher Wassermassenstrom muss mindestens durch den Heizkörper geleitet werden, um die an der Oberfläche abgeführten Energien zu ersetzen?

Angenommen das Wasser wird innen durch den Plattenheizkörper von oben nach unten gepumpt und zwar so, dass sich über die gesamte Länge eine gleichmäßige Strömungsgeschwindigkeit ergibt. Die lichte Weite zwischen den Platten beträgt 3 mm, die Wanddicken sind mit 1 mm zu vernachlässigen, so dass Innenfläche = Außenfläche gesetzt werden kann.

- Berechnen Sie α_i tatsächlich! d_{gl} vom Rechteckkanal.
- Welcher α_i ist mindestens erforderlich, wenn innen der gleiche Wärmestrom übertragen werden soll wie er außen abgegeben wird? Setzen Sie zur Vereinfachung als mittlere Temperaturdifferenz $\Delta\vartheta_m$ = 1 °C von Wasser zu Wand über die gesamte Fläche!

5. Aufgabe

In den Rekuperator für den inneren Wärmeaustausch einer Kälteanlage strömt ein Massenstrom von 0,11 kg/s von dem flüssigen Arbeitsmittel R12 mit 28 °C ein und kühlt sich dort auf 12 °C ab. Im Gegenstrom dazu erwärmt sich derselbe Massenstrom an dampfförmigem R12, das mit –12 °C den Wärmeaustauscher betritt. Die Aggregatzustände ändern sich nicht. Der Wärmedurchgangskoeffizient wird mit k = 148 W/m²K angegeben. Außen ist der Wärmetauscher vollständig wärmedicht. Temperaturstrahlung wird vernachlässigt. Es werden folgende Stoffwerte hierzu angegeben: R12 flüssig 20 °C: ρ = 1328 kg/m³, c_p = 965 J/kgK, $\eta = 22{,}5 \cdot 10^{-5}$ Ns/m², λ = 0,07 W/mK, Pr = 3,05. R12 dampfförmig 0 °C: c_p = 548 J/kgK.

- Berechnen Sie die Austrittstemperatur des Dampfes und skizzieren Sie den Temperaturverlauf der beiden Massenströme über der Rekuperatorlänge!
- Berechnen Sie den übertragenen Wärmestrom und die erforderliche Übertragungsfläche des Rekuperators! Der Rekuperator besteht aus zwei konzentrisch angeordneten Rohren, wovon das eine einen Außendurchmesser von 42 mm und 2 mm Wandstärke hat und das andere einen Außendurchmesser von 35 mm und 1,5 mm Wandstärke. Das flüssige R12 strömt im Ringspalt.
- Berechnen Sie die wärmeaustauschende Länge des Rekuperators und die Wärmeübergangszahl im flüssigen R12! Nehmen Sie dabei an, die Wandtemperatur außen am Innenrohr beträgt 10 °C! $Pr_{\text{R12, 10 °C}} = 3{,}65$.
- Wie groß ist der Wärmeübergangskoeffizient innen, wenn die Wärmeleitfähigkeit der Rohrwand des inneren Rohres mit 47 W/mK angegeben ist?

- Berechnen Sie die Temperaturen im Wärmedurchgang in der Mitte des Rekuperators. Beginnen Sie von innen mit der arithmetischen Mitteltemperatur der Flüssigkeit. Vergleichen Sie Ihr Ergebnis mit der arithmetischen Mitteltemperatur des Dampfes und nehmen Sie dazu Stellung!

Lösungen unter http://www.oldenbourg-wissenschaftsverlag.de

10 Tabellen

In diesem Kapitel sind einige Stoffdaten und informative Tabellen zusammengestellt. Einige Tabellen sind auch im Text schon vorhanden und haben die gleiche Tabellennummer. In der Regel sind die Tabellen hier in diesem Kapitel erweitert bzw. für andere Aggregatzustände erweitert. Diese Erweiterungstabellen erhalten einen Buchstaben zusätzlich zur Nummerierung. Es sei noch einmal darauf hingewiesen, dass es spezielle Tabellenwerke für thermophysikalische Stoffwerte gibt, die im Quellenverzeichnis gesondert aufgeführt sind.

Die Einheiten des internationalen Maßsystems (SI-Einheiten) setze ich als bekannt voraus. Diese werden in diesem Buch ausschließlich verwendet. Allerdings gibt es aus früheren Industriestandards Größen, die heute noch verwendet werden bzw. noch in älterer Fachliteratur auftauchen. In den USA und Großbritannien wird heute noch häufig das so genannte „Imperiale Maßsystem“ verwendet. Deshalb sind in den nachfolgenden beiden Tabellen die Umrechnungsfaktoren in das SI-Einheitensystem und deren abgeleitete Größen aufgeführt.

Tabelle 10-1: Historische Einheiten[1][26]

Kraft	1 Kilopond ist mit m · g = 1 kg · 9,80665 m/s² = 9,80665 N
Druck	760 Torr = 1 physikalische Atmosphäre = 1 atm = 0,101325 MPa = 1,01325 bar
	1 technische Atmosphäre = 1 at = 1 kp/cm² = 736,56 Torr = 0,0980665 MPa
	1 Millimeter Wassersäule = 1 mmWS = 1 kp/m² = 9,80665 Pa
	1 Torr = 1 mm Hg-Säule = 133,3224 Pa
Arbeit	1 Meterkilopond = 1 m kp = 9,80665 Nm
Energie	1 Kilokalorie = 1 kcal = 426,93 m kp = 4,1868 kJ
	1 Kilowattstunde = 1kWh = 3600 kJ = 860 kcal
Leistung	1 Pferdestärke = 1 PS = 75 m kp/s = 0,73549875 kW
	1 kW = 1,3596217 PS
	1 Kilokalorie pro Stunde = 1 kcal/h = 1,163 W
Spezifische Wärmekapazität	1 kcal/kgK = 4,1868 kJ/kgK
Wärmeleitfähigkeit	1 kcal/mhK = 1,163 W/mK
Wärmeübergangskoeffizient	1 kcal/m²hK = 1,163 W/m²K
Dynamische Viskosität	1 Poise = 1 g/cm s = 0,1 Pa s
Kinematische Viskosität	1 Stokes = 1 cm²/s = 0,0001 m²/s

Tabelle 10-2a: Imperiales Maßsystem[1][26], Britische (UK) und US-Maßeinheiten

	Britisches Weltreich ohne Kanada	USA und Kanada (Flüssigkeiten)
Länge	1 inch = 1 in = 0,025400 m = 2,54 cm 1 foot = 1 ft = 12 in = 0,30480 m = 30,48 cm 1 yard = 1 yd = 3 ft = 36 in = 0,9144 m 1 mile (nautic) Seemeile = 1,853 km 1 mile (statute) Landmeile = 1,60934 km	
Fläche	1 square inch = 1 sq.in. = $0{,}64516 \cdot 10^{-3}$ m² 1 square foot = 1 sq.ft. = 144 sq.in. = 0,0092903 m² 1 square yard = 1 sq.yd. = 9 sq.ft. = 1296 sq.in. = 0,83613 m²	
Volumen	1 cubic inch = 1 cu.in. = $1{,}6387 \cdot 10^{-5}$ m³ 1 cubic foot = 1 cu.ft. = 1728 cu.in. = 0,028317 m³ 1 cubic yard = 1 cu.yd. = 27 cu.ft. = 0,76455 m³	
Hohlmaße	1 minim = $0{,}0592 \cdot 10^{-3}$ dm³	1 minim = $0{,}06161 \cdot 10^{-3}$ dm³
	1 dram = 60 minim = 3,5515 dm³	1 dram = 60 minim = 3,6967 dm³
	1 pint = 0,56826 dm³	1 pint = 0,47318 dm³
	1 quart = 2 pints = 1,1365 dm³	1 quart = 2 pints = 0,94636 dm³
	1 gallon = 4 quart = 4,5461 dm³	1 gallon = 4 quart = 3,785 dm³
	1 bushel = 8 gallon = 36,369 dm³	1 bushel = 35,239 dm³
	1 barrel = 36 gallon = 163,66 dm³	1 barrel petroleum = 158,98 dm³
	1 quarter = 8 bushels = 290,95 dm³	1 quarter = 8 bushels = 281,91 dm³
Masse	1 grain = 1 gr. = 0,0648 g 1 dram = 1 dr. = 1,7718 g 1 ounce = 1 oz. = 28,3495 g 1 pound (mass) = 1 lbm = 0,45359 kg 1 slug = 14,5939 kg	
	1 ton (long) = 1016,0469 kg	1 ton (short) = 907,1848 kg

Tabelle 10-2b: Fortsetzung Imperiales Maßsystem[1][26], Britische (UK) und US-Maßeinheiten

	Britisches Weltreich, USA und Kanada
Kraft	1 grain force = 0,0006356 N 1 pound force = 1 lbf = 4,4482 N
Druck	1 pound per square inch = 1 psi = 1lb/sq.in. = 6,89476 kPa 1 inch of water = 1 in. water = 249,089 Pa 1 inch of mercury = 1 in. Hg = 3,38639 kPa
Arbeit	1 ft.-lbf. = 1,356723 Nm
Energie	1 British thermal unit = 1 BTU = 1,05506 kJ
Leistung	1 BTU per hour = 1 BTU/hr = 0,296071 W 1 Horse-power = 1 HP = 0,74567 kW
Spezifisches Volumen	1 cubic foot per pound = 1 cft./lb = 0,062429 m^3/kg
Dichte	1 pound per cubic foot = 1 lb/cft. = 16,0182 kg/m^3
Spezifische Wärmekapazität	1 BTU/lb degF = 4,1868 kJ/kgK
Wärmeleitfähigkeit	1 BTU/ft hr degF = 1,7308 W/mK
Wärmeübergangskoeffizient	1 BTU/sq.ft. hr degF = 5,6785 W/m^2K
Dynamische Viskosität	1 lb/ft s = 1,4882 Pa s
Kinematische Viskosität	1 sq.ft/s = 0,092903 m^2/s

Tabelle 3-1a: Spezifische Wärmekapazität c_p als Funktion von T für einige Flüssigkeiten bei 0,1 MPa. Gültigkeitsbereich und Koeffizienten für Formel $c_p = A + B \cdot T + C \cdot T^2 + D \cdot T^3$. Aus [25].

Stoff	T_1	T_2	A	$B \times 10^{-4}$	$C \times 10^{-5}$	$D \times 10^{-8}$
	in K	in K	in kJ/kgK	in K^{-1}	in K^{-2}	in K^{-3}
Wasser H_2O	273	373	8,945	–405,1	11,24	–10,13
Ammoniak NH_3	197	377	–3,787	948,5	–37,31	50,6
Ethylalkohol C_2H_5OH	158	383	2,110	–20,15	–0,386	4,786
Propan C_3H_8	89	230	1,811	16,39	–0,913	4,305
Kohlendioxid CO_2	223	283	–195,1	24463	–1014	1402
Methanol CH_3OH	181	383	2,436	–15,72	–0,702	4,444
Methan CH_4	95	150	6,349	–717,5	51,8	–97,97

Tabelle 3-1b: Spezifische Wärmekapazität c_p als Funktion von T für einige Gase bei 0,1 MPa. Gültigkeitsbereich und Koeffizienten für Formel $c_p = A + B \cdot T + C \cdot T^2 + D \cdot T^3 + E \cdot T^4$. Aus [27].

Stoff	T_1	T_2	A	$B \times 10^{-3}$	$C \times 10^{-6}$	$D \times 10^{-10}$	$E \times 10^{-13}$
	in K	in K	in kJ/kgK	in K^{-1}	in K^{-2}	in K^{-3}	in K^{-4}
Wasserstoff H_2	300	1000	2,892	3,884	–8,850	86,94	–29,88
	1000	3000	3,717	–0,922	1,221	–4,328	0,5202
Stickstoff N_2	300	1000	3,725	–1,562	3,208	–15,54	1,154
	1000	3000	2,469	2,467	–1,312	3,401	–0,3454
Sauerstoff O_2	300	1000	3,837	–3,420	10,99	–109,6	37,47
	1000	3000	3,156	1,809	–1,052	3,190	–0,3629
Kohlenmonoxid CO	300	1000	3,776	–2,093	4,880	–32,71	6,984
	1000	3000	2,654	2,226	–1,146	2,851	–0,2762
Kohlendioxid CO_2	300	1000	2,227	9,992	–9,802	53,97	–12,81
	1000	3000	3,247	5,847	–3,412	9,469	–1,009
Wasserdampf H_2O	300	1000	4,132	–1,559	5,315	–42,09	12,84
	1000	3000	2,798	2,693	–0,5392	–0,01783	0,09027
Luft	300	1000	3,721	–1,874	4,719	–34,45	8,531
	1000	3000	2,786	1,925	–0,9465	2,321	–0,2229

Tabelle 3-2: Mittlere spezifische Wärmekapazitäten c_{pm} von 0 bis ϑ für einige Gase bei 0,1 MPa [24][1] in kJ/kgK. Die molare mittlere spezifische Wärmekapazität C_{pm} von 0 bis ϑ erhalten Sie durch Multiplikation mit der Molmasse in kg/kmol (siehe letzte Zeile)

ϑ [°C]	H_2	N_2	O_2	Luft	CO	CO_2	SO_2	H_2O
0	14,20	1,039	0,9150	1,004	1,039	0,8169	0,607	1,858
100	14,34	1,039	0,9227	1,007	1,041	0,8673	0,637	1,871
200	14,42	1,042	0,9351	1,012	1,046	0,9118	0,663	1,892
300	14,45	1,048	0,9496	1,019	1,054	0,9505	0,687	1,917
400	14,48	1,055	0,9646	1,029	1,064	0,9846	0,707	1,945
500	14,51	1,065	0,9787	1,039	1,074	1,0148	0,726	1,975
600	14,54	1,075	0,9922	1,050	1,087	1,0417	0,740	2,006
700	14,59	1,085	1,0044	1,061	1,097	1,0659	0,756	2,039
800	14,64	1,096	1,0154	1,071	1,110	1,0875	0,765	2,073
900	14,71	1,106	1,0256	1,082	1,120	1,1070	0,779	2,106
1000	14,78	1,116	1,0347	1,091	1,131	1,1248	0,784	2,140
1100	14,86	1,125	1,0431	1,101	1,140	1,1409	0,796	2,174
1200	14,94	1,134	1,0506	1,109	1,148	1,1554	0,804	2,207
1300	15,02	1,142	1,0578	1,117	1,157	1,1688	0,810	2,239
1400	15,11	1,150	1,0647	1,125	1,165	1,1811	0,817	2,271
1500	15,20	1,158	1,0713	1,132	1,172	1,1922	0,822	2,302
1600	15,30	1,165	1,0772	1,139	1,179	1,2027	0,827	2,331
1700	15,39	1,171	1,0828	1,145	1,186	1,2122	0,832	2,360
1800	15,48	1,177	1,0884	1,151	1,192	1,2211	0,837	2,388
1900	15,57	1,182	1,0937	1,156	1,197	1,2293	0,841	2,415
2000	15,66	1,188	1,0991	1,162	1,203	1,2370	0,844	2,441
2100	15,75	1,193	1,1041	1,167	1,208	1,2443	0,848	2,466
2200	15,84	1,198	1,1087	1,172	1,212	1,2511	0,851	2,490
2300	15,92	1,202	1,1137	1,176	1,217	1,2574	0,855	2,513
2400	16,01	1,207	1,1181	1,181	1,221	1,2633	0,858	2,536
2500	16,09	1,211	1,1228	1,185	1,225	1,2690	0,861	2,557
Molmasse	2,016	28,01	32,00	28,95	28,01	44,01	64,06	18,016

Tabelle 3-3: Mittlere spezifische Wärmekapazitäten c_m von 0 bis ϑ für einige Metalle [15] in kJ/kgK

ϑ [°C]	Al, rein	Cu, rein	Ag	Fe, rein	GG, Mittelw.	Stahl 0,6 C
0	0,90	0,38	0,22	0,460	0,51	0,472
100	0,91	0,39	0,23	0,463	0,54	0,485
300	0,95	0,40	0,24	0,468	0,57	0,510
500	0,99	0,41	0,25	0,472	0,59	0,548

Tabelle 10-3: Wahre spezifische Wärmekapazität von Wasser als Flüssigkeit bei 100 kPa.

Temperatur in °C	wahre spez. Wärmekapazität in kJ/kgK
0	4,2119
10	4,1964
20	4,1809
40	4,1855
60	4,1901
80	4,2094
100	4,2287

Tabelle 3-6: Schmelz- und Verdampfungsenthalpie bei entsprechenden Temperaturen und 0,1 MPa

Stoff	Schmelztemperatur in °C	Schmelzenthalpie in kJ/kg	Siedetemperatur in °C	Verdampfungsenthalpie in kJ/kg
Aluminium	658	386	2500	10800
Reineisen	1530	428	2730	6300
Silber	960	105	2170	2330
Glyzerin	20	200	290	828
Benzol	5,5	126	80	395
Wasser	0	332	99,6	2256
Quecksilber	–38,84	11,6	356,6	295
Methanol	–98	99,2	65	1109

Tabelle 6-1: Molmasse, c_p, R_i, κ für ideale Gase bei 0 °C nach [25][1]

Gas		c_p	Molmasse	R_i	κ
		J/kgK	*kg/kmol*	*J/kgK*	
Helium	He	5238	4,003	2077	1,667
Argon	Ar	520,3	39,95	208,1	1,667
Wasserstoff	H_2	14200	2,016	4125	1,409
Stickstoff	N_2	1039	28,01	296,8	1,400
Sauerstoff	O_2	915,0	32,00	259,8	1,397
Luft		1004,5	28,96	287,2	1,400
Kohlenmonoxid	CO	1040	28,01	296,8	1,400
Stickstoffmonoxid	NO	998,3	30,01	277,1	1,384
Chlorwasserstoff	HCl	799,7	36,46	228,0	1,400
Wasser	H_2O	1858	18,02	461,5	1,333
Kohlendioxid	CO_2	816,9	44,01	188,9	1,301
Distickstoffmonoxid	N_2O	850,7	44,01	188,9	1,285
Schwefeldioxid	SO_2	609,2	64,06	129,8	1,271
Ammoniak	NH_3	2056	17,03	488,2	1,312
Azetylen	C_2H_2	1513	26,04	319,3	1,268
Methan	CH_4	2156	16,04	518,3	1,317
Methylchlorid	CH_3Cl	736,9	50,49	164,7	1,288
Ethylen	C_2H_4	1612	28,05	296,4	1,225
Ethan	C_2H_6	1729	30,07	276,5	1,200
Ethylchlorid	C_2H_5Cl	1340	64,51	128,9	1,106
Propan	C_3H_8	1667	44,10	189,6	1,128

Tabelle 6-2: Sättigungszustand (Temperaturtafel) von Wasser. Aus [6], Seite 627, Tabelle A.1.151

ϑ	p	v'	v''	ρ''	h'	h''	r	s'	s''
°C	MPa	m³/kg	m³/kg	kg/m³	kJ/kg	kJ/kg	kJ/kg	kJ/kgK	kJ/kgK
0,00	0,0006108	0,0010002	206,3	0,00484	–0,04	2501,6	2501,6	–0,0002	9,1577
0,01	0,0006112	0,0010002	206,2	0,00485	0,00	2501,6	2501,6	0,00000	9,1575
1	0,0006566	0,0010001	192,6	0,00519	4,17	2503,4	2499,2	0,0152	9,1311
5	0,0008718	0,0010000	147,2	0,00679	21,01	2510,7	2489,7	0,0762	9,0269
10	0,0012270	0,0010003	106,4	0,00939	41,99	2519,9	2477,9	0,1510	8,9020
20	0,002337	0,0010017	57,84	0,01729	83,86	2538,2	2454,3	0,2963	8,6684
30	0,004241	0,0010043	32,93	0,03037	125,66	2556,4	2430,7	0,4365	8,4546
40	0,007375	0,0010078	19,55	0,05116	167,45	2574,4	2406,9	0,5721	8,2583
50	0,012335	0,0010121	12,05	0,08302	209,26	2592,2	2382,9	0,7035	8,0776
60	0,019920	0,0010171	7,679	0,1302	251,09	2609,7	2358,6	0,8310	7,9108
70	0,03116	0,0010228	5,046	0,1982	292,97	2626,9	2334,0	0,9548	7,7565
80	0,04736	0,0010292	3,409	0,2933	334,92	2643,8	2308,8	1,0753	7,6132
90	0,07011	0,0010361	2,361	0,4235	376,94	2660,1	2283,2	1,1925	7,4799
100	0,10133	0,0010437	1,673	0,5977	419,06	2676,0	2256,9	1,3069	7,3554
110	0,14327	0,0010519	1,210	0,8265	461,32	2691,3	2230,0	1,4185	7,2388
120	0,19854	0,0010606	0,8915	1,122	503,72	2706,0	2202,2	1,5276	7,1293
130	0,27013	0,0010700	0,6681	1,497	546,31	2719,9	2173,6	1,6344	7,0261
140	0,3614	0,0010801	0,5085	1,967	589,10	2733,1	2144,0	1,7390	6,9284
150	0,4760	0,0010908	0,3924	2,548	632,15	2745,4	2113,2	1,8416	6,8358
170	0,7920	0,0011145	0,2426	4,123	719,12	2767,1	2047,9	2,0416	6,6630
190	1,2551	0,0011415	0,1563	6,397	807,52	2784,3	1976,7	2,2356	6,5036
210	1,9077	0,0011726	0,1042	9,593	897,74	2796,2	1898,5	2,4247	6,3539
230	2,7976	0,0012087	0,07145	14,00	990,26	2802,0	1811,7	2,6102	6,2107
250	3,9776	0,0012513	0,05004	19,99	1085,8	2800,4	1714,6	2,7935	6,0708
300	8,5927	0,0014041	0,02165	46,19	1345,0	2751,0	1406,0	3,2552	5,7081
350	16,535	0,0017411	0,00880	113,6	1671,9	2567,7	895,7	3,7800	5,2177
370	21,054	0,0022136	0,00497	201,1	1890,2	2342,8	452,6	4,1108	4,8144
373,95	22,06	0,003106		321,96	2087,55		0	4,4120	

Tabelle 6-3: Stoffwerte für gesättigte feuchte Luft bei 1000 hPa [28][1], Partialdruck von Wasser, absolute Feuchte, spez. Enthalpie der feuchten Luft

ϑ	p_{H_2O}	x	h_{1+x}		ϑ	p_{H_2O}	x	h_{1+x}
°C	hPa	g_{H_2O}/kg_{Luft}	kJ/kg_{Luft}		°C	hPa	g_{H_2O}/kg_{Luft}	kJ/kg_{Luft}
–20	1,029	0,6408	–18,251		42	81,98	55,56	185,51
–18	1,247	0,7768	–16,173		44	91,00	62,28	205,1
–16	1,504	0,9371	–13,764		46	100,86	69,79	226,8
–14	1,809	1,1275	–11,279		48	111,62	78,17	250,7
–12	2,169	1,3523	–8,707		50	123,35	87,54	277,3
–10	2,594	1,6180	–6,032		52	136,13	98,04	306,9
–8	3,094	1,9308	–3,238		54	150,02	109,80	339,9
–6	3,681	2,299	–0,3056		56	165,11	123,03	376,8
–4	4,368	2,729	2,788		58	181,47	137,93	418,1
–2	5,172	3,234	6,069		60	199,20	154,75	464,6
0	6,108	3,823	9,564		62	218,4	173,83	517,1
2	7,055	4,420	13,084		64	239,1	195,49	576,5
4	8,129	5,099	16,813		66	261,5	220,3	644,3
6	9,345	5,869	20,78		68	285,6	248,7	721,8
8	10,720	6,741	25,00		70	311,6	281,6	811,3
10	12,270	7,728	29,53		72	339,6	319,9	915,3
12	14,014	8,842	34,38		74	369,6	364,7	1036,8
14	15,973	10,099	39,59		76	401,9	418,0	1181,0
16	18,168	11,512	45,22		78	436,5	481,9	1353,6
18	20,62	13,098	51,29		80	473,6	559,7	1563,5
20	23,37	14,887	57,89		82	513,3	656,1	1823,4
22	26,42	16,882	65,03		84	555,7	778,1	2152
24	29,82	19,122	72,81		86	601,1	937,5	2581
26	33,60	21,63	81,28		88	649,5	1152,8	3160
28	37,78	24,43	90,51		90	701,1	1459,3	3984
30	42,41	27,55	100,60		92	756,1	1928,6	5246
32	47,53	31,05	111,62		94	814,6	2733,5	7408
34	53,18	34,94	123,78		96	876,9	4431,7	11971
36	59,40	39,29	137,08		98	943,0	10292,4	27714
38	66,24	44,13	151,70		100	1013,3	–	–
40	73,75	49,54	167,79					

Tabelle 9-1a: Einige λ-Werte bei 20 °C und 0,1 MPa

Stoff	Wärmeleitfähigkeit λ in $\frac{W}{m \cdot K}$
Feststoffe:	
Gold	315
Aluminium (99,2 %)	210
Platin	71
Silber	458
Kupfer	400
Zink	121
Messing	113
Stahl, unlegiert	45 … 65
Chrom	86
Zinn	63
Blei	35
Quarzglas	1,36
Hartporzellan	1,2 … 1,6
Steinsalz (kristallin)	6,0 (senkrecht zur Achse)
Granit	2,8
Quarzsand (trocken)	0,3
Polystyrol (PS)	0,16
PTFE (Teflon)	0,25
Polyester (PE)	0,18
Buche	0,17 (radial, 14 Masse-% Feuchtigkeit)
Buche	0,15 (tangential, 14 Masse-% Feuchtigkeit)
Spanplatten	0,08 (verleimt)
Mörtel	0,9 … 1,4
Ziegelstein, trocken	0,38 … 0,52
Polystyrol-Hartschaum	0,025 … 0,04
Mineralfaserstoffe	0,03 … 0,05
Organische Faserstoffe	0,03 … 0,05 (Wolle, Seide)
Kork	0,041
Flüssigkeiten:	
Dieselöl	0,12
Motorenöl	0,14
Methanol	0,2
Wasser (flüssig)	0,598
Meerwasser	0,60 (bei 20 g Salzgehalt/kg Wasser)
Honig	0,5
Vollmilch	0,56 (3,5 % Fett)
Weine	0,4 … 0,5

Tabelle 9-1b: Fortsetzung einige λ-Werte bei 20 °C und 0,1 MPa

Stoff	Wärmeleitfähigkeit λ in $\frac{W}{m \cdot K}$
Gase (0,1 MPa):	
Luft	0,0259
Sauerstoff	0,0264
Stickstoff	0,0257
Wasserdampf (100 °C)	0,0246
Wasserstoff	0,1861
Xenon	0,0055

Tabelle 9-2: Stoffwerte für Flüssigkeiten bei 0,1013 MPa

Stoff	ϑ °C	ρ kg/dm³	c_p kJ/kgK	η 10^{-5} Ns/m²	ν 10^{-6} m²/s	λ W/mK	a 10^{-6} m²/s	Pr	γ 1/K
Wasser	0	0,9998	4,190	178,9	1,789	0,555	0,131	13,6	0,00006
H_2O	20	0,9982	4,183	100,5	1,006	0,598	0,143	7,03	0,00020
	40	0,9921	4,178	65,3	0,658	0,627	0,151	4,35	0,00038
	60	0,983	4,191	47,0	0,478	0,651	0,159	3,01	0,00054
	80	0,972	4,199	35,4	0,364	0,669	0,164	2,22	0,00065
	100	0,958	4,216	28,2	0,294	0,682	0,169	1,75	0,00078
	150 [1]	0,917	4,271	18,4	0,201	0,683	0,174	1,15	0,00113
	200 [1]	0,865	4,501	13,8	0,160	0,665	0,171	0,94	0,00155
Kohlendioxid	20 [1]	0,771	3,64	4,8	0,062	0,087	0,031	2,00	0,0066
CO_2	30 [1]	0,596	-	3,2	0,054	0,071	-	-	0,0147
Ammoniak	0 [1]	0,639	4,65	24,0	0,376	0,540	0,182	2,07	0,00211
NH_3	20 [1]	0,610	4,77	22,0	0,361	0,494	0,170	2,12	0,00244
Schwefel-	–20	1,485	1,273	46,5	0,313	0,223	0,118	2,65	0,00178
dioxid	0 [1]	1,435	1,357	36,8	0,257	0,212	0,109	2,36	0,00172
SO_2	20 [1]	1,383	1,390	30,4	0,220	0,199	0,103	2,14	0,00194
Spindelöl	20	0,871	1,851	1306	15,0	0,144	0,089	168,0	0,00074
	40	0,858	1,934	681	7,93	0,143	0,086	92,0	0,00075
	60	0,845	2,018	418	4,95	0,142	0,083	59,4	0,00075
	80	0,832	2,102	283	3,40	0,141	0,080	42,1	0,00076
	100	0,820	2,186	200	2,44	0,140	0,078	31,4	0,00077
	120	0,807	2,269	154	1,19	0,138	0,076	25,3	0,00078
Trans-	20	0,866	1,892	3161	36,5	0,124	0,076	481	0,00069
formatorenöl	40	0,852	1,993	1422	16,7	0,123	0,072	230	0,00069
	60	0,842	2,093	732	8,7	0,122	0,069	126	0,00070
	80	0,830	2,198	432	5,2	0,120	0,066	79,4	0,00071
	100	0,818	2,294	310	3,8	0,119	0,063	60,3	0,00072

[1]) bei jeweiligem Sättigungsdruck

Tabelle 9-3: Stoffwerte für Gase bei 0,1 MPa

Stoff	ϑ °C	ρ kg/m³	c_p kJ/kgK	η 10^{-5} Ns/m²	ν 10^{-6} m²/s	λ W/mK	a 10^{-6} m²/s	Pr	γ 10^{-3} 1/K
Wasserstoff H_2	–50	0,1085	–	0,73	67,7	0,147	–	–	–
	0	0,0886	14,235	0,84	95,1	0,176	139,3	0,68	–
	50	0,0748	14,361	0,94	125,1	0,202	188,3	0,67	–
	100	0,0649	14,444	1,03	158,9	0,229	245,2	0,65	–
	200	0,0512	14,528	1,21	236,3	0,276	362,8	0,64	–
	300	0,0423	14,570	1,39	329,5	0,297	437,4	0,64	–
Wasserdampf H_2O	100	0,589	2,135	1,28	21,7	0,0242	19,2	1,003	2,882
	200	0,461	1,926	1,66	36,1	0,0328	36,9	0,959	3,291
	300	0,379	2,010	2,01	53,1	0,0427	56,0	0,938	7,117
	400	0,322	2,052	2,35	73,0	0,0551	83,4	0,924	–
Luft	–60	1,6364	1,007	1,402	8,567	0,01983	12,0	0,71	4,719
	–40	1,4952	1,006	1,509	10,09	0,02145	14,3	0,71	4,304
	–20	1,3765	1,006	1,615	11,73	0,02301	16,6	0,71	3,962
	0	1,2754	1,006	1,710	13,41	0,02454	19,1	0,70	3,671
	20	1,1881	1,007	1,798	15,13	0,02603	21,8	0,70	3,419
	40	1,1120	1,008	1,881	16,92	0,02749	24,5	0,69	3,200
	60	1,0452	1,009	1,973	18,88	0,02894	27,4	0,69	3,007
	80	0,9859	1,010	2,073	21,02	0,03038	30,5	0,69	2,836
	100	0,933	1,012	2,16	23,15	0,0318	33,7	0,69	2,684
	200	0,736	1,026	2,59	34,94	0,0389	51,6	0,68	2,115
	300	0,608	1,047	2,96	48,09	0,0429	72,3	0,67	1,745
	400	0,518	1,068	3,29	62,95	0,0485	95,1	0,66	1,486
	600	0,399	1,114	3,88	96,08	0,0582	143,0	0,67	1,145
	800	0,324	1,156	4,44	133,6	0,0669	190	0,70	0,932
	1000	0,273	1,185	4,93	175,1	0,0762	237	0,74	0,786
Kohlendioxid CO_2	–50	2,420	–	1,13	4,67	0,0109	–	–	–
	0	1,950	0,829	1,38	7,08	0,0143	8,8	0,80	–
	50	1,648	0,875	1,62	9,80	0,0178	12,4	0,80	–
	100	1,428	0,925	1,85	12,90	0,0213	16,1	0,80	–
	200	1,125	0,996	2,29	20,40	0,0283	25,3	0,81	–
Ammoniak NH_3	0	0,761	2,169	0,93	12,3	0,022	13,4	0,92	–
	50	0,638	2,198	1,10	17,4	–	–	–	–
	100	0,551	2,232	1,30	23,6	0,030	24,4	0,97	–
	200	0,433	2,395	1,65	38,3	–	–	–	–

11 Formelzeichen, Indizes, Abkürzungen

Formelzeichen

A Fläche
A_K Kolbenfläche
a Wärmeleitzahl
a Schallgeschwindigkeit
a Absorptionskoeffizient
a Beschleunigung
b Breite

C_{12} Strahlungsaustauschkonstante
C_m Molare Wärmekapazität
c Geschwindigkeit
c_o Lichtgeschwindigkeit im Vakuum
C_L Lichtgeschwindigkeit in Materie
c spezifische Wärmekapazität
c_p, c_v spez. Wärmekapazität bei konst. Druck, - konst. Volumen
C_{mp}, C_{mv} Molare Wärmekapazität bei konst. Druck, - konst. Volumen

D Durchmesser
d_{gl} gleichwertiger Durchmesser
d Transmissionskoeffizent
d_a Außendurchmesser
d_i Innendurchmesser
d_m mittlerer Durchmesser
d_h gleichwertiger hydraulischer Durchmesser

E Energie
$\dot{E}$ Energiestrom
E_v Exergieverlust
$e_{\mathrm{Ph}(\lambda)}$ Energie eines Photons der Wellenlänge λ

F Kraft
F Freie Energie
F_i Funktion Nr. i

Gr Grashof-Zahl
g Erdbeschleunigung
g_i Masseanteil der Komponente i

H Enthalpie
Ho oberer spezifischer Brennwert
Hu unterer spezifischer Brennwert
h spezifische Enthalpie
h Planck'sches Wirkungsquantum
h_D spezifische Enthalpie von Nassdampf
h_{1+X} spezifische Enthalpie von feuchter Luft
h_L spezifische Enthalpie von trockener Luft
h_W spezifische Enthalpie von flüssigem Wasser
$\Delta h_{1,2}$ Differenz der spezifischen Enthalpien

Δh_s isentrope spezifische Enthalpiedifferenz
h^+ spezifische Totalenthalpie

i Zählvariable
i Index für beliebigen Stoff
I_{el} elektrischer Strom

$J_{1,2}$ Reibungsenergie
$j_{1,2}$ spezifische Reibungsenergie

K Korrekturkonstante

L kennzeichnende Abmessung des Strömungsfeldes

M Molmasse
M_i Molmasse der Komponente i
Ma Machzahl
m Masse
$\dot{m}$ Massenstrom
m_D Gesamtmasse von Nassdampf
m_D Masse des Wasserdampfes in feuchter Luft
m_L Masse von trockener Luft
m_{Br} Brennstoffmasse
m_{ges} Gesamtmasse

N_A Avogadrokonstante oder Loschmidt'sche Zahl
Nu Nußelt-Zahl
Nu_m mittlere Nußelt-Zahl
n Stoffmenge
n Brechungszahl
n Zählvariable

O Oberfläche

P Leistung
Pr Prandelt-Zahl
Pe Péclet-Zahl
p Druck
p_s Dampfdruck des gesättigten Dampfes
p_i Partialdruck der Komponente i
p_D Partialdruck des Wasserdampfes in feuchter Luft
p_L Partialdruck der trockenen Luft
p_{Tr} Druck am Tripelpunkt eines Stoffes
p_{tat} tatsächlicher Druck

Q Wärmemenge
$\dot{Q}$ Wärmestrom
Q_{el} elektrische Ladungsmenge
q spezifische Wärmemenge (massebezogen)
q^* dimensionslose Wärmemenge
$\dot{q}$ spezifischer Wärmestrom
$\dot{q}$ Wärmestromdichte oder Heizflächenbelastung

R allgemeine Gaskonstante
R_i individuelle Gaskonstante
$R_{i,i}$ individuelle Gaskonstante der Komponente i
Re Reynolds-Zahl
Ra Rayleigh-Zahl
R_l Wärmeleitwiderstand
R_α Wärmeübergangswiderstand
R_k Wärmedurchgangswiderstand
R_p Rauigkeitstiefe der Heizfläche
r Verdampfungsenthalpie oder Verdampfungswärme
r_i Raumanteil der Komponente i
r Radius

S Entropie
s spezifische Entropie
s_D spezifische Entropie von Nassdampf
s Hub bei Kolbenmaschinen

T Absolute Temperatur
T_o obere Prozesstemperatur
T_u untere Prozesstemperatur

T_{Tr} Temperatur am Tripelpunkt eines Stoffes
T_S Temperatur am Siedepunkt (Taupunkt) eines Stoffes
T_τ Temperatur am Taupunkt eines Stoffes
T_{amb} Umgebungstemperatur
t Zeit

U Innere Energie
u spezifische Innere Energie
U_{el} elektrische Spannung

V Volumen
V_h Hubvolumen
V_c Kompressionsvolumen
V_S Schadraum beim Kompressor
v spezifisches Volumen
v_D spezifisches Volumen von Nassdampf

W Arbeit
W_v Volumenänderungsarbeit
W_t technische Arbeit
W_W Wellenarbeit
W_{el} elektrische Arbeit
w spezifische Arbeit
w_t spezifische technische Arbeit
w_v spezifische Volumenänderungsarbeit
w_W spezifische Wellenarbeit
w_{el} spezifische elektrische Arbeit

x absolute Feuchte
x_D Dampfgehalt
x_S absolute Feuchte bei $\varphi=1$

z Höhe
Δz Höhendifferenz
z Variable für Anzahl

α Wärmeübergangszahl
α_m mittlere Wärmeübergangszahl

γ Raumausdehnungskoeffizient

ϑ Celsiustemperatur
ϑ_W Wandtemperatur
ϑ_F Fluidtemperatur
$\Delta\vartheta$ Temperaturdifferenz

δ Wandstärke
ε Verdichtungsverhältnis
ε_0 Schadraumverhältnis
$\varepsilon_{\mathrm{KM}}$ Leistungsziffer bei Kältemaschinen
$\varepsilon_{\mathrm{WP}}$ Leistungsziffer bei Wärmepumpen
Emissionskoeffizient

ζ Hilfsfunktion
ζ exergetischer Wirkungsgrad

η dynamische Viskosität
η Wirkungsgrad
η_{th} thermischer Wirkungsgrad
$\eta_{th,C}$ thermischer Wirkungsgrad des Carnot-Prozesses
$\eta_{th,\mathrm{v}}$ thermischer Wirkungsgrad des Gleichraum-Prozesses
$\eta_{th,p}$ thermischer Wirkungsgrad des Gleichdruck-Prozesses
$\eta_{th,S}$ thermischer Wirkungsgrad des Seiliger-Prozesses
$\eta_{th,St}$ thermischer Wirkungsgrad des Stirling-Prozesses
$\eta_{th,J}$ thermischer Wirkungsgrad des Joule-Prozesses
η_v Wirkungsgrad des vollkommenen Ottomotors
η_e effektiver Wirkungsgrad des realen Ottomotors
$\eta_{s,V}$ isentroper Verdichterwirkungsgrad
$\eta_{s,T}$ isentroper Turbinenwirkungsgrad
$\eta_{s,S}$ isentroper Düsenwirkungsgrad
$\eta_{s,D}$ isentroper Diffusorwirkungsgrad

κ Isentropenexponent

λ Wellenlänge

λ Wärmeleitfähigkeit

λ_1 Füllungsverlust durch Rückexpansion

ν kinematische Viskosität

ν Frequenz einer Schwingung

ρ Dichte

σ Schmelzenthalpie oder Schmelzwärme

σ Strahlungskonstante des schwarzen Körpers

π Verdichterdruckverhältnis

π Kreiskonstante

τ Schubspannung

φ relative Feuchte

φ Geschwindigkeitsbeiwert an Düsen

$\Phi_{(\lambda)}$ Strahlungsintensität bei der Wellenlänge λ

Φ Gesamtstrahlungsintensität

ψ Molanteil

ψ_i Molanteil der Komponente i

ω Winkelgeschwindigkeit

Indizes

2	Endzustand bei einer Zustandsänderung
1,2	bei Änderung vom Zustand 1 nach 2
'	gesättigte Flüssigkeit
"	trockener Dampf
ges	Gesamt
S	Siedepunkt (Taupunkt)
$1+x$	Feuchte Luft
L	trockene Luft
W	flüssiges Wasser
amb	Umgebung
OT	Oberer Totpunkt beim Hubkolbenmotor
UT	unterer Totpunkt beim Hubkolbenmotor
W	Wand
i	innen
a	außen
rev	reversibel
$irrev$	irreversibel

Abkürzungen

0. HS	0. Hauptsatz der Thermodynamik
1. HS	1. Hauptsatz der Thermodynamik
2. HS	2. Hauptsatz der Thermodynamik
3. HS	3. Hauptsatz der Thermodynamik
GUD	Gas und Dampf
KM	Kältemaschine
WP	Wärmepumpe

12 Literaturverzeichnis

[1] Langeheinecke, Klaus. Thermodynamik für Ingenieure. 5. Auflage. Vieweg-Verlag. Wiesbaden 2004. ISBN 3-528-44785-0

[2] Cerbe, Günter/Hoffmann, Hans-Joachim. Einführung in die Thermodynamik. Von den Grundlagen zur technischen Anwendung. 14. Auflage. Carl Hanser Verlag. München, Wien 2005. ISBN 3-446-40281-0

[3] Frohn, Arnold. Einführung in die Technische Thermodynamik. Aula-Verlag. Wiesbaden 1989. ISBN 3-89104-497-6

[4] Müller, Ingo. Grundzüge der Thermodynamik mit historischen Anmerkungen. Springer-Verlag. Berlin, Heidelberg 1994. ISBN 3-540-58158-8

[5] Lucas, Klaus. Thermodynamik. Die Grundgesetze der Energie- und Stoffumwandlungen. Springer-Verlag. Berlin, Heidelberg 1995. ISBN 3-540-58925-2

[6] Sonntag/Van Wylen. Introduction to Thermodynamics. John Wiley & Sons Inc. Canada, USA. ISBN 0-471-61427-0

[7] Kittel/Krömer. Physik der Wärme. 4. Auflage. R. Oldenbourg Verlag München, 1993. ISBN 3-486-22478-6

[8] Dietzel, Fritz. Technische Wärmelehre. Grundlagen für Maschinenbau-Ingenieure. 2. Auflage. Vogel-Verlag. Würzburg 1982. ISBN 3-8023-0089-0

[9] VDI-Wärmeatlas. CD-ROM. Springer-Verlag. Berlin, Heidelberg 1998. ISBN 3-540-14620-2

[10] Baehr, H.-D. Thermodynamik. 12. Auflage. Springer-Verlag. Berlin, Heidelberg 2005. ISBN 3-540-23870-0

[11] Klaus Groth. Kompressoren. Grundzüge des Kolbenmaschinenbaus II. Vieweg-Verlag. ISBN 3-528-06676-8

[12] Windisch, H. Vorlesungsskript Kolbenmaschinen. 3. Auflage. Fachhochschule Heilbronn

[13] Herr, Horst. Wärmelehre. Europa-Verlag. ISBN 3-8085-5061-9

[14] DUBBEL interaktiv. CD-ROM. Springer-Verlag. Berlin, Heidelberg 1999. ISBN 3-540-14780-2

[15] Berties, Werner. Übungsbeispiele aus der Wärmelehre. Vieweg-Verlag 1989. ISBN 3-528-94905-8

[16] Bohl/Elmendorf. Technische Strömungslehre. 13. Auflage. Vogel-Verlag. Kamprath-Reihe, 2005. ISBN 3-8343-3029-9

[17] Baehr, Stephan. Wärme und Stoffübertragung. Springer-Verlag. Berlin, Heidelberg 1994. ISBN 3-540-55086-0

[18] Schlünder, E.-U. Einführung in die Wärmeübertragung. 7. Auflage. Vieweg-Verlag. ISBN 3-528-63314-X

[19] Grigull, U. Wärmeübertragung durch Strahlung. Springer-Verlag Berlin, Heidelberg 1991. ISBN 3-540-52710-9

[20] Hadamovsky/Jonas. Solarstrom, Solarwärme. Vogel-Verlag. Kamprath-Reihe, 1996. ISBN 3-8023-1563-4

[21] Eastop/McCokey. Applied Thermodynamics. 5th edition. Addison Wesley Longman Ltd. 1997. ISBN 0-582-09193-4

[22] Wagner, Walter. Wärmeübertragung. Vogel-Verlag. Kamprath-Reihe, 1993. ISBN 3-8023-1491-3

[23] Wagner, Walter. Wärmeaustauscher. Vogel-Verlag. Kamprath-Reihe, 1993. ISBN 3-8023-1451-4

[24] Stephan, K./Mayinger, F. Thermodynamik, Band 1 Einstoffsysteme, 15. Auflage. Springer-Verlag. Berlin 1998

[25] Grigull/Blanke. Thermophysikalische Stoffgrößen. Springer-Verlag. Berlin, Heidelberg 1989. ISBN 3-540-18495-3

[26] DUBBEL. Band 1+2. 13. Auflage. Springer-Verlag. Berlin, Heidelberg 1974. ISBN 3-540-006389-7

[27] Jones, J.B./Dugan, R.E. Engineering Thermodynamics. New Jersey, USA 1996

[28] Stephan, K./Mayinger, F. Thermodynamik. Band 2 Mehrstoffsysteme. 14. Auflage. Springer-Verlag. Berlin 1999

[29] www.wikipedia.de

Quellen für Stoffwerte

[30] VDI-Wärmeatlas. CD-ROM. Springer-Verlag. Berlin, Heidelberg 1998. ISBN 3-540-14620-2

[31] JANAF Thermochemical Tables. Third Edition. Part I and II. Vol. 14 1985

[32] Properties of Water and Steam in SI-Units. Second Printing. Springer-Verlag. Berlin

[33] Recknagel/Sprenger/Hönmann. Taschenbuch für Heizung und Klimatechnik. Oldenbourg-Verlag. München 1992

13 Fachwörterlexikon

Deutsch – Englisch

A

Abbrandverhalten *combustion behaviour*
Abfluss (aus Fabrik, usw.) *discharge*
abführen *to dissipate*
Abgas (Kfz) *combustion gas, exhaust gas*
Abgasrückführung *exhaust gas recirculation*
Abgasturbolader *exhaust gas turbocharger*
Abgaszusammensetzung *structure of the exhaust gas*
Ablagerung *deposit*
abscheiden *to separate*
abschirmen *to screen off*
Abschirmung *shielding*
Abschrecken *quenching, chilling*
Absperrventil *stop valve*
Abstellventil *stopping valve*
abstrahlen *to emit, to radiate*
adiabat *adiabatic*
Aldehyd *aldehyde*
amorph *amorphous*
Analyse *analysis*
analyse *analysieren*
analysieren *to analyse*
Anergie *anergy*
anfänglich (zu Beginn) *initially*
Anfangsenthalpie *initial enthalpy*
Anlage *plant*
Ansaugen *suction, priming (pump)*
ansaugen *to prime (pump)*
Ansaugkanal *suction pipe*
Ansaugluft *intake air*
Anschluss *connection, junction*
Anschlussgewinde *connecting thread*
Anschlussleitung (elektr.) *connecting line*
Anschlussleitung (Rohr) *supply pipe*
Anspringverhalten *light-off performance*
Anziehungskräfte *gravitational forces*
Arbeitsaufwand *expenditure of work*
Arbeitsbereich *working range*
Arbeitsgleichung *equation of work*
Arbeitsmaschine *machine*
Arbeitsprozess *working process*
Arbeitsraum *working area*
Arbeitsvolumen *working volume*
Arbeitszyklus, Arbeitsspiel *operating cycle*
Aromaten *aromatic compounds*
Atmosphäre *atmosphere*
ausdehnen *to expand, to stretch, to extend*
Auszentrifugieren *centrifuging/hydro-extraction*
Avogadrokonstante *Avogadro's number*

B

Bauform *structural shape*
Bauteil *component*
Bedeutung *significance*
Belüftungsöffnung *ventilation aperture*
Benzol *benzole*
Beschleunigung *acceleration*

Bestandteil *constituent*
Betriebstemperatur *working temperature*
bewerten *to evaluate*
Blockheizkraftwerk *block-type thermal power station*
brennbar *combustible*
Brenner *burner*
Brennerdüse *burner nozzle*
Brenngesetz *combustion law*
Brennkraftmaschine *internal combustion engine*
Brennraum *combustion chamber*
Brennraumabmessung *dimension of the combustion chamber*
Brennstoff *fuel*
Brennstoffmasse *fuel mass*
Brennstoffmassenstrom *fuel mass flow*
Brennstoffzelle *fuel cell*
Brennverlauf/Brennverhalten *combustion behaviour*
Brennwert *gross calorific value*
Buten *butene*

C

Carnot-Prozess *Carnot cycle*
chemische Vergiftung *chemical poisoning*
Cyclohexan *cyclohexane*
Cycloparaffin *cycloparaffin*

D

Dampf (Wasser) *steam*
Dampf allgemein *vapour*
Dampfblasenbildung *vapour lock*
Dampfdruckkurve *vapour-pressure-curve*
Dampfkraftwerk *steam power plant*
Darstellung *illustration*
Destillation *distillation*
Destillations-Kolonne *distillation column*
Dichte *density*
Dichtung *seal*
Dieselmotor *diesel engine*
Diffusor *diffuser*
Direkteinspritzung *direct injection*
Dissoziation *dissociation*
Drehkraft *torsional force*
Drehmoment *torque*
Drehrichtung *sense of rotation*
Drehzahl *speed*
Drehzahlband *speed range*
Drehzahlsensor *speed sensor*
Dreiwegekatalysator *three-way catalytic converter*
Drosselklappe *throttle valve*
Drosselventil *throttle valve*
Drosselverluste *throttling loss*
Druck *pressure*
Druckfestigkeit *resistance to pressure*
Druckkammer *pressure chamber*
Druckregler *pressure controller*
Druckspannung *compressive strain*
Durchbrennen *burning out*
Durchflusscharakteristik *characteristic line of flow*
Durchmesser *diameter*
Durchsatz *massflow*
Düse *jet, nozzle*

E

effektiver Wirkungsgrad *effective efficiency*
Eigenschaft, -en *property, properties*
einatomig *monatomic*
Einheit *unit*
Einsatzstahl *case hardened steel*
Einspritzdüse *injection nozzle*
Einspritzstrahl *nozzle jet*
Einspritzventil *injection valve*
Einspritzzeit *injection time*
Einzylindertriebwerk *single-cylinder engine*
Elektrode *electrode*
Elektromaschine *electric machine*
Elektron *electron*
Energie *energy*
Energieerzeugung (umgangssprachlich) *power generation*
Energieverlust *loss of energy*
Entflammung *ignition*
Enthalpie *enthalpy*
Entropie *entropy*
Entropieänderung *entropy change*
Erdöl *mineral oil*
erneuerbar *regenerative*
Erster Hauptsatz *first law of thermodynamics*

erwärmen *to heat*
Exergie *exergy*
expandieren *to expand*
Expansionsmaschine *expansion engine*
extensive Zustandsgrößen *extensive properties*

F

Federkraft *resilience*
fest *solid*
feucht *humid*
Feuchte *humidity*
feuchte Luft *moist air*
Feuchte, relative *relative humidity*
Feuchtkugel-Temperatur *wet-bulb temperature*
Fliehkraft *centrifugal force*
Fliehkraftunterstützung *centrifugal support*
Fließverhalten *flow behaviour*
Fluid *fluid*
flüssig *liquid*
freie Weglänge *free path*

G

Gas *vapour*
gasförmig *gaseous*
Gaskonstante allgemeine *universal gas constant*
Gaskonstante individuelle *gas constant*
Gaskraft *gas force*
Gasmischung idealer Gase *mixture of ideal gases*
Gasturbine *gas turbine*
Gebläse *blower, fan*
Gegenstromrekuperator *counter-flow-recuperator*
Gleichstromrekuperator *parallel-flow-recuperator*
Gemisch *mixture*
Gemischbildung *carburation*
Gemischqualität *quality of the mixture*
Gemischzusammensetzung *mixture strength*
Genauigkeit *accuracy*
Genauigkeit, mit guter *with reasonable accuracy*
Generator *generator*
Gerät *device*
Gesamtemission *total emission*
gesättigt *saturated*
Geschwindigkeitsverteilung *velocity distribution*
Getriebe *gear*
Gewichte *weights*
Gewichtsanteil *mass fraction*
Gleichdruck-Prozess *constant pressure process*
Gleichgewicht *equilibrium*
Gleichraum-Prozess *constant volume process*
Gleichspannungsquelle *constant voltage source*
Gleichstrom-Generator *direct-current (d.c.) generator*
Gleichung *equation*
Grashof-Zahl *Grashof number*
Grauer Körper *grey body*
Grenze *boundary*
Gusseisen *cast iron*

H

Hebelarm *lever arm*
Heisenbergsche Unschärferelation *Heisenberg uncertainty Principle*
heiße Stellen *hot spots*
Heizelement *heating element*
Heizwert *net calorific value*
Heptan *heptane*
Hilfsaggregate *auxiliaries*
Hilfsantrieb *auxiliary power plant*
homogen *homogenous*
Hub *stroke*
Hub/Bohrungsverhältnis *stroke-bore ratio*
Hubkolben *reciprocating piston*
Hubkolbenmaschine *reciprocating piston engine*
Hubraum (des Motors) *cubic capacity (of the engine)*
Hubvolumen *swept volume*
hybrid *hybrid*
Hydraulik-Motor *hydraulic engine*

I

ideales Gas *ideal-gas (perfect gas)*
indiziert *indicated*
indizierte Leistung *indicated power*
Innendurchmesser *internal diameter*
Innenwiderstand *internal resistance*
Innere Energie *internal energy*
innere Gemischbildung *internal carburation*
innerer Kraftfluss *internal flow of force*
innerer Wirkungsgrad *internal efficiency*

Integrator *integrator*
intensive Zustandsgrößen *intensive properties*
Ionenleiter *ion conductor*
Ionenwanderung *ion transference*
Ionisation *ionisation*
irreversibel *irreversible*
isentrop *isentropic*
Isentropenexponent *isentropic index of compression (expansion)*
isobar *isobaric*
isochor *isochoric*
isolieren *to insulate*
Isolierteil *insulating part*
Isolinie *isogram*
isotherm *isothermal*
instationär *instationary*

J

Joule-Prozess *Brayton cycle*

K

Kältemaschinen *refrigerators*
Kältemittel *refrigerant*
Kapillarrohr *capillary tube*
Katalysator (Kfz) *catalytic converter*
katalytischer Reaktor *catalytic reactor*
Kenngröße *characteristic number*
Kennlinie *characteristic curve/line*
Kennzahl *characteristic number*
Keramikmasse *ceramic mass*
kinetische Energie *kinetic energy*
Klassifikation *classification*
Klimakompressor *air conditioning compressor*
Klopfen (Motor) *engine knock(ing)*
Klopffestigkeit *knock resistance*
Klopfregelung *electronic spark control*
Klopfsensor *spark knock sensor*
Knickfestigkeit *buckling strength*
Koeffizient *coefficient*
Kohlendioxid *carbon dioxide*
Kohlenmonoxid *carbon monoxide*
Kohlenstoff *carbon*
Kohlenwasserstoff *hydrocarbon*
Kolben *piston*
Kolbendruck *piston pressure*
Kolbenfläche *piston area*
Kolbenmaschine *piston engine*
Komponente *component*
kompressible Stoffe *compressible substance*
Kompressionshub *compression stroke*
Kompressionsvolumen *compression volume*
Kompressor *compressor*
Kondensat *condensate*
Kondensator *condenser*
kondensieren *to condense*
konisch *conical*
Kontrollfläche *control surface*
Kontrollraum *control volume*
Konvektion *convection*
Konvektion, erzwungen *forced convection*
Konvektion, frei *natural convection*
Koordinatensystem *co-ordinate system*
Körper *body*
Korrosionsfestigkeit *resistance to corrosion*
Korrosionsinhibitor *inhibitor of corrosion*
Korrosionsschutz *protection against corrosion*
Kraft *force*
Kraftfluss *flow of force*
Kraftmaschine *engine*
Kraftrichtung *direction of force*
Kraftstoff *fuel*
Kraftstofftank *fuel tank*
Kraftstoffversorgung *fuel supply*
Kraftstoffzulauf *fuel entry*
Kraft-Wärme-Kopplung *combined power and heat generation*
Kreisprozess *cyclic process*
Kreisprozesse *cyclic processes*
Kreuzstrom-Rekuperator *cross-flow-recuperator*
kritischer Punkt *critical point*
Kugelventil *ball valve*
kühlen *to cool*
Kühler (Kfz) *radiator*
Kühlmittel *coolant*
Kühlmittelpumpe *cooling pump*
Kupplung *clutch*
Kurbelgehäuse *crankcase*
Kurbelkröpfung *crank of the shaft*
Kurbelradius *crank throw*
Kurbelstellung *position of the crankshaft*

Kurbeltrieb *crank gear, crank mechanism*
Kurbelwelle *crankshaft*
Kurbelwellendrehzahl *crankshaft speed*
Kurbelwinkel *crank angle*
Kurbelzapfen *crank pin*

L

Laborentwicklung *laboratory development*
Ladungswechsel *charge exchange*
Lager *bearing*
Lagerbronze *bronze for bearings*
Lagerbuchse *bearing bush*
Lagerschale *bearing shell*
Lagerung *bedding*
Lambda (Motor) *air-fuel ration (A/F)*
laminare Flammenfront *laminar flame front*
laminare Strömung *laminar flow*
laminare Unterschicht *laminar sub-layer*
Längenausdehnungskoeffizient *coefficient of linear expansion*
Leckage *leakage*
Leckspalt *leakage slot*
Leerlauf *idling/no-load running*
leisten *render*
Leistung *power, rate of work*
Leistungsbremse *dynamometric brake*
Leistungscharakteristik *characteristic line of power*
Leistungsgleichung *equation of power*
Leistungsziffer einer Kältemaschine *coefficient of performance for a refrigerator*
Leistungsziffer einer Wärmepumpe *coefficient of performance for a refrigerator*
Lichtmaschine *generator*
Liefergrad *volumetric efficiency*
Linie gesättigten Dampfes *saturated-vapour line*
Linie gesättigter Flüssigkeit *saturated-liquid line*
Linkslauf *counter clockwise*
Löslichkeit *fugacity*
Lösung (chemisch) *fugacy*
Lösung (eines Problems) *solution*
Luft *air*
Luftabscheidung *air separation*
Lüfter *fan*
Luftfilter *air purifier*
Luft-Kraftstoffverhältnis *air fuel ratio*
Luftmenge *air volume*
Lufttrockner *air drier*
Luftverschmutzung *air pollution*
Luftwiderstand *air resistance*
Luftwiderstandsbeiwert *drag coefficient*

M

Magnetventil *electrovalve*
makroskopisch *macroscopic*
Masse *mass*
Massenerhaltung *conservation of mass*
Massenkraft *inertia force*
Massenkraft, oszillierende *oscillating inertia force*
Massenkraft, rotierende *rotary inertia force*
Massenstrom *mass flow*
Massenstrom *mass rate of flow*
Massenträgheitsmoment *mass moment of inertia*
mechanischer Wirkungsgrad *mechanical efficiency*
mechanisches Gleichgewicht *mechanical equilibrium*
Mediumskraft *medium force*
mehratomig *polyatomic*
Mehrphasensystem *multiphase system*
Mehrschichtige Wand *composite wall*
mehrstufige Kompression *multistage compression*
Mehrzylindertriebwerk *multicylinder engine*
mikroskopisch *microscopic*
Mischung *mixture*
Mischungsverhältnis *ratio of mixture*
Mischwärmetauscher *mixed-flow recuperator*
mittlere logarithmische Temperaturdifferenz *logarithmic mean temperature difference*
mittlere (Geschwindigkeit) *mean (speed)*
Molanteil *mole fraction*
Molekül *molecule*
Molekülabstände *intermolecular distance*
molekular *molecular*
Mollier-Diagramm *Mollier diagram*
Molmasse *molar mass*
Moment *moment*

N

nachhaltig *sustainable*

Nachoxidation *postoxidation*
Naphthen *naphthene*
Nassdampf *wet vapour*
Nennleistung *nominal power*
Niederdruck *low pressure*
Nitrierstahl *nitriding steel*
Nocken *cam*
Nockenwelle *camshaft*
Notstromaggregat *stand-by unit*
Nulllast *no load*
Nullter Hauptsatz *zeroth law of thermodynamics*
Nußelt-Zahl *Nusselt number*
Nutzhub *useful stroke*
Nutzleistung *useful effect*

O

Oberfläche *surface*
Oberflächenspannung *surface tension*
Oktan *octane*
Oktanzahl *octane number*
Öldruck *oil pressure*
Olefin *olefin*
Ölfilter *oilpan screen*
Ölkühler *oil cooler*
Ölpumpe *oil pump*
oszillierend *oscillating*
Ottokraftstoff *carburettor fuel*
Ottomotor *Otto engine*
Oxidation *oxidation*
Ozon *ozone*

P

Paraffin *paraffin/limit hydrocarbon*
Partialdruck *partial pressure*
Partialvolumen *partial volume*
Perpetuum mobile *perpetual motion machine*
phänomenologische Thermodynamik *classical thermodynamics*
Phase *phase*
Plasmaspritzschicht *plasma spray coat*
Platin *platinum*
Plattenwärmetausche *plate heat exchanger*
Polymer *polymer*
polytrop *polytropic*
Polytropenexponent *polytropic exponent*
porös *porous*
Potential *potential*
Potentialunterschied *potential difference*
Potentielle Energie *potential energy*
Prandtl-Zahl *Prandtl number*
Promotoren *catalyst promoters*
Prozess *process*
Prüfung *test*
Pumpe *pump*

Q

Quantenmechanik *quantum mechanics*
Quantenzahl *quantum number*
quasistatisch *quasi-equilibrium*
Quecksilber *mercury*

R

radioaktiv *radioactive*
Raketenmotor *rocket engine*
Reaktion, chemische *chemical reaction*
realer Motor *real engine*
Rechtslauf *clockwise*
Reduktion *reduction*
Reflektionsgrad *reflectivity*
Regel *rule*
Regelkreis *control circuit*
Regenerator *regenerator*
Reibarbeit *friction work*
Reibleistung *friction power*
Reibung *friction*
Reibungsverlust *friction loss*
reiner Soff *pure substance*
Rekuperator *recuperator*
relative Feuchte *relative humidity*
reversibel *reversible*
Reynolds-Zahl *Reynolds number*
Rhodium *rhodium*
Rippe *finn*
rotierend *rotary*
ruhend *quiescent*
Ruß *soot*

S

Sättigung *saturation*
Sättigungsdruck *saturation pressure*

Sättigungstemperatur *saturation temperature*
Sauerstoff *oxygen*
Saugmotor *aspirating engine*
Saugstrahlpumpe *jet ejector*
Schadstoffemission *pollutant emission*
Schallgeschwindigkeit *sonic velocity*
Schaufel (Turbine) *blade*
Schergeschwindigkeit *shear speed*
Scherstabilität *shear stability*
Scherung *shearing action/shear*
Schieber *slide*
schmelzen *to fuse*
Schmelzlinie *fusion line*
Schmelzpunkt *melting point*
Schmieröl *lubricating oil/motor oil*
Schmierstoff *lubricant*
Schmierung *lubrication*
Schnittbild *cutaway view*
Schwarzer Körper *black body*
Schwefel *sulphur*
Schwefeldioxid *sulphur dioxide*
Schwefelgehalt *sulphur content*
Schwerkraft *gravity*
Schwimmer *float*
Schwingungsdämpfer *oscillation damper*
Schwungrad *flywheel*
Seiligerprozess *Seiliger cycle*
selektive Strahlung *selective radiation (emission)*
Siedebereich *boiling range*
Siedelinie *boiling point curve*
Signalverstärker *signal amplifier*
Skizze *sketch*
Spalt *gap*
Spannung *voltage*
Spannungen (im Festköper) *stresses*
Speicher *storage*
Speisewasser *feedwater*
Speisewasservorwärmer *economiser*
spezifische Wärmekapazität b. konst. Druck *constant pressure specific heats*
spezifische Wärmekapazität b. konst. Volumen *constant volume specific heats*
spezifische Arbeit *work per unit mass*
spezifische Enthalpie *specific enthalpy*
spezifische Entropie *specific entropy*
spezifische indizierte Arbeit *specific indicated work*
spezifische Wärmekapazität *specific heat*
spezifisches Volumen *specific volume*
Spiel *clearance*
stationär *steady*
stationärer Fließprozess *steady-flow process*
stationärer Zustand *steady state*
Stell- und Regelglied *control element*
Steuergerät *control equipment*
Stickstoffdioxid *nitrogen dioxide*
Stickstoffmonoxid *nitrogen monoxide*
Stirling-Prozess *Stirling cycle*
stöchiometrisch *stoichiometric*
Stoff *substance*
Stoffmenge *number of moles*
Strahl *jet*
Strahltriebwerk *jet engine*
Strahlung *radiation*
Strom elektrisch *electric current*
Strömungsmaschine *dynamical type compressor*
Strömungswiderstand *flow resistance*
Stufe (Kompressor) *stage*
Sublimationslinie *sublimation line*
System *system*
Systemdruckregler *system pressure controller*
Systemgrenze *system boundary*

T

Taupunkt *dew point*
Teilchenzahl *number of particles*
Teilung *partition*
Tellerfeder *disk spring*
Temperatur *temperature*
Temperatur-Skala *temperature scale*
Temperaturausgleich *temperature equalisation*
Temperaturfühler *temperature probe*
Temperaturschwelle *thermal threshold*
thermisch *thermal*
thermisches Gleichgewicht *thermal equilibrium*
Thermoventil *thermovalve*
These *proposition*
Tieftemperaturspeicher *cryogenic storage*
Toluol *toluol*
Torsionsschwingung *torsional oscillation*

Totalenthalpie *total enthalpy*
Treibhauseffekt *greenhouse effect*
Treibhausgas *greenhouse gas*
Triebwerk *engine*
Triebwerksreibung *engine friction*
Tripelpunkt *triple point*
Turbine *turbine*

U

überhitzter Dampf *superheated steam*
Übersättigung *supersaturation*
übertragen *to transfer*
Überwachung *monitoring*
Umgebung *surroundings*
umkehrbar *reversible*
Umschaltventil *reversing valve*
Umwelt *environment*
Undichtigkeit *leakage*
ungesättigt *unsaturated*
Ungleichförmigkeitsgrad *degree of irregularity*
ungleichmäßige Geschwindigkeit *variable velocity*
Ungleichung *inequality*

V

variabler Hub *variable stroke*
Ventil *valve*
Verbrennung *combustion*
Verbrennungsaussetzer (Motor) *misfire*
Verbrennungsluftverhältnis *combustion air ratio*
Verbrennungsmotor *combustion engine*
Verbrennungsprodukt *product of combustion*
Verbrennungsverfahren *combustion process*
Verbundwerkstoff *composite material*
Verdampfen *evaporate*
Verdampfer (Wasser) *steam generator*
Verdampfer, allgemein *evaporator*
Verdampfungslinie *vaporisation line*
verdichten *to compress*
Verdichter *compressor*
Verdichtungsverhältnis *compression ratio*
Verdränger *plunger*
Verflüssigung *liquefaction*
Verfügbarkeit *availability*
Verhalten *behaviour*
Verkokung *coking*
Vernetzung *cross linking*
Verschleiß *wear*
Versorgung *supply*
Verzögerungsventil *delay valve*
Viskosität *viscosity*
vollkommener Motor *perfect engine*
Volumenanteil *volume fraction*
Volumenbezeichnung *designation of volume*
volumetrischer Wirkungsgrad *volumetric efficiency*
voraussetzen *to imply*
Vorstellung *notion*
vorwärmen *to preheat*
Vorwärmer *preheater*

W

Wahrscheinlichkeit *probability*
Wandstärke *thickness*
Wärmeabfuhr *heat removal, heat dissipation*
Wärmeausdehnung *thermal expansion*
Wärmedurchgang *heat transmission*
Wärmedurchgangskoeffizient *overall heat transfer coefficient*
Wärmekraftmaschinen *heat-engines*
Wärmeleitfähigkeit *caloric conductivity (thermal cond.)*
Wärmeleitung *heat conduction*
Wärmepumpe *heat pump*
Wärmeschutzdichtung *heat protection seal*
Wärmetauscher *heat exchanger*
Wärmeübergang *heat transfer*
Wärmeübergangskoeffizient *heat transfer coefficient*
Wärmeübertragung *heat transfer*
Wärmeverlust *heat loss*
Wärmezufuhr *heat addition*
Warmfestigkeit *resistance to heat*
Wasserpumpe *cooling water circulating pump*
Wasserstoff *hydrogen*
Wasserwirbelbremse *fluid friction dynamometer*
Wechselkraft *alternating force*
Wechselstrom-Generator *alternating current (a.c.) generator*
Wechselstrommotor *alternating current (a.c.) motor*

Welle *shaft*
Wellenlänge *wavelength*
Winkelgeschwindigkeit *angular velocity*
Wirbel (Ez.) *vortex*
Wirbel (Mz.) *vortices*
Wirbelstrombremse *eddy current brake*
Wirkungsgrad *efficiency*

X

Xylol *xylene*

Z

Zähigkeit des Kraftstoffes *viscosity of fuel*
Zählrichtung *direction of counting*
Zahnrad *toothed wheel*
Zahnriemen *toothed belt*
Zahnstange *toothed rack*
Zapfen (Kurbelwelle) *crank pin*
Zeit *time*
Zufluss *intake*
Zugbelastung *tension load*
Zugfestigkeit *tensile strength*
Zündung *ignition*
Zustand *state*
Zustandsänderung *change in state*
zweiatomig *diatomic*
Zweiter Hauptsatz *second law of thermodynamics*
Zwischenflansch *intermediate flange*
Zwischenkühlung *intercooling*
Zwischenüberhitzung *reheat*
Zyklon *cyclone*
Zylinderabmessung *dimension of the cylinder*
Zylinderachse *cylinder axis*
Zylinderanordnung *arrangement of cylinders*
Zylinderdruck *cylinder pressure*
Zylinderinnenströmung *inner flow of the cylinder*
Zylinderkopf *cylinder head*
Zylinderrohr *cylinder pipe*
Zylinderwand *cylinder wall*

Englisch – Deutsch

A

acceleration *Beschleunigung*
accuracy *Genauigkeit*
adiabatic *adiabat*
air *Luft*
air conditioning compressor *Klimakompressor*
air drier *Lufttrockner*
air fuel ratio *Luft-Kraftstoffverhältnis*
air pollution *Luftverschmutzung*
air purifier *Luftfilter*
air resistance *Luftwiderstand*
air separation *Luftabscheidung*
air volume *Luftmenge*
air-fuel ration (A/F) *Lambda (Motor)*
aldehyde *Aldehyd*
alternating current (a.c.) generator *Wechselstrom-Generator*
alternating current (a.c) motor *Wechselstrommotor*
alternating force *Wechselkraft*
amorphous *amorph*
analyse *analysieren*
analysis *Analyse*
anergy *Anergie*
angular velocity *Winkelgeschwindigkeit*
aromatic compounds *Aromaten*
arrangement of cylinders *Zylinderanordnung*
aspirating engine *Saugmotor*
atmosphere *Atmosphäre*
auxiliary power plant *Hilfsantrieb*
auxiliaries *Hilfsaggregate*
availability *Verfügbarkeit*
Avogadro's number *Avogadrokonstante*

B

ball valve *Kugelventil*
bearing *Lager*
bearing bush *Lagerbuchse*
bearing shell *Lagerschale*
bedding *Lagerung*
behaviour *Verhalten*
benzole *Benzol*
black body *Schwarzer Körper*
blade *Schaufel (Turbine)*
block-type thermal power station *Blockheizkraftwerk*
blower, fan *Gebläse*
body *Körper*
boiling point curve *Siedelinie*
boiling range *Siedebereich*
boundary *Grenze*
Brayton cycle *Joule-Prozess*
bronze for bearings *Lagerbronze*
buckling strength *Knickfestigkeit*
burner *Brenner*
burner nozzle *Brennerdüse*
burning out *Durchbrennen*
butene *Buten*

C

caloric conductivity (thermal cond.) *Wärmeleitfähigkeit*
cam *Nocken*
camshaft *Nockenwelle*
capillary tube *Kapillarrohr*
carbon *Kohlenstoff*
carbon dioxide *Kohlendioxid*
carbon monoxide *Kohlenmonoxid*
carburation *Gemischbildung*
carburettor fuel *Ottokraftstoff*
Carnot cycle *Carnot-Prozess*
case hardened steel *Einsatzstahl*
cast iron *Gusseisen*
catalyst promoters *Promotoren*
catalytic converter *Katalysator (Kfz)*
catalytic reactor *katalytischer Reaktor*
centrifugal force *Fliehkraft*
centrifugal support *Fliehkraftunterstützung*
centrifuging/hydro-extraction *Auszentrifugieren*
ceramic mass *Keramikmasse*

change in state *Zustandsänderung*
characteristic curve/line *Kennlinie*
characteristic line of flow *Durchflusscharakteristik*
characteristic line of power *Leistungscharakteristik*
characteristic number *Kenngröße, Kennzahl*
charge exchange *Ladungswechsel*
chemical poisoning *chemische Vergiftung*
chemical reaction *Reaktion, chemische*
chilling *Abschrecken*
classical thermodynamics *phänomenologische Thermodynamik*
classification *Klassifikation*
clearance *Spiel*
clockwise *Rechtslauf*
clutch *Kupplung*
coefficient *Koeffizient*
coefficient of linear expansion *Längenausdehnungskoeffizient*
coefficient of performance for a refrigerator *Leistungsziffer einer Kältemaschine*
coefficient of performance for a heat pump *Leistungsziffer einer Wärmepumpe*
coking *Verkokung*
combined power and heat generation *Kraft-Wärme-Kopplung*
combustible *brennbar*
combustion *Verbrennung*
combustion air ratio *Verbrennungsluftverhältnis*
combustion behaviour *Abbrandverhalten, Brennverlauf/Brennverhalten*
combustion chamber *Brennraum*
combustion engine *Verbrennungsmotor*
combustion gas *Abgas (Kfz)*
combustion law *Brenngesetz*
combustion process *Verbrennungsverfahren*
component *Bauteil, Komponente*
composite material *Verbundwerkstoff*
composite wall *Mehrschichtige Wand*
compress *verdichten*
compressible substance *kompressible Stoffe*
compression ratio *Verdichtungsverhältnis*
compression stroke *Kompressionshub*
compression volume *Kompressionsvolumen*
compressive strain *Druckspannung*
compressor *Kompressor, Verdichter*
condensate *Kondensat*
condense *kondensieren*
condenser *Kondensator*
conical *konisch*
connecting line *Anschlussleitung (elektr.)*
connecting thread *Anschlussgewinde*
connection *Anschluss*
conservation of mass *Massenerhaltung*
constant pressure process *Gleichdruck-Prozess*
constant pressure specific heats *spezifische Wärmekapazität b. konst. Druck*
constant voltage source *Gleichspannungsquelle*
constant volume process *Gleichraum-Prozess*
constant volume specific heats *spezifische Wärmekapazität b. konst. Volumen*
constituent *Bestandteil*
control circuit *Regelkreis*
control element *Stell- und Regelglied*
control equipment *Steuergerät*
control surface *Kontrollfläche*
control volume *Kontrollraum*
convection *Konvektion*
cool *kühlen*
coolant *Kühlmittel*
cooling pump *Kühlmittelpumpe*
cooling water circulating pump *Wasserpumpe*
co-ordinate system *Koordinatensystem*
counter clockwise *Linkslauf*
counter-flow-recuperator *Gegenstromrekuperator*
crank angle *Kurbelwinkel*
crank gear *Kurbeltrieb*
crank mechanism *Kurbeltrieb*
crank of the shaft *Kurbelkröpfung*
crank pin *Kurbelzapfen, Zapfen (Kurbelwelle)*
crank throw *Kurbelradius*
crankcase *Kurbelgehäuse*
crankshaft *Kurbelwelle*
crankshaft speed *Kurbelwellendrehzahl*
critical point *kritischer Punkt*
cross linking *Vernetzung*
cross-flow-recuperator *Kreuzstrom-Rekuperator*
cryogenic storage *Tieftemperaturspeicher*
cubic capacity (of the engine) *Hubraum (des Motors)*
cutaway view *Schnittbild*

cyclic process *Kreisprozess*
cyclic processes *Kreisprozesse*
cyclohexane *Cyclohexan*
cyclone *Zyklon*
cycloparaffin *Cycloparaffin*
cylinder axis *Zylinderachse*
cylinder head *Zylinderkopf*
cylinder pipe *Zylinderrohr*
cylinder pressure *Zylinderdruck*
cylinder wall *Zylinderwand*

D

degree of irregularity *Ungleichförmigkeitsgrad*
delay valve *Verzögerungsventil*
density *Dichte*
deposit *Ablagerung*
designation of volume *Volumenbezeichnung*
device *Gerät*
dew point *Taupunkt*
diameter *Durchmesser*
diatomic *zweiatomig*
diesel engine *Dieselmotor*
diffuser *Diffusor*
dimension of the combustion chamber *Brennraumabmessung*
dimension of the cylinder *Zylinderabmessung*
direct injection *Direkteinspritzung*
direct-current (d.c.) generator *Gleichstrom-Generator*
direction of counting *Zählrichtung*
direction of force *Kraftrichtung*
discharge *Abfluss (aus Fabrik, usw.)*
disk spring *Tellerfeder*
dissipate *abführen*
dissociation *Dissoziation*
dlstillation *Destillation*
distillation column *Destillations-Kolonne*
drag coefficient *Luftwiderstandsbeiwert*
dynamical type compressor *Strömungsmaschine*
dynamometric brake *Leistungsbremse*

E

economiser *Speisewasservorwärmer*
eddy current brake *Wirbelstrombremse*
effective efficiency *effektiver Wirkungsgrad*
efficiency *Wirkungsgrad*
electric current *Strom elektrisch*
electric machine *Elektromaschine*
electrode *Elektrode*
electron *Elektron*
electronic spark control *Klopfregelung*
electrovalve *Magnetventil*
emit *abstrahlen*
energy *Energie*
engine *Kraftmaschine, Triebwerk*
engine friction *Triebwerksreibung*
engine knock(ing) *Klopfen (Motor)*
enthalpy *Enthalpie*
entropy *Entropie*
entropy change *Entropieänderung*
environment *Umwelt*
equation *Gleichung*
equation of power *Leistungsgleichung*
equation of work *Arbeitsgleichung*
equilibrium *Gleichgewicht*
evaluate *bewerten*
evaporate *Verdampfen*
evaporator *Verdampfer, allgemein*
exergy *Exergie*
exhaust gas *Abgas (Kfz)*
exhaust gas recirculation *Abgasrückführung*
exhaust gas turbocharger *Abgasturbolader*
expand *expandieren, ausdehnen*
expansion engine *Expansionsmaschine*
expenditure of work *Arbeitsaufwand*
extend *ausdehnen*
extensive properties *extensive Zustandsgrößen*

F

fan *Lüfter*
feedwater *Speisewasser*
finn *Rippe*
first law of thermodynamics *Erster Hauptsatz*
float *Schwimmer*
flow behaviour *Fließverhalten*
flow of force *Kraftfluss*
flow resistance *Strömungswiderstand*
fluid *Fluid*
fluid friction dynamometer *Wasserwirbelbremse*
flywheel *Schwungrad*

force *Kraft*
forced convection *Konvektion, erzwungen*
free path *freie Weglänge*
friction *Reibung*
friction loss *Reibungsverlust*
friction power *Reibleistung*
friction work *Reibarbeit*
fuel *Brennstoff, Kraftstoff*
fuel entry *Kraftstoffzulauf*
fuel mass *Brennstoffmasse*
fuel mass flow *Brennstoffmassenstrom*
fuel supply *Kraftstoffversorgung*
fuel tank *Kraftstofftank*
fuel cell *Brennstoffzelle*
fugacity *Löslichkeit*
fugacy *Lösung (chemisch)*
fuse *schmelzen*
fusion line *Schmelzlinie*

G

gap *Spalt*
gas constant *Gaskonstante individuelle*
gas force *Gaskraft*
gas turbine *Gasturbine*
gaseous *gasförmig*
gear *Getriebe*
generator *Generator, Lichtmaschine*
Grashof number *Grashof-Zahl*
gravitational forces *Anziehungskräfte*
gravity *Schwerkraft*
greenhouse effect *Treibhauseffekt*
greenhouse gas *Treibhausgas*
grey body *Grauer Körper*
gross calorific value *Brennwert*

H

heat *erwärmen*
heat addition *Wärmezufuhr*
heat conduction *Wärmeleitung*
heat exchanger *Wärmetauscher*
heat loss *Wärmeverlust*
heat protection seal *Wärmeschutzdichtung*
heat pump *Wärmepumpe*
heat removal, heat dissipation *Wärmeabfuhr*
heat transfer *Wärmeübergang, Wärmeübertragung*
heat transfer coefficient *Wärmeübergangskoeffizient*
heat transmission *Wärmedurchgang*
heat-engines *Wärmekraftmaschinen*
heating element *Heizelement*
Heisenberg uncertainty Principle *Heisenbergsche Unschärferelation*
heptane *Heptan*
homogenous *homogen*
hot spots *heiße Stellen*
humid *feucht*
humidity *Feuchte*
hybrid *hybrid*
hydraulic engine *Hydraulik-Motor*
hydrocarbon *Kohlenwasserstoff*
hydrogen *Wasserstoff*

I

ideal-gas *ideales Gas*
idling running *Leerlauf*
ignition *Entflammung, Zündung*
illustration *Darstellung*
imply *voraussetzen*
indicated *indiziert*
indicated power *indizierte Leistung*
inequality *Ungleichung*
inertia force *Massenkraft*
inhibitor of corrosion *Korrosionsinhibitor*
initial enthalpy *Anfangsenthalpie*
initially *anfänglich (zu Beginn)*
injection nozzle *Einspritzdüse*
injection time *Einspritzzeit*
injection valve *Einspritzventil*
inner flow of the cylinder *Zylinderinnenströmung*
instationary *instationär*
insulate *isolieren*
insulating part *Isolierteil*
intake *Zufluss*
intake air *Ansaugluft*
integrator *Integrator*
intensive properties *intensive Zustandsgrößen*
intercooling *Zwischenkühlung*
intermediate flange *Zwischenflansch*
intermolecular distance *Molekülabstände*

internal carburation *innere Gemischbildung*
internal combustion engine *Brennkraftmaschine*
internal diameter *Innendurchmesser*
internal efficiency *innerer Wirkungsgrad*
internal energy *Innere Energie*
internal flow of force *innerer Kraftfluss*
internal resistance *Innenwiderstand*
ion conductor *Ionenleiter*
ion transference *Ionenwanderung*
ionisation *Ionisation*
irreversible *irreversibel*
isentropic *isentrop*
isentropic index of compression (expansion) *Isentropenexponent*
isobaric *isobar*
isochoric *isochor*
isogram *Isolinie*
isothermal *isotherm*

J

jet *Strahl, Düse*
jet ejector *Saugstrahlpumpe*
jet engine *Strahltriebwerk*
junction *Anschluss*

K

kinetic energy *kinetische Energie*
knock resistance *Klopffestigkeit*

L

laboratory development *Laborentwicklung*
laminar flame front *laminare Flammenfront*
laminar flow *laminare Strömung*
laminar sub-layer *laminare Unterschicht*
leakage *Leckage, Undichtigkeit*
leakage slot *Leckspalt*
lever arm *Hebelarm*
light-off performance *Anspringverhalten*
liquefaction *Verflüssigung*
liquid *flüssig*
logarithmic mean temperature difference *mittlere logarithmische Temperaturdifferenz*
loss of energy *Energieverlust*
low pressure *Niederdruck*
lubricant *Schmierstoff*
lubricating oil *Schmieröl*
lubrication *Schmierung*

M

machine *Arbeitsmaschine*
macroscopic *makroskopisch*
mass *Masse*
mass flow *Massenstrom*
mass fraction *Gewichtsanteil*
mass moment of inertia *Massenträgheitsmoment*
mass rate of flow *Massenstrom*
massflow *Durchsatz*
mean (speed) *mittlere (Geschwindigkeit)*
mechanical efficiency *mechanischer Wirkungsgrad*
mechanical equilibrium *mechanisches Gleichgewicht*
medium force *Mediumskraft*
melting point *Schmelzpunkt*
mercury *Quecksilber*
microscopic *mikroskopisch*
mineral oil *Erdöl*
misfire *Verbrennungsaussetzer (Motor)*
mixed-flow recuperator *Mischwärmetauscher*
mixture *Gemisch, Mischung*
mixture of ideal gases *Gasmischung idealer Gase*
mixture strength *Gemischzusammensetzung*
moist air *feuchte Luft*
molar mass *Molmasse*
mole fraction *Molanteil*
molecular *molekular*
molecule *Molekül*
Mollier diagram *Mollier-Diagramm*
moment *Moment*
monatomic *einatomig*
monitoring *Überwachung*
multicylinder engine *Mehrzylindertriebwerk*
multiphase system *Mehrphasensystem*
multistage compression *mehrstufige Kompression*
motor oil *Schmieröl*

N

naphthene *Naphthen*
natural convection *Konvektion, frei*
net calorific value *Heizwert*
nitriding steel *Nitrierstahl*

nitrogen dioxide *Stickstoffdioxid*
nitrogen monoxide *Stickstoffmonoxid*
no load *Nulllast*
no-load running *Leerlauf*
nominal power *Nennleistung*
notion *Vorstellung*
nozzle *Düse*
nozzle jet *Einspritzstrahl*
number of moles *Stoffmenge*
number of particles *Teilchenzahl*
Nusselt number *Nußelt-Zahl*

O

octane *Oktan*
octane number *Oktanzahl*
oil cooler *Ölkühler*
oil pressure *Öldruck*
oil pump *Ölpumpe*
oilpan screen *Ölfilter*
olefin *Olefin*
operating cycle *Arbeitszyklus, Arbeitsspiel*
oscillating *oszillierend*
oscillating inertia force *Massenkraft, oszillierende*
oscillation damper *Schwingungsdämpfer*
Otto engine *Ottomotor*
overall heat transfer coefficient *Wärmedurchgangskoeffizient*
oxidation *Oxidation*
oxygen *Sauerstoff*
ozone *Ozon*

P

paraffin/limit hydrocarbon *Paraffin*
parallel-flow-recuperator *Gleichstromrekuperator*
partial pressure *Partialdruck*
partial volume *Partialvolumen*
partition *Teilung*
perfect engine *vollkommener Motor*
perfect gas *ideales Gas*
perpetual motion machine *Perpetuum mobile*
phase *Phase*
piston *Kolben*
piston area *Kolbenfläche*
piston engine *Kolbenmaschine*
piston pressure *Kolbendruck*
plant *Anlage*
plasma spray coat *Plasmaspritzschicht*
plate heat exchanger *Plattenwärmetausche*
platinum *Platin*
plunger *Verdränger*
pollutant emission *Schadstoffemission*
polyatomic *mehratomig*
polymer *Polymer*
polytropic *polytrop*
polytropic exponent *Polytropenexponent*
porous *porös*
position of the crankshaft *Kurbelstellung*
postoxidation *Nachoxidation*
potential *Potential*
potential difference *Potentialunterschied*
potential energy *Potentielle Energie*
power *Leistung*
power generation *Energieerzeugung (umgangssprachlich)*
Prandtl number *Prandtl-Zahl*
preheat *vorwärmen*
preheater *Vorwärmer*
pressure *Druck*
pressure chamber *Druckkammer*
pressure controller *Druckregler*
prime (pump) *ansaugen*
priming (pump) *Ansaugen*
probability *Wahrscheinlichkeit*
process *Prozess*
product of combustion *Verbrennungsprodukt*
property, properties *Eigenschaft, -en*
proposition *These*
protection against corrosion *Korrosionsschutz*
pump *Pumpe*
pure substance *reiner Soff*

Q

quality of the mixture *Gemischqualität*
quantum mechanics *Quantenmechanik*
quantum number *Quantenzahl*
quasi-equilibrium *quasistatisch*
quenching *Abschrecken*
quiescent *ruhend*

R

radiate *abstrahlen*
radiation *Strahlung*
radiator *Kühler (Kfz)*
radioactive *radioaktiv*
rate of work *Leistung*
ratio of mixture *Mischungsverhältnis*
real engine *realer Motor*
reciprocating piston *Hubkolben*
reciprocating piston engine *Hubkolbenmaschine*
recuperator *Rekuperator*
reduction *Reduktion*
reflectivity *Reflektionsgrad*
refrigerant *Kältemittel*
refrigerators *Kältemaschinen*
regenerative *erneuerbar*
regenerator *Regenerator*
reheat *Zwischenüberhitzung*
relative humidity *relative Feuchte*
render *leisten*
resilience *Federkraft*
resistance to corrosion *Korrosionsfestigkeit*
resistance to heat *Warmfestigkeit*
resistance to pressure *Druckfestigkeit*
reversible *umkehrbar, reversibel*
reversing valve *Umschaltventil*
Reynolds number *Reynolds-Zahl*
rhodium *Rhodium*
rocket engine *Raketenmotor*
rotary *rotierend*
rotary inertia force *Massenkraft, rotierende*
rule *Regel*

S

saturated *gesättigt*
saturated-liquid line *Linie gesättigter Flüssigkeit*
saturated-vapour line *Linie gesättigten Dampfes*
saturation *Sättigung*
saturation pressure *Sättigungsdruck*
saturation temperature *Sättigungstemperatur*
screen off *abschirmen*
seal *Dichtung*
second law of thermodynamics *Zweiter Hauptsatz*
Seiliger cycle *Seiligerprozess*
selective radiation (emission) *selektive Strahlung*
sense of rotation *Drehrichtung*
separate *abscheiden*
shaft *Welle*
shear speed *Schergeschwindigkeit*
shear stability *Scherstabilität*
shearing action/shear *Scherung*
shielding *Abschirmung*
signal amplifier *Signalverstärker*
significance *Bedeutung*
single-cylinder engine *Einzylindertriebwerk*
sketch *Skizze*
slide *Schieber*
solid *fest*
solution *Lösung (eines Problems)*
sonic velocity *Schallgeschwindigkeit*
soot *Ruß*
spark knock sensor *Klopfsensor*
specific enthalpy *spezifische Enthalpie*
specific entropy *spezifische Entropie*
specific heat *spezifische Wärmekapazität*
specific indicated work *spezifische indizierte Arbeit*
specific volume *spezifisches Volumen*
speed *Drehzahl*
speed range *Drehzahlband*
speed sensor *Drehzahlsensor*
stage *Stufe (Kompressor)*
stand-by unit *Notstromaggregat*
state *Zustand*
steady *stationär*
steady state *stationärer Zustand*
steady-flow process *stationärer Fließprozess*
steam *Dampf (Wasser)*
steam generator *Verdampfer (Wasser)*
steam power plant *Dampfkraftwerk*
Stirling cycle *Stirling-Prozess*
stoichiometric *stöchiometrisch*
stop valve *Absperrventil*
stopping valve *Abstellventil*
storage *Speicher*
stretch *ausdehnen*
stresses *Spannungen (im Festköper)*
stroke *Hub*
stroke-bore ratio *Hub/Bohrungsverhältnis*

structural shape *Bauform*
structure of the exhaust gas *Abgaszusammensetzung*
sublimation line *Sublimationslinie*
substance *Stoff*
suction pipe *Ansaugkanal*
suction *Ansaugen*
sulphur *Schwefel*
sulphur content *Schwefelgehalt*
sulphur dioxide *Schwefeldioxid*
superheated steam *überhitzter Dampf*
supersaturation *Übersättigung*
supply *Versorgung*
supply pipe *Anschlussleitung (Rohr)*
surface *Oberfläche*
surface tension *Oberflächenspannung*
surroundings *Umgebung*
sustainable *nachhaltig*
swept volume *Hubvolumen*
system *System*
system boundary *Systemgrenze*
system pressure controller *Systemdruckregler*

T

temperature *Temperatur*
temperature equalisation *Temperaturausgleich*
temperature probe *Temperaturfühler*
temperature scale *Temperatur-Skala*
tensile strength *Zugfestigkeit*
tension load *Zugbelastung*
test *Prüfung*
thermal *thermisch*
thermal equilibrium *thermisches Gleichgewicht*
thermal expansion *Wärmeausdehnung*
thermal threshold *Temperaturschwelle*
thermovalve *Thermoventil*
thickness *Wandstärke*
three-way catalytic converter *Dreiwegekatalysator*
throttle valve *Drosselklappe, Drosselventil*
throttling loss *Drosselverluste*
time *Zeit*
toluol *Toluol*
toothed belt *Zahnriemen*
toothed rack *Zahnstange*
toothed wheel *Zahnrad*
torque *Drehmoment*
torsional force *Drehkraft*
torsional oscillation *Torsionsschwingung*
total emission *Gesamtemission*
total enthalpy *Totalenthalpie*
transfer *übertragen*
triple point *Tripelpunkt*
turbine *Turbine*

U

unit *Einheit*
universal gas constant *Gaskonstante allgemeine*
unsaturated *ungesättigt*
useful effect *Nutzleistung*
useful stroke *Nutzhub*

V

valve *Ventil*
vaporisation line *Verdampfungslinie*
vapour *Gas, Dampf allgemein*
vapour lock *Dampfblasenbildung*
vapour-pressure-curve *Dampfdruckkurve*
variable stroke *variabler Hub*
variable velocity *ungleichmäßige Geschwindigkeit*
velocity distribution *Geschwindigkeitsverteilung*
ventilation aperture *Belüftungsöffnung*
viscosity *Viskosität*
viscosity of fuel *Zähigkeit des Kraftstoffes*
voltage *Spannung*
volume fraction *Volumenanteil*
volumetric efficiency *Liefergrad, volumetrischer Wirkungsgrad*
vortex *Wirbel (Ez.)*
vortices *Wirbel (Mz.)*

W

wavelength *Wellenlänge*
wear *Verschleiß*
weights *Gewichte*
wet vapour *Nassdampf*
wet-bulb temperature *Feuchtkugel-Temperatur*
with reasonable accuracy *Genauigkeit, mit guter*
work per unit mass *spezifische Arbeit*
working area *Arbeitsraum*

working process *Arbeitsprozess*
working range *Arbeitsbereich*
working temperature *Betriebstemperatur*
working volume *Arbeitsvolumen*

X

xylene *Xylol*

Z

zeroth law of thermodynamics *Nullter Hauptsatz*

Index